HyperWorks 进阶教程系列

HyperMesh & HyperView（2017X）
应用技巧与高级实例
第2版

方献军 张晨 马小康 等编著

机械工业出版社

本书以 HyperWorks 2017.2 版本为平台，介绍了 HyperMesh、Hyper View、HyperGraph 三个模块的应用技巧。

全书分两部分，共 13 章，前一部分包括 1～12 章，主要介绍 HyperMesh 有限元前处理软件，包括 HyperMesh 的基础知识、几何清理、2D 网格划分、3D 网格划分、1D 单元创建、航空应用和主流求解器接口介绍，如 RADIOSS、OptiStruct、Nastran、LS-DYNA、ABAQUS 和 ANSYS 等，还包括关于 HyperMesh 的用户二次开发功能。后一部分包括第 13 章，主要介绍 HyperView、HyperGraph 等有限元后处理软件，包括用 HyperView 查看结果云图、变形图、结果数据、创建截面、创建测量点、报告模板等，用 HyperGraph 建立数据曲线、曲线的数据处理和三维曲线曲面的创建、处理等。

本书中实例所涉及的模型文件可在随书附赠的网盘资源中找到。

本书是 Altair 中国公司认可的 HyperWorks 软件培训用书，适合机械、汽车、航空、航天、重型装备、国防、消费品和力学等相关领域工程技术人员自学或参考，也可作为理工院校相关专业师生学习或教学用书。

图书在版编目（CIP）数据

HyperMesh&HyperView（2017X）应用技巧与高级实例/方献军等编著. —2 版. —北京：机械工业出版社，2018.8（2024.11 重印）

HyperWorks 进阶教程系列

ISBN 978-7-111-60626-0

Ⅰ. ①H… Ⅱ. ①方… Ⅲ. ①有限元分析－应用软件－教材

Ⅳ. ①O241.82-39

中国版本图书馆 CIP 数据核字（2018）第 174890 号

机械工业出版社（北京市百万庄大街 22 号　邮政编码 100037）

策划编辑：张淑谦　　责任校对：张艳霞
责任编辑：张淑谦　　责任印制：单爱军

北京虎彩文化传播有限公司印刷

2024 年 11 月·第 2 版·第 12 次印刷
184mm×260mm·30.5 印张·747 千字
标准书号：ISBN 978-7-111-60626-0
定价：99.00 元

凡购本书，如有缺页、倒页、脱页，由本社发行部调换

电话服务　　　　　　　　　　　　网络服务

服务咨询热线：（010）88361066　　机 工 官 网：www.cmpbook.com

读者购书热线：（010）68326294　　机 工 官 博：weibo.com/cmp1952

　　　　　　　（010）88379203　　教育服务网：www.cmpedu.com

封面无防伪标均为盗版　　　　　　金 书 网：www.golden-book.com

前　言

自本书第 1 版出版至今，HyperWorks 软件已经升级了 4 个版本，而且收购了 SimLab、Evolve 等多个专业模块。在 Altair 大中华区总经理刘源博士和公司市场部的大力支持下，我们决定以 V2017 版为基础重新编写 HyperMesh 教程以满足广大软件使用者和学习者的需要。本书以 HyperWorks 2017.2 版本为平台，介绍了 HyperMesh、HyperView、HyperGraph 这三个模块的使用技巧。本书大体上保留了第 1 版的内容和结构，主要是把与新版本软件不兼容的部分进行了修改，同时重写了第 12 章二次开发部分和附录，附录中增加了关于 HyperWorks 学习资料汇总信息。另外，在各个章节添加了大量注解说明，方便读者自学参考。本书赠送的网盘资源包含了大量有价值的视频教程和官方培训资料，具有重要的学习参考价值。

全书分两部分，共 13 章。本书前一部分主要介绍 HyperMesh 有限元前处理软件，共 12 章。第 1 章总体介绍了有限元前处理软件以及 HyperWorks 中的其他模块；第 2 章介绍了 HyperMesh 的基础知识，是学习其余章节的基础；第 3 章介绍了 HyperMesh 中的几何清理方法；第 4 章介绍了 2D 板壳单元的网格划分；第 5 章介绍了 3D 单元网格划分，包括四面体、六面体，CFD 网格划分也在这一章做了介绍，并且还介绍了一个基于几何特征的参数化实体网格建模工具 SimLab，SimLab 是目前复杂四面体网格划分的首选工具；第 6 章介绍了 1D 梁杆单元的创建、修改方法，并且介绍了 HyperMesh 中的焊点创建模块 connector；第 7 章通过 3 个实例介绍了用 HyperMesh 进行航空全机建模和建立细节模型的方法；第 8 章以实例形式介绍了 HyperMesh 的 RADIOSS，OptiStruct 及 Nastran 的接口；第 9～11 章分别以实例形式介绍了 HyperMesh 和 LS-DYNA、ABAQUS，ANSYS 的接口；第 12 章介绍了使用 Tcl 语言进行 HyperMesh 二次开发的基础知识和若干应用实例。

后一部分主要介绍 HyperView、HyperGraph 有限元后处理软件，包括第 13 章。该章通过实例介绍了用 HyperView 查看结果云图、变形图、结果数据，创建截面、创建测量点等，用 HyperGraph 建立数据曲线、曲线的数据处理等。

本书主要由方献军，张晨和马小康负责编写。此外参与编写的还有 Altair 中国公司技术团队成员李俊、熊春明、刘斯倩、吴莉洁、王瑞龙、曾文翰以及实习生梁沛聪等，在此深表感谢。

由于编者水平有限，虽然已经多次校对，但书中错误及不足之处在所难免，敬请广大读者不吝指正，也欢迎大家共同探讨，可发邮件至 info@altair.com.cn 进一步联系。

Altair 中国技术团队

目 录

第1章

有限元前处理概述

　　有限元法是当今工程分析中应用最广泛的数值计算方法之一，随着计算机技术的发展和商业有限元软件的推广，计算机辅助制造（CAE）已成为产品设计过程中相当重要的一环。本章将简单介绍有限元分析的流程和 Altiar 公司出品的 CAE 创新平台的各个模块，并着重介绍有限元前处理工具 HyperMesh 在有限元前处理方面的优势。

本章重点知识

1.1　有限元分析流程
1.2　Altair 公司简介
1.3　HyperMesh 简介
1.4　HyperMesh 的优势
小结

1.1　有限元分析流程

有限元方法基本思想是在 1943 年由 R. Courant 提出的，但由于当时没有求解大型联立方程的计算工具，这种方法长期没有得到实际应用。到 20 世纪 60 年代，随着计算机的广泛使用，有限元法开始得到快速发展。有限元法经过 50 多年的发展，应用领域也从航空拓展到了航天、汽车、船舶、核能、兵器、电子等各个行业，从弹性材料问题拓展到了塑性、粘弹性、粘塑性、复合材料等问题。有限元方法的数值模拟已经成为现代重要工程设计必需的环节。

有限元法的应用分为三个阶段：前处理、求解和后处理。其中前处理阶段通常是整个过程中最耗时的阶段，尤其是进行分析模型的网格离散，常常占用整个仿真过程 80%~90% 的时间。这三个阶段概述如下。

1．前处理

前处理是创建分析模型的阶段，也是将连续的求解域离散为一组单元的组合体，用在每个单元内假设的近似函数来分片地表示求解域上待求的未知场函数的过程。在正确地建立单元类型、施加载荷、边界条件以及材料模型、定义求解器所需的控制卡片等各类满足求解所需的必要信息后，即可得到求解器可以识别的模型文件，然后提交求解器进行解算。

2．求解

求解过程可由任意一款商用有限元求解器（如 OptiStruct、RADIOSS、Nastran、LS-DYNA、ABAQUS 和 ANSYS 等）完成。这些求解器读入前处理中 HyperMesh 创建的模型文件，然后计算结构对输入载荷的响应。常见的结果输出有位移、应变、应力以及加速度等结果，它们存储在结果文件中，在后处理阶段可通过 HyperView 或 HyperGraph 查看。

3．后处理

后处理是查看求解结果的过程，可以对仿真结果进行确认，给出仿真分析报告，并根据仿真结果提出改进意见等。HyperView 可为任意所需结果提供高质量的彩色云图以及动画，指定信息可以在多个窗口中查询、显示或是根据查询信息绘制曲线图。HyperGraph 主要处理分析结果的曲线数据，例如时域分析的时间历程结果以及频域分析的频率响应曲线。针对不同用户还可提供定制界面功能。

1.2　Altair 公司简介

Altair 公司是世界领先的工程设计技术的开发者之一，也是一家具有深厚工程技术底蕴的优秀 CAE 工程公司。Altair 公司拥有多元化的业务主线，其技术涵盖高端 CAE 仿真和优化技术、数据管理及流程自动化技术、高性能计算与网络计算技术、工业设计、工业物联网，同时具备一流的产品设计、流程定制、二次开发等咨询服务能力。Altair 公司的主要软件产品线有：

1）HyperWorks：完整的 CAE 建模、可视化、有限元分析、结构优化和过程自动化等领域的软件产品，始终站在技术前沿，为全球客户提供了先进的产品工程方案。其丰富的产品模块如下。

- HyperMesh：CAE 前处理工具，可以快速建立高质量的 CAE 分析模型。
- SimLab：一款面向过程的基于特征的有限元建模软件，能够快速并准确地模拟复杂组件的工程行为。SimLab 自动的仿真建模功能可以减少人工错误以及缩减手动创建有限元模型和解读结果的时间。SimLab 不是传统意义上集成的前后处理软件，而是可用于捕获建模过程并实现自动仿真的垂直应用开发平台。
- HyperView：目前全球图形驱动速度最快的 CAE 仿真和试验数据的后处理可视化环境之一。
- HyperCrash：碰撞安全性分析的 CAE 前处理工具。
- HyperGraph：海量仿真或试验数据处理工具。
- OptiStruct：面向产品设计、分析和优化的有限元和结构优化求解器，拥有先进的优化技术，提供全面的优化方法。
- HyperStudy：开放的多学科优化平台，以其强大的优化引擎调用各类求解器，实现多参数的多学科全面优化。
- RADIOSS：快速、精确和稳健的有限元结构分析软件，能够进行多种线性和非线性分析，广泛用于汽车、航空、航天等机械设计领域。
- Multiscale Designer：一款高效的用于开发和模拟多尺度复合材料的工程应用软件。它可以模拟多尺度的连续型、编织型、短切型纤维复合材料，蜂窝夹芯复合材料，钢筋混凝土、土体、骨骼以及其他非均质类材料。其应用范围包括：多尺度材料的建模设计、失效过程模拟、基于统计的材料许用值估计、疲劳、断裂、冲击、碰撞、材料性能弱化、多物理场的模拟以及可以提供多种商业有限元求解器接口。目前支持的求解器有 OptiStruct、RADIOSS、LS-DYNA 和 ABAQUS。
- AcuSolve：技术先进的、通用的、基于有限元的计算流体动力学软件。AcuSolve 无需求解过程的迭代，也不用担心网格质量和拓扑关系，可以快速得到高质量仿真结果。流固耦合功能可以提供有效的复杂问题多物理场分析能力。
- NanoFluidX：一个基于粒子法的（SPH 方法）流体动力学仿真工具，用于预测在复杂几何体中有复杂机械运动的流动。它可以用于预测有旋转轴和齿轮的传动系统润滑并分析系统每个部件的力和力矩。使用 GPU 技术能够对真实的几何形状进行高性能仿真。
- MotionView：通用的机械系统仿真前后处理软件，同时也是图形可视化工具，它拥有业界领先的柔体技术。
- MotionSolve：多体机械系统动态运动求解器，MotionSolve 支持运动学求解、静力求解、准静态求解、结构动力求解、线性化、特征值分析和状态矩阵输出。
- HyperForm：金属钣金冲压成型和液压成型的仿真工具。
- HyperXtrude：三维金属挤压成型仿真软件。
- FEKO：一款全球领先的电磁场仿真工具，采用了多种频域和时域技术。这些真正的混合求解技术能够高效地分析与天线设计、天线布局、电磁散射、雷达散射截面(RCS)和电磁兼容，包括电磁脉冲（EMP）、雷电效应、高强度辐射场（HIRF）和辐射危害等相关的宽频谱电磁问题。

- Flux：有限元软件以持续 35 年的创新和全球范围内的设计优化应用经验，为用户提供低频电磁场和热仿真分析解决方案。Flux 拥有开放、友好的交互界面，能够简单方便地与 Altair 其他分析软件耦合，用于各种系统的多物理场分析，包括 2D、3D 以及斜槽模拟。
- WinProp：电波传播和无线网络规划领域内最完备的工具套件。包括从卫星到陆地、从郊区到市区、室内的无线链路等，WinProp 创新性的电波传播模型能够在很短的计算时间内完成精确的分析。

2）solidThinking。

- Evolve：辅助设计师快速推敲造型，在 Windows 和 Mac 两种操作系统上都可应用。Evolve 能够捕获设计师脑海中最初的想法，帮助他们探索更多的造型样式以及生成高质量的即时渲染效果。它在独一无二的结构历史进程基础上，融合了多边形有机曲面建模，完全自由的 NURBS 曲面建模和参数化实体控制。Evolve 将设计师从以工程为主导的 CAD 工具中解放出来，并且其数字模型能与产品开发流程中其他软件稳定对接。
- Inspire：利用物理学原理，模拟自然规律和过程获得基于特定环境而形成的形态与结构。可以帮助设计师和建筑师进一步激发创意，完成同时满足结构与美学需求的设计。
- Compose：能够让工程师、科学家和产品开发者有效地进行数值计算、开发算法以及分析和可视化各种类型的数据。Compose 是一个高层次和基于矩阵的数值计算语言，也是一个交互、统一的编程环境，可以用于从求解矩阵、微分方程到进行信号分析和控制设计所有类型的数学运算。
- Activate：能够使产品开发者、系统仿真和控制工程师完成多学科的建模、仿真和优化。通过利用基于模型的开发，Activate 的用户能够确保所有的设计要求都能够成功地得到满足，同时也在设计过程中识别早期系统级问题。Activate 直观的功能框图环境允许用户可以快速地演示真实世界的系统功能，并能容易地对新想法进行实验，而不需要建立模型。

3）Altair 企业级解决方案。

- Altair Simulation Manager：允许用户通过一个直观的基于 Web 的门户管理仿真项目的整个生命周期。可以从不同层面指导仿真项目的生命周期，具有从项目创建开始，到设定关键性能目标（KPT）、建模、提交计算、后处理分析、提取关键的性能指标（KPI），以及后续的结果验证和强大的看板展示功能。
- PBS Works：是 Altair 公司提供的 HPC 综合解决方案，涵盖系统安全、载荷均衡、可管理性等特性，在 HPCwire 网站进行的 HPC 解决方案的评选中，荣获读者选择奖的第一名。通过这套管理系统可以极大地简化 HPC 使用难度，同时提升了资源的利用效率和系统的投入产出比。

1.3 HyperMesh 简介

在现代机械装备研发过程中，有限元模型的规模越来越大、网格也越来越精细、模型管理越来越复杂，而激烈的市场竞争又要求研发周期不断缩短、投放市场时间不断提前，因此，传统的有限元前后处理器已经远远不能满足这些新的需求。

HyperMesh 是一个高质量、高效率的有限元前处理器，它提供了高度交互的可视化环境帮助用户建立产品的有限元模型。其开放的架构提供了最广泛的 CAD、CAE 和 CFD 软件接口，并且支持用户自定义，从而可以与任何仿真环境无缝集成。HyperMesh 强大的几何清理功能可以用于修正几何模型中的错误，修改几何模型，从而提升建模效率；高质量、高效率的网格划分技术可以完成全面的杆梁、板壳、四面体和六面体网格的自动和半自动划分，大大简化了对复杂几何进行仿真建模的过程；先进的网格变形技术允许用户直接更改现有网格，实现新的设计，无需重构几何模型，提高设计开发效率；功能强大的模型树视图能轻松应对各种大模型的要素显示和分级管理需要，特别适合复杂机械装备的整体精细化建模。HyperMesh 的这些特点，大大提高了 CAE 建模的效率和质量，允许工程师把主要精力放在后续的对产品本身性能的研究和改进上，从而大大缩短整个设计周期。

HyperMesh 直接支持目前全球通用的各类主流的三维 CAD 平台，用户可以直接读取 CAD 模型文件而不需要任何其他数据转换，从而尽可能避免数据丢失或者几何缺陷。支持的 CAD 文件格式见表 1-1。

表 1-1　HyperMesh 支持的 CAD 文件格式

CATIA	UG	Pro/E	Parasolid	SolidWorks
IGES	STEP	STL	PDGS	Tribon
VDAFS	DXF	ACIS	JT	

HyperMesh 与主流的有限元计算软件都有接口，如 OptiStruct、Nastran、Fluent、ANSYS 和 ABAQUS 等，可以在高质量的网格模型基础上为各种有限元求解器生成输入文件，或者读取不同求解器的结果文件。详见表 1-2。

表 1-2　HyperMesh 支持的 CAE 软件

OptiStruct	Nastran	Dytran	ANSYS
ABAQUS	HyperForm	HyperXtrude	LS-DYNA
Madymo	PamCrash	MARC	Ideas
Permas	Moldflow	Fluent	StarCD
RADIOSS	N-Code	MotionSolve	其他

用户还可以在 HyprMesh 中采用 User Profiles 为不同的求解器制定相应的建模环境，也可以采用 Tcl/Tk 或命令行语言为 HyperMesh 添加更多的接口，以满足用户二次开发软件和程序的需要。

下面通过一些实例显示 HyperMesh 的前后处理能力，具体实例如图 1-1～图 1-3 所示。

图 1-1　利用 HyperMesh 建立的汽车整车模型

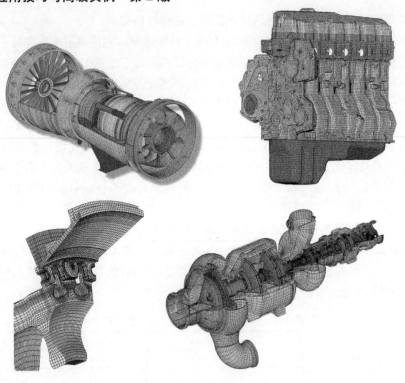

图1-2　复杂的高质量六面体网格

图1-3　快速划分高质量四面体网格

1.4　HyperMesh 的优势

1. 强大的有限元分析建模企业级解决方案

● 通过其广泛的 CAD/CAE 接口能力以及可编程、开放式架构的用户定制接口能力，HyperMesh 可以在任意工作领域与其他工程软件进行无缝链接。

● HyperMesh 为用户提供了一个强大的、通用的企业级有限元分析建模平台，帮助用户降低在建模工具上的投资及培训费用。

2. 无与伦比的网格划分技术——质量与效率导向

● 依靠全面的梁杆、板壳单元、四面体或六面体单元的自动网格划分或半自动网格划分能力，HyperMesh 大大降低了复杂有限元模型前处理的工作量。

3. 通过批处理网格划分（Batch Mesher）及自动化组装功能提高用户工作效率

● 批处理网格生成技术无需用户进行常规的手工几何清理及网格划分工作，从而加速了模型的处理工作。

● 高度自动化的模型管理能力，包括模型快速组装以及针对螺栓、定位焊、粘接和缝焊的连接管理。

4. 交互式的网格变形、自定义设计变量定义功能

● HyperMesh 提供的网格变形工具可以帮助用户无需重新修改原有网格即可自动生成新的有限元模型。

5. 提供了由 CAE 向 CAD 的逆向接口

● HyperMesh 为用户提供了由有限元模型生成几何模型的功能。

小结

通过对有限元分析过程和有限元软件 HyperWorks 的功能简介，读者应该对有限元分析流程有了大致的了解。前处理过程占用了有限元分析大部分的时间，所以用户应该选择一个高效、界面友好、功能强大的前处理器。

第 2 章

HyperMesh 基础知识

本章主要介绍 HyperMesh 用户界面，并通过实例介绍了 HyperMesh 的基本操作，以便读者在学习后续章节的内容和实例之前，可以先熟悉 HyperMesh 界面，并可以进行简单操作。

本章重点知识

2.1 HyperMesh 入门
2.2 HyperMesh 用户界面
2.3 文件的打开和保存
2.4 面板菜单的使用
2.5 模型的组织管理
2.6 显示控制
小结

2.1 HyperMesh 入门

本节将介绍 HyperMesh 工作界面的基本概念。

2.1.1 概述

HyperMesh 工作界面包括若干区域，具体如图 2-1 所示。

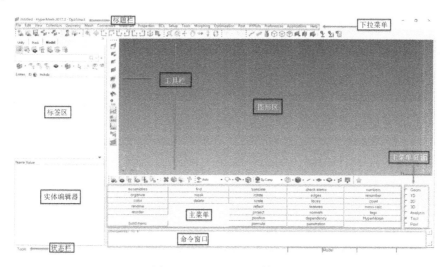

图 2-1　HyperMesh 工作界面

（1）标题栏（Title Bar）：标题栏位于界面顶部，其内容包括 HyperMesh 版本信息与当前文件名。

（2）菜单栏（Menu Bar）：菜单栏位于标题栏下部，同很多应用程序用户界面一样，单击下拉菜单弹出下一级菜单选项，由此可以进入 HyperMesh 不同的功能模块。菜单栏主要是为了方便初学者快速找到特定的工具。另外，新版本的一些新功能只能从菜单栏进入。

（3）工具栏（Toolbars）：工具栏位于图形区周围，它包含常用功能的快捷键，如改变显示选项等。用户可以将其拖动放置到图形区的顶部或侧边。工具栏替代了很多原先的快捷键，所以，使用新版本时，测量、显示/隐藏等常用操作通过单击工具栏上按钮即可进入。

（4）标签区（Tab Area）：标签区提供了多种专业工具。下面以 Model Browser 和 Utility Menu 为例进行说明。

1）Model Browser 位于 Model 选项卡下，该工具以层次树的形式显示模型的所有内容。应用该工具可以创建和编辑多种对象，也可以对其显示状态进行整理和控制。

2）Utility Menu 包含几个不同功能的宏页面，通过菜单底部的按钮可以实现切换。

宏页面包括 Summary，FEA，Opti，Geom/Mesh（用于编辑几何模型并创建和编辑有限元网格），User（用户自定义宏），Disp 和 QA/Model（单元检查工具）。通过选择不同的用户配置文件可改变 Utility 选项卡下的内容。

（5）图形区（Graphics Area）：图形区域位于标题栏下，用于模型显示。在图形区可实现模型的实时交互显示控制，也可进行对象的选择。

（6）主菜单（Main Menu）：主菜单显示了该页面菜单下的所有可用功能，用户可以通过单击按钮实现所需功能。

（7）主菜单页面（Main Menu Pages） 主菜单页面将主菜单按功能分为 7 组子页菜单，每次只能显示一个主菜单页面。

- Geom：几何模型创建和编辑工具。
- 1D、2D、3D：不同类型单元创建和编辑工具。
- Analysis：分析问题以及边界条件定义工具。
- Tool：多种模型编辑以及检查工具。
- Post：后处理工具（Post 中的大部分功能已经停止开发，建议使用 HyperView 和 HyperGraph 替代）。

（8）命令窗口（Command Window）：用户可以直接在命令窗口输入 HyperMesh 命令代替 HyperMesh 图形用户界面操作。默认情况下命令窗口不显示，可在 View 菜单下打开，也可以直接鼠标拖拽图形窗口下面的边界线打开。

（9）状态栏（Status Bar）：状态栏位于屏幕下方。左端显示的是用户当前所打开的主菜单，默认情况下为 Geometry。右端的 4 个区域分别显示了当前调用的 include 文件、part、组件集和载荷集，默认情况下 3 个区域为空白。在用户使用 HyperMesh 软件过程中，任何警告和错误信息都会在状态栏中显示。警告信息以绿色标识显示，错误信息以红色标识显示。

提示：鼠标指针悬置于某个面板上时，状态栏会显示对该面板的描述。

2.1.2 打开 HyperMesh

在 Windows 操作系统下打开 HyperMesh 软件可通过以下路径：选择"开始" > "所有程序" >Altair Hyperworks>HyperMesh 命令。在 Windows10 系统中可以通过右键快捷菜单将图标固定于开始屏幕以方便访问，或者把快捷方式图标拖拽到任务栏。在 2017 版本用户还可以直接双击相应的.hm 文件启动 HyperMesh。

在 UNIX 操作系统下打开 HyperMesh 软件可通过以下步骤。

1）打开操作系统终端程序。

2）输入 HyperMesh 软件的完整路径并单击〈Enter〉键。

或者在用户主目录下输入预先定义好的名称，该名称由用户自己或系统管理员事先在.alias 或.cshrc 文件中创建。

2.1.3 默认目录

默认情况下，HyperMesh 软件从默认目录中读取和写入文件：

- HyperMesh 启动过程中，软件会读取配置文件（hm.mac, hmmenu.set 等）。
- HyperMesh 即将关闭时，软件会输出一个命令日志文件（command.tcl）和一个菜单设置文件（hmmenu.set）。

默认情况下，HyperMesh 软件会从该默认目录下进行模型打开、保存、另存为、导入导出功能操作。通过快捷键〈F6〉创建的图片文件（.jpg）也会保存在默认目录下。

在 Windows 系统下可通过以下方式设置默认目录。

1）右键单击 HyperMesh 软件的图标。

2）选择"属性"选项。

3）在快捷方式菜单下，查看并修改**起始位置**中的路径。

在 UNIX 系统下可通过以下方式设置默认目录。

1）输入 cd 命令，进入用户想作为启动目录的文件夹。

2）在该文件夹下，输入启动 HyperMesh 软件的命令。

这些配置文件对 HyperMesh 的正确运行至关重要，如果发现 HyperMesh 运行或者显示异常，可以尝试删除工作目录和"我的文档"图标下面的配置文件再启动软件。另外，为了提高软件性能，使 HyperMesh 能够充分使用显卡的性能，建议总是将显卡的驱动程序升级到最新版本。

2.1.4   HyperMesh 帮助

选择 Help>HyperMesh and Batch Mesher 命令可打开 HyperMesh 帮助文件。如果已经打开某个面板可按下键盘〈H〉键或者〈F1〉功能键，系统会自动定位到该面板相关的帮助。帮助中主要包含以下信息。

1）各种工具的使用方法。

2）有关 HyperMesh 与外部数据类型的接口信息。

3）教程。

4）编程指南。

如没有特殊说明，HyperMesh 软件帮助中的实例所涉及的模型文件均可在以下路径获得：<install_directory>\tutorials\hm\。安装软件的时候推荐选中安装 help 选项，默认情况下不会安装帮助。

2.2   HyperMesh 用户界面

本节主要介绍 HyperMesh 应用程序的用户界面，主要包括以下内容。

● HyperMesh "颜色"选项对话框。

● HyperMesh 菜单栏。

● HyperMesh 工具栏。

● HyperMesh 标签区。

● HyperMesh 计算器。

2.2.1   HyperMesh "颜色"选项对话框

路径：Preferences > colors。

HyperMesh "颜色"选项对话框中的功能允许用户在用户界面下为图形创建的各种元素以及不同的几何模型或网格对象选择特定的颜色。这些功能细分为如下类别选项卡。

1. General Tab（"通用"选项卡）

General 选项卡中的功能用于控制图形区背景色的改变和渐变方向，以及全局坐标轴的颜色，如图 2-2 所示。

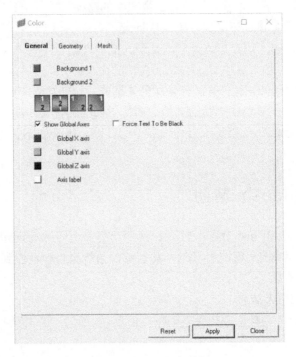

图 2-2 General 选项卡

用户可以为 Background 1 和 Background 2 分别设定想要的颜色，并控制其背景色的渐变，如图 2-3 所示。

图 2-3 背景色的渐变

同时也可以使用一系列的渐变功能框改变颜色的渐变方向和样式。每一个框图上都显示了该功能的渐变样式。

最后，用户可为 *X*、*Y*、*Z* 的全局坐标轴向量及其名称字母设定不同的颜色，该坐标轴显示在图形区的左下角位置。

单击 Reset（复位）按钮，可以将所有设置的改变还原为默认状态。单击 Apply（应用）按钮，程序将立即应用当前的设置，但不会关闭该对话框。单击 Close（关闭）按钮，将不会应用当前的设置，同时关闭当前窗口。

2. Geometry Tab（"几何"选项卡）

Geometry 选项卡中的功能用于对所有几何对象的颜色设定。用户可以将颜色改为自己喜欢的颜色，特别是对于有色觉障碍的用户尤其有用。

不同的几何特征根据维度分为两类（2D 曲面和 3D 实体），且两种类型的几何特征之间不会相互影响。另一个类别，即 By mappable display mode（solids），并不针对某一部分具体的实体，而用于标明实体的六面体划分的可映射性。该类别中设定的颜色用于标明实体在多少个可能的方向可以被映射为六面体，且专用于 mappable（可映射的）的几何显示模式。在其他显示模式中将不会显示该类别中设定的颜色，即使模型中包括实体对象，如图 2-4 所示。

图 2-4　Geometry 选项卡

（1）Surface（曲面设定）

● Free edges（自由边）：没有与其他任何曲面相连接的单独的边。

● Shared edges（共享边）：由两个曲面共同拥有的边。

- Suppressed edges（抑制边）：共享边被手工抑制，这样在自动划分网格时，会将两个共享一条抑制边的曲面认定为一个曲面进行网格划分，这样所划分的网格可以穿过抑制边，同没有该抑制边的效果一样。
- T-junctions（T 形边）：被 3 个或 3 个以上的曲面共享的边。

（2）3D solids（3D 实体设定）

- Fin faces：用于切割 3D 实体对象的面，但是该面对实体只进行了部分切割，即该曲面没有完全把整个实体切断。
- Bounding faces：实体对象的表面边界面。
- Full partition faces：相邻实体间的面。
- 2D faces（topo）：使用 by 2D topo（2D 拓扑显示）的显示模式时，显示的是不属于实体的 2D 曲面拓扑关系的颜色。
- Ignored（topo）：by 2D topo（2D 拓扑显示）显示模式下 2D 曲面的颜色。
- Edges（comp）：by comp（组件模式）显示模式下的网格边界线。

（3）By mappable display mode （solids）（映射显示模式下的实体设定）

- 1 dir. map（单方向映射）：划分 3D 网格时可在 1 个方向上进行映射的实体显示。
- 3dir. map（3 方向映射）：划分 3D 网格时可在 3 个方向上进行映射的实体显示。
- Not mappable：已经被编辑过但是仍需要继续切分才能变为可映射的实体显示。
- Ignored map：需要进行再次切分变成可映射模式的实体显示。

3. Mesh tab（"网格"选项卡）

Mesh 选项卡中的功能用于网格单元的颜色设定，如图 2-5 所示。

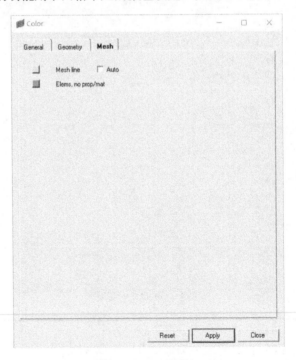

图 2-5　Mesh 选项卡

● Mesh lines（网格线）：定义网格单元边界的线（并非几何特征线）。
● Elems, no prop/mat（未定义属性和材料的单元）：当前未定义属性和材料的单元。

2.2.2 HyperMesh 菜单栏

菜单栏位于标题栏下，可以实现 HyperMesh 软件的大部分功能。大多数菜单选项都直接指向 HyperMesh 的各种功能面板，也有一些选项会执行其他的功能，如配置 HyperMesh 软件的环境等，如图 2-6 所示。

File Edit View Collectors Geometry Mesh Connectors Materials Properties BCs Setup Tools Morphing Optimization Post XYPlots Preferences Applications Help

图 2-6 菜单栏

每一项菜单中包含了多种子选项，单击打开菜单（如单击 Mesh）按钮后会弹出一个下拉菜单，其中有多种选项可供选择，如图 2-7 所示。

图 2-7 菜单栏子选项

如图 2-7 所示，屏幕中出现了三级菜单，这是由于有些菜单项含有附加功能的子菜单。这些子菜单将类似的功能选项组合到一起，从而尽可能方便用户的选择应用。对于初级用户来说下拉菜单是最容易找到相应工具的地方。熟练用户通常联合使用工具栏、快捷键、标签区和面板区以提高工作效率。

菜单项有多种运行方式，具体说明如下。

1）Sub-Menu heading：该类项目中会有一个三角形箭头，选择此类菜单项会自动弹出一个相关联的子菜单。这种方式可以将同类别的命令有序地组成一组，从而简化用户选择时的操作。

2）Toggle：单击该类选项时会在选项前出现一个"√"标记，从而激活一项功能。例如，View 下的 Solver Browser 选项，单击该选项可以使标签区域的 Solver Browser 在显示和隐藏两种状态下切换。

3）Command：大多数菜单项会简单地执行一项命令，如进入一个特定的 HyperMesh 面板等。

下拉菜单及其菜单项的选择有多种方式，具体说明如下。

1）Mouse（鼠标单击）：用鼠标直接单击菜单或菜单项。

2）Keyboard （menu）（快捷键选择菜单）：首先按下〈Alt〉键激活菜单区域，然后按下菜单或菜单项所标明的按键，这些按键字母由下画线标出（如 File 中的 F）； 或者使用左右方向键选择菜单，使用上下方向键打开和切换菜单项。

3）Keyboard （menu item）（快捷键选择菜单项）：使用两种方式进行菜单项的选择，即按下菜单项所标明的按键，这些按键字母由下画线标出（如 Open 中的 O）；或者使用方向键切换选项，按〈Enter〉键确定选择。

每一个下拉菜单都包含了一组完成某些特定功能的选项，具体说明如下。

1）File（文件）：包括载入、保存、输入和输出模型及其他类型文件等一系列功能。使用 Open 功能可以一次编辑一个模型，使用 Import 功能可以在当前进程中添加新的模型。

2）Edit（编辑）：包括查找对象、运行 Tcl/Tk 脚本、打开命令窗口等工具。

3）View（视图）：主要控制哪些工具栏和标签区显示在界面上。

4）Collectors：包含 collector、assembly 等的创建和重命名等功能选项。

5）Geometry（几何）：包含几何模型的编辑和清理工具。

6）Mesh：包含一系列划分网格的工具，如 automesh、tetramesh、solid map、element edit 等。

7）Connectors：包含创建、编辑、释放和操作各种类型的连接工具。

8）Materials（材料）：包含用于创建、编辑材料卡片及将其分配给组件等功能选项。

9）Properties（属性）：包含用于创建、编辑属性卡片及将其分配给组件等功能选项。

10）BCs（边界条件）：包含一些边界条件（如力、压强、力矩和约束等）的工具。

11）Setup：包含载荷工况、输出控制和与求解器关键字相关的工具。

12）Tools（工具）：包含空间变换、直接创建关键字等一系列功能选项。

13）Morphing：使用 HyperMorph 对网格对象进行创建、编辑、变形等操作。

14）OptiMization：与结构优化有关的工具。

15）Post（后处理）：查看仿真的结果（如云图或矢量图等），该功能已经停止开发，建议使用 HyperView 代替该功能。

16）XY Plots（XY 图）：创建曲线和数据表。

17）Preferences：HyperMesh 的一些用户应用设置，如用户配置文件、全局选项和键盘按键配置等。

18）Applications（应用）：快速进入 HyperWorks 平台其他模块，如 HyperStudy 等。

19）Help（帮助）：进入在线帮助系统。下面的 Updates and system information 可以查询本机的操作系统、显卡等重要信息。

2.2.3 HyperMesh 工具栏

工具栏包含了一些最常用操作的图标按钮。每一个工具栏都可以拖动、并定位至工具栏区域的任何位置，或者浮动在 HyperMesh 应用窗口的任意位置。

大多数工具栏是 HyperMesh 软件和 HyperWorks Desktop 平台应用共有的，本节介绍的工具栏为 HyperMesh 专用工具栏。HyperMesh 中包含的工具栏如下。

- Collectors。
- Checks。
- Display。
- Visualization。

其他工具栏可参见 HyperWorks 在线帮助中 HyperWorks Desktop user's guide（HyperWorks 平台用户指南）的具体介绍。

1. Collectors 工具栏

Collectors 工具栏包含了对 HyperMesh 中 collector 的基本操作功能，如创建、编辑、删除、卡片编辑、组织管理、重新编号等。Collectors 工具栏可通过 View>Toolbars 命令打开或关闭，如图 2-8 所示。

图 2-8　Collectors 工具栏

工具栏的按钮应用功能具体说明见表 2-1。

表 2-1　Collectors 工具栏的按钮应用功能

按　钮	鼠标左键单击	执　行　功　能
	Assemblies（装配）	打开 Assemblies 面板
	Components（组件）	打开 Components 面板
	Materials（材料）	打开 Materials 面板
	Properties（属性）	打开 Properties 面板
	Load Collectors（载荷 collectors）	打开 Load Collectors 面板
	System Collectors（系统 collectors） Vector Collectors（向量 collectors） BeamSection Collectors（梁截面 collectors） MultiBodies（多体）	打开 System Collector、Vector Collector、BeamSection Collector 或 MultiBody 面板
	Delete（删除）	打开 Delete 面板
	Card Edit（卡片编辑）	打开 Card Edit 面板
	Organize（组织）	打开 Organize 面板
	Renumber（重新编号）	打开 Renumber 面板

2. Checks Toolbar（"检查"工具栏）

Checks 工具栏包含了创建模型过程中常用的一些测量、检查和计算工具的快捷应用选项，如图 2-9 所示。

图 2-9 Checks 工具栏

Checks 工具栏可通过 View>Toolbars 命令打开或关闭。工具栏的按钮应用功能具体说明见表 2-2。

表 2-2 Checks 工具栏按钮的应用功能

按　钮	鼠标左键单击	执　行　功　能
	Distance（距离）	打开 Distance 面板
	Length（长度）	打开 Length 面板
	Mass/Area Calc（质量或面积计算）	打开 Mass Calc 面板
	Edges（边）	打开 Edges 面板
	Features（特征）	打开 Features 面板
	Faces（面）	打开 Faces 面板
	Normals（法向量）	打开 Normals 面板
	Penetration/Intersection Check（穿透和相交检查）	打开 Penetration 面板
	Check Elements（单元质量检查）	打开 Check Elements 面板
	Model Summary（模型信息）	打开 Summary 面板
	Loads Summation（载荷汇总信息）	打开 Loads Summary 选项卡
	Count（计数）	打开 Count 面板

3. Display Toolbar（"显示"工具栏）

Display 工具栏通过隐藏和显示操作来控制对象在图形区域的显示。其他对所有 collectors 和对象的高级显示控制功能可以通过 Model Browser 和 Mask Browser 实现，如图 2-10 所示。

图 2-10 Display 工具栏

Display 工具栏可通过 View>Toolbars 命令打开或关闭；Model Browser 和 Mask Browser 可以通过 View 菜单中的设置打开或关闭。Display 工具栏的按钮应用功能具体说明见表 2-3。

表 2-3 Display 工具栏按钮的应用功能

按　钮	鼠标左键单击	执　行　功　能
	Mask（隐藏）	打开 Mask 面板
	Reverse Elements（单元反向）	对处于当前显示的 collectors 中所有单元的显、隐状态进行反向操作
	Unmask Adjacent（显示相邻单元）	显示与当前显示单元相邻的一行单元（当这些单元所在的 components 当前并未显示时，该显示操作仍然有效）
	Unmask All（显示所有）	显示当前显示的 collectors 中的所有对象（单元、载荷等）
	Mask Not Shown（隐藏当前图形区窗口之外的部分）	隐藏当前显示的 collectors 中的位于当前图形区窗口之外的所有对象（单元、载荷等）
	Spherical Clipping（球形裁切）	打开 Spherical Clipping 面板，通过该面板可以设定圆心和半径，从而对模型进行球形裁切来执行隐藏和显示功能

按　钮	鼠标左键单击	执 行 功 能
🔍	Find（查找）	打开 Find 面板
⓪123	Display Numbers（显示编号）	打开 Numbers 面板
⌐⌐	Display Scale（显示标尺）	在图形区右下角显示标尺
▦ABC	Display Element Handles（显示单元 handles）	单击切换单元 handles 的显隐状态，该功能也可通过 Preferences > Graphics 中的相关选项来实现
↓ABC	Display Load Handles（显示载荷 handles）	单击切换载荷 handles 的显隐状态，该功能也可通过 Preferences > Graphics 中的相关选项来实现
🔧	Change Load Vector (Tip/Tail) At Application Point （是载荷图标的头部还是尾部显示在作用点处）	控制是载荷图标的头部还是尾部显示在作用点处
▱	Display Fixed Points（显示硬点）	单击切换硬点的显隐状态，该功能也可通过 Preferences > Graphics 中的相关选项来实现

4. Visualization Toolbar（“显示”工具栏）

Visualization 工具栏控制对象在图形区的显示状态，包括设置几何和网格的颜色显示模式等。该工具栏可通过 View>Toolbars>Visualization 命令打开或关闭，如图 2-11 所示。

图 2-11　Visualization 工具栏

该工具栏的按钮应用功能具体说明见表 2-4。

表 2-4　Visualization 工具栏按钮的应用功能

按　钮	鼠标左键单击	执 行 功 能
Auto ▾	选择不同的模式	基于当前激活的面板自动选择所列颜色显示模式的一种。可通过单击菜单栏中的 Preferences > Colors 或快捷键〈O〉打开 Options > Colors 面板，用户可在该面板内更改所有颜色
By Assembly ▾	选择不同的模式	所有曲面根据其所属的 assembly 进行着色。每个 assembly 获得一种不同的颜色。不属于任何 assembly 的曲面将呈灰色。assembly 的颜色可通过在 Model Browser 或 Entity Editor 中右击其颜色框选择新的颜色进行修改
By Part ▾	选择不同的模式	所有曲面根据其所属的 part 进行着色。不属于任何 part 的曲面根据主模型分配的颜色进行着色
By Comp ▾	选择不同的模式	所有曲面和实体面根据几何特征所属 component 设置的颜色进行着色。所有曲面的边和实体面的边将呈黑色。component 的颜色可通过 Model Browser > Component View 命令进行设置
By Topo ▾	选择不同的模式	曲面为灰色，曲面边根据拓扑关系着色，即红色（自由边），绿色（共享边），黄色（T 形边）和蓝色（抑制边）；实体面和实体面的边为透明绿色（边界面），实体内部面（贯穿面）为黄色
By 2D Topo ▾	选择不同的模式	曲面为灰色，曲面边根据拓扑关系着色，即红色（自由边），绿色（共享边），黄色（T 形边）和蓝色（抑制边）；实体面和实体面的边为蓝色（边界面），忽略实体拓扑着色规则
By 3D Topo ▾	选择不同的模式	曲面和曲面的边为蓝色，忽略 2D 拓扑着色规则；实体面和实体面的边为透明绿色（边界面），实体面的边为绿色，实体内部面（贯穿面）为黄色
Mixed ▾	选择不同的模式	曲面根据所属 component 设定的颜色着色，曲面边根据拓扑关系着色；实体面根据所属 component 设定的颜色着色，实体面的边根据拓扑关系着色
Mappable ▾	选择不同的模式	曲面以线框模式显示，曲面边着色为蓝色（忽略拓扑着色规则）；实体面根据可映射性着色，即红色（不可映射），黄色（1D 映射），绿色（3D 映射）；实体面的边根据拓扑关系着色

（续）

按　　钮	鼠标左键单击	执 行 功 能
	带曲面边的着色几何模型	按钮：将几何显示模式设置为带曲面边的着色几何模型（shaded with surface edges） 下拉菜单：从菜单中选择其他选项
	着色几何模型	按钮：将几何显示模式设置为着色几何模型（shaded） 下拉菜单：从菜单中选择其他选项
	带曲面线的线框几何模型	按钮：将几何显示模式设置为带曲面线的线框几何模型（wireframe with surface lines） 下拉菜单：从菜单中选择其他选项
	线框几何模型	按钮：将几何显示模式设置为线框几何模型（wireframe） 下拉菜单：从菜单中选择其他选项
	透视状态	打开 Transparency 面板
By Part	选择不同的模式	所有单元根据其所属的 part 进行着色。不属于任何 part 的单元根据主模型分配的颜色进行着色
By Comp	选择不同的模式	所有单元根据其所在 component 的设定颜色进行着色。component 的颜色可通过在 Model Browser 中右击其颜色框选择新的颜色进行修改
By Prop	选择不同的模式	所有单元根据为其分配的属性的颜色进行着色。属性分配给单元有直接和间接两种方式，直接方式可通过 Property > Assign 面板完成，间接方式单元属性由单元所属的 component 继承所得（component 的属性可通过 Component > Assign 面板进行分配）。直接分配的属性优先级更高。1 组的求解器（OptiStruct, Nastran）可以支持直接和间接两种属性分配方式，2 组的求解器（RADIOSS, LS-DYNA）仅支持间接的属性分配方式。没有分配属性的单元将呈灰色。属性的颜色可通过在 Model Browser 中右击其颜色框选择新的颜色进行修改
By Mat	选择不同的模式	所有单元根据为其分配的材料进行着色。1 组和 2 组求解器的材料分配方式不同：1 组的求解器（OptiStruct, Nastran）先将材料分配给属性，然后由属性分配给单元（直接或间接，如 Color by Property 中所述），两种属性分配方式的单元都使用与直接属性分配相关联的材料；2 组的求解器（RADIOSS, LS-DYNA）采用间接方式将材料分配给单元（通过 Component > Assign 面板将材料分配给单元所属的 component）。没有分配属性的单元将呈灰色。材料的颜色可通过在 Model Browser 中右击其颜色框选择新的颜色进行修改
By Assem	选择不同的模式	所有单元根据其所属的 assembly 进行着色。每个 assembly 获得一种不同的颜色。不属于任何 assembly 的单元将呈灰色。assembly 的颜色可通过在 Model Browser 中右击其颜色框选择新的颜色进行修改
1D/2D/3D	选择不同的模式	所有的单元根据它们的维度进行着色：绿色（1D），蓝色（2D），红色（3D）
By Config	选择不同的模式	所有单元根据其单元配置（mass, reb2, spring, bar, rod, gap tria3, quad4, tetra4 等）进行着色。单元的配置颜色可通过 Element Types 面板改变
By Thickness	选择不同的模式	壳单元根据其厚度值着色，支持单元厚度值和节点厚度值。同时在图形区的左上角会显示一个信息框，用于标明厚度值和颜色的对应关系 显示 2D 细节信息的单元厚度 显示 2D 细节信息的节点厚度

按　钮	鼠标左键单击	执　行　功　能
By Element Qt ▼	选择不同的模式	鼠标左键单击按钮，可在图形区打开单元质量显示模式（Eelment Quality View）。该模式作为一有效的工具，可用于研究特定的单元标准和评价网格总体质量
By Domain ▼	选择不同的模式	所有单元根据其所属的 domain 进行着色。domain 是能够将设计变更映射到已有的 FE 拓扑结构上的变形对象。每个 domain 获得一种不同的颜色。不属于任何 domain 的单元将呈灰色。domain 的颜色可通过在 Model Browser 中右击其颜色框选择新的颜色进行修改
▦	带网格线的着色单元模式	将当前单元的显示模式设置为带网格线的着色模式（shaded with mesh lines），单元呈着色状态，同时显示曲面的网格线 鼠标左键单击按钮右侧下拉菜单可打开扩展选项菜单
▦	带特征线的着色单元模式	将当前单元的显示模式设置为带特征线的着色单元模式（shaded with feature lines），单元为着色状态但仅显示特征线，不显示网格线 鼠标左键单击按钮右侧下拉菜单可打开扩展选项菜单
▦	着色单元模式	将当前单元的显示模式设置为着色单元模式（shaded），单元为着色模式，不显示任何线 鼠标左键单击按钮右侧下拉菜单可打开扩展选项菜单
▦	线框单元模式（仅表面）	将当前单元的显示模式设置为线框单元模式（仅表面）[wireframe (skin only)]不显示内部网格线 鼠标左键单击按钮右侧下拉菜单可打开扩展选项菜单
▦	线框单元模式	将当前单元的显示模式设置为线框单元模式（wireframe），显示内部和表面网格线 鼠标左键单击按钮右侧下拉菜单可打开扩展选项菜单
▦	透视单元和特征线模式	将当前单元的显示模式设置为透视单元和特征线模式（transparent with elements and feature lines），单元处于着色且透视状态，同时显示特征线不显示网格线 鼠标左键单击按钮右侧下拉菜单可打开扩展选项菜单
╱	1D 原始单元显示模式	显示 1D 梁单元的简单单元
▤	1D 细节单元显示模式	显示 1D 梁单元的更具体的基于形状的细节信息
▤	1D 原始和细节显示模式	1D 梁单元的简单单元和细节信息均会显示
▤	2D 原始单元显示模式	显示 2D 壳单元的简单单元
▤	2D 细节单元显示模式	显示 2D 壳单元的更具体的基于形状的细节信息
▤	2D 原始和细节单元显示模式	2D 壳单元的简单单元和细节信息均会显示
▤	普通显示模式	铺层处于隐藏状态
▤	复合材料铺层显示模式	复合材料中的铺层处于显示状态 具体的显示特性依赖于 2D 单元可视化按钮，详见 5. 单元与铺层的显示
▤	带纤维方向的复合材料铺层显示模式	显示铺层同时标明其纤维方向 具体的显示特性依赖于"2D/3D 单元可视化"按钮，详见 5. 单元与铺层的显示

（续）

按　　钮	鼠标左键单击	执 行 功 能
	铺层边界显示模式	使铺层形状或层合板的边界可视化，提供了一种简单的查看铺层递减的方法。当堆叠拓扑形状发生改变的时候，边界的显示将自动更新。铺层几何边界和 FE 边界均以白色显示。与几何边界相比，FE 边界显示的线宽更粗
	单元收缩显示（Shrink Elements）	鼠标左键单击按钮，根据 Shrink 因子进行 Shrink Elements 的切换。Shrink 因子可通过 Preferences > Graphics 菜单中的相应选项进行修改
	可视化选项	鼠标左键单击按钮打开 Visualization Controls 选项卡

5. 单元与铺层的显示

复合材料中铺层的可见性主要由"复合材料可视化"按钮和"单元可视化"按钮控制。通过两项功能的联合使用可以设置复合材料铺层的显示模式。◆按钮可以对 2D/3D 单元的显示进行设置。◆按钮可以对复合材料显示进行设置。

1）简单单元的显示：◆按钮。当铺层为可见模式时，以 2D 壳单元表示，如图 2-12～图 2-14 所示。

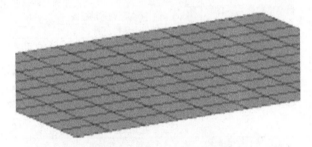

图 2-12　◆+◇的普通显示模式

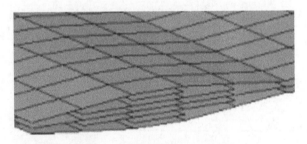

图 2-13　◆+◇的复合材料铺层

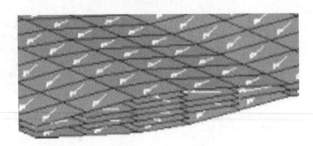

图 2-14　◆+◆的带纤维方向的复合材料铺层

2）3D 单元的显示： ◆按钮。以 3D 实体单元表示，如图 2-15～图 2-17 所示。

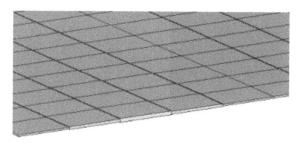

图 2-15　◆+◆的普通 3D 厚度显示模式

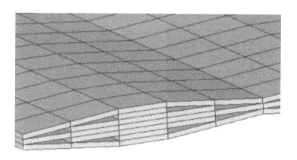

图 2-16　◆+◆的复合材料铺层

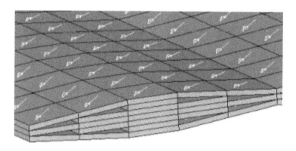

图 2-17　◆+◆的带纤维方向的复合材料铺层

2.2.4 HyperMesh 标签页

HyperMesh 软件中标签的基本用途是放置浏览器。用户在使用 HyperMesh 软件过程中还会遇到其他标签（如"文件导入导出"标签等），这些是 HyperWorks 平台应用中的常见形式而非 HyperMesh 独有。另外，在使用其他应用的过程中，用户也会在标签页遇到其他不同的浏览器，但本节教程主要讲解 HyperMesh 软件应用过程中遇到的一些标签页。HyperMesh 的部分标签页包括以下内容（通常用户可以在 View 或者 Tool 下拉菜单进行打开/关闭）。

1）HyperMesh Model Browser（HyperMesh 模型浏览器）。

2）HyperMesh Connector Browser（HyperMesh 连接浏览器）。

3）HyperMesh Entity State Browser（HyperMesh 对象状态浏览器）。

4）HyperMesh Load Step Browser（HyperMesh 工况浏览器）。

5）HyperMesh Mask Browser（HyperMesh 显隐浏览器）。

6）HyperMesh Contact Browser（HyperMesh 接触浏览器）。

7）HyperMesh Solver Browser（HyperMesh 求解器浏览器）。

8）HyperMesh Utility Menu（HyperMesh 通用菜单）。

这些标签页的具体介绍可参考 HyperWorks 在线帮助中的 HyperWorks Desktop User's Guide（HyperWorks 平台用户指南）。

2.2.5 HyperMesh 计算器

用户可通过激活 HyperMesh 中需要输入数值的区域，然后单击鼠标右键来打开 HyperMesh 计算器。该计算器采用逆波兰式输入表示法设计，即先输入一个数值，然后单击执行需要的运算操作。

要输入一个数值（如 8.0），单击计算器中的相应数字，然后按〈Enter〉键即可，如 图 2-18 所示。程序进程将该数值转换为科学计数法表示：8.000 e+1。

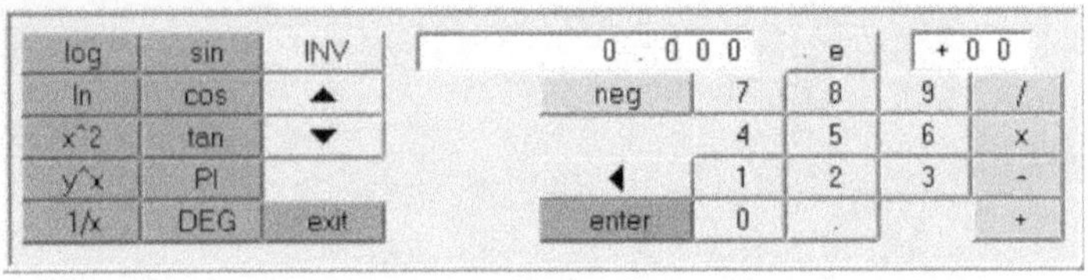

图 2-18 HyperMesh 计算器

对预填充的数值进行运算操作如下。

从 Distance 中获得一个数值并打开计算器，鼠标右键单击激活的数值域时，该数值会自动填充到数值域，若要对该数值执行除以 2 的操作，需进行以下操作。

1）当前数值域显示数值 1.430 e +01，单击数字"2"按钮。

2）单击符号/按钮。

3）单击〈Enter〉键。程序显示出新的计算结果值。

由此，原数值（14.30 或 1.430e+2）除以 2 得到新结果为 7.150 （7.150e+1）。单击 exit 按钮退出面板。

另外，也可以使用下拉菜单的 View/Command Window 打开命令窗口，然后在命令窗口中使用如下格式进行计算（把要计算的任意式子放在大括号里面即可）。

expr {sin(12)*cos(15)-log(18)}

按〈Enter〉键后就会在下面一行生成计算结果，调用上一次输入的计算命令直接按向上的方向键即可。这种方法更加简单快捷。

2.3 文件的打开和保存

本节将通过一个实例介绍如下的一些内容。

● 打开一个 HyperMesh 文件。

● 导入一个文件到当前程序进程中。
● 保存当前进程数据为一个 HyperMesh 模型文件。
● 输出所有的几何模型信息到一个 IGES 文件中（也支持 Step 和 parasolid 格式）。
● 输出所有的网格模型信息到一个 Optistruct 输入文件中。
● 从当前程序进程中删除所有的数据信息。
● 导入一个 IGES 数据文件。
● 导入一个 Optistruct 文件。

本实例将用到以下模型文件：bumper_cen_mid1.hm、bumper_mid.hm、bumper_end.igs 和 bumper_end_rgd.fem。每个模型文件包含不同类型或部分的数据，整体显示出一个保险杠的完整模型。

STEP 01 打开 HyperMesh 模型文件 bumper_cen_mid1.hm。

1）通过以下任意一种方式打开 Open File 对话框。
● 菜单栏选择 File>Open>Model 命令。
● "标准"工具栏中单击 Open Model（　）按钮。

2）打开模型文件 bumper_cen_mid1.hm。模型文件 bumper_cen_mid1.hm 被加载到程序进程中，该文件包含网格模型和几何模型，如图 2-19 所示。

STEP 02 导入 HyperMesh 模型文件 bumper_mid.hm 到当前的 HyperMesh 进程中。

1）通过以下任意一种方式进入 Import 面板。
● 在菜单栏选择 File>Import>Model 命令。
● 在"标准"工具栏单击 Import（　）按钮。

2）在标签区域中的 Import 面板中单击 Import HM model（　）按钮。

3）在 File selection 下单击（　）按钮，浏览选择文件 bumper_mid.hm。单击 Import 按钮，将文件 bumper_mid.hm 导入当前程序进程中，如图 2-20 所示。

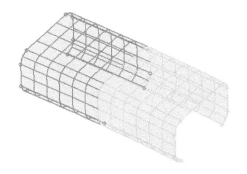

图 2-19　bumper_cen_mid1 模型

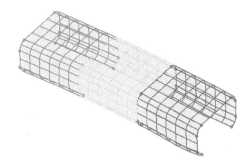

图 2-20　HyperMesh 模型文件 bumper_mid.hm

STEP 03 导入 IGES 几何模型文件 bumper_end.iges 到当前的 HyperMesh 进程中。

1）通过标签区域的 Import 面板，单击 Geometry（🖌）按钮。
2）在 File type 选项弹出的下拉菜单中选择 IGES 类型。
3）单击"文件夹"（🗁）按钮，浏览选择文件 bumper_end.iges。
4）单击 Import 按钮，将几何数据信息导入到模型中，如图 2-21 所示。

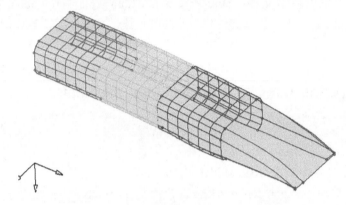

图 2-21 IGES 几何模型文件 bumper_end.igs

STEP 04 导入 Optistruct 输入文件 bumper_end_rgd.fem 到当前的 HyperMesh 进程中。

1）通过标签区域的 Import 面板，单击 Import FE model（🖥）按钮。
2）在 File type 选项弹出的下拉菜单中选择 Optistruct 类型。
3）单击"文件夹"（🗁）按钮，浏览选择文件 bumper_end_rgd.fem。
4）单击 Import 按钮，将几何数据信息导入模型中。

该 Optistruct 输入文件包含了保险杠末端的网格信息。模型导入后自动加载到保险杠末端几何模型的相同位置，如图 2-22 所示。

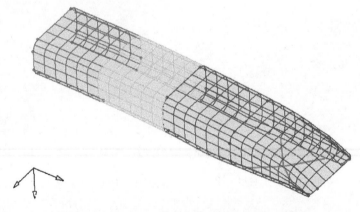

图 2-22 OptiStruct 输入文件 bumper_end_rgd.fem

STEP 05 保存当前进程中的模型为一个 HyperMesh 类型文件，并命名为 practice.hm。

1）通过菜单栏选择 File>Save As>Model 命令。

2）输入文件名 practice.hm。

3）单击 Save 按钮。当前程序进程中加载的所有数据将被保存在一个名为 practice.hm 的二进制数据文件中。

STEP 06 将模型的几何数据信息导出到一个 IGES 文件，并命名为 practice.iges。

1）通过以下任意一种方式进入 Export 面板。

● 通过菜单栏选择 File>Export>Model 命令。

● 通过"标准"工具栏，单击 Export Geometry（🗺）按钮。

2）在标签区域中的 Export 面板中单击 Export Geometry（🗺）按钮。

3）在 File type 选项中单击，弹出下拉菜单，选择 IGES 类型。

4）在 File 下单击"文件夹"按钮，浏览选择保存的目标文件夹并输入 practice.iges。

5）单击 Export 按钮。所有加载在程序进程中的几何数据（点、线、面等）都将被保存到名为 practice.iges 文件中。

STEP 07 将模型的网格信息导出到 Optistruct 输入文件，并命名为 practice.fem。

1）在 Export 面板中单击 Export FE Model（🗺）按钮。

2）在 File Selection>File type 下拉菜单中选择 Optistruct 类型。

3）在 File Selection>File 选项中单击"文件夹"按钮，浏览选择保存的目标文件夹并输入文件名 practice.fem。

4）单击 Export 按钮。所有加载在程序进程中的有限元数据（节点、单元、载荷等）都将被保存到一个名为 practice.fem 的文件中。

STEP 08 删除当前进程中的所有数据，并新建一个 HyperMesh 进程。

1）通过以下任意一种方式打开 New HyperMesh Model 功能。

● 通过菜单栏选择 File>New>Model 命令。

● 通过"标准"工具栏单击 New Model（🖼）按钮。

2）在弹出的 Do you wish to delete the current model?（y/n）提示框中单击 yes 按钮。

STEP 09 导入刚才所创建的 IGES 几何模型文件 practice.iges。

具体过程参考 **STEP 03**。

STEP 10 导入刚才所创建的 Optistruct 输入文件 practice.fem 到当前的进程中。

将 practice.fem 导入前程序进程中，文件中的数据将会加载到当前进程中的已有数据上。具体过程参考 **STEP 04**。

在完成 **STEP 08**、**STEP 09**、**STEP 10** 后，用户当前程序进程中将包含所有在 **STEP 05** 中保存到 practice.hm 模型文件中的几何与网格数据。

STEP 11 保存模型。

2.4　面板菜单的使用

HyperMesh 软件中的大部分功能是通过面板菜单来实现的。很多面板具有相同的属性和控件，所以用户熟悉一个面板菜单的使用后，很容易掌握其他面板菜单的使用方法。

本节将通过实例介绍以下内容。

- 使用"对象"选择器和扩展对象选择菜单在图形区域对节点和单元进行选择和取消选择的操作。
- 使用"方向"选择器定义方向向量，使节点和单元沿该方向移动。
- 在不同对象的选择中切换和定义向量的方法。
- 功能切换。
- 输入、复制、粘贴和计算数值。
- 通过鼠标按键代替单击按钮来使用快捷功能菜单执行操作。
- 通过键盘快捷键在中断操作但不退出一个面板菜单的情况下进入另一个面板菜单执行相应操作。

STEP 01 打开并查看模型文件 bumper.hm。

STEP 02 在 Translate 面板下，从图形区域中选择节点。

1）选择 Mesh>Translate>Nodes 命令进入 Translate 面板。

2）在图形区域左键单击单元的角点选择节点，如图 2-23 所示。

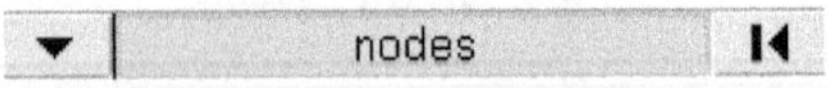

图 2-23　节点选择器

"节点"选择器上的蓝绿色方框表示选择器处于激活状态，图形区选择的对象自动归类为节点。每个单元的角上置有一个节点，选中的节点以白球高亮显示，如图 2-24 所示。

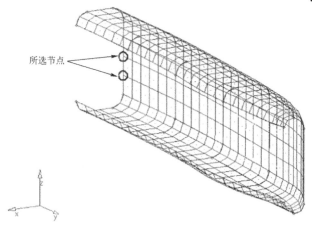

图 2-24　节点选择

3）单击 Reset（⏮）按钮取消节点选择。

STEP
03　**在图形区中选择和取消选择单元。**

1）将"对象"选择器切换为 elems，如图 2-25 所示。
弹出式菜单包括一系列可供偏置的对象。

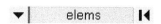

2）在 elems 选择器处于激活状态下时，从图形区域选　图 2-25　"对象"选择器及切换按钮
择一些单元。可通过单击单元的控制点（位于单元中心）
选择一个单元，选中的单元将以高亮白色显示，如图 2-26 所示。

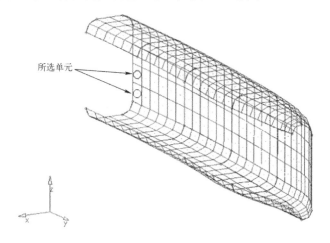

图 2-26　单元选择

STEP
04　**使用快速窗口选择方法选择和取消选择单元。**

1）确定 elems 选择器处于激活状态。

2）将鼠标指针移入图形区域。

3）按住〈Shift〉键和鼠标左键不放，移动鼠标产生一个矩形框，对一些单元进行框选，松开〈Shift〉和鼠标左键，所有在框内的单元均被选中。

4）按住〈Shift〉键和鼠标右键不放，移动鼠标对已选中的单元进行框选，取消单元的选择。

5）按住〈Shift〉键同时单击鼠标左键，界面将弹出一个窗口，包含如图 2-27 所示的 8 个图标。

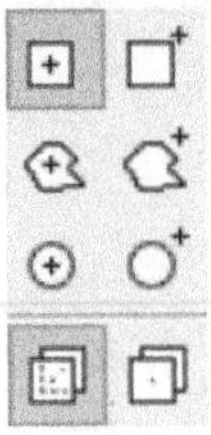

6）选择内多边形形状（⊕）。

图 2-27　快捷选择窗口弹出菜单

7）按住〈Shift〉和鼠标左键，移动鼠标指针将一些未选中的单元框住，然后松开〈Shift〉键和鼠标左键。这种操作方式可画出一个多边形框而不是矩形框，所有框内的单元均被选中。

8）选择圆形形状（⊕）。

9）单击 Reset（⏮）按钮取消选择。按住〈Shift〉和鼠标左键，移动鼠标指针将一些未选中的单元框住，然后松开〈Shift〉键和鼠标左键。这种操作方式可画出一个圆形框。所有框内的单元均被选中。

10）最后两个图标 🗖 🗅 可控制被遮挡住的单元是否可以被选中（对几何对象无效）。

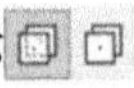

STEP 05　使用扩展对象选择菜单选择和取消选择单元。

1）选择 elems>reverse 命令。此时单元的选择进行了反向操作，即原来所选的单元选择变为未选择状态，原来未选择的单元现在变为已选择状态。

弹出的菜单包含了单元选择的一系列功能。当用户从菜单里选择某项功能后菜单会自动消失。如果用户不希望选择任何功能，直接将鼠标指针移出菜单范围即可。用户可以选择的菜单如图 2-28 所示。

by window	on plane	by width	by geoms	by domains	by tem|ogte
displayed	retrieve	by group	by adjacent	by handles	by path
all	save	duplicate	by attached	by morph vols	by include
reverse	by id	by config	by face	by block	
by collector	by assems	by sets	by outputblock	by ply	

图 2-28　扩展对象选择菜单

2）选择 elems>by adjacent 命令。选择已选单元相邻的单元。

STEP 06　改变单元显示状态，重新选择单元和选择相邻单元。

1）在 Visualization 工具栏中单击 Shaded Elements and Mesh Lines（▣）按钮。单元显示由线框模式改变为渲染模式。

2）在 Translate 面板中单击 Reset（）按钮，取消单元选择。

3）激活 elems 选择器，选择相邻单元。

STEP 07 指定方向向量（只选 N1 和 N2 两个节点）对所选单元进行定向移动。

1）单击 direction 选择器的切换按钮，如图 2-29 所示。弹出图 2-30 所示的菜单。其中包括一系列向量和平面选项，用于定义所选单元的移动方向。

图 2-29　方向选择器　　　　　　　　图 2-30　"方向"选择器弹出菜单

2）从弹出菜单中选择 N1，N2，N3 选项。

3）单击 N1 激活选择器。此时 N1 出现一个蓝绿色边框，表示已处于激活状态。所选的单元会显示为灰色，因为此时单元"对象"选择器处于未激活状态。

4）在图形区域内任选一点作为 N1 点。所选的节点为绿色高亮显示，同时 N2 选择器被自动激活。

5）在 N1 附近选择一点 N2。所选的节点为蓝色高亮显示，同时 N3 选择器被自动激活。注意此时不用去选择第 3 个节点。

注意：选择两个节点 N1 和 N2 定义一个移动方向上的方向向量。该向量从 N1 指向 N2，选择第 3 个点 N3 则会定义一个平面。此时移动方向为该平面法向量的正方向。正方向由右手定则确定。

STEP 08 指定距离对所选单元进行定量移动。

1）单击 toggle（⬍）按钮将 magnitude=转换为 magnitude=N2-N1。

2）单击 translate+按钮，所选单元在 N1-N2 方向以 N2-N1 的距离为单位移动。

3）translate+按钮上的黑色边框表示这是一个快捷菜单按钮，用户可以通过单击鼠标中键来代替单击 translate+按钮。

4）单击鼠标中键，所选单元再次移动了 N2-N1 个单位。

5）单击 translate-按钮两次，所选单元向 N1-N2 向量的反方向移动，并回到原来的位置上。

STEP 09 测量两节点之间的距离。

1）按功能键〈F4〉，暂时中断操作而不退出 Translate 面板。进入到 Geom 菜单页中的 Distance 面板。用户在 Translate 面板中所选择的单元和节点此时处于隐藏状态，但仍然处于选择状态。当用户回到 Translate 面板时它们将恢复到可视状态。

2）选择 Two Nodes 子面板。注意此时 N1 选择器处于激活状态。

3）任选一点为 N1 点，N2 选择器将自动激活。

4）在 N1 点附近选择一点作为 N2 点。此时 distance=框中的数值即为 N1 与 N2 之间的精确距离。

5）单击 distance=框，选中其中的数值。

6）按〈Ctrl+C〉组合键复制该数值。

7）单击 Return 按钮返回到 Translate 面板。

8）此时之前在该面板中选择的单元和节点将重新显示出来。

STEP 10 指定距离对所选单元进行定量移动。

1）切换 magnitude=N1-N2 至 magnitude=。

2）单击 magnitude=框使其变为高亮显示状态。

3）按〈Ctrl+V〉组合键将上一步复制的数值粘贴到此处。

4）单击 translate+按钮，所选择的单元沿着 N1-N2 向量方向以 magnitude=框中输入的数值为单位移动。

5）单击 translate-按钮，所选择的单元沿着 N1-N2 向量反方向移动并回到原来位置。

STEP 11 计算 5.5×10.5 并将结果值填入 magnitude=框中。

1）右键单击 magnitude=框。

2）单击 5.5（按顺序）后按〈Enter〉键。

3）单击 10.5（按顺序）。

4）单击乘号（×）按钮。计算器中显示的计算结果值为 57.75。

5）单击 Exit 按钮。此时计算器将关闭，且数值 57.75 会出现在 magnitude=框中。

用户可以自己输入数值，具体操作方法为单击 magnitude=框，使当前数值处于高亮显示状态，然后输入一个新的数值。

STEP 12 指定新的向量再次移动所选单元。

1）单击 Direction 选择器的 Reset（ ◄ ）按钮，N1 选择器被激活。

2）选择 3 个节点作为 N1、N2、N3 来定义一个平面。

3）单击 translate+按钮或者单击鼠标中键，所选单元沿着定义平面的法向正方向移动 57.75 的距离。

4）单击 Return 按钮退出面板。

STEP
13 保存模型。

所有实例完成后，如果需要可以进行模型保存操作。

2.5 模型的组织管理

HyperMesh 以 collector 的形式对各类对象进行组织与管理，最终将完整的模型组织架构呈现在界面左侧的模型树浏览器中。用户可以借助模型浏览器实现模型的交互选择与显示，可以查看各对象之间的交叉引用关系。因此，学习掌握模型管理方式、模型树浏览器的运用方法是使用 HyperMesh 创建与管理复杂模型的基础。

本节通过实例将介绍如下内容。

● 创建一个几何模型并将其放入 component 中。
● 将单元放入 component 中。
● 重命名 component。
● 查找和删除空的 component。
● 删除所有的几何线。
● 以特定的顺序重新排列 component。
● 对所有 component 重新编号。
● 创建一个 assembly。
● 管理约束。

STEP
01 重新载入模型文件 bumper.hm，如图 2-31 所示。

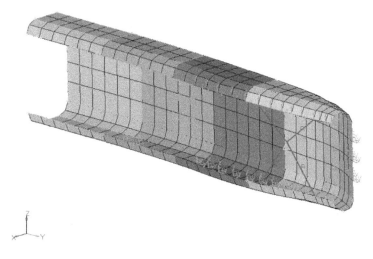

图 2-31 载入模型文件 bumper.hm

STEP 02 创建一个 component，将其命名为 geometry，用于存储模型的几何信息。

1）可用以下任意一种方式打开 Component Collector。

● 通过菜单栏选择 Collectors > Create > Components 命令。

● 在 Model Browser 中单击右键，在弹出菜单中选择 Create > Component 命令。

● 在工具栏上单击 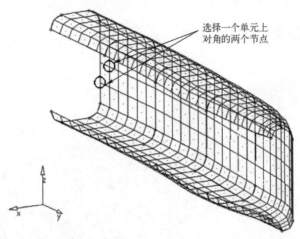 按钮。

2）单击 Name 文本框，输入 geometry。

3）单击 color 下拉列表框，选择黄色。

4）此时不需要设置 material 和 property，直接单击 Create 按钮，创建名为 geometry 的 component collector。

状态栏中显示信息：Component created。在软件窗口的任意位置（除按钮上）单击鼠标左键，关闭状态栏的信息。此时在 Model Browser 栏的当前组件中创建了一个名为 geometry 的 component，并以粗体字显示。

STEP 03 创建两条几何线，将它们移入不同的 component。

1）选择 Geometry > Create > Lines > Standard Nodes 命令进入 Lines 面板。

2）使 node list 处于激活状态，在同一个单元的两个对角点处选择两个相对的点，如图 2-32 所示。

选择一个单元上对角的两个节点

图 2-32 选择节点

3）单击 create 按钮创建线。注意，线为黄色，与 geometry component 的颜色相同，这是因为该线包含在当前的 geometry component 中。

4）在 Model Browser 中单击 rigid component 按钮。

5）单击右键在弹出菜单中选择 Make Current 选项。此时 rigid component 为当前激活的 component。

6）使 node list 处于激活状态，在另一个单元上选择对角上的相对两个点。

7）单击 create 按钮创建线。注意到线的颜色与 rigid component 设置颜色相同，这是因为该线被包含在当前的 rigid component 中。

8）单击 return 按钮退出该面板。

STEP 04 将模型中的所有几何面移入 geometry component。

1）选择 Geometry > Organize > Surfaces 命令，进入 Organize 面板。

2）进入 Collectors 子面板。

3）将 entity selector 切换为 surfs。

4）选择 surfs > all 命令。当前显示的所有面变为白色高亮显示，表示它们已被选中，其他未显示的面也被选中。这是因为用户选择的是 surfs > all 命令。

5）单击 dest component= 下拉列表框，选择 geometry 选项。

6）单击 move 按钮，将所选择的面移入到 geometry component 中。

STEP 05 将模型中所有的壳单元（四边形和三角形）移入 center component。

此时用户应仍停留在 Organize 面板中。

1）将"对象"选择器切换为 elems。

2）选择 elems> by collector 命令。此时显示出一列模型的 components。

3）选择 mid1、mid2 和 end。左键单击一个 component 的名字，显示出颜色或复选框。当复选框被选中时即选中了该 component，欲取消选择该 component，右键单击它即可。

4）单击 select 按钮完成 component 的选择。

5）设置 dest component = 为 center。

6）单击 move 按钮，将选中的 component 移入到 center 中。此时所有的壳单元变为蓝青色，与 center component 的设置颜色相同。

7）单击 return 按钮退出面板。

STEP 06 将 component center 重命名为 shells。

1）在 Model Browser 中选择 center component 命令。

2）单击右键，在弹出菜单中选择 Rename 选项。

3）在 component name 中输入 shells，按〈Enter〉键。

STEP 07 查找和删除所有的空 components。

1）按〈F2〉键，打开 Delete 面板。

2）将选择器切换为 comps。

3）单击 preview empty 按钮。状态栏显示信息：3 entities are empty。此时 3 个 mid1、mid2 和 end components 中没有任何单元。

4）单击"对象"选择器，选择 comps，可以看到所查找到的空 components。此时显示模型所有的 components，其中空的 components 的复选框为选中状态。

5）单击 return 按钮，退出 Delete 面板。

6）单击 delete entity 按钮。状态栏显示信息："Deleted 3 comps"。

STEP 08 删除模型中所有的几何线。

此时用户应该仍停留在 Delete 面板。

1）将"对象"选择器切换为 lines。

2）选择 lines> all 命令。

3）单击 delete entity 按钮。用户之前创建的两条线被删除。

4）单击 return 按钮退出面板。

STEP 09 在 components 列表中将 geometry 前移。

1）通过菜单栏选择 Collectors > Reorder > Components 命令。

2）单击 comps 选择器，查看模型的 components 列表。

3）在面板的右边，单击"切换"按钮将 name 切换为 name（id）。

4）选择 component geometry 选项。

5）单击 select 按钮完成选择。

6）激活选项 move to: front。

7）单击 reorder 按钮，对 component geometry 应用重新排序功能。状态栏显示信息：The selected collectors have been moved。

8）单击 comps 选择器查看排序后的 components 列表。注意，component geometry 移动到了列表的顶部，但是它的 ID 号仍为 6 没有变化。

9）单击 return 按钮退出面板。

说明：在实际工作中大部分情况下并不需要做 reorder 操作。

STEP 10 以 component 在列表中的位置为顺序对所有 components 重新编号。

1）通过菜单栏选择 Collectors > Renumber > Components 命令。

2）进入 Single 子面板。

3）将"对象"选择器切换为 comps。

4）单击 comps 选择器查看模型的 components 列表。

5）在面板的右边，单击选择 comps > all 命令。

6）单击 select 按钮完成 component 的选择。

7）将 start with =设置为 1。

8）将 increment by =设置为 1。

9）将 offset =设置为 0。

10）单击 renumber 按钮对选中的 component 进行重新编号。

11）单击 comps 选择器查看模型的 components 列表。注意到列表中的 components 按着它们的位置进行了重新编号。将视图设置为 name（id）可看到编号。

12）单击 return 按钮退出面板。

虽然 component 的 ID 与其在模型的 components 列表中的位置不同并不会发生错误，但是将 component 的 ID 与其在模型的 components 列表中的位置对应起来有助于后续管理。

STEP 11 创建一个 assembly，用于包含 component、shells 和 rigid。

1）通过菜单栏选择 Collectors > Create > Assemblies 命令。

2）在 Name 文本框中输入 elements。

3）为 assembly 选择一种颜色。

4）单击 create。

5）在模型树中选择 component rigid 和 shells。

6）按住鼠标左键将选中的 component 拖入 assembly elements 中。如果想要从 assembly elements 中移走，使用左键拖曳相应的 component 到本目录下即可。

STEP 12 创建一个载荷 collector，将其命名为 constraints。

1）可用以下任意一种方式进入 Load Collector 对话框。

● 通过菜单栏选择 Collectors > Create > Load Collectors 命令。

● 在 Model Browser 中单击右键，在弹出菜单中选择 Create > Load Collector 命令。

● 在工具栏上单击 按钮。

2）在 Name 文本框中输入 constraints。

3）单击 Color 下拉列表框，选择红色。

4）单击 Create 按钮创建载荷 collector。状态栏显示信息：Load collector created。

5）在软件窗口的任意位置（除按钮上）单击鼠标左键，关闭状态栏的信息。此时 Model Browser 中的约束载荷 collector 为粗体，表示它为当前激活的载荷 collector，所有新创建的载荷将会放入当前的载荷 collector 中。

STEP 13 将模型中的一个约束移入 constraints 载荷 collector 中。

当前进程中的 loads 载荷 collector 中包含了几个力和一个约束。使用 Organize 面板将该约束移到 constraints 载荷 collector 中。

1）通过菜单栏选择 Collectors > Organize > Load Collectors 命令。

2）进入 Collectors 子面板。

3）将"对象"选择器切换为 loads。

4）选择 loads>by config 命令。

5）单击 config =下拉列表框，选择 const。

6）在面板中央，将 displayed 切换为 all。

7）单击 select entities 按钮。

8）将 dest =设置为 constraints。

9）单击 move 按钮，将选中的约束移入 constraints 载荷 collector 中。

STEP 14 从 Model Browser 中创建一个 component。

1）在 Model Browser 中的空白处单击右键。

2）在弹出菜单中选择 Create > Component 命令。

3）在 Name 文本框中输入 component1。

4）单击 Color 下拉列表框，选择绿色。

5）单击 Create 按钮。

6）在 Model Browser 中，单击 Components 前的"+"号展开，可以看到 Component1 为粗体，表明其为当前 component，如图 2-33 和图 2-34 所示。

图 2-33　创建 component

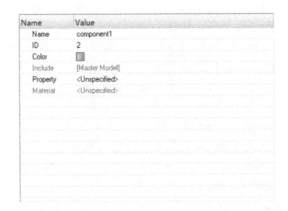

图 2-34　component1 被附加到 component 列表中

STEP 15 在 Model Browser 中重新查看 assembly 单元。

依次左键单击 Assembly Hierarchy 和 elements 前的"+"号，将其展开。其中包含了两个 components，即 rigid 和 shells。

Assemblies 面板允许用户将一个 assembly 中的 component 添加到另一个 assembly 中，在 Model Browser 中也允许用户将一个 assembly 中的 component 直接拖曳到另一个 assembly 中。推荐用户使用 Model Browser 来完成此类操作。

STEP 16 通过 Model Browser 将 component、geometry 和 component1 添加到名为 assem_mid 的 assembly 中。

1）在 Model Browser 中单击左键选中 Assembly Hierarchy 下面的 component geometry 和 component1。

2）按住左键不放直接拖曳到名为 assem_mid 的 assembly 中。此时所选中的 component 被添加到 assem_mid 中。

按〈Ctrl〉键和鼠标左键可在 Model Browser 中一次性选择多个不连续对象。按〈Shift〉键和鼠标左键可在 Model Browser 中一次性选择多个连续对象。在列表中左键单击要选择的第一项，然后按〈Shift〉键，同时左键单击列表中所要选择的最后一项即可。

STEP 17 在 Model Browser 中将 assem_mid 重命名为 assem_geom。

1）右键单击 assem_mid，在弹出菜单中选择 Rename 选项。此时 assem_mid 为高亮显示并处于可编辑状态。

2）输入 assem_geom，按〈Enter〉键。

STEP 18 从 Model Browser 中删除 component1。

1）右键单击 component1，在弹出菜单中选择 Delete 选项。

2）在 delete confirm 对话框中单击 Yes 按钮，以确定想要删除该 component。

注意到 Component1 已被删除，此时在列表中已经没有粗体显示的 component，表明当前没有指定 component。

STEP 19 从中设置当前 component。

右键单击 shells，在弹出菜单中选择 Make Current。此时该 component 的名字变为粗体显示。

2.6　显示控制

在进行有限元建模和分析的过程中，从不同的视角查看模型并控制对象的可见性是很重要的。用户可能需要旋转模型去看清某一形状，局部放大去仔细查看某些细节，或者隐藏模型的一部分去查看模型其他部分。有时候采用着色模式的视图较为方便，有时候又需要采用线框视图去处理模型内部的一些细节结构。

HyperMesh 软件为用户提供了很多功能，用于控制视角和对象的显示模式及可见性。在本节将介绍如下内容。

- 使用鼠标和工具栏控制视角。
- 使用 Display 面板、Mask 面板中的各种工具控制对象的可见性。
- 使用工具栏和 Model Browser 控制对象的显示模式。

STEP 01 载入模型文件 bumper.hm。

STEP 02 使用鼠标控制改变模型的视图显示。

按〈Ctrl〉键和鼠标按键对模型进行旋转、改变旋转中心、缩放、最佳比例显示和平移等操作。

1）将鼠标指针移动到图形区域。

2）按住〈Ctrl〉键和鼠标左键，移动鼠标指针。模型随着鼠标的移动进行旋转。图形区的中央出现了一个白色小方块，用于标明旋转中心。松开鼠标左键，再次按住鼠标左键向另一个方向旋转。

3）按住〈Ctrl〉键，在模型上的任意地方单击鼠标左键。用于标明旋转中心的小方块将会出现在用户鼠标单击处。

HyperMesh 会按照以下条件中的默认顺序寻找并以找到的条件确定旋转中心（如果以下条件均不符合，旋转中心将默认定位于屏幕的中心）。

- 邻近的节点或面的顶点。
- 邻近的一条可以投影的曲面的边。
- 邻近的几何面或着色单元。

4）按住〈Ctrl〉键和鼠标左键旋转模型，观察旋转方式的变化。

5）按住〈Ctrl〉键，在图形区域除模型外的任意地方单击鼠标左键。选中中心重新定位于屏幕的中心。

6）按住〈Ctrl〉键和鼠标左键旋转模型，观察旋转方式的变化。

7）按住〈Ctrl〉键和鼠标中键，来回移动鼠标指针，然后放开鼠标中键。程序将在鼠标指针的移动轨迹上画出一条白色曲线，当松开鼠标中键时，程序将白线画出部分的模型放大显示。用户也可以直接画一条直线来对模型的一部分进行放大显示。

8）按住〈Ctrl〉键，单击鼠标中键，模型以最佳比例显示在图形区域中。

9）按住〈Ctrl〉键，滚动鼠标滚轮。模型的缩放取决于用户鼠标滚轮的滚动方向。

10）将鼠标指针移至图形区的另一区域，重复第 9）步。注意到模型的缩放动作将以鼠标的指针所在处为基点。

11）按住〈Ctrl〉键，单击鼠标中键使模型以最佳比例显示在窗口中。

12）按住〈Ctrl〉键和鼠标右键，移动鼠标指针，模型跟随鼠标指针的移动进行移动。

STEP
03 使用工具栏的旋转功能控制模型的视图显示。

1）在 View Controls 工具栏中，左键单击 Dynamic Rotate（ ✛ ）按钮。

2）将鼠标指针移至图形区域，此时旋转中心的小方块出现。

3）按住鼠标左键，移动鼠标指针。模型随着鼠标指针的移动而旋转，该功能与按住〈Ctrl〉键和鼠标左键而后移动鼠标的效果相同。

4）在模型上单击鼠标中键，旋转中心重新定位于用户单击处附近。

5）将鼠标指针移出图形区域或单击右键退出旋转模式。

6）在 View Controls 工具栏中，右键单击 Dynamic Rotate（ ✛ ）按钮，将鼠标指针移至图形区域。旋转中心再次出现，用户可以单击鼠标中键改变旋转中心的位置。

7）在旋转中心的方块附近按住鼠标左键，模型沿着用户鼠标指针相对于旋转中心的方向进行连续旋转。

8）按住鼠标左键，慢慢移动鼠标指针，模型旋转的方向和速度发生了改变。鼠标指针距离旋转中心越远，模型旋转得越快。用户可以松开鼠标左键，然后再次按住鼠标左键，沿另一个方向旋转模型。

9）在图形区除模型外的任意区域单击鼠标中键，旋转中心重新定位于屏幕中心。

10）将鼠标指针移出图形区域或单击右键退出旋转模式。

STEP
04 使用工具栏的缩放功能控制模型的视图显示。

1）在 View Controls 工具栏中，左键单击 circle / dynamic zoom（ ⊛ ）按钮。状态栏显示信息：Circle the data to be zoomed in on。

2）将鼠标指针移入图形区域。

3）按住鼠标左键来回移动，然后松开鼠标左键。程序会在鼠标指针的移动轨迹上画出一条白色曲线，当松开鼠标左键时，程序可将白线画出部分的模型放大显示。用户也可以直接画一条直线来对模型的一部分进行放大显示。这个功能与按住〈Ctrl〉键和鼠标中键对模型的一部分进行放大的效果是一样的。

4）在 Standard Views 工具栏中单击 fit（ ⊛ ）按钮，模型将以最佳比例显示在图形区中。

5）在 View Controls 工具栏中，左键单击 zoom in / out（ ⊛ ）按钮，模型将根据 Options 面板中所设置的缩放因子进行缩小。

6）在 View Controls 工具栏中，右键单击 zoom in / out（ ⊛ ）按钮，模型将根据 Options 面板中所设置的缩放因子进行放大。

7）通过菜单栏选择 Preferences > Meshing Options 或 Geometry Options 命令（也可以通过〈O〉快捷键直接进入），进入 Geometry 或 Mesh 子面板。

8）在 zoom factor =文本框中输入 4。

9）单击 return 按钮退出面板。

10）在 View Controls 工具栏中，左键单击 zoom in / out（🔍）按钮，模型将根据设定的更大的缩放因子进行缩小。

11）在 View Controls 工具栏中，右键单击 circle / dynamic zoom（🔍）按钮，将鼠标指针移入图形区域。状态栏显示信息：Drag up/down to zoom in/out。

12）按住鼠标左键，上下移动鼠标指针，模型将根据用户移动鼠标的幅度进行缩放。

13）将鼠标指针移出图形区域或单击右键退出动态缩放模式。

STEP 05 使用工具栏的 arrows 按钮和 View 面板控制模型的视图显示。

1）在 View Controls 工具栏中，右键或左键单击任意一个 rotate（↔，↕，{}）按钮，模型将根据 Options 面板中所设置的旋转角度沿箭头方向旋转。

2）在 Standard Views 工具栏中单击 XY Top Plane View（⬚）按钮。

3）通过菜单栏选择 Preferences > Meshing Options or Geometry Options 命令。

4）在 rotate angle =文本框中，输入数值 90。

5）单击 return 按钮退出面板。

6）单击任意的 rotate（↔，↕，{}）按钮。注意到模型以新设置的 90° 旋转角进行旋转。

7）改变模型的视角。

8）按〈Ctrl〉键和鼠标左键，或者单击工具栏的 rotate 按钮旋转模型。

9）按〈Ctrl〉键和鼠标中键，或者单击工具栏的 zoom 按钮缩放模型。

10）在 Model Browser 中单击右键，在弹出菜单中选择 Create > View 命令。

11）展开新建的 View 文件夹察看刚创建的视角。

12）右击该视角，在弹出菜单中选择 Rename 命令。

13）输入新的名称，如 my_view。

14）单击 XY Plane Top View（⬚）按钮，以该视角显示模型。

15）在 Model Browser 中单击 my_view 按钮，显示新创建的视角。

STEP 06 使用工具栏控制 component 的显示模式。

1）在 Visualization 工具栏中单击 Shaded Elements and Mesh Lines（⬡）按钮，此时壳单元以着色模式显示。

2）左键单击 Shaded Elements and Mesh Lines（⬡）旁的小三角，弹出下拉菜单，将其切换为 Shaded Elements and Feature Lines（⬡）。此时着色模式显示的单元隐藏了所有的网格线，只显示几何特征线。

3）左键单击 Shaded Elements and Feature Lines（⬡）旁的小三角，弹出下拉菜单，将其切换为 Shaded Elements（⬡）。此时特征线框也不再显示。

4）单击 Wireframe Elements/Skin Only（⬡）按钮，恢复至线框显示模式。

STEP 07 使用 Visual Attributes 面板控制 component 的显示模式。

1）在 Visualization 工具栏中，左键单击 Shaded Elements and Mesh Lines（🔲）旁的小三角，弹出下拉菜单。

2）单击 Shaded Elements（🔲）按钮，此时所有单元以隐藏线条的着色模式显示。

3）在 Model Browser 中单击鼠标右键，在弹出菜单中选择 Columns > Show FE Style 命令。此时在 Model Browser 出现了新的一栏。

4）在 FE Style 栏中的 component mid1 旁边单击右键，在弹出菜单中选择 Wireframe Elements Skin Only（🔲）。此时仅该 component 的显示模式改变。

5）尝试其他显示模式，具体如下。

- Wireframe Elements（🔲）：单元的边以线条显示。
- Wireframe Elements Skin Only（🔲）：仅壳单元的边以线条显示。
- Shaded Elements（🔲）：单元以实心多边形显示。
- Shaded Elements with Mesh Lines（🔲）：单元以实心多边形显示，且显示网格线。
- Hidden Line with Feature Lines（🔲）：单元以实心多边形显示，且几何特征线以网格线颜色显示。
- Transparent（🔲）：单元以透明的实心多边形方式显示。

STEP 08 使用 Model Browser 控制各类对象的可见性。

1）激活标签区域的 Model 选项卡。

2）在 Model Browser 中的任意空白处单击右键，在弹出菜单中选择 Expand All 命令，展开整个 Model Browser。

3）在 Model Browser 顶部单击选择 Display none（🔲），此时模型中的所有对象被隐藏。

4）单击选择 Display all（🔲），此时模型中的所有对象被显示。

5）在浏览器列表中左键单击选择 Component（5）。

6）单击选择 Display none（🔲）。此时 Component collectors 被隐藏，但其他的对象仍为显示状态。

如果用户事先没有对浏览器列表中的任何对象进行选择，则 Display all、Display none 和 Display reverse 选项会作用于所有对象。选中某一个文件夹时（该文件夹高亮显示），则该操作只应用于该文件夹中的对象。选中某一对象时，则该操作仅应用于所选中的对象。

7）在浏览器列表的空白处单击左键。该操作将取消对浏览器列表中所有单元的选择。

8）单击选择 Display reverse（🔲）。该步对显示进行了反向操作，只有原来未显示的 components 现在处于显示状态。

9）单击选择 Component view（🔲），仅浏览器列表中的 component collectors 显示。

10）单击"单元"和"几何"过滤器的下拉菜单，将其从 Elements + Geometry（🖼️）切换至 Elements（🖼️）。此时 Display all、Display none 和 Display reverse 选项将不再影响组件中几何模型的显示模式。

11）单击选择 Display none（🖼️），此时界面中只有几何模型处于显示状态。

12）将"单元"和"几何"过滤器切换回 Elements + Geometry（🖼️）。

13）单击选择 Display reverse（🖼️），此时仅显示单元。

STEP 09 使用 Model Browser 控制单个 component 的可见性。

1）单击 component mid2、end 和 rigid 旁边的 elements（🖼️）按钮，此时只有 component center 和 mid1 中的单元处于显示状态。

2）按〈F〉键，当前显示的组件以最佳比例显示在窗口中。

3）单击 component mid1 和 center 旁边的 geometry（🖼️）按钮。

4）按〈F〉键，将当前显示的组件以最佳比例显示在窗口中。此时 component mid2 和 end 中的几何模型以及 component center 和 mid1 中的单元处于显示状态。

一个 component collector 拥有两个 compartments，分别用于存放单元和几何信息。因此用户可以分别控制一个 component 中的几何和单元的显示模式。

STEP 10 使用 Mask 面板控制对象的显示模式。

1）单击 Mask（🖼️）按钮，打开 Mask 面板。

2）进入 Mask 子面板。

3）激活 elems 选择器，选择 elems> by collector 命令。

4）选择 component mid1 选项。

5）单击 select 按钮，完成 component 的选择。

6）从图形区域手工选择 component center（蓝色）上的一些单元。

7）单击 mask 隐藏所选单元，则 component mid1 及用户从图形区域所选的单元不再显示。

8）在 Model Browser 中，注意到 component center 和 mid1 前的 elements（🖼️）仍为显示状态，这表明虽然它们的部分或全部单元被隐藏了，但是它们仍处于激活状态。

9）在 Mask 面板中单击 unmask all，或者在 Display 工具栏中单击 unmask all（🖼️）按钮，component center 和 mid1 中的所有单元将会重新显示出来。而其他 component 的单元并没有显示，这是因为它们在 Display 面板中没有被激活。

10）单击 return 按钮回到主面板。

STEP 11 使用 Find 面板控制对象的显示模式。

1）单击 Display 工具栏中的 find（🖼️）按钮打开 Find 面板。

2）进入 Find Entities 子面板。

3）选择 elems > by collector 命令，然后从 components 列表中选择 end。

4）单击 find 查找单元，此时 component end 中的单元显示出来。注意到 component end 中的单元处于显示状态（⬦），这是因为查找得到的包含该对象的 collector 被自动激活。

5）进入 Find Attached 子面板。

6）在 attached to 中选择 elems > displayed 命令。

7）单击 find 查找单元。component mid2 和 rigid 中的一些单元显示出来，这些单元与第 4）步中已选单元是直接相邻或相连接的关系。同时再次注意到这些 components 中的单元被激活（⬦），这样它们才能够显示出来。

8）单击 return 按钮回到主面板。

9）在 Display 工具栏中单击 Unmask All（▥）按钮。模型中所有的单元均处于显示状态。

STEP 12 通过标签区域的 Mask 选项卡功能改变对象的显示模式。

1）在 Model Browser 中单击浏览器列表的空白处，确认此时未选择任何对象。

2）单击选择 Display none（⊟）。

3）单击选择 Display all（⊟）。

以上两步操作用于确定模型中所有对象均处于显示状态。

4）单击 Mask 选项卡。

5）在 Components 的 Isolate 一栏中单击 "1"。此时图形区仅显示模型的所有 components（单元、几何及连接器 connector），其他对象均被隐藏。

6）展开 Components 层树，显示出所有连接器、单元和几何对象。

7）单击 Elements>Hide 一栏中的 "–"，模型中的单元被隐藏，仅剩下所有几何面处于显示状态。

8）展开 Load Collectors 层树，显示出所有载荷和方程。

9）展开 Loads 层树，显示出所有约束、力和力矩等对象。

10）单击 Constraints>Show 一栏中的 "+"，此时约束变为显示状态。

11）展开 Elements 层树，显示出所有的 0D/rigids、springs/gaps、1D、2D 和 3D 单元。

12）单击 0D/Rigids>Isolate 一栏中的 "1"。

此时刚性单元和约束处于显示状态，几何面对象被隐藏。这是因为使用列表某次级层树下的 isolate 功能，不会隐藏掉其所属顶层之外其他层树下的对象，刚性单元属于 component 层树，因此该功能并没有隐藏与 component 层树同级的其他层树中的对象。

13）单击 Components>Isolate 一栏中的 "1"。除约束之外，components 中的所有对象又重新显示出来。这是因为在列表

图 2-35 "颜色" 列表

（components、groups、loadcollectors、morphing、multibodies and systemcollectors）的顶层使用 isolate 功能，将会隐藏掉所选对象以外的一切对象。

STEP 13 在 Model Browser 中改变 component 的颜色。

1）单击 Model 选项卡进入 Model Browser。

2）右键单击 mid1 旁边的 color（▢）按钮。

3）从弹出的"颜色"列表中选择不同的颜色，如图 2-35 所示。注意观察 mid1 中单元的颜色变化。

小结

从本章可以看到，HyperMesh 拥有 Windows 风格的现代化图形界面，用户交互方便，可视化环境功能强大，易于学习。HyperMesh 默认界面主要分为菜单栏、工具栏、页面菜单、图形区域和标签区。读者在使用 HyperMesh 时，大部分的功能可以通过工具栏按钮和页面菜单来实现。页面菜单按钮虽然较多，但有科学的布局方式，学习时可以摸索其布局规律，不需要去死记硬背。另外，记忆部分快捷键功能，将使前处理工作效率大大提高，达到事半功倍的效果。默认快捷键以及自定义快捷键的方法在本书最后的附录中可以找到。

第 3 章

几何清理

模型导入与几何清理是获得高质量网格的关键。本章首先从几何术语出发介绍了 HyperMesh 几何清理的基本功能，然后通过具体实例描述了这些功能的用法。

本章重点知识

3.1 HyperWorks 几何术语

图 3-1 和图 3-2 所示介绍了 HyperWorks 有限元前处理平台的基本几何元素，并给出了中英文对照，以便用户统一 HyperMesh 中的术语及交流学习。本节将对这些几何名称逐一进行解释。

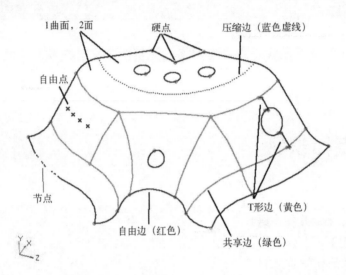

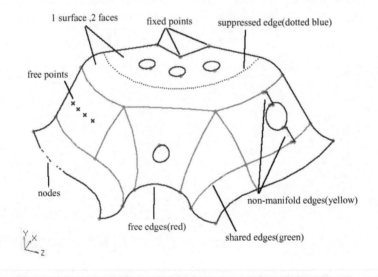

图 3-1　HyperMesh 几何特征

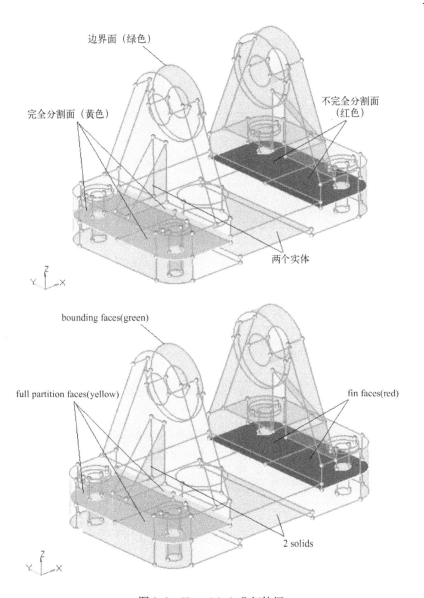

图 3-2　HyperMesh 几何特征

3.2　CAD 接口

本节将向用户介绍 HyperMesh 的 CAD 输入和输出接口，以及各接口的相关控制参数。

3.2.1　读入 CAD 模型

首先介绍 HyperMesh CAD 模型读入功能的标准及控制参数。HyperMesh 支持的 CAD 数据类型、版本及平台见表 3-1。具体的几何导入方法将在本章实例中说明。

表 3-1 HyperMesh 支持的 CAD 数据类型、版本及平台

格式	支持的最新版本	操作系统		
		Windows	Linux	Mac
ACIS	r21	Y	Y	Y
CATIA	V4 V5-6R2016 (R26) V6-2013X	Y	Y	Y
CATIA Composites Link		Y	Y	Y
DXF	AutoCAD 12	Y	Y	Y
FiberSim		Y	Y	Y
IGES	v6.0 JAMA-IS	Y	Y	Y
Inspire	2014	Y	Y	Y
Intergraph	schema 2013	Y	Y	Y
JT	10.2	Y	Y	Y
Parasolid	v28.1.194	Y	Y	Y
PDGS	v26	Y	Y	Y
Pro E	Wildfire 5 Creo 2 M140 Creo 3 M040 Creo 3 M090 Creo 4 F000	Y	Y	Y
SolidWorks	2016 2017	Y	Y	Y
STEP	AP203 AP214	Y	Y	Y
Tribon	TXHSTL-R Tribon XML Export v1.3	Y	Y	Y
UG	NX 8.5 NX 9.0 NX 10.0 NX 11.0	Y	Y	Y
VDAFS	v2	Y	Y	Y

更多的 HyperWorks 支持平台技术细节可参考 Altair HyperMesh User's Guide。UG NX 7 的导入不支持 Linux 64 平台。

3.2.2 节点和曲线

1. 节点（Node）

节点是最基本的有限元对象，它代表结构的空间位置并用于定义单元的位置和形状。同

时，它也用于创建几何对象时的辅助对象。

节点可能包含指向其他几何对象的指针并能与它们直接关联。根据网格模型的显示模式，节点显示为一个圆或球，通常情况下颜色为黄色。

2．自由点（Free points）

自由点是一种在空间中不与任何曲面相关联的零维几何对象。它通过"×"来表示，其颜色取决于所属的组件集合。这种类型的点通常应用于定义焊接点的位置和连接器。

3．线（Lines）

线指空间中不与任何曲面或实体相关联的曲线，它是一维集合对象，其颜色取决于所属的组件集合。线可由一种或多种线型构成，每一种线型构成线的一部分。上条线段的终点将作为下一线段的起点，各个线段最终组成一个线对象，因而对线的操作将作用到线上所有的线段。通常情况下，HyperMesh 会自动使用合适的线段数量和线型来表达几何对象。

HyperMesh 通过下述命令创建线对象。

- 直线（Straight）。
- 椭圆线（Elliptical）。
- 非均匀有理样条曲线（NURBS）。

线与曲面边界不同，因而对于不同的应用场合需要进行不同的操作。

4．面（Faces）

面是由单一非均匀有理 B 样条曲线（NURBS）构成的最小区域对象，它有不同的数学定义，在创建时需特别指定。

HyperMesh 通过下述命令创建面对象。

- Plane 平面。
- cylinder/cone 圆柱/圆锥。
- Sphere 球。
- Torus 圆环面。
- NURBS 非均匀有理样条曲线。

HyperMesh 中曲面可由一种或多种类型的面构成。多种类型的面用来定义包含尖角的复杂曲面或是高度复杂的形状。

3.3 曲面及体的拓扑关系

1．曲面（Surfaces）

曲面用来描述关联模型的几何，它是二维几何对象，可用于自动网格划分。

曲面由一个或多个面构成，每个面包含一个数学意义上的曲面和分割曲面的边界（如果需要）。如果一个曲面包含多个面，HyperMesh 会将这所有的面组合成一个完整的曲面对象，因而对于曲面的操作将影响到其中所有的面。通常情况下 HyperMesh 会自动使用合适的面数量和面型来表达几何对象。

曲面的周长是通过边界定义的。HyperMesh 中有 4 种类型的曲面边界，具体如下。

- Free edges 自由边。
- Shared edges 共享边。
- Suppressed edges 压缩边。
- Non-manifold edges T 形边。

曲面边界与线不同，因而对于不同的应用场合需要进行不同的操作。

曲面边界的连续性反映了几何的拓扑关系。

2．硬点（Fixed Points）

硬点是指与曲面关联的零维几何对象，其颜色取决于所关联曲面的颜色，它通过 "o" 表示。划分网格时，automesh 将在待划分曲面的每个硬点位置创建节点。位于三个或更多非压缩边的连接处的硬点称为顶点，这类硬点不能被压缩（去除）。

3．自由边（Free Edges）

自由边是指被一个曲面所占用的边界，默认情况下显示为红色。在仅由曲面构成的模型中，自由边将出现在模型的外缘及孔内壁位置。相邻曲面间的自由边表示这两个曲面之间存在间隙，划分网格时 automesh 会自动保留这些间隙特征。

4．共享边（Shared Edges）

共享边是指由相邻曲面共同拥有的边界，默认情况下呈现绿色。当两个曲面之间的边界是共享边，即曲面间没有间隙或重叠特征时，这就是说它们是连续的。划分网格时，automesh 将沿着共享边放置节点并创建连续的网格，但不会创建跨越共享边的独立单元。

5．压缩边（Suppressed Edges）

压缩边是指由两个曲面共同拥有的边界，但此边将被 automesh 忽略，默认情况下压缩边呈现蓝色。与共享边类似，压缩边描述曲面间的连续性，不同的是 automesh 可以在此处创建跨越边界的单元，就像没有边界一样。划分网格时，automesh 不会在压缩边处放置节点，因而，某些单元可以跨过边界线。通过压缩不需要的边界，众多小曲面将会组合成较大的逻辑上可以划分的区域。

6．T形边（Non-manifold Edges）

T 形边是指由 3 个或 3 个以上的曲面共同拥有的边界，默认情况下呈现黄色。它们通常出现在 "T" 字交叉位置或两个或更多重复面位置。automesh 沿着 T 形边界放置节点并创建不含任何间隙的连续网格，在 T 形连接处，automesh 不会创建跨越边界的单元。T 形边界不能进行压缩操作。

7．实体（Solids）

实体是指构成任意形状的闭合曲面，它是三维对象，可以进行自动四面体划分和实体网格划分，其颜色取决于所属的组件集合。构成实体的曲面可以归属于不同的组件集合。实体及相关联的曲面显示是由实体所属的集合控制的。

8．边界面（Bounding Faces）

边界面是指定义单一实体外边界的曲面，默认情况下呈现绿色。边界面是独立存在的并且不与其他实体所共有。一个独立的实体通常由多个边界面构成。

9. 不完全分割面（Fin Faces）

不完全分割面是指面上所有边界均处于同一个实体内，或者说是独立实体中的内部面，默认情况下呈现红色。不完全分割面可通过手动合并实体创建或在切割实体的过程中创建。

10. 完全分割面（Full Partition Faces）

完全分割面是指由一个或更多实体共享构成的边界面，默认情况下呈现黄色。切割实体或使用布尔运算合并多个实体时，在共享位置或交叉位置会产生完全分割面。

3.4 HyperMesh 几何创建及编辑功能

HyperMesh 向用户提供了类型丰富的几何创建和编辑功能。本节以列表的形式给出了 HyperMesh 几何工具的三大模块，几何创建（Creating Geometry）、几何编辑（Editing Geometry）以及几何特征查询（Querying Geometry）的功能及按钮。

3.4.1 几何创建（Creating Geometry）

HyperMesh 有限元前处理平台向用户提供了丰富的几何创建功能。此外，用户也可以通过 HyperMesh CAD 接口导入已有的几何模型。各类几何创建功能（Creating Geometry）的应用场合基于待创建几何的特征以及对模型细节的具体要求。本节介绍 HyperMesh 所有几何创建功能及其对应的按钮（Panel）。

1. 节点（Nodes）

- xyz：通过指定坐标值（x,y,z）创建节点（Nodes panel）。
- on geometry：在选择的点、线、曲面和平面等几何对象上创建节点（Nodes panel）。
- arc center：在能够描述输入节点、点或线集的最佳圆弧曲率中心处创建节点（Nodes panel）。
- extract parametric：在线和曲面的参数位置创建节点（Nodes panel）。
- extract on line：在所选线段上创建均布节点或偏置节点（Nodes panel）。
- interpolate nodes：在空间中已存在的节点处通过插值方式创建均布节点或偏置节点（Nodes panel）。
- interpolate on line：在线段上已存在的节点处通过插值的方式创建均布节点或偏置节点（Nodes panel）。
- interpolate on surface：在曲面上已存在的节点处通过插值的方式创建均布节点或偏置节点（Nodes panel）。
- intersect：在几何对象的交叉位置（线/线、线/曲面、线/实体、线/平面、向量/线、向量/曲面、向量/实体以及向量/平面）创建节点（Nodes panel）。
- temp nodes：通过复制已存在的节点，或在已存在的几何或单元上创建节点（Temp Nodes panel）。
- circle center：在由 3 个节点精确定义圆的圆心创建节点（Distance panel）。
- duplicate：复制已有节点创建新节点。任何节点文本框下"高级对象选择"对话框中的 duplicate 可用的面板均可实现。

- on screen：预选已有的几何或单元并通过单击的方式创建节点。任何具有 node 或 node list 文本框的面板均可实现。
- 通过命令创建的方式没有对应的面板。

2．自由点（Free Points）

- xyz：过指定坐标值（x,y,z）创建自由点（Points panel）。
- arc center：在能够描述输入节点、点或线集的最佳圆弧曲率中心处创建自由点（Points panel）。
- extract parametric：在线和曲面的参数位置创建自由点（Points panel）。
- intersect：在几何对象的交叉位置（线/线、线/曲面、线/实体、线/平面、向量/线、向量/曲面、向量/实体以及向量/平面）创建自由点（Points panel）。
- suppressed fixed points：通过压缩硬点的方式在原始硬点位置生成自由点（Point Edit panel）。
- circle center：在由 3 个自由点或硬点精确定义圆的圆心创建自由点（Distance panel）。
- duplicate：复制已有自由点或硬点创建新自由点。任何点文本框下 "高级对象选择" 对话框中的 duplicate 可用的面板均可实现。

3．硬点（Fixed Points）

- by cursor：在曲面或曲面边界的光标位置创建硬点（Point Edit panel、Quick Edit panel）。
- on edge：在曲面边界处创建硬点（Point Edit panel、Quick Edit panel）。
- on surface：在曲面或靠近曲面已有节点或自由点的位置创建硬点（Point Edit panel）。
- project：通过投影已有自由点或硬点到曲面边界创建硬点（Point Edit panel、Quick Edit panel）。
- defeature pinholes：简化小孔特征时，硬点会在待去除小孔特征的圆心位置出现（Defeature panel）。
- 通过命令创建的方式没有对应的面板。

4．曲线（Lines）

- xyz：通过指定坐标值（x,y,z）的方式创建线（Lines panel）。
- linear nodes：在两节点之间创建直线（Lines panel）。
- standard nodes：在节点之间创建标准线（Lines panel）。
- smooth nodes：在节点之间创建光滑曲线（Lines panel）。
- controlled nodes：在节点之间创建控制线（Lines panel）。
- drag along vector：沿指定向量拉伸节点一定的距离形成线（Lines panel）。
- arc center and radius：通过指定圆心和半径创建圆弧（Lines panel）。
- arc nodes and vector：通过两个节点和向量创建圆弧（Lines panel）。
- arc three nodes：通过指定圆弧上 3 个节点创建圆弧（Lines panel）。

- circle center and radius：通过指定圆心和半径创建圆（Lines panel）。
- circle nodes and vector：通过两个节点和向量创建圆（Lines panel）。
- circle three nodes：通过指定圆弧上 3 个节点创建圆（Lines panel）。
- conic：通过指定起点、终点及切线位置创建圆锥线（Lines panel）。
- extract edge：复制曲面边界创建线（Lines panel）。
- extract parametric：在曲面参数化位置创建线（Lines panel）。
- intersect：在几何对象的交叉位置（线/线、线/曲面、线/实体、线/平面、向量/线、向量/曲面、向量/实体以及向量/平面）创建线（Lines panel）。
- manifold：通过节点集在曲面上创建线性或光滑线（Lines panel）。
- offset：通过偏移曲线相同距离或变化距离创建曲线（Lines panel）。
- midline：在已有曲线上通过插值的方式创建曲线（Lines panel）。
- fillet：在两条自由曲线处创建倒圆线（Lines panel）。
- tangent：在一条曲线或一个节点之间，或两条曲线之间创建切线（Lines panel）。
- normal to geometry：到节点或点位置创建曲线、曲面和实体的垂线（Lines panel）。
- normal from geometry：从节点或点位置创建曲线、曲面和实体的垂线（Lines panel）。
- normal 2D on plane：在一个平面上从指定节点或点位置创建垂直于目标曲线的垂线（Lines panel）。
- features：从单元特征处创建曲线（Lines panel）。
- duplicate：复制已有曲线创建新曲线。任何点文本框下"高级对象选择"对话框中的 duplicate 可用的面板均可实现。
- 通过命令创建的方式没有对应的面板。

5. 曲面（Surfaces）

- square：创建二维方形曲面（Surfaces panel、Planes panel）。
- cylinder full：创建三维完全圆柱曲面（Surfaces panel、Cones panel）。
- cylinder partial：创建三维部分圆柱曲面（Surfaces panel、Cones panel）。
- cone full：创建三维完全圆锥曲面（Surfaces panel、Cones panel）。
- cone partial：创建三维部分圆锥曲面（Surfaces panel、Cones panel）。
- sphere center and radius：通过指定圆心和半径创建三维球面（Surfaces panel、Spheres panel）。
- sphere four nodes：通过指定 4 个节点创建三维球面（Surfaces panel、Spheres panel）。
- sphere partial：创建三维部分球面（Surfaces panel、Spheres panel）。
- torus center and radius：通过指定圆心、法线方向、最小半径和最大半径创建三维圆环面（Surfaces panel, Torus panel）。
- torus three nodes：通过指定 3 个节点创建三维圆环面（Surfaces panel、Torus panel）。
- torus partial：创建三维部分圆环面（Surfaces panel、Torus panel）。
- spin：沿某个轴线旋转曲线或节点集创建曲面（Surfaces panel、Spin panel）。

- drag along vector：沿某一向量拉伸曲线或节点集创建曲面（Surfaces panel、Drag panel）。
- drag along line：沿某条曲线拉伸曲线或节点集创建曲面（Surfaces panel、Line Drag panel）。
- drag along normal：沿曲线法线方向拉伸曲线创建曲面（Surfaces panel）。
- ruled：在曲线或节点集之间以插值的方式创建曲面（Surfaces panel、Ruled panel）。
- spline/filler：通过填补间隙方式创建曲面，如填补已有曲面的孔特征（Surfaces panel、Spline panel、Quick Edit panel）。
- skin：通过指定一组曲线创建曲面（Surfaces panel、Skin panel）。
- fillet：在曲面边界处创建等半径倒圆面（Surfaces panel）。
- from FE：创建贴合壳单元的曲面（Surfaces panel）。
- meshlines：创建关联壳单元的曲线，以便高级选择或曲面创建（Surfaces panel）。
- auto midsurface：从多个曲面或实体特征中自动创建中面（Midsurface panel）。
- surface pair：从一对曲面中创建中面（Midsurface panel）。
- duplicate：复制已有曲面创建新曲面。任何点文本框下"高级对象选择"对话框中的duplicate可用的面板均可实现。
- 通过命令创建的方式没有对应的面板。

6. 实体（Solids）

- block：创建三维块状实体（Solids panel）。
- cylinder full：创建三维完全圆柱实体（Solids panel）。
- cylinder partial：创建三维部分圆柱实体（Solids panel）。
- cone full：创建三维完全圆锥实体（Solids panel）。
- cone partial：创建三维部分圆锥实体（Solids panel）。
- sphere center and radius：通过指定中心和半径的方式创建三维球体（Solids panel）。
- sphere four nodes-Creates three：通过指定4个节点创建三维球体（Solids panel）。
- torus center and radius：通过指定中心、法线方向、最小半径和最大半径创建三维圆环体（Solids panel）。
- torus three nodes：通过指定3个节点创建三维圆环体（Solids panel）。
- torus partial：创建三维部分圆环体（Solids panel）。
- bounding surfaces：通过封闭曲面创建实体（Solids panel）。
- spin：沿某轴线旋转曲面创建实体（Solids panel）。
- drag along vector：沿某一向量拉伸曲面创建实体（Solids panel）。
- drag along line：沿某曲线拉伸曲面创建实体（Solids panel）。
- drag along normal：沿曲面法线方向拉伸曲面创建实体（Solids panel）。
- ruled linear：通过曲面间线性插值创建实体（Solids panel）。
- ruled smooth：通过曲面间高阶插值创建实体（Solids panel）。
- duplicate：复制已有实体创建新实体。任何点文本框下"高级对象选择"对话框中的duplicate可用的面板均可实现。
- 通过命令创建的方式没有对应的面板。

3.4.2 几何编辑（Editing Geometry）

HyperMesh 中可通过多种方式编辑几何模型。对特定几何模型进行编辑的方法取决于几何对象的可输入性和模型的细节程度。下面列举 HyperMesh 中可实现的几何编辑方法。

1. 节点（Nodes）

- clear：删除临时节点（Temp Nodes panel）。
- associate：通过移动节点到硬点、曲面边界和曲面位置的方式将节点与这些特征相关联（Node Edit panel）。
- move：沿曲面移动节点（Node Edit panel）。
- place：将节点放置在曲面中的指定位置（Node Edit panel）。
- remap：通过从曲线或曲面映射节点到另一曲线或曲面的方式移动节点（Node Edit panel）。
- align：按照虚拟曲线排列节点（Node Edit panel）。
- find：通过查找关联某一有限元对象上的节点的方式创建临时节点（Find panel）。
- translate：沿某一向量移动节点（Translate panel）。
- rotate：沿某一轴线旋转节点（Rotate panel）。
- scale：按照统一比例或不同比例缩放节点位置（Scale panel）。
- reflect：以某平面为中面创建对称节点（Reflect panel）。
- project：投影节点到平面、向量、曲线/曲面边界或曲面上（Project panel）。
- position：平移或旋转节点到一个新的位置（Position panel）。
- permute：转换节点所属坐标系（Permute panel）。
- renumber：对节点重新编号（Renumber panel）。
- 通过命令创建的方式没有对应的面板。

2. 点（Points）

- delete：删除自由点（Delete panel）。
- translate：沿某一向量移动自由点（Translate panel）。
- rotate：沿某一轴线旋转自由点（Rotate panel）。
- scale：按照统一比例或不同比例缩放自由点位置（Scale panel）。
- reflect：以某平面为中面创建对称自由点（Reflect panel）。
- project：投影自由点到平面、向量、曲线/曲面边界或曲面上（Project panel）。
- position：平移或旋转自由点到一个新的位置（Position panel）。
- permute：转换自由点所属坐标系（Permute panel）。
- renumber：对自由点重新编号（Renumber panel）。
- 通过命令创建的方式没有对应的面板。

3. 硬点（Fixed Points）

- suppress/remove：压缩不构成顶点的硬点（Point Edit panel、Quick Edit panel）。
- replace：组合距离较近的节点，将其移动到一个硬点处（Point Edit panel、Quick Edit

panel）。

- release：释放硬点，与此点相关联的共享边界变为自由边界（Point Edit panel、Quick Edit panel）。
- renumber：对硬点重新编号（Renumber panel）。
- 通过命令创建的方式没有对应的面板。

4．曲线（Lines）

- delete：删除曲线（Delete panel、Lines panel）。
- combine：组合两条曲线成一条（Line Edit panel）。
- split at point：在指定点处分割曲线（Line Edit panel）。
- split at joint：在指定曲线端点处分割曲线（Line Edit panel）。
- split at line：使用曲线分割曲线（Line Edit panel）。
- split at plane：在平面交叉位置分割曲线（Line Edit panel）。
- smooth：光顺曲线（Line Edit panel）。
- extend：通过延伸指定距离，延伸到已有节点、点、曲线/曲面边界或以曲面的方式延伸曲线（Line Edit panel）。
- translate：沿某向量平移曲线（Translate panel）。
- rotate：以某向量为轴线旋转曲线（Rotate panel）。
- scale：按照统一比例或不同比例缩放曲线尺度（Scale panel）。
- reflect：以某平面为中面创建对称曲线（Reflect panel）。
- project：投影曲线到平面、向量或曲面上（Project panel）。
- position：平移或旋转曲线到一个新的位置（Position panel）。
- permute：转换曲线所属坐标系（Permute panel）。
- renumber：对曲线重新编号（Renumber panel）。
- 通过命令创建的方式没有对应的面板。

5．曲面（Surfaces）

- delete：删除曲面（Delete panel、Quick Edit panel）。
- trim：使用节点、曲线、曲面或平面切割曲面（Surface Edit panel、Quick Edit panel）。
- untrim/unsplit：清除曲面上若干条分割线（Surface Edit panel、Edge Edit panel、Quick Edit panel）。
- offset：在保持模型拓扑连续性的基础上沿曲面法线方向偏移曲面（Surface Edit panel）。
- extend：延伸曲面边界直至其他曲面交叉处（Surface Edit panel、Midsurface panel）。
- shrink：收缩所有曲面边界（Surface Edit panel）。
- defeature：去除小孔、曲面倒圆、曲线倒圆及重复曲面（Defeature panel、Edge Edit panel）。
- midsurfaces：修改并编辑已抽取的中面（Midsurface panel）。

- surface edges：合并、压缩、反压缩缝合曲面边界（Edge Edit panel、Quick Edit panel）。
- washer：使用闭合自由边界或共享边的偏移特征切割曲面（Quick Edit panel）。
- autocleanup：进行几何自动清理操作，为划分网格做准备（Autocleanup panel）。
- dimensioning：修改曲面间的距离（Dimensioning panel）。
- morphing：与曲面相关联的节点位置也随曲面变形而发生改变（Morph panel）。
- translate：沿某一向量移动曲面（Translate panel）。
- rotate：以某一向量为轴线旋转曲面（Rotate panel）。
- scale：按照统一比例或不同比例缩放曲面尺度（Scale panel）。
- reflect：以某平面为中面创建对称曲面（Reflect panel）。
- position：平移或旋转曲面到一个新的位置（Position panel）。
- permute：交换所属坐标系的坐标轴（Permute panel）。
- renumber：对曲面重新编号（Renumber panel）。
- 通过命令创建的方式没有对应的面板。

6．实体（Solids）

- delete：删除实体（Delete panel）。
- trim：使用节点、曲线、曲面或平面切割实体（Solid Edit panel）。
- merge：合并两个或多个实体成一个实体（Solid Edit panel）。
- detach：分离连接的实体（Solid Edit panel）。
- boolean：对实体执行复杂的合并或切割操作（Solid Edit panel）。
- dimensioning：修改曲面间的距离（Dimensioning panel）。
- translate：沿某一向量移动实体（Translate panel）。
- rotate：以某一向量为轴线旋转实体（Rotate panel）。
- scale：按照统一比例或不同比例缩放实体尺度（Scale panel）。
- reflect：以某平面为中面创建对称实体（Reflect panel）。
- position：平移或旋转实体到一个新的位置（Position panel）。
- permute：转换实体所属坐标系（Permute panel）。
- renumber：对实体重新编号（Renumber panel）。
- 通过命令创建的方式没有对应的面板。

3.4.3 几何查询（Querying Geometry）

HyperMesh 中可通过多种方式查询几何模型。下面列举 HyperMesh 中可实现的几何查询方法。

1．节点（Nodes）

- card editor：根据载入的不同模板，卡片编辑器可以用来查看节点信息（Card Editor panel）。

- distance：查询节点间距离（Distance panel）。
- angle：查询 3 个节点间角度（Distance panel）。
- organize：移动节点到不同集合（Organize panel）。
- numbers：显示节点编号（Numbers panel）。
- count：统计全部或显示的节点数量（Count panel）。
- 通过命令创建的方式没有对应的面板。

2. 自由点（Free Points）

- distance：查询自由点间距离（Distance panel）。
- angle：查询 3 个自由点间角度（Distance panel）。
- organize：移动自由点到不同集合（Organize panel）。
- numbers：显示自由点编号（Numbers panel）。
- count：统计全部或显示的自由点数量（Count panel）。
- 通过命令创建的方式没有对应的面板。

3. 硬点（Fixed Points）

- distance：查询硬点间距离（Distance panel）。
- angle：查询 3 个硬点间角度（Distance panel）。
- numbers：显示硬点编号（Numbers panel）。
- count：统计全部或显示的硬点数量（Count panel）。
- 通过命令创建的方式没有对应的面板。

4. 曲线（Lines）

- length：查询选择曲线/曲面边界长度（Lines panel）。
- organize：移动曲线到不同集合（Organize panel）。
- numbers：显示曲线编号（Numbers panel）。
- count：统计全部或显示的曲线数量（Count panel）。
- 通过命令创建的方式没有对应的面板。

5. 曲面（Surfaces）

- normal：查看曲面法线（Normals panel）。
- organize：移动曲面到不同集合（Organize panel）。
- numbers：显示曲面编号（Numbers panel）。
- count：统计全部或显示的曲面数量（Count panel）。
- area：查询选择曲面的面积（Mass Calc panel）。
- 通过命令创建的方式没有对应的面板。

6. 实体（Solids）

- normal：查看实体曲面法线（Normals panel）。
- organize：移动实体到不同集合（Organize panel）。

- numbers：显示实体编号（Numbers panel）。
- count：统计全部或显示的实体数量（Count panel）。
- area：查询选择实体曲面的面积 （Mass Calc panel）。
- volume：查询选择实体的体积（Mass Calc panel）。
- 通过命令创建的方式没有对应的面板。

3.5 中面抽取

当用户打算用板壳单元模拟薄壁结构时，需要将薄壁的体结构首先简化为中面，这时使用 HyperMesh 的中面抽取功能会显得特别方便。HyperMesh 可以从复杂的几何体中抽出中面，这个功能使得利用 CAD 几何文件进行壳单元网格划分变得简单，特别对于钣金件和塑料件的建模非常有用，可以节省大量的建模时间。HyperMesh 的中面抽取功能主要是用 Midsurface 面板完成的。

Midsurface 面板位于 geom 页面，它可以抽取中面生成壳单元来代替实体板壳，可以用在钣金冲压、带加强筋的塑料件和其他厚度远小于长度和宽度的零件上。

用来抽取中面的原几何是不改变的，抽取出来的中面会根据用户选择放在一个新建的叫作 Middle Surface 的 component 中或者放在当前的 component 中。中面的厚度会自动计算和保存。

Midsurface 面板有下列子面板。

- Auto Midsurface。
- Interim Edit Tools。
- Final Edit Tools。
- Review Thickness。
- Sort。

根据零件的类型和几何复杂程度不同需要选择不同的工具。

1. 第一类：钣金件中面抽取

钣金件的特点是：没有加强筋，没有厚度变化。

STEP 01 打开文件 09-MIDSURFACE-CLIP.hm，如图 3-3 所示。

图 3-3　几何模型

STEP 02 进入 geom>midsurface 并选择如图 3-4 所示选项。

图 3-4　中面抽取选项

STEP 03 切换到 auto midsurface，如图 3-5 所示，选择任意一个曲面，其余曲面会自动选择，单击 extract 进行抽取。

图 3-5　选择要进行中面抽取的曲面

STEP 04 得到如图 3-6 所示中的中面。

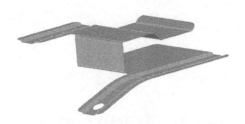

图 3-6　中面

2. 第二类：普通塑料件的中面抽取

塑料件通常没有理想的中面位置，用中面进行建模是一种近似方法。目前 HyperMesh 可以自动根据几何判断应该采取什么样的中面抽取算法，用户只需要采用图 3-7 中所示默认设置即可获取较理想的中面，之后再配合其他曲面编辑工具就可以快速获得零件的中面。

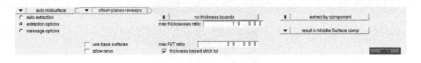

图 3-7　设置中面抽取选项

塑料件抽取中面实例如下。

这是一个实体几何，如果原始几何有缺失曲面等缺陷，建议先使用几何清理工具修复后再进行中面抽取。

 STEP 01 打开文件 02c-MIDSURFACE_solid.hm，如图 3-8 所示。

图 3-8 几何模型

 STEP 02 设置中面抽取选项，如图 3-9 所示。

图 3-9 设置中面抽取选项

 STEP 03 抽取中面，如图 3-10 所示。

图 3-10 选择要抽取中面的曲面

得到的中面如图 3-11 所示。

图 3-11 中面

STEP 04 使用 geom>Surface Edit 面板编辑中面，如图 3-12 和图 3-13 所示，这里的 surfs:to extend 是系统自动选择的。

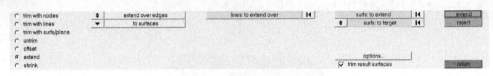

图 3-12　Extend 面板设置

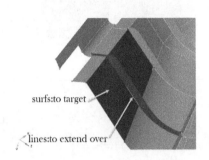

图 3-13　需要进行延伸/切割的曲面

根据网格划分的需要，还可以选择性地对一些曲面进行裁剪等编辑。

3. 曲面切割

使用"曲面"选择器选择需要的曲面，单击 drag a cut line 按钮准备切割。然后在屏幕上单击切割的起点，可以单击多次来确定线的路径和方向。完成后，单击 escape 按钮来生成线，将选择的曲面分割开。如果分割结果不好，在退出临时面板前单击 reject 按钮。

3.6　几何清理及实例

3.6.1　CAD 清理容差（CAD Cleanup Tolerance）

CAD 清理容差功能常用来确定两个曲面边界是否重合或两个曲面的顶点是否重合。这一功能用来：

● 确定两个曲面边界距离是否足够近，以便可以自动合并（创建共享边界）。

● 如果某个曲面是退化面，确定是否去除此面。

如果是自动设置，曲面和边界几何的复杂性将加以考虑并自动指定一个容差以保证共享边的数目最大化。如果是手动指定，则这个参数必须大于默认值，几何读入程序仅修复指定容差范围内的模型。

增加容差值可能会产生意想不到的严重后果。修改这个参数后，任何等于或小于这一参数的特征将被清除，读入的模型将不存在长度小于这个参数的边界。如果某些边界相对曲面而言很重要，它们的清除将造成曲面的扭曲或不恰当的切割。与此类似，边长小于这一数值的曲面将不会被输入。

如果输入的模型包含很多长度较小的边，此时推荐使用较大的容差重新导入模型。如果显示曲面边界后，曲面呈现"外翻"现象，这一操作同样有效。

几何清理容差值不能大于用于网格划分的节点容差，节点容差可通过 Options 面板设置。节点容差设置如图 3-14 所示。类似地，可以在 Geometry 子面板设置几何清理容差。

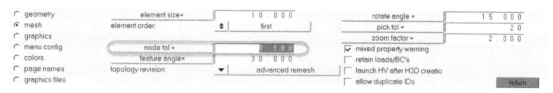

图 3-14 节点容差设置

3.6.2 几何清理容差（Geometry Cleanup Tolerance）

几何清理容差操作是指通过创建恰当的拓扑关系、模型简化和清除无关顶点的方式修复几何数据。这一容差将确定 HyperMesh 在手动或自动修复过程中修改模型的程度。几何模型与网格模型近似，因此要求几何清理容差必须小于划分网格时的节点容差。

容差值不能大于用于网格划分的节点容差，节点容差可通过 Options 面板设置。

3.6.3 几何特征角（Geometry Feature Angle）

HyperMesh 通过几何特征角这一功能确定需要在模型哪些位置创建顶点（由一个曲面变为两个曲面）或去除顶点（把两个曲面合并成一个）。

3.6.4 模型导入和几何清理

HyperMesh 包含丰富的功能，可以实现从三维模型创建、编辑以及进行已有模型（包括从 CAD 软件中导入的模型）几何清理的多种操作。下面通过实例介绍 HyperMesh 中可实现的功能。

对于薄板零件，选用壳单元进行有限元分析较为合适。本实例通过对一个薄板（图 3-15）进行抽取中面、划分二维网格的操作，介绍如何使用 HyperMesh 进行有限元建模。首先介绍了 HyperMesh 中模型导入与修复功能，然后介绍了如何在实体中抽取中面，最后介绍了 HyperMesh 进行二维网格划分的流程。本实例包括以下内容。

● 打开模型文件。
● 查看模型。

图 3-15 薄板零件

● 修复几何体不完整要素。

● 抽取中面。

STEP 01 打开模型文件。

1）启动 HyperMesh。

2）在 User Profiles 对话框中选择 Default（HyperMesh），并单击 OK 按钮。

3）单击工具栏 Files（ ）按钮。在弹出的 Open file...对话框中选择 clip_repair.hm 文件。

4）单击 Open 按钮，clip_repair.hm 文件将被载入当前 HyperMesh 进程中，取代进程中已有数据。

STEP 02 以拓扑方式观察模型并通过渲染检查模型完整性。

1）观察模型是否含有错误的连接关系以及缺失面或重复面。

2）进入 Autocleanup 面板，此时模型边沿依据其拓扑状态进行渲染。

3）单击 Wireframe Geometry（ ）按钮，模型以线框模式显示。

4）单击"视图工具"（ ）按钮，视图工具可以通过复选框控制二维曲面组的边界是否显示，二维实体的表面是否渲染显示。

5）选中 Free 复选框，此时只有自由边显示在窗口区。

6）观察自由边并记住它们的位置，自由边（红色）处表示此位置具有不正确的连接关系或是有间隙。注意那些闭环的自由边，这些位置可能是缺失面，如图 3-16 所示。

7）选中 Non-manifold 复选框，观察 T 形边（黄色）的位置，T 形边是指一条边被两个或两个以上的面共享。本实例模型中有两个闭合的 T 形边，表明在这些位置中可能含有重复面。

8）选中所有复选框，单击 Close 按钮退出"视图控制"窗口。

9）单击 Shaded Geometry and Surface Edges（ ）按钮，此时模型以渲染模式显示。

10）移动、旋转和缩放模型，找到模型不正确连接位置，如图 3-17 所示。

图 3-16 模型中自由边位置

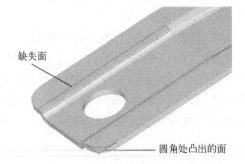

图 3-17 模型中错误的几何要素

11）单击 Wireframe Geometry（ ）按钮，转换到线框模式。

STEP 03 删除圆角处凸出的面。

1）通过以下方式进入 Delete 面板。

● 在 Geometry 菜单中选择 Delete 并激活 Surfaces 选项。

● 按〈F2〉键。

2）在图形区，选择圆角处凸出的面。

3）单击 delete entity 按钮。

4）单击 return 按钮返回到主面板。

STEP 04 创建面填补模型中较大的间隙。

1）执行 Geometry > Create > Surfaces > Spline/Filler（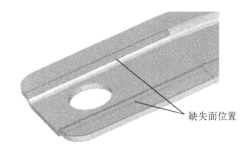）命令，打开创建曲面的面板。

2）取消选择 keep tangency 复选框。使用 keep tangency 功能可以保证新创建的面与相邻面平滑过渡。

3）将 entity type 设置为 lines。

4）选中 auto create（free edges）复选框。Auto create 选项可以简化缺失面边线的选取过程，一旦选取其中一条线，HyperMesh 将自动选取闭环回路中剩余的几条边线，然后创建曲面。

5）放大模型缺失面位置，如图 3-18 所示。

缺失面位置

图 3-18　模型中缺失面位置

6）选择一个缺口处的一条边线，HyperMesh 将自动创建面填充这个缺口。

7）重复前面步骤，为另一个缺口创建填充面。

8）单击 return 按钮返回。

STEP 05 设置全局几何清理容差为 0.01。

1）按〈O〉键进入 Options 面板。

2）进入 Geometry 子面板。

3）在 cleanup tol=文本框中输入 0.01，缝合间隙小于 0.01 的自由边。

4）单击 return 按钮返回主面板。

STEP
06 使用 equivalence 工具一次缝合多个自由边。

1）使用以下任意一种方式进入 Edge Edit 面板。

● 在主菜单中选择 Geometry>Edit>edges 命令。

● 在主面板中选择 Geom>Edge Edit。

2）进入 Equivalence 子面板。

3）选中 equiv free only 复选框。

4）选择 surfs>all 命令。

5）将 cleanup 设置为 0.01。

6）单击绿色的 equivalence 按钮，在一次缝合模型中指定容差范围内的自由边。

经过这一步，模型中大部分红色自由边被缝合成绿色的共享边，未被缝合的自由边是因为其间距大于容差上限。

STEP
07 使用 toggle 工具逐个缝合自由边。

1）进入 Toggle 子面板。

2）将 cleanup tol 设置为 0.1。

3）在图形区单击任意一条红色自由边。

4）如果需要，可以旋转和缩放模型。当自由边选中后，它将从红色变为绿色，表示它已被缝合成共享边。

5）使用 toggle 工具缝合模型中的其他自由边。

STEP
08 使用 replace 工具修复余下的自由边。

1）进入 Replace 子面板。

2）激活 moved edge，选择图形区左边的自由边。此时 retained edge 被激活，选择右边的自由，如图 3-19 所示。

3）将 cleanup tol 设置为 0.1。

4）单击 replace 按钮。当右侧自由边被选中时，HyperMesh 会弹出信息：Gap=（.200018）. Do you still wish to toggle?。

5）单击 Yes 按钮，执行缝合操作。

6）单击 return 按钮返回主面板。

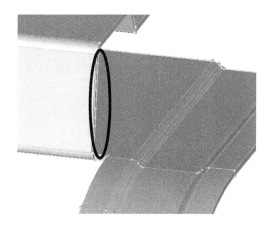

图 3-19　缝合自由边

STEP
09 寻找并删除所有重合面。

1）通过以下任意一种方式进入 Defeature 面板。
● 在主菜单选择 Geometry>Defeature。
● 在主面板选择 Geom>Defeature。
2）进入 Duplicate 子面板。
3）选择 surfaces>displayed。
4）将 cleanup tol 设置为 0.01。
5）单击 find 按钮。此时状态栏将显示：2surfaces are duplicate。
6）单击 delete 按钮移除所有的重合面。

STEP
10 重新观察模型，确定模型中所有的自由边、缺失面和重合面均已被修复。

1）使用拓扑显示模式并渲染模型，此时模型中所有的边沿均显示为绿色的共享边，表示模型已被修复成闭合的几何体。
2）单击 return 按钮返回主面板。
3）抽取模型中面。

STEP
11 使用 midsurface 工具创建模型中面。

1）通过以下任意一种方式进入 Midsurface 面板。
● 在主菜单选择 Geometry > Create > Midsurfaces > Auto。
● 在主面板选择 Geom>Midsurface。
2）进入 Auto Midsurface 子面板。
3）激活 closed solid，此时黄色的 surfs 选择框呈高亮状态。
4）选择图形区中模型的任意一个面，HyperMesh 将自动搜寻闭合曲面。

5）单击 extract 按钮，开始抽取模型中面。

6）模型中面创建后会自动存放在一个名为 Middle Surface 的组件中，此时除了 Middle Surface 外的组件均已半透明状态显示。下面介绍如何控制曲面的透明度。

STEP 12 观察模型中面。

1）在模型浏览窗口隐藏名为 lvl10 的组件的几何模型，如图 3-20 所示，图形区只显示 Middle Surface 组件。

2）在模型浏览窗口打开组件 lvl10 几何模型。

3）在"视图"工具栏选择 Transparency（⬡）面板。

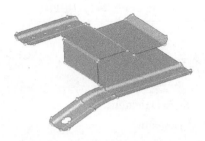

图 3-20 模型中面（midsurface）

4）在 comps 选择框激活的状态下，在图形区选择组件 lvl10 的一条线或一个面，此时整个组件 lvl10 将被选中。

5）在 Transparency 面板中移动滑块，组件 lvl10 的透明度将发生变化。

6）在模型浏览窗口关闭组件 lvl10 几何模型。

3.6.5 创建和编辑实体

本实例介绍使用 HyperMesh 分割实体的过程，实体模型如图 3-21 所示。

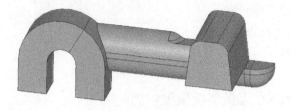

图 3-21 模型结构

本实例包括以下内容。

● 导入模型。

● 通过面生成实体。

● 分割实体成若干个简单、可映射的部分。

STEP 01 打开模型文件。

1）启动 HyperMesh。

2）在 User Profiles 对话框中选择 Default（HyperMesh）并单击 OK 按钮。

3）单击工具栏 按钮。在弹出的 Open file… 对话框中选择 solid_geom.hm 文件。

4）单击 Open 按钮，solid_geom.hm 文件将被载入当前 HyperMesh 进程中，取代进程中已有数据。

STEP 02 使用闭合曲面（bounding surfaces）功能创建实体。

1）在主面板中选择 Geom 页面，进入 Solids 面板。

2）单击（ ）按钮进入 Bounding Surfs 子面板。

3）选中 auto select solid surfaces 复选框。

4）选择图形区任意一个曲面，此时模型所有面均被选中。

5）单击 Create 按钮，创建实体。状态栏提示已经创建一个实体。注意，实体与闭合曲面的区别是实体边线线型比曲面边线粗。

6）单击 return 按钮返回主面板。

STEP 03 使用边界线（bounding lines）分割实体。

1）进入 Solid Edit 面板。

2）选择 Trim With Lines 子面板。

3）在 with bounding lines 栏下激活 solids 选择器。单击模型任意位置，此时整个模型被选中。

4）激活 lines 选择器，在图形区选择图 3-22 所示的边界线。

5）单击 trim 按钮产生一个分割面，模型被分割成两个部分，如图 3-23 所示。

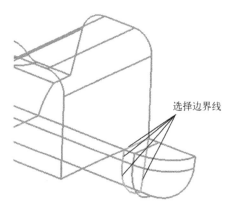

图 3-22　选取边线

图 3-23　分割实体

STEP 04 使用切割线（cut line）分割实体。

1）在 with cut line 栏下激活 solids 选择器，选择图 3-24 所示的较小的四面体。

2）选择 drag a cut line 选项。

3）在图形区选择两点，将四面体分为大致相等的两部分，如图 3-25 所示。

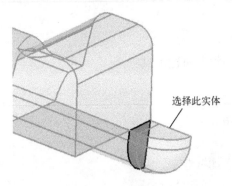

图 3-24　选择实体 1

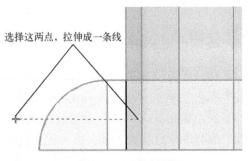

图 3-25　定义切割线

4）单击鼠标中键，分割实体。

5）选择分割后实体的下半部分，如图 3-26 所示。

6）执行 with cut line 命令，按图 3-27 所示分割实体。

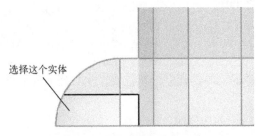

图 3-26 选择实体下半部分

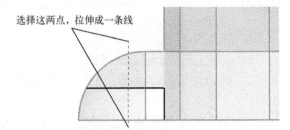

图 3-27　分割实体 1

7）选择图 3-28 所示实体。

8）执行 with cut line 命令，按图 3-29 所示分割实体。

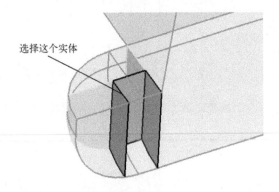

图 3-28 选取实体 2

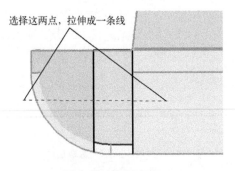

图 3-29　分割实体 2

STEP
05 合并实体。

1）进入 Merge 面板。

2）激活 to be merged>solids 选择器，选择图 3-30 所示的 3 个实体。

3）单击 merge 按钮合并这 3 个实体。合并后的结果如图 3-31 所示。

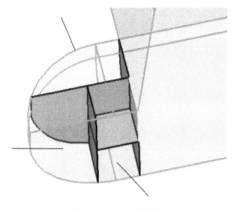 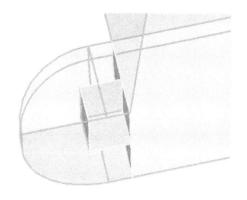

图 3-30　选择实体位置　　　　　　　　　图 3-31　合并实体结果

STEP
06 使用自定义的平面（user-defined plane）分割实体。

1）进入 Trim With Plane/Surf 子面板。

2）激活 with plane>solids 选择器，选择图 3-32 中所示较大的实体。

3）将"平面"选择器节点设置为 N1、N2、N3。

4）激活 N1，按住鼠标左键不放，移动鼠标到图 3-33 中所示两边线靠上的一条时，此边线高亮显示，如图 3-33 所示。

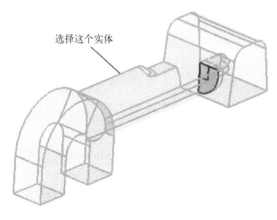 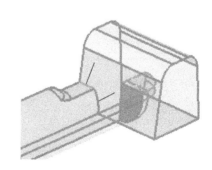

选择这个实体

图 3-32　选择实体　　　　　　　　　图 3-33　选择边线

5）在所选边线中点处单击左键，一个绿色的临时节点将出现在边的中点处，同时"平面"选择器节点 N2 被激活。

6）以同样的方法激活靠下的边线，然后在边线上选择两个节点，如图3-34所示。

7）单击trim按钮分割所选实体，如图3-35所示。

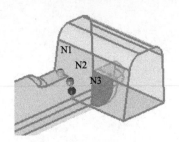

图3-34 选择节点

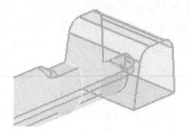

图3-35 分割实体

STEP
07 使用扫掠线（sweep line）分割实体。

1）进入 Trim With Lines 子面板。

2）激活 with sweep lines>solids 选择器，选择图3-36所示实体。

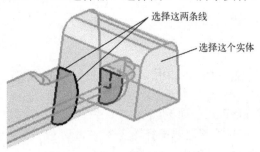

图3-36 选择实体和边线1

3）激活 line list 选择器，选择 **STEP 06** 中定义 N1、N2 和 N3 点所用到的边线。

4）在 sweep to 下将"平面"选择器设置为 x-axis。

5）确定 plane 选择器下的设置为 sweep all。

6）单击 trim 按钮分割实体。

STEP
08 使用主平面分割实体。

1）进入 Trim With Plane/Surf 子面板。

2）激活 with plane>solids 选择器，选择图3-37所示实体。

3）将"平面"选择器从 N1、N2 和 N3 转换为 z-axis。

4）按住鼠标左键不放，移动鼠标至图3-37中所示边线，此时被选中的边线将高亮显示。

5）释放鼠标左键并在边上任意位置单击，一个紫色临时节点出现在边上，它表示基点。

6）单击 trim 按钮分割实体。

7）单击 return 按钮返回主面板。

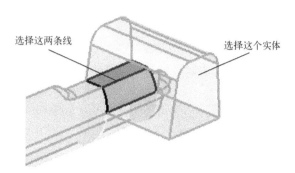

图 3-37　选择实体和边线 2

STEP
09 在实体内部创建面并使用此面分割实体。

1）通过以下任意一种方式进入 Surfaces 面板。

● 从主菜单选择 Geometry > Create > Surfaces > Spline/Filler 命令。

● 在 Geom 页面中选择 surface。

2）单击（ 🔧 ）按钮进入 Spline/Filler 子面板。

3）取消选择 auto create（free edge only）复选框，选中 keep tangency 复选框。

4）选择图 3-38 所示 5 条线。

5）单击 create 按钮创建曲面。

6）单击 ruturn 按钮返回主面板。

7）在 Geom 页面中进入 Solid Edit 面板。

8）进入 Trim With Plane/Surf 子面板。

9）激活 with surfs>solid 选择器，在图形区选择要分割的实体。

10）激活 with surfs>surfs 选择器，在图形区选择第 5）步创建的曲面。

11）取消选择 extend trimmer。

12）单击 trim 按钮分割实体。

13）单击 ruturn 按钮。

14）在 Geom 页面选择 Surfaces 面板。

15）进入 Spline/Filler 子面板。

16）选择图 3-39 所示 4 条线。

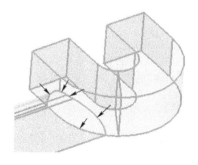

图 3-38　选择边线 1

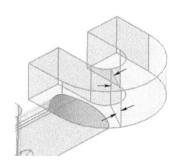

图 3-39　选择边线 2

17）单击 create 按钮。

18）单击 return 按钮。

19）从主菜单选择 Geometry > Edit > Solids > Trim with Plane/Surfaces 命令，进入 Trim With Plane/Surf 子面板。

20）激活 with surfs>solids 选择器，单击图形区中包含此面的实体。

21）激活 with surfs>surfs 选择器，选择刚创建的面。

22）取消选择 Extend Trimmer 复选框。

23）单击 trim 按钮。

24）单击 return 按钮返回主面板。

小结

简单的模型可以使用 HyperMesh 的曲面和实体生成功能直接创建几何，工程师不需要利用专业 CAD 工具。工程中的模型很多比较复杂，因为 CAD 软件和 CAE 软件对几何的要求不一样，模型在导入 CAE 前处理软件后往往会有缺陷。HyperMesh 具有大多数 CAD 软件的直接接口，避免了 CAD 格式转换导致的缺陷。其次，HyperMesh 具有强大的几何清理功能，可以对曲面的不连续、缺失面进行修复，对重复面进行删除等，目的是得到对 CAE 分析适用的几何模型。只有好的几何才能生成高质量的网格。HyperMesh 能很方便地编辑几何，可以对曲面和实体进行切分，而且切分方式灵活，还为划分高质量的二维和三维网格做准备。对于厚度较小需要简化为二维网格来表达的板壳类零件，HyperMesh 强大的抽取中面功能适用于各种复杂情况下的中面抽取，如不等厚度、T 形边，HyperMesh 还可以自动记忆中面厚度，实现中面属性的自动创建。

第 4 章

2D 网格划分

    2D 网格是有限元模型的基础。HyperMesh 中强大的 2D 网格划分工具 automesh 可以实现任意复杂程度曲面 2D 网格的划分，网格批处理工具 Batchmesh 可快速获得高质量 2D 网格。本章首先介绍了 automesh 的基本功能，然后通过具体实例介绍了这些功能的用法。

本章重点知识

4.1　**automesh 网格划分**
4.2　**2D 单元质量检查**
4.3　**BatchMesher 实例**
小结

4.1 Automesh 网格划分

曲面网格或壳网格代表了模型的两个维度，如冲压件或中空的塑料件。另外，面网格可以分布于体的表面用于生成 3D 网格，3D 网格的质量将取决于 2D 网格的质量。

HyperMesh 可以创建 3 节点的三角形、4 节点四边形、6 节点三角形和 8 节点四边形单元。这些二维单元可以用下列面板创建。

- Automesh：在用户指定的曲面上划分网格。
- Shrink Wrap：在复杂模型上生成 2D 或 3D 的简化网格。
- Cones：在圆锥或圆柱面上生成网格。
- Drag：沿着向量拉伸线段、一排节点或一组单元来创建单元。
- Edit Element：手动创建网格。
- Elem Offset：沿着单元法线方向偏移一组单元来创建单元。
- Line Drag：沿着一条线条拉伸线段或一组单元来创建单元。
- Planes：在正方形或平面曲面上创建单元。
- Ruled：在两组节点、一组节点和线段或两条线段之间创建单元。
- Spheres：在球面上创建网格。
- Spin：通过围绕轴线旋转一条线段、一组节点或一组单元来创建单元。
- Spline：在由线段生成的曲面上创建单元。
- Torus：在圆环表面创建单元。

HyperMesh 板壳网格划分工具为一个叫 Automesh 的二级面板。大多数单元创建面板都使用了这个模块，它提供了尽可能多的自动功能。用户可以交互调整大量的参数和选择算法。HyperMesh 可以实时显示参数改变带来的变化，直到网格满足分析要求。Automesh 面板如图 4-1 所示。

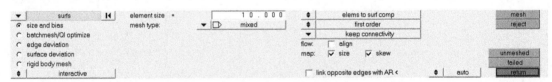

图 4-1 Automesh 面板

用户可以利用 Automesh 面板控制边线上单元和节点生成的数量；通过偏置节点使一端的单元分布密集，另一端分布稀疏，并立即观察到节点布置位置。可以指定单元类型是三角形、四边形或混合型，选用一阶或二阶单元。在将单元保存至数据库前，生成的单元可以预览，检查单元质量。在网格划分的面板下，用户可以用显示工具栏中的模型的各种显示方式来观察复杂模型。

4.1.1 Automesh 二级面板

Automesh 二级面板允许用户创建交互式的表面网格，甚至在没有几何表面存在的情况下也能实现。大多数的面网格划分操作都拥有这个统一的二级面板。使用下面的网格划分面板都可以进入 Automesh 二级面板进行访问。Automesh 子面板包括：

- Density：允许用户控制沿域边缘的单元密度。该密度可通过平均单元长度或沿边缘参数弦偏差来指定。
- Mesh Style：在面网格划分后进入到 Automesh Secondary 面板时，允许用户对每个域的每个面指定网格划分和光顺算法。
- Biasing：允许用户控制单元沿域边偏置。单元偏置是一种单元放置方法，使得边缘一头的单元尺寸小，另一头的则逐渐增大。同时偏置也是一种在具有网格过渡时，提高单元质量的方法。
- Checks：允许用户在保存划分好的网格前，检查这些网格的质量。

所有的这些子面板都包括 mesh、reject、smooth、undo、abort 和 return 功能，具体解释如下。

- Mesh：进行网格划分。
- Reject：撤销当前区域所有面或者被选择面的刚生成的网格。
- Smooth：对划分好的网格进行网格光顺。
- Undo：允许网格节点返回到用户上一次操作时所在的位置。
- Abort：立刻退出 Automesh Secondary 面板并且没有保存任何单元和节点到数据库中。如果模块是从一个表面创建面板进入的，那么任何可能已经创建的表面都会被丢弃。
- Return：退出 Automesh Secondary 面板，并且保存单元或节点到数据库中。

注意：如果用户使用混合单元类型（四边形和三角形），自动网格划分将使用修改的 map as rectangle 网格划分方案。这种修改将通过使用三角形单元来过渡不同单元密度的区域，如图 4-2 所示。这样便会产生在外观上更加有规律的网格图样。

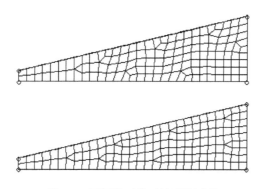

图 4-2　不同单元类型的过渡区别

（1）Density 子面板　Density 子面板允许用户控制沿域边的单元密度。该面板可以指定和改变沿某区域单独边上的所需单元密度。当此面板被激活时，图形区中会显示每个边缘的单元密度和节点分布，如图 4-3 所示。

在前一级面板 element size = 中指定的值确定了初始单元长度，并且用于预先计算单元的密度。在这个基础上，

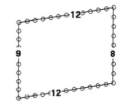

图 4-3　单元密度和节点分布

通过单击图形边缘的数字来单独调整密度。左键单击会增加密度分布；右键单击会减少密度分布。用户同样可以输入节点数量或者单元边长数值来指定某边的密度。要单独设置或计算边密度，可以单击相应的菜单项，以便它成为当前集，边框成为蓝色，然后再单击要改变的边的数字。

（2）Mesh Style 子面板　Mesh Style 子面板允许用户对每一个域的每一个面指定网格划分算法。

Mesh Style 子面板允许用户设置 element types、mesh method 是否选择使用 smoothing、size control 或 skew control 等。如在 element types 下选择 toggle surf 之后，在图形界面中单击一个面上显示的图标，可以在不同算法（如为 trias、quads、mixed 等）之间切换。单独设置一个面时，改变这个面的算法不会影响其他的面。每个面上的图标形状代表着为这个面所指定的网格划分算法，如图 4-4 所示。

用户也可以通过选择弹出菜单中的算法并选择临近的 set all 菜单选项来为所有的面指定相同的算法。Smooth 选项允许用户通过单击按钮的次数来指定迭代次数。

（3）Biasing 子面板　Biasing 子面板允许用户控制沿域边单元偏置。单元偏置是一种单元放置方法，可以使边缘一头的单元尺寸逐渐变小，另一头的尺寸逐渐增大。同时偏置也是一种在具有网格过渡时提高单元质量的方法。

如果用户在 adjust edge 激活时单击边上的数字，就可以直接通过拖动鼠标来编辑偏置密度了。沿边的节点会重新分布，因此用户可以立即看到变化所产生的影响，如图 4-5 所示。

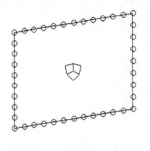

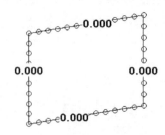

图 4-4　网格单元类型　　　　　　图 4-5　单元偏置

有 3 种偏置类型：linear、exponential 和 bell curve。用户可以对任意边或者所有边设置指定的偏置密度值，也可以通过在子面板（如 Density）中设置单元密度的方法来设置偏置类型。

图 4-6 所示网格是使用单元偏置生成的。可以看到在右边拐角处的单元，长宽比非常差。如图 4-7 所示通过沿着顶边和底边设置单元偏置，单元的长宽比明显有所提高。

（4）Checks 子面板　Checks 子面板允许用户使用与 Check Elements 面板相同的功能，以便在保存到数据库之前检查所生成单元的质量。

Checks 子面板的检验功能和 Check Elements 面板是一样的，不合格的网格会以红色显示，仅仅检查被显示的单元。

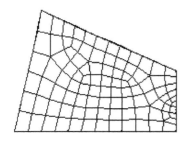

图 4-6　单元偏置示例一

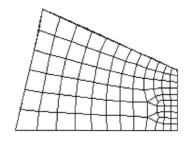

图 4-7　单元偏置示例二

4.1.2 实例：二维网格划分

HyperMesh 中最重要的二维网格划分功能就是 automesh。这一节将通过实例介绍 automesh 网格划分方法。

本实例利用第 3 章模型导入、几何清理的实例文件，如图 4-8 所示，在该模型的基础上继续介绍二维网格划分。

本实例包括以下内容。

- 简化几何模型。
- 改进拓扑结构。
- 划分网格。

图 4-8　薄板零件

载入第 3 章创建的模型文件 clip_defeature.hm 到 HyperMesh 进程中，然后进行以下操作。

STEP 01 简化模型前要对模型划分二维网格，观察网格质量。

1）通过以下任意一种方式进入 Automesh 面板。

- 在主菜单选择 Mesh>Create>2D AutoMesh 命令。
- 在主面板选择 2D>automesh。
- 按〈F12〉键。

2）进入 Size and Bias 子面板。

3）设置"对象"选择器类型为 surfs。

4）选择 surfs>displayed。

5）在 element size=文本框中输入 2.5。

6）设置 mesh type 为 mixed。

7）将面板左下侧的 meshing mode（分网方式）从 interactive 切换为 automatic。

8）确认选择 elems to surf comp 选项。

9）单击 mesh 生成网格，如图 4-9 所示。

10）单击 return 按钮，返回主面板（main menu）。

STEP 02　查看网格质量。

观察已生成的网格，注意不规则的、质量差的网格，可以使用 Check Elems 面板检查单元的最小长度。

1）通过以下任意一种方式进入 Check Elems 面板。

● 在主菜单选择 Mesh>Check>Elements>Check Elements 命令。

● 在主面板选择 Tool>check elems。

● 按〈F10〉键。

2）进入 2-D 子面板。

3）在 length< 栏输入 1。

4）单击 length< 检查单元最小长度。产生问题的单元大多出现在模型的圆角处，为更好地观察单元质量，可将模型改为线框显示模式，如图 4-10 所示。

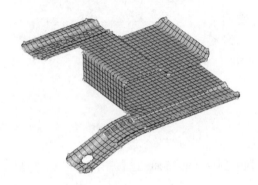
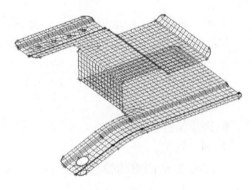

图 4-9　模型中面二维网格　　　　　图 4-10　模型中面二维网格质量检查

5）单击 return 按钮返回主面板。

STEP 03　移除 4 个小孔（pinhole）。

1）通过以下任意一种方式进入 Defeature 面板。

● 在主菜单选择 Geometry > Defeature 命令。

● 在主面板选择 Geom>defeature。

2）进入 Pinholes 子面板。

3）在 diameter 栏中输入 3.0。

4）选择 surfaces>all。

5）单击 find，寻找直径小于或等于 3 的小孔。如图 4-11 所示，符合条件的圆孔中心将以高亮"xP"符号显示。

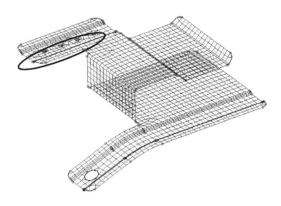

图 4-11 模型中搜索符合条件的小孔位置

6）单击 delete 按钮移除小孔。孔删除后，取代它们的是其圆心位置的硬点（fixed point）。

STEP 04 移除模型中所有面倒圆。

1）进入 Defeature 面板。

2）进入 Surf Fillets 子面板。

3）若模型没有被渲染，单击 Shaded Geometry and Surface Edges（🔵▾）按钮。

4）在 find fillets in selected 中选择 surfs。

5）选择 surfs>displayed。

6）在 min radius 栏中输入 2.0。

7）单击 find，搜索模型中半径大于或等于 2.0 的面倒圆，如图 4-12 所示。

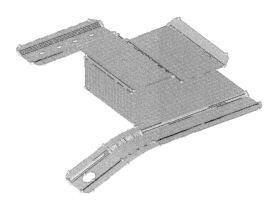

图 4-12 模型中搜索符合条件的面倒圆位置

8）单击 remove 按钮移除这些面倒圆。

STEP 05 移除模型中所有边倒圆。

1）进入 Defeature 面板。

2）进入 Edge Fillets 子面板。

3）选择 surfs>displayed。

4）在 min radius 栏中输入 1.0。

5）切换面板下方按钮为 all，查找所有符合条件的边倒圆。

6）单击 find，搜索模型中所有的半径大于或等于 1 的边倒圆，满足条件的边倒圆均用
"F" 标识，如图 4-13 所示，用半径线标识圆角起点和终点。

7）单击 remove 按钮删除选中的边倒圆。

STEP 06 对简化后的模型进行网格划分并检查网格质量。

1）进入 Automesh 面板。

2）选择 surfs>displayed。

3）单击 mesh，观察网格排列是否整齐，网格如图 4-14 所示。

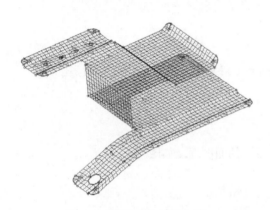

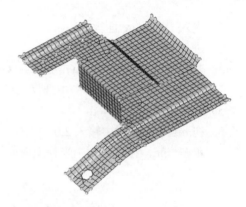

图 4-13　模型中边倒圆位置　　　　　　　图 4-14　模型简化后二维网格

4）改善几何模型的拓扑结构，提高网格质量。

STEP 07 重置硬点消除短边。

1）通过以下任意一种方式进入 Point Edit 面板。

● 在主菜单选择 Geometry > Edit > Fixed Points > Replace 命令。

● 在主面板选择 Geom>point edit。

2）进入 Replace 子面板。

3）将选择框设置为 moved points。

4）选择图 4-15 所示的硬点。

5）选中删除点后，将激活 Retain 按钮，选择图 4-15 中所示保留点。

6）单击 replace 按钮将两个点合并到一起。

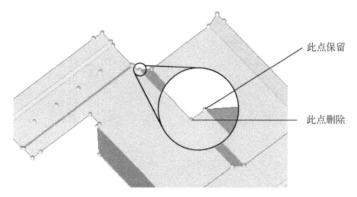

图 4-15　硬点位置 1

STEP
08 去除面内所有硬点。

1）在 point edit 中进入 Suppress 子面板。

2）压缩图 4-16 所示的 4 个硬点。这些硬点是在 defeature 操作中去除小孔时留下的。需要说明的是，在给定的单元尺寸下，这 4 个硬点对单元质量的影响并不明显，是可以保留的。

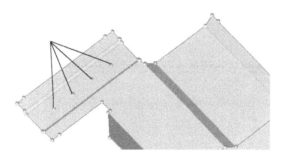

图 4-16　硬点位置 2

3）单击 return 按钮返回主面板。

STEP
09 在曲面上添加边以调整网格样式。

1）通过以下任意一种方式进入 Point Edit 面板。

● 在主菜单选择 Geometry > Edit > Surfaces > Trim with Nodes 命令。

● 在主面板选择 Geom>surface edit。

2）进入 Trim With Nodes 子面板。

3）在 node normal to edge 下激活 node 选择框。

4）放大图 4-17 所示区域，选择硬点。

5）此时 lines 选择框被激活，选择图 4-17 所示的线。当点和线被选中后，在模型硬点处将自动创建一条垂直于边线的线。

6）重复前面操作选择图 4-18 所示点和线。

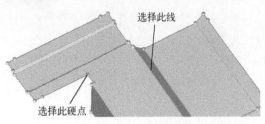

图 4-17　硬点及线位置 1

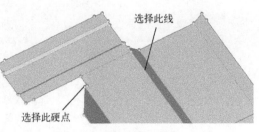

图 4-18　硬点及线位置 2

7）重复前面操作选择图 4-19 所示点和线。

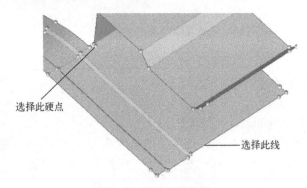

图 4-19　硬点及线位置 3

8）重复前面操作选择图 4-20 所示点和线。

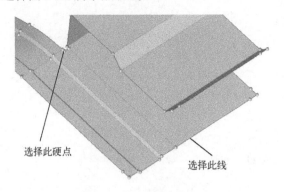

图 4-20　硬点及线位置 4

STEP
10　在曲面上添加边（edges），控制网格样式。

1）进入 Trim With Surfs/Planes 子面板。
2）在 with plane 列激活 surfs 选择框。
3）选择图 4-21 所示曲面。
4）激活 N1 选择框。
5）按住鼠标左键并将鼠标移到图 4-22 所示边，待光标发生变化再释放鼠标。
6）在边上任意单击两个点，注意不要单击第三次，线上出现 N1 和 N2 两个节点。

7）按〈F4〉键进入 Distance 面板。

8）选择 Three Nodes 子面板。

9）按住鼠标左键并将鼠标移到图 4-22 所示孔边上，待光标发生变化时释放鼠标。

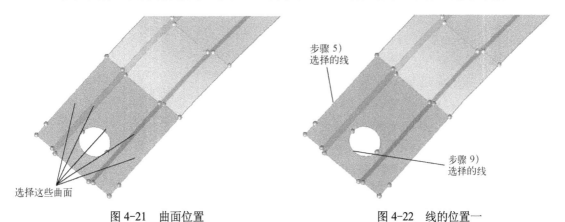

图 4-21　曲面位置　　　　　　　图 4-22　线的位置一

10）在孔边界上任意单击 3 个点，在线上创建 N1、N2、N3 三个节点。

11）单击 circle center 按钮在孔的圆心创建一个节点。

12）单击 return 按钮返回 Surface Edit 面板。

13）单击 B 按钮，选择孔中心处的节点作为基点。

14）单击 trim 按钮，曲面从孔中心位置分割。

15）单击 return 按钮返回主面板。

STEP 11 压缩共享边，避免产生小边界。

1）在主菜单选择 Geometry > Edit > Surface Edges > (Un)Suppress 面板。

2）使用鼠标左键选择图 4-23 所示的边。

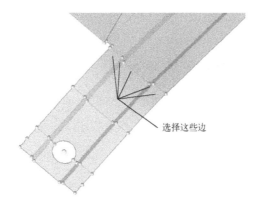

图 4-23　线的位置二

3）单击 suppress，此时所选边变成压缩状态（蓝色）。

4）单击 return 按钮返回主菜单。

STEP 12 重新划分网格。

在交互模式（interactive）、单元尺寸为 2.5、网格类型为混合型（mixed）的条件下重新划分模型。

1）进入 Automesh 面板。

2）设置"对象"选择器类型为 Surfs。

3）进入 Size and Bias 子面板。

4）在 element size=栏中输入 2.5。

5）设置 mesh type 为 mixed。

6）将面板左下侧的划分网方式从 automesh 转换为 interactive。

7）确认选择 elems to surf comp 选项。

8）选择 surfaces>displayed。

9）单击 mesh 按钮重新生成网格，如图 4-24 所示。

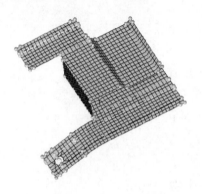

图 4-24　模型中面二维网格

STEP 13 检查网格质量。

1）选择、缩放和移动模型，检查模型网格质量，注意现在的网格是否整齐。

2）按〈F10〉键进入 Check Elements 面板。

3）进入 2-D 子面板。

4）在 length < 栏中输入 1.0，单击 length 评估模型单元最小长度。只有两个单元不合格，它们是由模型的形状引起的，与全局单元尺寸相比，它们不是太小，因此可以保留，不必处理。

5）按〈F12〉键进入 Automesh 面板。

6）选择 Batchmesh/QI Optimize 子面板，切换为 QI Optimize。

7）确认 element size 值为 2.5，mesh type 为 mixed。

8）单击 edit criteria。

9）在 Target element size 处输入 2.50。

10）单击 Apply 和 OK 按钮。

11）选择 Surfs>displayed，选择图形区显示的所有面。

12）单击 mesh 按钮。

13）如果出现信息提示"There is a conflict between the user requested element size and quality criteria ideal element size"，单击 Recomptue quality criteria user size of 2.5 按钮。

14）通过以下任意一种方式进入 Qualityindex 面板。

● 在主菜单选择 Mesh > Check > Elements > Quality Index，进入 Quality Index 面板。

● 在主面板选择 2D>qualityindex。

15）进入 page1，核实 Comp.QI 是 0.01。此值越低表示划分的网格质量越好。

4.2　2D 单元质量检查

4.2.1　单元质量

单元质量的检查可以用很多方法，不仅取决于单元类型，还取决于求解器的计算方法。大多数情况下，HyperMesh 都使用常用或标准的方法，但是事实上单元检查并没有统一的标准可循，如 ABAQUS 或 ANSYS 检查单元质量就有所区别。每种求解器对计算单元质量有不同的要求，每种求解器指定方法都包括了 2D 和 3D 单元的质量检查。HyperMesh 包括了下列求解器的质量计算方法。

● Element Quality Calculation: HyperMesh。
● Element Quality Calculation: HyperMesh-Alt。
● Element Quality Calculation: OptiStruct。
● Element Quality Calculation: RADIOSS（BulkData）。
● Element Quality Calculation: ABAQUS。
● Element Quality Calculation: ANSYS。
● Element Quality Calculation: I-DEAS。
● Element Quality Calculation: Medina。
● Element Quality Calculation: Moldflow。
● Element Quality Calculation: Nastran。
● Element Quality Calculation: Patran。

当为不在上述求解器质量检查列表中的求解器做单元质量检查时，HyperMesh 使用自己的方式来进行检查。例如，当指定使用 Element Quality Checks: Nastran 的方式进行检查时，实际是在使用 Element Quality Checks: HyperMesh 进行单元检查。

4.2.2　HyperMesh 单元质量计算

HyperMesh 的单元质量计算方法应尽可能与主流的求解器保持一致。可同时用于 2D 和 3D 单元的检查项（见表 4-1），当用于 3D 单元时，通常是对 3D 单元的每个表面进行检查并取最差的一个面的结果。

表 4-1　HyperMesh 单元质量计算方法

项 目 名 称	描述及计算方法
Aspect Ratio 纵横比	最长边与最短边或者顶点到对边最短距离（最小标准化高度）的比值 3D 单元的长宽比是每个面的长宽比的最大值 长宽比通常要求小于 5:1
Chordal Deviation 弦差	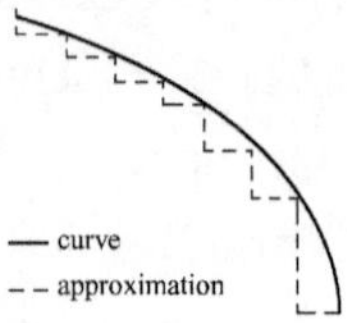 —— curve - - - approximation 近似直线段与实际曲线的最短垂向距离
Interior Angles 内角	三角形和四边形的内角
Jacobian 雅可比	雅可比反映了单元偏离其理想形状的程度。雅可比的取值范围为 0.0~1.0，雅可比矩阵的行列式关系到单元从参数空间到全局坐标空间的转换 HyperMesh 在单元的每个积分点（高斯积分点）或者单元的顶点计算雅可比矩阵，并报告每个单元最小值和最大值之比。雅可比在 0.7 以上时单元质量较高。可以在 Check Element Settings 中设定使用哪种计算方法（高斯积分点或顶点）
Length （min.） 最小边长	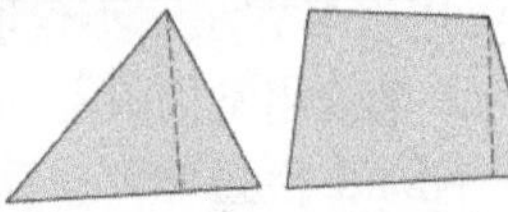 最小边长有以下两种计算方法 1）单元最短边长：适用于四面体单元之外的所有单元 2）顶点到对边（对于四面体单元而言是对面）的最短距离 可以在 Check Element Settings 中设定使用哪种计算方法，如下图所示 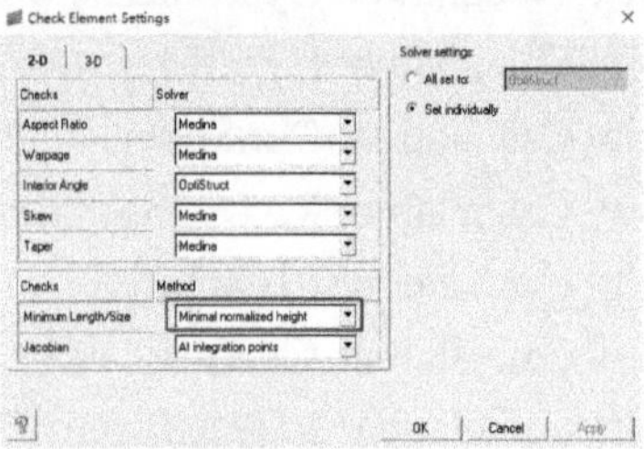 注意：该设置同时会影响纵横比的计算方法
Minimum Length / Size 最小长度/尺寸	HyperMesh 使用 3 种方法计算最小单元尺寸：最短边、最小标准化高度、高度 其中最小标准化高度（MNH）计算方法如下 对于三角形单元 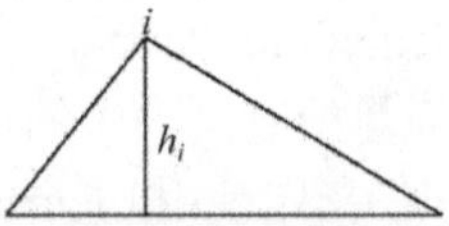 HyperMesh 计算每一个顶点（i）到对边的垂向距离的最小值 h_i，MNH = min（h_i） * 2/sqrt（3.0），比例系数 2/sqrt（3.0）刚好使等边三角形的 MNH 等于边长 对于四边形单元 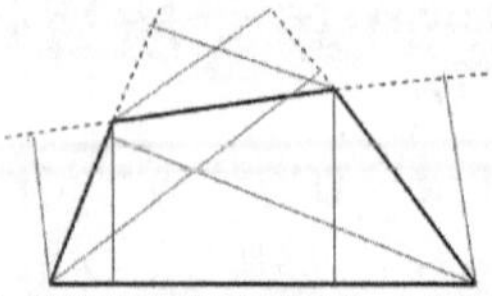 HyperMesh 计算每个顶点到两个相应对边的垂向距离，MNH 就是 8 条高和 4 个边长中最短的一个

（续）

项 目 名 称	描述及计算方法
Skew 扭曲度	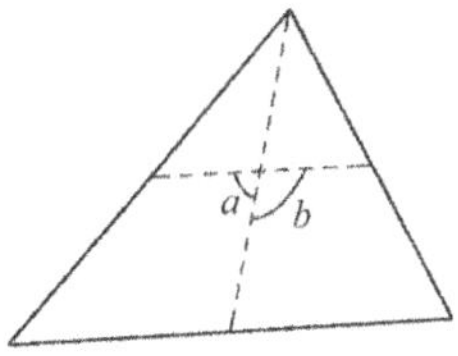 扭曲度=90−min（a, b），其中 a, b 为中线与底边平行线的夹角
Taper 锥形度	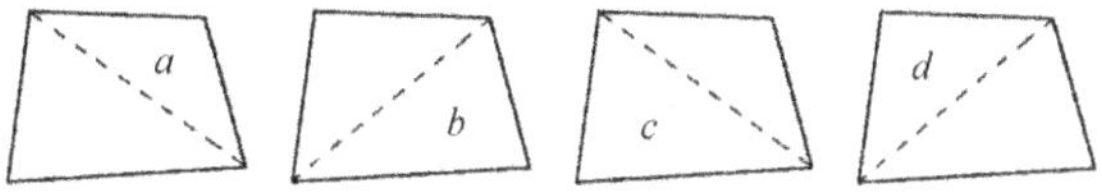 $$taper = 1 - \left(\frac{A_m}{0.5 \times A_{quad}}\right)_{min}$$ 三角形单元的 taper 值定义为 0
Warpage 翘曲角	该项只对四边形进行检查，将四边形沿着对角线分为两个三角形，这两个三角形的法向夹角就是翘曲角 注意：将四边形沿着对角线分为两个三角形有两种分法，取较大值为单元翘曲角 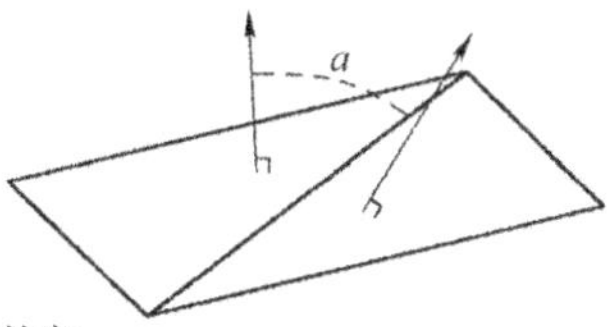 翘曲角 5° 以下时单元质量较高

只针对 3D 单元的检查项见表 4-2。

表 4-2　HyperMesh 3D 单元质量计算方法

项 目 名 称	描述及计算方法
Minimum Length / Size （3-D） 最小长度/尺寸	HyperMesh 使用两种方法计算最小长度/尺寸：最短边长和最小标准化高度 计算最小标准化高度方法中 HyperMesh 计算顶点到对面平面的最短垂向距离 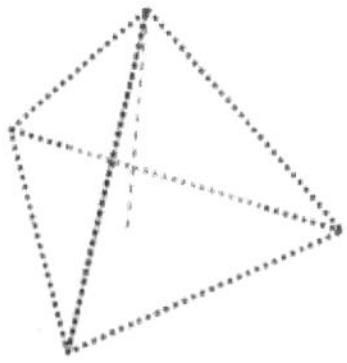
Tetra Collapse 四面体坍塌比	计算方法：坍塌比= min(h/Sqrt(A))/1.24 其中 A 为顶点对面三角形的面积 四面体坍塌比的取值范围为 0.0～1.0，0 为完全坍塌，1 为正四面体，非四面体均取 1 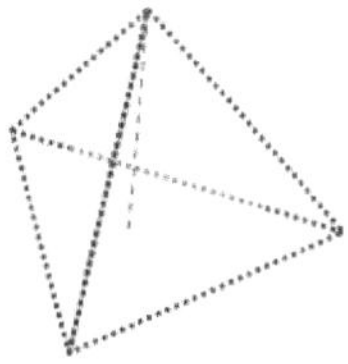

（续）

项 目 名 称	描述及计算方法
Vol. Aspect Ratio 体长宽比	四面体的最长边的长度除以最短高（四面体的高，定义为从一个顶点到其相对面的距离）的长度，其他实体单元为最长边与最短边之比
Volume Skew 体扭曲度	只对四面体单元有效，其他单元类型该项均为0，理想四面体取值为0 计算方法：单元体积与相同大小外接圆条件下的理想四面体体积之比 体扭曲度=实际体积/理想体积 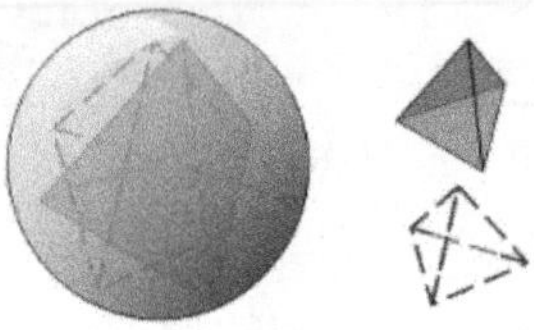 实际体积（Original Tetrahedron） 理想体积（Ideal Tetrahedron）

  HyperMesh 单元质量计算替代方法仅应用于四边形和实体的四边形表面的 Aspect Ratio（长宽比）、Skew（倾斜度）、Taper（锥形度）和 Warpage（翘曲角）计算。计算方法见表 4-3。

  注意：使用这些计算方法需要在 Check Element Settings 中设置单独选项。

表 4-3 HyperMesh 单元质量计算替代方法

项 目 名 称	描述及计算方法
Aspect Ratio 长宽比	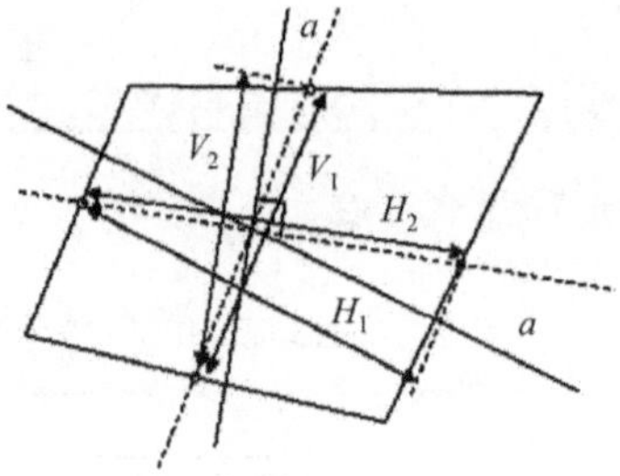 ratio1 = V_1/H_1 ratio2 = V_2/H_2 长宽比取 ratio1 和 ratio2 中的较大值
Skew 扭曲度	首先连接两对边的中点，然后作出其中一条连线的垂线，该垂线与另一条连线的夹角为倾斜角 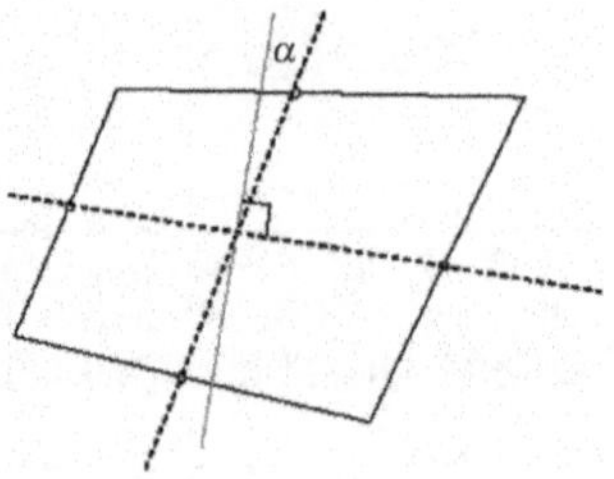 上图中 α 为扭曲度值
Taper 锥形度	首先将四边形的顶点投影到 U-V 平面，正交向量组 U-V 可通过如下方法得到 $Z = X \times Y$ $V = Z \times X$ $U = X$

项 目 名 称	描述及计算方法
Taper 锥形度	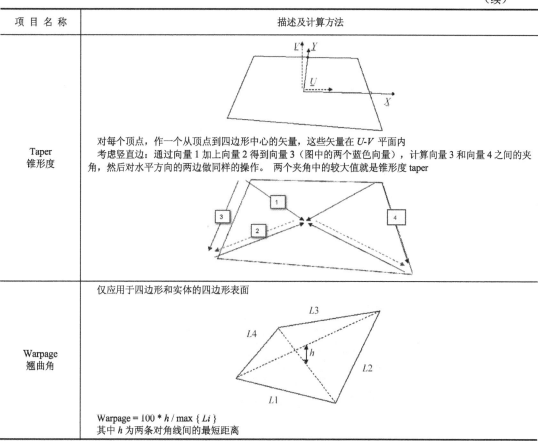 对每个顶点，作一个从顶点到四边形中心的矢量，这些矢量在 U-V 平面内 考虑竖直边：通过向量 1 加上向量 2 得到向量 3（图中的两个蓝色向量），计算向量 3 和向量 4 之间的夹角，然后对水平方向的两边做同样的操作。 两个夹角中的较大值就是锥形度 taper
Warpage 翘曲角	仅应用于四边形和实体的四边形表面 Warpage = 100 * h / max { Li } 其中 h 为两条对角线间的最短距离

HyperMesh 可用的单元检查项较全，针对特定求解器通常不需要依次检查所有项，具体使用情况见表 4-4。

表 4-4　各求解器单元质量检查汇总

	Aspect Ratio	Chordal Deviation	Interior Angles	Jacobian	Length (min.)	Skew	Warpage	Taper	Min Length / Size（3D）	Tetra Collapse	Vol. Aspect Ratio	Volume Skew
HyperMesh	●	●	●	●	●	●	●	●	●	●	●	●
Optistruct	●	●	●	●	●	●	●	●	●			
ABAQUS	●		●	●	●	●△	●					●
ANSYS	●		●	●	●	●	●					
I-DEAS	●	●		●	●	●	●	●			●	
Medina	●		●	●	●	●	●					
MoldFlow	●										●	
Nastran			●	●		●	●				●	
Patran	●		●	●							●	

●：该求解器检查该项。
△：该求解器只检查三角形单元。
注：不同求解器对于同一检查项的定义及计算方法不同，具体可以查看相应软件的帮助文件或者 HyperMesh 帮助文件。

4.2.3 Quality Index 面板

Quality Index 可以计算出一个值来代表显示在图形区域中 2D 壳单元的质量，使用质量标准控制文件来存储和读取单元质量标准。Quality Index 面板的计算结果可以另存为一个文件。

单元质量好坏程度分为 5 级。根据单元质量处于的级数，将分别给予相应的惩罚值，陈述如下。

（1）Ideal　这是单元能达到的最好的理想质量。例如，理想质量的单元长短边比为 1，翘曲度为 0，雅可比为 1 等。一些标准并没有最佳值，如理想最小单元尺寸等于平均单元尺寸。类似地，分析需要全部采用三角形单元的网格，"% of trias"这项指标就不适用。所以"% of trias"应该由用户根据分析需要来设置。落在 Ideal 这个级别的单元显示为深绿色（不是高亮显示）。理想单元的指标值不会赋予惩罚值。

（2）Good　这一级单元质量比理想单元稍微差一些，但是考虑到具体分析要求，质量标准等于或好于这一级的单元不会被惩罚，仍然认为它的质量是较好的。Good 级别的门槛值将由用户指定。落在 Good 这个级别的单元显示为深绿色（不是高亮显示）。但落在 Good 和 Warn 之间的单元将会赋予 0～0.79 的惩罚系数。

（3）Warn　这是位于 Good 和 Fail 之间的级别。落在这个级别的单元将被高亮显示，并且接近失效。HyperMesh 将此值设置于 Good 和 Fail 门槛值的 80% 处。Warn 级别（位于 Warn 和 Fail 之间）的单元默认颜色为蓝色，并且被赋予 0.8～0.99 的惩罚值。

（4）Fail　此级别的单元为失效单元，不被分析所接受。强烈建议在分析前修复这些单元。Fail 值将由用户指定。失效的单元将被赋予大于 1 的惩罚值，此值由单元的失效程度决定。失效的单元（位于 Fail 和 Worst 之间）默认显示为黄色，惩罚值在 1～10 之间，所以通过标准检测的单元的惩罚值都小于 1。

（5）Worst　落在 Worst 的单元将高亮显示，应引起高度注意。落在 Worst 级别的单元将显示为红色，并赋予一值为 10 的惩罚值。

具体划分程度如图 4-25 所示。

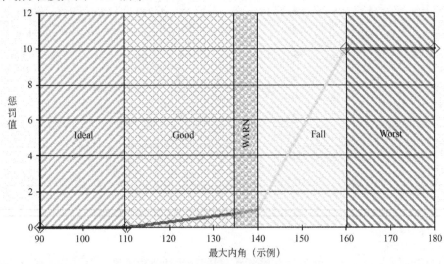

图 4-25　用颜色来显示单元质量

用户可以根据分析需要来关闭某些级别单元的显示。

Quality Index 面板在检查 2D 单元质量的同时，还可以进行单元质量优化。下面介绍进行单元质量优化的 10 个按钮。

（1）place node　单击后高亮显示这个按钮，然后单击并拖动一个节点到新的位置来改善其所属单元的质量。可以通过 allow movement out of boundary 选项控制是否允许节点移出边界。

（2）modify hole & washer　该选项可以直接通过拖曳鼠标改变孔的大小和角度。如图 4-26 所示。

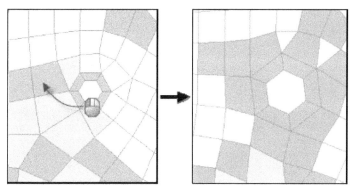

图 4-26　改变孔的大小和角度

（3）swap edge　通过改变相邻单元公共边来改善单元质量。如图 4-27 所示，当选择单元的一个边时，共享此边的两个单元的公共边将会换到另外一个对角线。

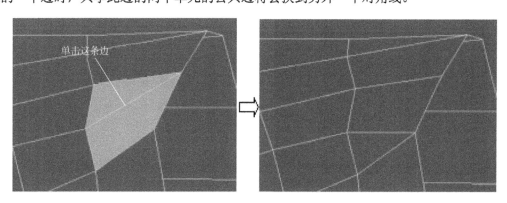

图 4-27　相邻单元公共边

如图 4-26 所示，上面三角形下面四边形的两个单元的对角线将换成上面四边形下面三角形的对角线。

（4）node optimize　单击 node optimize 并在屏幕上选择一个节点，节点将在 HyperMesh 推断的表面移动，尽可能改善拥有此节点周围的单元质量。

（5）element optimize　单击 element optimize 并在屏幕上选择一个单元，单元的节点将在 HyperMesh 推断的表面移动，尽可能改善拥有此单元和附近单元的质量。

（6）smooth 通过局部调整节点位置进行网格的光顺，以提高网格质量。

（7）split/collapse edge 在单元的某条边上单击鼠标左键分割单元；鼠标右键压缩掉所选的边。如图 4-28 和图 4-29 所示。

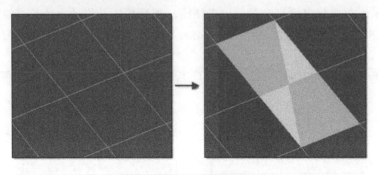

图 4-28 鼠标左键分割单元

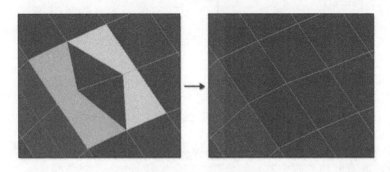

图 4-29 鼠标右键压缩单元

（8）drag tria element 按住鼠标左键将三角单元拖动至模型的其他位置，放开鼠标左键将自动在新的位置局部重新划分提高网格质量。

（9）split quad element 将一个四边形单元分割成两个三角形单元。

（10）combine tria elements 将两个三角形单元合并成一个四边形单元。

如果在优化后还有一些单元质量不高，可以通过 save failed 这个按钮将这些单元保存起来，用其他方法调整质量。

save failed 可以保存至少一项指标失效的单元。保存的单元可以用在其他面板中，通过 retrieve 来重新获取。

4.2.4 Check Elems 面板

创建模型后，可以使用 Check Elems 面板来检查单元的几何质量，包括检查模型连接和重复单元。该面板共有如下 6 个子面板。

1）1-D 子面板，它可以进行如下操作。

● 检查一维单元有无自由端。

● 检查一组刚性单元是否主、从点相接。

- 检查 weld 和 rigid 单元是否从点相接。
- 检查单元的最短长度。

2）2-D 子面板，它可以进行如下操作。

- 检查单元的翘曲、长短边比、skew 和雅可比等。
- 检查四边形或三角形单元的最大和最小内角。
- 检查单元的最短边长。
- 通过真实或者假设的曲面检查单元的最大弦差。

3）3-D 子面板，它可以进行如下操作。

- 检查单元的 warpage、aspect ratio、skew 和 jacobian ratio。
- 检查四边形或三角形单元的最大和最小内角。
- 检查单元最短边。
- 检查四面体单元的 collapse、CFD-style volumetric skew 和 NASTRAN 的 aspect ratio。

4）Time Sub-panel 子面板：可以为显式求解器检查引起小步长的单元。

5）User Sub-panel 子面板：可以使用用户自定义模板来检查单元质量。

6）Group Sub-panel 子面板：可以删除接触面中已经改变单元的接触单元。

4.3 BatchMesher 实例

本节将通过一个具体的实例，介绍如何使用 BatchMesher 这一强有力的几何清理及网格划分工具，自动化、批处理地实现有限元模型前处理工作。通常高版本的 BatchMesher 会比低版本的网格划分结果好，建议使用 2017.2 或以上的版本进行网格划分。本实例主要内容包括：

- BatchMesher 基本参数设置。
- 编辑 Criteria File 和 Parameter File。
- 简单的用户自定义流程设置。

4.3.1 BatchMesher 启动控制

在 Windows 操作系统下，有以下两种方式启动 BatchMesher。

- 在 Windows "开始" 菜单中，选择 "所有程序"，在弹出页面中选择 Altair HyperWorks 2017 >BatchMesher 2017 模块。
- 通过命令行形式，输入 BatchMesher 完整路径以启动模块，如图 4-30 所示。

图 4-30 启动 BatchMesher

在 Linux 操作系统下，启动虚拟控制台，使用 CD 命令进入 BatchMesher 运行路径下，运行<altair_home>/altair/scripts/hw_batchmesh，启动 BatchMesher。

4.3.2　BatchMesher 实例

STEP 01　启动 BatchMesher。

1）在 Windows "开始" 菜单中，选择 "所有程序"，在弹出页面中选择 Altair HyperWorks 2017>BatchMesher 2017 模块。

2）指定模型输入文件夹。在 Input model directory 一栏中，选择 folder（📁），指定输入文件夹。（在本实例中，输入文件夹路径为<installation_ directory> \tutorials\ hm）。

3）指定输出文件夹。如果用户希望指定的输入文件夹和输出文件夹不同。需在 Output directory 一栏中选择 folder（📁），指定输出文件夹。用户可以通过本环节操作，将 BatchMesher 处理生成的.hm 格式文件保存在模型输入文件夹下。

4）单击 select files（🗐）按钮。

5）在 Type of geometry 中选择待输入的 CAD 文件类型。在本实例中，输入 CAD 模型已经被转换为 HyperMesh 数据文件格式（.hm），所以在此处直接选择 HyperMesh 即可。

6）在弹出目录中选择 part1.hm、part2.hm 以及 bm_housing.hm 三个文件。

7）单击 Select 按钮。

STEP 02　BatchMesher 基本参数设置。

1）选择 Configurations 面板，可以看到一些预定制的模板已经存在，如图 4-31 所示。

图 4-31　Configuarations 面板

2）单击 Add Entry（🗒）按钮。

3）在 Mesh Type 一栏为该网格类型定义名称为 tetmesh。

4）在 Criteria File 一栏，单击 Find Criteria Param File（📂）按钮。

5）选择 bm_housing.criteria 文件（该文件的绝对路径为：<installation_ directory>\tutorials\ hm\bm_housing.criteria）。

6）在 Parameter File 一栏单击 Find Criteria Param File（📂）按钮。

7）选择 bm_housing.param 文件（该文件的绝对路径为：<installation_directory>\tutorials\ hm\bm_housing.param）。

8）切换回 Run Setup 面板，新的 BatchMesh 方案即定义完成。

STEP 03 通过用户自定义流程完成 housing 部件四面体网格划分。

1）选择 User Procedures 面板，单击 Add Entry（⊟）按钮。

2）在 TCL File 一栏单击 Find TCL File（📂）按钮。

3）选择 bm_housing.tcl 文件（该文件的绝对路径为：<installation_directory>\tutorials\ hm\bm_housing.tcl）。

4）在 TCL Procedure 一栏选择 tet_all。

5）在 Name 一栏为该流程命名 tetmesh。

完成以上操作后，一个新的 User Procedure 可以在 Run Setup 面板下供用户调用，如图 4-32 所示。

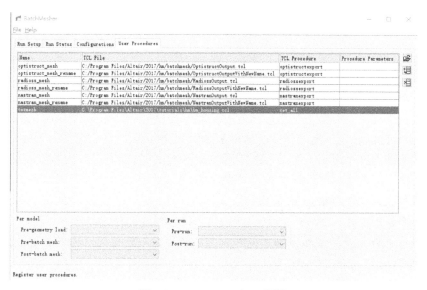

图 4-32　User Procedures 面板

STEP 04 在 Run Setup 面板下定义 BatchMesher 基本控制参数。

1）在 Mesh Type 一栏中，按以下规则为每个部件指定网格划分方案。

- bm_housing.hm：使用 STEP 02 中定义的网格划分方案。
- part1.hm：使用 General 8mm 方案。
- part2.hm：使用 General 8mm 方案。

2）在 Post-Mesh 一栏中，针对 bm_housing.hm 文件选择 STEP 03 中定义的名为 tetmesh 的用户自定义路径。

3）通过调用 tetmesh 流程，二维网格划分阶段结束后，BatchMesher 将对名为 bm_housing.hm 的模型执行四面体网格划分，如图 4-33 所示。

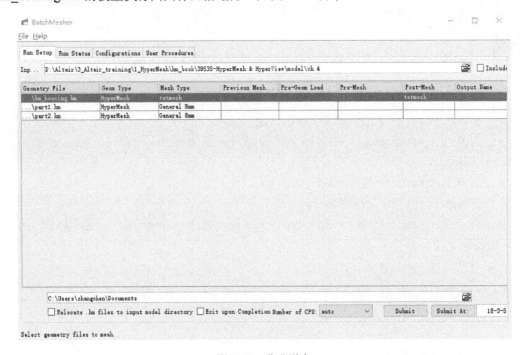

图 4-33　作业递交

4）单击 Submit 按钮，提交作业；或单击 Submit At 按钮，在指定的时间提交作业。

提交作业后，BatchMesher 将自动切换到 Run Status（过程监控）面板，针对每一零部件的 BatchMesher，可以在"过程监控"面板查询其工作状态，包括 Working（处理中）、Pending（队列中）以及 Done（结束）。

- 当某个零部件处于 Working 状态时，用户可以通过选择该零部件并选择 Details 来查看该零部件几何清理和网格划分的具体细节，如失败单元（Failed Elements）、质量指数（Quality Index、QI）等。
- 当某个零部件处于 Done 状态，即处理完毕后，用户可以通过单击 Load Mesh 将划分后的模型读入 HyperMesh 前处理界面中，并查看网格划分结果。

结束了所有零部件的几何清理和网格划分后，通过 Run Details 可以查看最终 BatchMesher 工作的统计信息。

在进行 BatchMesher 的过程中，任何针对某一零部件的作业都可以被暂停或撤销，暂停的作业可以随时重启动，或在用户指定的时间自动启动。

完成的 BatchMesher 作业可以被保存，其参数设置文件可以很方便地被移植到其他零部件模型的几何清理和网格划分作业中。

此外，用户也可以通过 Load Mesh 功能读入一系列已完成的 BatchMesher 作业，并查看结果。

如果用户对 Criteria File 和 Parameter File 进行了修改，可以在修改结束后再次单击 Submit 按钮，BatchMesher 将再次执行几何清理和网格划分批处理工作，并将作业结果保存在单独的子文件夹中。

STEP 05 编辑 Criteria File 和 Parameter File。

1）回到 Configurations 面板。

2）在 Mesh Type 中选择任意一个已有的几何清理网格划分批处理方案。

3）单击 Edit File 按钮。此时用户界面中将弹出 Criteria and Parameter Files Editor 界面，"质量标准"选项卡如图 4-34 所示。

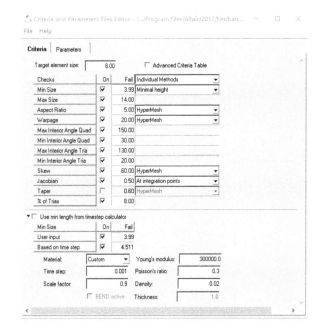

图 4-34 "质量标准"选项卡

在 Criteria 面板下，用户可以对单元尺寸、单元质量评价标准等各类项目进行设置。Advanced Criteria Tab 提供了基于 QI 评价的单元质量高级控制，不过很多情况下，通过 Criteria 面板下的基本参数控制就可以得到高质量的二维网格。

针对显式求解器（Explicit Solvers），Criteria 面板还提供了时间步长控制功能。如果开启此功能，那么 BatchMesher 将全局控制生成的最小单元尺寸。基于时间步长估算的最小单元尺寸控制功能的优先级高于 Criteria File 文件中其他单元质量控制参数。

Parameters File 提供了所有基于几何特征的网格形态控制功能，其"几何参数"选项卡如图 4-35 所示。

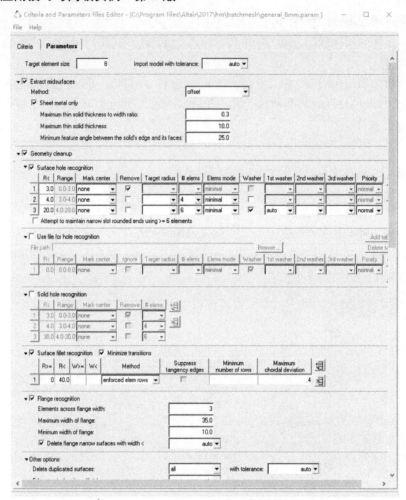

图4-35 "参数文件"选项卡

小结

　　网格的划分是有限元分析的基础，工作量大且耗时多。当部件在两个方向的尺寸远大于第三个方向的时候，通常需要将该部件简化并划分为二维单元。HyperMesh 提供了在几何模型上进行网格划分的工具 automesh，其灵活多样的划分方法能完成用户所需要的网格。当然，大多数情况下直接在几何上使用 automesh 工具并不能产生美观的网格，需要利用第 3 章讲解的几何清理和编辑工具进行拓扑改善，对复杂的曲面进行切分，去除尖锐的小面等，才能划分出高质量、美观的二维网格。除了自动网格划分工具 automesh 外，HyperMesh 还提供了手动生成网格的功能，如拉伸、旋转、spline（在封闭线段包围的面积内生成网格），读者应该灵活配合 automesh 和这些工具来进行网格的生成。典型的如汽车车身，由于其部件多、形状复杂，手动划分网格效率低下，可以使用 BatchMesher 来进行批量网格的生成，相信读者在阅读本章后，可以大幅度提高网格划分效率。

第5章

3D 网格划分

复杂几何体的 3D 网格的划分是有限元分析工作中经常会遇到的操作。对于复杂几何体来说，六面体网格划分是比较困难的。本章通过实例介绍了在 HyperMesh 和 Simlab 中如何进行复杂几何的六面体网格划分和高质量四面体网格划分。

本章重点知识

5.1　实体创建编辑和六面体网格划分实例

六面体网格具有优异的计算性能，因而受到大量用户的青睐。目前尚无能直接自动生成高质量全六面体网格的程序，所以，划分六面体网格具有较高的难度。用户需要通过从简单到复杂的例子的动手实践中学习六面体网格划分的技巧。六面体网格划分的过程中会涉及前面介绍过的几何清理、2D 网格划分、模型管理等各种功能，因此，学习六面体网格划分需要有 2D 网格划分的基础。

六面体网格划分的关键是把复杂实体切分成一个个彼此相连的简单体，这些简单体都可以通过一个类似 CAD 中的变截面扫描的操作，将起点截面上的 2D 网格沿着路径进行扫描，生成 3D 六面体网格。在六面体网格划分中把这个过程称为映射，六面体网格都是映射网格。

六面体网格划分主要的步骤可以归纳为两步：

1）把复杂体切割为可映射的简单体，这部分工作主要通过 Solid Edit 面板完成。

2）把简单体划分成六面体网格，这部分工作主要通过 Solidmap 面板完成。

5.1.1　实例：创建、编辑实体并划分 3D 网格

本实例介绍使用 HyperMesh 分割实体，并利用 solidmap 功能创建六面体网格的过程。模型如图 5-1 所示。

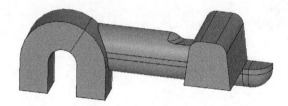

图 5-1　模型结构

本实例包括以下内容。

● 导入模型。

● 通过面生成实体。

● 分割实体成若干个简单、可映射的部分。

● 使用 solidmap 功能创建六面体网格。

STEP 01　打开模型文件。

1）启动 HyperMesh。

2）在 User Profiles 对话框中选择 Default（HyperMesh）并单击 OK 按钮。

3）单击工具栏（　　）按钮，在弹出的 Open file... 对话框中选择 solid_geom.hm 文件。

4）单击 Open 按钮，solid_geom.hm 文件将被载入到当前 HyperMesh 进程中，取代进程中已有数据。

STEP
02 使用闭合曲面（bounding surfaces）创建实体。

1）在主面板中选择 Geom 页，进入 Solids 面板。

2）单击（🔲）按钮，进入 Bounding Surfs 子面板。

3）选中 auto select solid surfaces 复选框。

4）选择图形区任意一个曲面，此时模型所有面均被选中。

说明：如果无法自动选中所有曲面，说明曲面不封闭。这时先不要选中下面的 Auto select solid surfaces 选项，然后手工框选所有 surfaces 再次尝试创建，单击 Create 后可以把渲染模式改为线框，系统就会以小六面体方块图标提示未封闭的区域。或者也可以把共享边和压缩边全部隐藏，然后在 Tool>Numbers 面板显示所有边的 ID 号，即可找到问题所在区域，再使用各种几何清理工具进行修复。

5）单击 Create 按钮创建实体。状态栏提示已经创建一个实体。注意：实体与闭合曲面的区别是实体边线线型比曲面边线粗（也可以通过选择工具栏上 by 3D Topology 的方式显示实体来区分）。

6）单击 return 按钮返回主面板。

STEP
03 使用边界线（bounding lines）分割实体。

1）进入 Solid Edit 面板。

2）选择 Trim With Lines 子面板。

3）在 with bounding lines 栏下激活 solids 选择器。单击模型任意位置，此时整个模型被选中。

4）激活 lines 选择器，在图形区选择图 5-2 所示线。

5）单击 trim 按钮产生一个分割面，模型被分割成两个部分，黄色表示该面是两个体的公共面，如图 5-3 所示。分开的两个体都还不能直接划分六面体，还需要进一步分割。

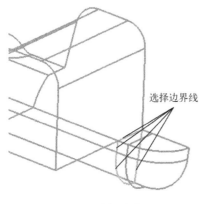

图 5-2 选择边线

图 5-3 分割实体

STEP 04 使用切割线（cut line）分割实体。

1）在 with cut line 栏下激活 solids 选择器，选择 STEP 03 创建的较小的体，如图 5-4 所示。

2）单击 drag a cut line 按钮。

3）在图形区选择两点，将四面体分为大致相等的两部分，如图 5-5 所示。

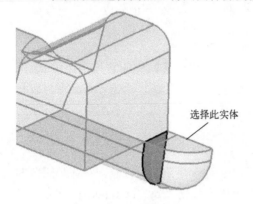

图 5-4　1）中所选实体

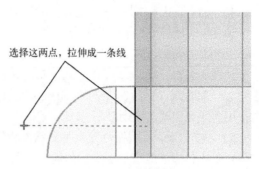

图 5-5　定义切割线

4）单击鼠标中键，分割实体。

5）选择分割后实体的下半部分，如图 5-6 所示。

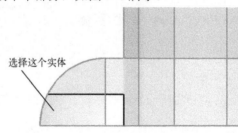

图 5-6　选择实体 1

6）使用 with cut line 工具按图 5-7 所示分割实体。左键选择点，中键结束点的选择。

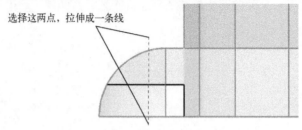

图 5-7　分割实体 1

7）选择图 5-8 所示实体。

8）使用 with cut line 工具按图 5-9 所示分割实体。

说明：所有的切割工具的本质都是通过用点或线定义的曲面或者平面进行切割，各个工具的区别在于定义平面或者曲面的方式。

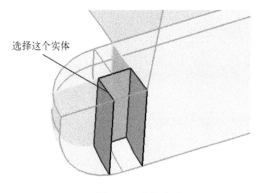

图 5-8　选择实体 2

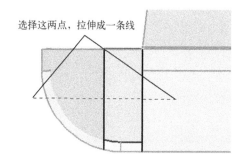

图 5-9　分割实体 2

STEP 05 合并实体。

1）进入 Merge 面板。

2）在 to be merged 下的 solids 选择器激活的状态下选择图 5-10 所示 3 个实体。

3）单击 merge 按钮合并这 3 个实体。合并后的结果如图 5-11 所示。

说明：很显然中间的立方体是可以直接划分为六面体的，而球体剩下的部分也可以直接划分六面体。六面体映射要求体为可扫掠结构，这里需要把与立方体共享的 3 个面看成一整个拓扑面（由三个平面组成的折面），再把球面看成与之对应的拓扑面，这样就可以找到作为路径面的其余曲面了。或者也可以把这个体再分割成 3 个扫掠体，那样就一目了然了。

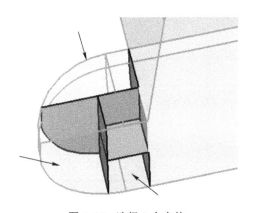

图 5-10　选择 3 个实体

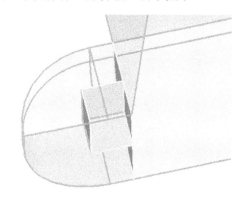

图 5-11　合并实体结果

STEP 06 使用自定义的平面（user-defined plane）分割实体。

1）进入 Trim With Plane/Surf 子面板。

2）在 with plane 下的 solids 选择器激活的状态下选择图 5-12 所示的较大的实体。

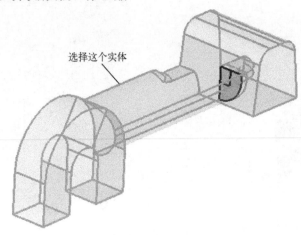

选择这个实体

图 5-12 选择实体 3

3）将平面选择器设置为 N1、N2、N3。

4）激活 N1 选择器，按住鼠标左键不放，移动鼠标到图 5-13 所示两边线中靠上的一条，此时边线高亮显示，如图 5-13 所示。

5）释放鼠标左键，在此边中点处再单击左键，一个绿色的临时节点将出现在边的中点处，同时平面选择器节点 N2 被激活。

6）以同样的方法激活靠下的边线，然后在边线上选择两个节点，如图 5-14 所示。

7）单击 trim 按钮分割所选实体，模型分割后如图 5-15 所示。

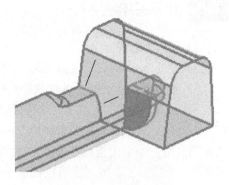

图 5-13 选择边线位置

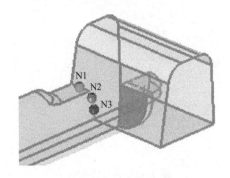

图 5-14 选择节点

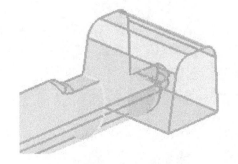

图 5-15 分割实体

STEP 07 使用扫掠线（sweep line）分割实体。

1）进入 Trim With Lines 子面板。

2）激活 with sweep lines 栏下的 solids 选择器，选择图 5-16 所示实体。

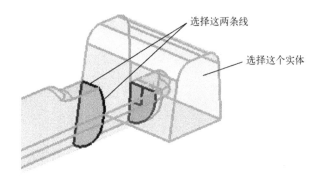

图 5-16　选择边线和实体位置

3）激活 line list 选择器，选择 ^{STEP}₀₆ 中定义 N1、N2 和 N3 点所用到的边线。

4）在 sweep to 下将"平面"选择器设置为 x-axis。

5）将 plane 选择器设置为 sweep all。

6）单击 trim 按钮分割实体。

STEP 08　使用主平面分割实体。

1）进入 Trim With Plane>Surf 子面板。

2）在 with plane 下激活 solids 选择器，选择图 5-17 所示实体。

3）将"平面"选择器从 N1、N2 和 N3 转换为 z-axis。

4）按住鼠标左键不放，移动鼠标至图 5-17 所示边线，此时被选中边线将高亮显示。

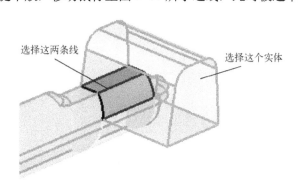

图 5-17　选择边线和实体位置

5）释放鼠标左键并在边上任意位置单击。

6）一个紫色临时节点出现在边上，它表示基点。

7）单击 trim 按钮分割实体。

8）单击 return 按钮返回主面板。

STEP 09　在实体内部创建面并使用此面分割实体。

1）通过以下任意一种方式进入 Surfaces 面板。

● 从主菜单选择 Geometry > Create > Surfaces > Spline/Filler 命令。

● 在 Geom 页面中选择 surface。

2）单击 ⬙ 按钮进入 Spline/Filler 子面板。

3）取消选择 auto create（free edge only）复选框，激活 keep tangency 复选框。

4）选择图 5-18 所示 5 条线。

5）单击 create 按钮创建曲面。

6）单击 return 按钮返回主面板（main menu）。

7）在 Geom 页面中，进入 Solid Edit 面板。

8）进入 Trim With Plane>Surf 子面板。

9）在 with surfs 下 solid 选择器激活状态下，在图形区选择要分割的实体。

10）在 with surfs 下 surfs 选择器激活状态下，在图形区选择第 5）步创建的曲面。

11）取消选择 extend trimmer，否则会沿切线方向进行无限延伸。

12）单击 trim 按钮分割实体。

13）单击 return 按钮。

14）在 Geom 页面选择 Surfaces 面板。

15）进入 Spline>Filler 子面板。

16）选择图 5-19 所示 4 条线。

17）单击 create 按钮。

18）单击 return 按钮。

19）从主菜单选择 Geometry > Edit > Solids > Trim with Plane/Surfaces 命令，进入 Trim With Plane>Surf 子面板。

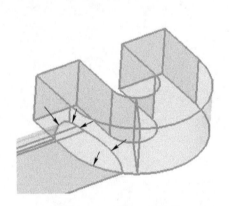 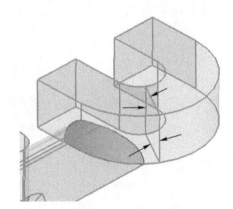

图 5-18　选择 5 条边线　　　　图 5-19　选择 4 条边线

20）在 with surfs 栏下激活 solids，单击图形区中包含此面的实体。

21）在 with surfs 栏下 surfs 选择器激活的状态下，选择刚创建的面。

22）取消选择 extend trimmer 复选框。

23）单击 trim 按钮。

24）单击 return 按钮返回主面板。

STEP
10 压缩模型上部分边线，以便进行网格划分。

1）进入 Edge Edit 面板。
2）选择（un）Suppress 子面板。
3）选择 lines>by geoms。
4）激活 solids 选择器，选择图 5-20 所示 4 个实体。

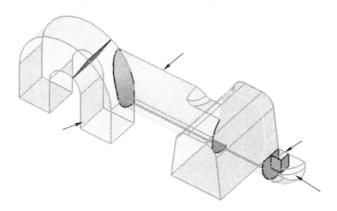

图 5-20　选择 4 个实体

5）单击 add to selection。
6）在 breakangle=栏中输入 45。
7）单击 suppress 按钮压缩这些边。
8）单击 return 按钮返回主面板（main menu）。

STEP
11 对 1/8 半球区进行网格划分。

1）在工具栏单击 Shaded Geometry and Surface Edges（🖤▾）按钮。
2）通过以下任意一种方式进入 Solidmap 面板。
● 从主菜单选择 Mesh > Create > Solidmap Mesh 命令，进入 Solidmap 面板。
● 在 3D 页面中选择 solidmap。
3）选择 One Volume 子面板。
4）在 along parameters 栏下的 elem size=栏中输入 1。
5）在 volume to mesh 栏下激活 solid 选择器，选择图 5-21 所示的小立方体。
6）单击 mesh 按钮。
7）在工具栏中单击 Shaded Elements and Meshlines（🔲▾）按钮。
8）选择图 5-22 所示实体。
9）单击 mesh 按钮。
10）单击 return 按钮返回主面板（main menu）。

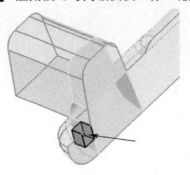

图 5-21　选择小立方体

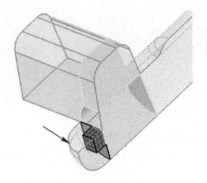

图 5-22　选择实体

STEP 12　利用 Automesh 面板创建壳单元网格，控制网格模式。

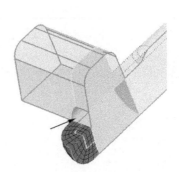

图 5-23　选择面

1）通过以下任意一种方式进入 Automesh 面板。

● 从主菜单选择 Mesh > Create > 2D Automesh 命令，进入 Automesh 面板。

● 按〈F12〉键。

2）选择图 5-23 所示的面。

3）确认选择 size and bias 和 interactive。

4）在 element size=栏中输入 1.0。

5）确认 mesh type 设置为 mixed。

6）单击 mesh 按钮。

7）在 elem density 栏中输入 4。

8）单击 set all to，此时所有密度都设置为 4。

9）单击 mesh 按钮。

说明：注意到该四边形面的左上角部位的网格是一个三角形和一个四边形，这可以避免后续映射到圆弧面上之后发生单元质量问题，因为圆弧边接近 180°角，不应该使一个单元的两条邻边放在同一个圆弧边上。更好的选择是在 2D 网格划分时进行手工干预，在此处加一条特征线，强制生成两个四边形网格，因为通常六面体网格划分时都应该尽可能地避免三角形单元出现。而这种情况实际操作中会经常出现又无法预测，所以，经常会导致返工。

10）单击 return 按钮返回主面板。

STEP 13　对已创建面网格的实体划分体网格。

1）进入 Solidmap 面板。

2）选择 One Volume 子面板。

3）选择图 5-24 所示实体。

4）在 along parameters 栏下将 elem size 转换为 density 并输入 10。

5）单击 mesh 按钮。

6）旋转模型，注意观察使用 automesh 创建的网格模式如何控制生成实体单元，如图 5-25 所示。

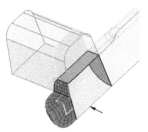

图 5-24 选择实体　　　　　　　　图 5-25 生成三维网格

STEP 14 对剩余的实体划分网格。

1）在 Solidmap 面板选择 One Volume 子面板。

2）选择一个未划分网格的实体。所选实体要求与已划分网格的实体相连，以保证网格连续性。

3）切换 source shells 到 mixed。

4）在 along parameters 栏下将 density 切换成 elem size，输入 1.5。

5）单击 mesh 按钮。

6）重复划分其余实体。

7）单击 return 按钮返回主面板。

使用 solidmap 功能可实现多个实体一次划分网格。

通过映射视图模式（mappable visualization mode）检查模型是否可以进行映射划分，如果模型可以进行映射划分，则可通过 multi-solids 工具对模型多个实体一次划分。下面介绍如何删除模型上已划分的网格，使用 solidmap 功能一次划分多个实体。

STEP 15 删除模型内所有单元。

1）按〈F2〉键进入 Delete 面板。

2）激活 elems 选择器，选择 all。

3）单击 delete entity 按钮。

4）单击 return 按钮返回主面板。

STEP 16 使用映射视图模式。

1）在工具栏单击 Shaded Geometry and Surface Edges（◒▾）按钮。

2）在 geometry visualization 下拉菜单中选择 Mappable 选项。此时，模型中每个实体都将被渲染，实体上渲染的颜色代表其映射状态。本步的目的是检验每个实体是否具有一个或多个方向的映射性。

3）在工具栏单击 visualization options（💻）按钮，在图形区左侧可以看到图 5-26 所示映射状态图例。

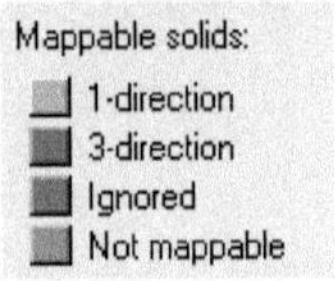

各种颜色代表的映射状态解释如下。

Mappable solids:

☐ 1-direction
☐ 3-direction
☐ Ignored
☐ Not mappable

图 5-26 映射状态图例

- 1-direction：表示实体可以在一个方向映射划分网格。
- 3-direction：表示实体可以在三个方向映射划分网格。
- Ignored：表示实体需要进行分割以实现映射性。
- Not mappable：表示实体已被分割，但还需进一步分割才能达到映射状态。

4）将模型切换到映射视图模式如图 5-27 所示。可以看到有一个实体具有三个方向的映射性，其余实体均具有一个方向映射性。

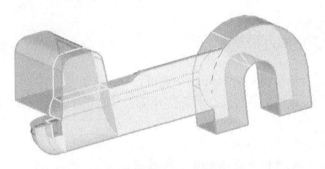

图 5-27 模型映射状态图

STEP 17 使用 multi-solid 功能划分实体。

1）进入 Solidmap 面板。

2）选择所有实体。

3）将 source shells 设置为 mixed，在 elem size= 栏中输入 1。

4）单击 mesh 按钮，此时模型将被顺序划分网格。划分网格后的模型如图 5-28 所示。

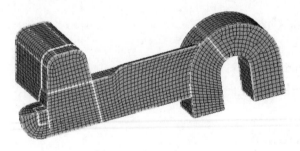

图 5-28 划分网格后的模型

5.1.2 实例：通过曲面创建 3D 网格

在比较复杂的六面体网格划分过程中，通过把所有实体都切割成可映射体，然后自动划分六面体网格通常是非常困难的。有些时候几何在划分六面体网格的过程中只是起到参照的作用，这时可以直接根据曲面或者曲线、节点等进行六面体网格划分。也可以将两种方法组合使用，组合使用时需要确保局部节点与几何体的关联性以及划分后的网格是否连接正确，关联性操作可以在 Node Edit 面板中实现。本实例将介绍如何使用 HyperMesh 划分实体六面体网格。实例使用的模型由 4 个 IGES 格式的面组件构成，它们分别是：基座（base）；弯臂（arm_curve），横截面相同；直臂（arm_straight），横截面逐渐变细；带通孔圆柱体（boss）。模型如图 5-29 所示。

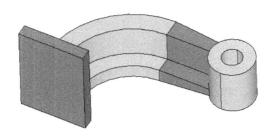

图 5-29　模型结构

STEP 01 载入模型。

打开 arm_bracket.hm 文件。

STEP 02 为包含 L 形面的基座上表面划分二维网格。

1）通过以下任意一种方式将 base 设置为当前工作组件。
- 在状态栏中单击中间方框，在弹出对话框中单击 base 按钮。
- 在模型浏览窗口右击 base，在弹出菜单中选择 Make Current。
2）在模型浏览窗口，隐藏除 base 外的其他组件。
3）通过以下任意一种方式进入 Automesh 面板。
- 从主菜单选择 Mesh > Create > 2D automesh 命令（快捷键〈F12〉）。
- 在 2D 页面选择 automesh。
4）在图形区选择包含 L 形面的基座上表面。
5）进入 Size And Bias 子面板。
6）将 meshing mode 设置为 automatic。
7）在 element size=栏中输入 10，设置网格尺寸为 10 个单位。

8）将 element type 设置为 quads。

9）单击 mesh 按钮。网格如图 5-30 所示。

10）单击 return 按钮返回主面板。

STEP 03 在 base 上创建六面体网格。

1）从主菜单选择 Mesh > Create > 3D Elements > Element Offset 命令，进入 Elem Offset 面板。由于 Element Offset 命令的方向与单元法向相关，有时需要使用 check 工具栏上的 按钮进行单元法向的检查和调整。

2）选择 Solid Layers 子面板。

3）激活 elems 选择器，选择基座上的二维单元。

4）在 number of layers=栏中输入 5。此栏表示拉伸网格的层数。

5）在 total thickness=栏中输入 25。此栏表示拉伸网格的厚度。

6）单击 offset+。

说明："+"表示沿二维单元的法向进行拉伸，"-"表示沿二维单元法向反方向进行拉伸，通过 tool 页面下的 Normals 面板可以检查单元的法向，拉伸获得网格如图 5-31 所示。其实此处使用 solidmap 里面的 line drag 就可以实现。

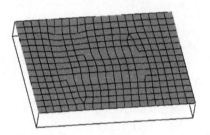　　　　　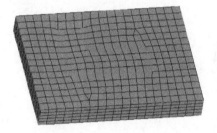

图 5-30　基座上表面划分二维网格　　　　　图 5-31　创建基座三维网格

STEP 04 弯臂划分网格前的显示处理。

1）在模型浏览器中显示 arm_curve 组件。

2）按〈F5〉键进入 Mask（隐藏）面板。

3）选择 element>by config>hex8 选项。

说明：通过单元属性选择单元，hex8 表示 8 节点的六面体单元。

4）单击 select entities 按钮。所有 8 节点的六面体单元都已被选中。

5）选择 element>by config>penta6。

6）单击 select entities 按钮。所有 6 节点的五面体单元都被选中。

7）单击 mask 按钮隐藏所选单元。

8）单击 return 按钮返回主面板（main menu）。

STEP 05 在弯臂曲率中心处创建一个节点。

1）按〈F4〉键，进入 Distance（距离）面板。

2）进入 three nodes。

3）在 N1 激活的状态下，在图 5-32 所示的曲线上创建中心节点。

4）按住鼠标左键，在屏幕视图区域（Graphic Area）拖动鼠标，当光标靠近目标曲线时，光标将变成 ⊙，然后该曲线高亮显示，此时释放鼠标。可以注意到此时目标曲线处于被激活状态。

5）在曲线上单击 3 次，选择 3 个点。

6）单击 circle center 按钮，在曲线曲率中心处创建一个节点。

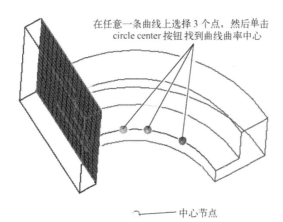

图 5-32　创建中心节点

7）单击 return 按钮或按〈Esc〉键返回主面板。

STEP 06 使用旋转（spin）工具在弯臂上创建六面体单元。

1）在模型浏览窗口选择 arm_curve 作为当前组件。

2）从主面板选择 Mesh > Create > 3D Elements > Spin，进入 Spin 面板。

3）选择 Spin_Elems 子面板。

4）选择 elems>by window，选择 L 形面内的二维单元。

5）单击 select entities 按钮，所选单元高亮显示，如图 5-33 所示。

6）在 angle=栏中输入 90，此值表示旋转角度。

7）在旋转方向上选择 x-axis。

8）将曲线圆心处节点设置为"基点（B）"。

9）在 on spin=栏中输入 24。此栏表示旋转路径上的网格数。

10）单击 spin-按钮，旋转获得网格如图 5-34 所示。

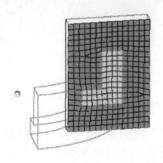 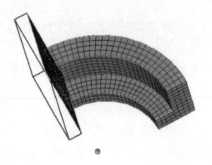

图 5-33　选择 L 形面内二维单元　　　　图 5-34　创建弯臂六面体网格

11）单击 return 按钮返回主面板（main menu）。

注意：通常只有确切知道结构是理想回转体的情况下才能使用 spin 功能，否则需要使用 Line Drag 或者 Solidmap 面板下面的 General 等子面板进行六面体生成。

STEP 07　在六面体单元上创建面。

1）从主面板选择 Mesh > Check > Compenents > Faces，进入 Faces 面板。

2）将实体选择器设置为 comps，选择 arm_curve 组件。

3）单击 find faces 按钮。此时在三维单元上将创建二维壳单元，这些壳单元均放置在名为 faces 的组件中。

4）在工具栏上单击 Shaded Elements and Mesh Lines（🎲·）按钮，这时将看到 faces 组件中的单元。

STEP 08　直臂划分网格前的显示处理。

显示组件 arm_straight 和 faces。

STEP 09　为直臂和圆柱体之间的 L 形面划分网格。

1）将 arm_straight 设置为当前工作组件。

2）进入 Automesh 面板。

3）选择直臂和圆柱体之间的 L 形面，该面存放在 arm_straight 组件中。

4）将 meshing mode 设置为 interactive。

5）单击 mesh 按钮进入划分网格程序。

6）在 Density 子面板中按图 5-35 所示调整网格密度。

7）单击 mesh 按钮更新网格划分密度。

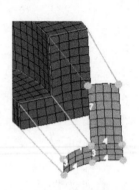

图 5-35　调整网格密度

8）单击 return 按钮创建二维单元并返回 Automesh 面板。

9）单击 return 按钮返回主面板（main menu）。

STEP 10 使用 linear solid 工具在两组壳单元之间创建三维单元。

1）通过以下任意一种方式进入 Linear Solid 面板。

● 从主面板选择 Mesh > Create > 3D Elements > Linear 3D 命令。

● 在 3D 页面选择 linear solid。

2）在 from：elems 选择器激活的情况下，选择 faces 组件上位于弯臂和直臂之间的壳单元。可以首先选择一个单元，然后使用 elems>by face 来选择其余所需的单元。

3）单击 to：elems，选择 STEP 09 创建的壳单元。

4）单击 from：alignment：N1，选择图 5-36 上方所示的 3 个节点。

5）单击 to：alignment：N1，选择图 5-36 下方所示的 3 个节点。

注意，4）、5）两步中节点选择顺序以及映射位置必须一致。三个节点的顺序规则就是定义坐标系的规则：N1 确定坐标系原点，N2 确定 X 轴正方向，N3 确定 X-Y 平面的 Y 轴正方向一侧。

6）在 density=栏中输入 12。此栏表示在两壳单元之间生成的网格数。

7）单击 solids 按钮完成网格划分，如图 5-37 所示。

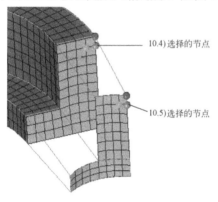
10.4)选择的节点
10.5)选择的节点

图 5-36　选择节点位置

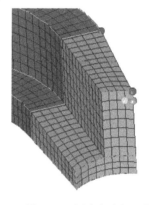

图 5-37　创建直臂六面体网格

8）单击 return 按钮返回主面板（main menu）。

STEP 11 圆柱体划分网格前的显示处理。

在模型浏览器中设置 boss 组件为显示。

STEP 12 在 boss 组件底部创建壳单元。

1）将 boss 设置为当前工作组件。

2）进入 Automesh 面板。

3）选择 boss 底部的 5 个面。

4）单击 mesh 按钮进入划分网格程序。

5）按照图 5-38 所示调整面上网格密度。

6）单击 mesh 按钮更新面上网格密度。

7）单击 return 按钮两次返回主面板（main menu）。

STEP 13 向 boss 上表面投影节点。

为了更好控制 boss 组件上网格生成质量，保证模型网格连续性，在对 boss 进行网格划分时需使用已存在节点控制待生成网格的节点分布。通过前几步操作，boss 组件映射路径上已生成大部分节点，下面将通过映射（project）功能在 boss 上表面生成节点，完整映射路径的节点分布。

1）从主菜单选择 Mesh > Project > Nodes 命令，进入 Project 面板。

2）选择 To Line 子面板。

3）选择图 5-39 所示的节点。

4）选择 nodes>duplicate，复制已选中的节点。完成此步操作后，映射到 boss 上表面的节点不是已选中节点本身，而是其复制点，这样就不会影响原有单元分布。

5）在 to line 栏选择 boss 上表面，如图 5-39 所示。

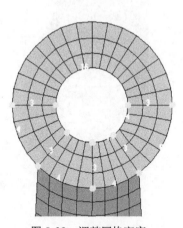

图 5-38 调整网格密度

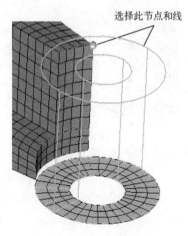

选择此节点和线

图 5-39 节点及线的位置

6）在 along vector：栏选择 x-axis。

7）单击 project 按钮将节点投影到所选线上。

8）单击 return 按钮返回主菜单。

STEP 14 使用 Solidmap 面板为 boss 组件划分六面体单元。

1）通过以下任意一种方式进入 Solidmap 面板。

- 从主菜单选择 Mesh > Create > Solid Map Mesh 命令。
- 在 3D 页面选择 solidmap。

2）进入 General 子面板。

3）选择 source geom：（none）。

4）选择 along geom：mixed。

5）在 along geom：mixed 栏下，单击 lines 按钮。

6）选择图 5-40 所示线。

7）单击 node path 按钮将其激活。

8）顺序选择图 5-40 所示节点。共有 13 个节点。起始节点位于 boss 壳单元，然后是 arm_straight 组件边沿上的节点，终止节点是位于 boss 上面投影的节点。

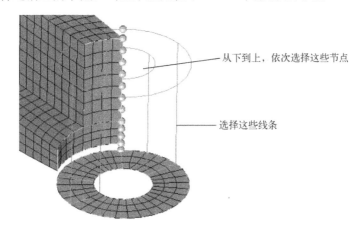

图 5-40   扫掠路径节点位置

9）在 elems to drag：选择 elems>by collector>boss 组件。

10）单击 destination geom：surf，选择 boss 上表面。

11）单击 mesh 按钮，此时模型已全部划分网格，如图 5-41 所示。

12）单击 return 按钮返回主面板（main menu）。

STEP 15 检查模型连续性。

1）进入 Faces 面板。

2）单击 comps 按钮进入组件列表。

3）选择所有组件或选择 comps>all。

4）单击 select 按钮，完成组件选择并返回 Faces 面板。

5）单击 find faces 按钮。

6）在模型浏览窗口关闭所有组件几何显示。

7）关闭除 faces 组件外所有组件网格单元的显示。

8）单击 return 按钮退出当前面板。

9）在 Post 页面进入 hidden line。

10）进入 Cutting 子面板。

11）激活 xz plane 和 trim plane 选项。

12）单击 fill plot，此时图形区的面以切面形式显示，因此可以看到模型内部网格情况。

13）在切面位置处单击，按住鼠标左键不放并移动鼠标，此时切面将通过模型。通过这一操作可以看到模型内部任何一个单元。如图 5-42 所示，在 boss 和 arm 之间，将看到有些单元并没有真正连接，因此需要进一步处理。

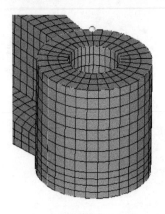

图 5-41　创建圆柱体六面体网格　　　　　图 5-42　模型切面显示

14）单击 return 按钮返回主面板（main menu）。

STEP 16 校正模型单元连续性。

1）显示除 faces 外所有组件。

2）以透明模式显示 solidmap 组件。

3）进入 Faces 面板。

4）选择 elems>displayed。选择图形区显示的所有单元。

5）单击 preview equiv 按钮。在 boss 和 arm 之间符合条件的节点将高亮显示。

6）指定一个较大的 tolerance=0.05，并单击 preview equiv 找到更多符合条件的节点。

7）重复步骤6），直至 60 个节点都被选中。

8）单击 equivalence 按钮，将间距小于 tolerance 的节点缝合到一起。

9）将所有组件以渲染模式显示。

说明：单击 equivalence 按钮之前务必要先使用 preview equiv 按钮预览，否则可能造成严重的模型损失。必要时可以先用快捷键〈F10〉检查模型的最小单元尺寸，然后确定一个小于该值的 tolerance。

STEP 17 重新检查模型连续性。

重新进行 STEP 16 操作，确保模型中不连续节点全被缝合。

5.2 四面体网格划分

HyperMesh 提供了多种划分四面体网格的方法。主要思路是先通过几何工具和 2D 网格工具得到四面体的外表面网格。然后在 3D>Tetramesh 面板中通过外表面网格生成四面体网格。外表面的圆角、圆柱等特征的正确捕捉和 2D 单元的单元质量是生成高质量四面体网格的关键。提供给 tetrames 的 2D 网格必须封闭，无单元质量问题，无重复单元，相邻单元的法向夹角不能太小。Tetramesh 面板的 Tetra Mesh 子面板的 check 2D mesh 按钮可以帮助检查这些项目。如果需要经常划分复杂结构的四面体网格，本章最后部分介绍的 SimLab 是更好的选择。

Tetramesh Process Manager 是 Altair HyperWorks 向用户提供的基于流程自动化的复杂模型四面体网格划分解决方案。Tetramesh Process Manager 可以指导用户完成标准化及自动化的几何清理及网格划分流程，帮助用户轻松完成复杂零部件的有限元模型前处理工作。

用户可以在 Altair HyperMesh 用户界面的下拉式菜单中，通过 Mesh>Create 命令来启动 TetraMesh Process Manager，如图 5-43 所示。

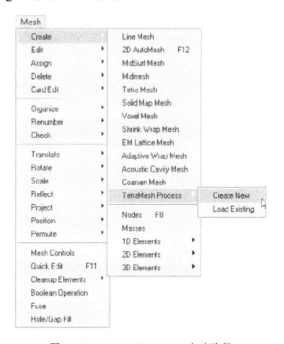

图 5-43　Tetramesh Process 启动路径

5.3 四面体网格划分实例

本节将通过一个实例学习使用 Tetramesh Process Manager 进行零部件几何清理和四面体网格划分的具体步骤。

本实例包含的内容有：

- 导入已有的.hm格式几何文件。
- 几何清理。
- 模型组织（小孔及其他用户自定义特征辨识）。
- 网格划分参数设置。
- 二维网格划分。
- 二维网格质量检查。
- 零部件四面体网格划分。

STEP 01 启动流程。

1）在下拉式菜单栏（Manu Bar）中选择 Mesh>Create，接着在弹出菜单中选择 Tetramesh Process>Create New 命令，新建一个作业（session）。

2）在弹出页面中，为该作业指定一个名称。如果选择为默认值，Tetramesh Process Manager 会自动将该作业命名为 my_session。

3）选择一个工作文件夹（Work Folder）。

4）单击 Create 按钮。这样就打开了 Tetramesh Process。接下来将进行四面体网格划分。

STEP 02 Geometry Import。

1）通过以下操作，Tetramesh Process 将在 HyperMesh 用户界面左侧的标签区域（Tab Area）展开四面体网格划分工作流（Tetramesh Process Flow）。（图 5-44）。该工作流的第一步即为几何导入（Geometry Import），左侧的复选框将自动被选中，HyperMesh 用户界面下方的主菜单区域也将自动切换成与几何导入环节相关的参数。

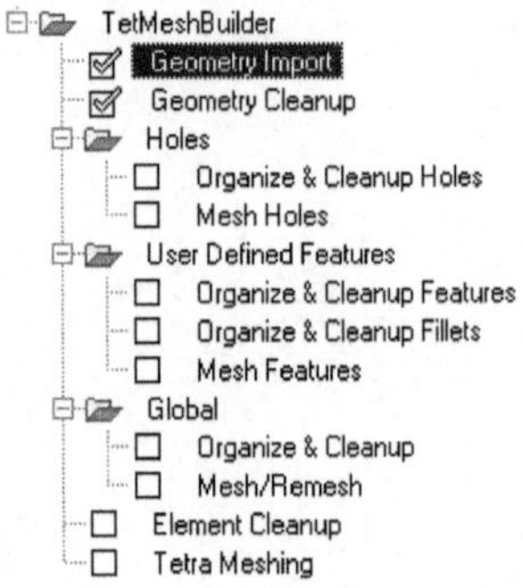

2）将 Import Type 切换至 HM Model。

3）在下方的工具栏中，单击 Open .hm File（📂）按钮打开文件，在路径<installation_directory\tutorials\hm>中选择文件 tetmesh_pm.hm。

4）单击 Import 按钮。此时在视图区域中，tetmesh_pm.hm 被打开，TetraMesh Process 左侧的 Geometry Import 表示该环节已完成。

图 5-44 Tetramesh Process Flow

STEP 03 Geometry Cleanup。

1）在几何模型渲染模式（Geometry Color Mode）中选择（Auto ▼）选项，在下拉式菜单中选择 By Topo，并选择实体渲染（Shaded Geometry）（🔧）复选框。

2）选择 Edge Tools 面板。

3）单击 Isolate 按钮。HyperMesh 将对模型中的自由边进行辨别，如图 5-45 所示。

4）选择 Free Edges 面板，并单击 Equivalence 按钮。通过自由边操作，HyperMesh 将一次性地合并模型中所有的自由边对。如果通过本步操作后，模型中依然有未合并的自由边对，尝试适当调整清理容差（Tolerance）的大小，并再次执行合并操作。

5）切换回 Edges Tools 面板，重新单击 Isolate 按钮。用户界面中将弹出信息 "No Edges Found…"，表明所有的自由边都已被修复完毕。

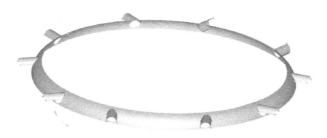

图 5-45　Edge Tools Isolate

6）单击 Display All 按钮。

7）单击 ACCEPT 按钮。Geometry Cleanup 操作结束，其左侧的复选框中出现标识操作完成的绿色对勾。

STEP 04　Organize & Cleanup Holes。

本环节中包括小孔特征的辨识与组织，与小孔特征网格划分相关参数的设置，包括小孔直径选择、沿孔深方向单元尺寸、孔周单元数量等。

1）单击（□）按钮，新建一个分组。

2）在第一行 D< 一栏中，输入 3.3。

3）在第二行中，输入 5。

4）在第三行中，输入 10。

通过预置分组的方式，在接下来将要进行的辨识和分组中，HyperMesh 会把模型中所有的小孔特征按 0～3.3、3.3～5 以及 5～10 的直径范围进行分组。

5）单击 Auto Organize 按钮。如图 5-46 所示，模型中所有的小孔特征依照其直径的不同，完成了辨识和归类。

6）将 HyperMesh 用户界面左侧的浏览器区域由 Tetramesh Process 切换至原始的 Model Borwser 状态。可以注意到，模型中新建了 3 个以 solidholes 命名的部件（component），并分别被赋予了不同的颜色。

7）切换回 Tetramesh Process 工作流界面。

8）在 Num Cirumference Elems 一列，均输入 12。该参数设定了 3 组所有小孔特征在进入网格划分阶段，沿孔周会划分为 12 个单元。

9）在 Longitudinal Elem Size 一列，均输入 1。

该参数设定了 3 组所有小孔特征在进入网格划分阶段，沿孔深方向单元尺寸设置为 1。

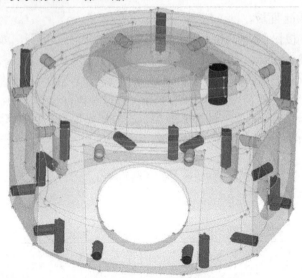

图 5-46 小孔特征辨识及分组

10）单击 ACCEPT 按钮。小孔特征辨识及归类操作结束，其左侧的复选框中会出现标识操作完成的绿色对勾。

STEP 05 Mesh Holes。

进入小孔特征网格划分操作后，Mesh Type 下拉式菜单将被激活，并提供 R-Tria Regular 和 R-Trial Union Jack 两种网格样式选择。

单击 ACCEPT 按钮。小孔特征网格划分操作结束，如图 5-47 所示，其左侧的复选框中出现标识操作完成的绿色对勾。

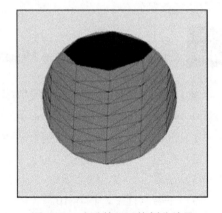

图 5-47 小孔特征网格划分结果

STEP 06 Organize & Cleanup Features。

模型中除小孔特征外，往往还有某些其他特征，由于分析的需要，在几何清理和网格划分操作需要执行独立的标准。Tetramesh Process 向用户提供了用户自定义特征辨识及几何清理功能，如图 5-48 所示，以帮助用户处理此类问题。

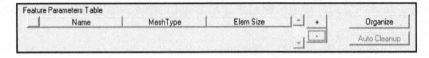

图 5-48 Feature Parameters Table

1）单击（ + ）按钮。

2）在弹出的 Define New 窗口中，输入 faces，然后单击 OK 按钮。

3）选择图 5-49 所示的 5 个面。

4）单击 Proceed 按钮。此时，菜单将切换至 Organize 面板，并准备将刚才选定的 5 个平面移动至名为 grp_Faces 的部件（component）中。

5）单击 move 按钮，然后单击 return 按钮。

6）单击（ ☐ · ）按钮。

7）在弹出的 Define New 窗口中输入 TopHole，然后单击 OK 按钮。

8）选择模型顶部大型圆孔结构中的曲面，如图 5-50 所示。

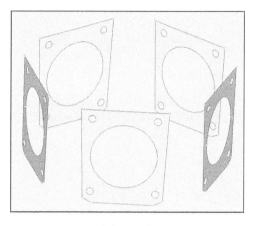

图 5-49　用户自定义特征 feature

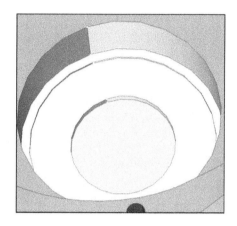

图 5-50　用户自定义特征 TopHole

9）单击 Proceed 按钮。

10）在 Organize 面板中单击 move 按钮，然后单击 return 按钮。

此时，HyperMesh 用户界面中的模型视图应处于图 5-51 所示的状态，包括三组小孔以及两组用户自定义特征都被归类至新建部件中，并分别被赋予了不同的颜色。

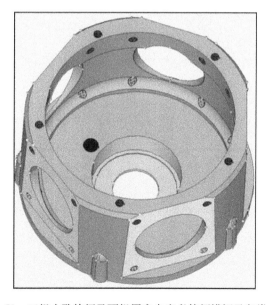

图 5-51　三组小孔特征及两组用户自定义特征辨识及归类结果

11）单击 ACCEPT 按钮。

STEP 07 Organize & Cleanup Fillets。

模型中不可避免地会出现圆角。分析人员通常采用的手段是对小的圆角进行中心线切割，以获得更高质量的网格划分结果。Tetramesh Process 的圆角特征辨识及几何清理（Organize and cleanup feillets）功能向用户提供了大批量、自动化进行圆角中心线切割的解决方案。

1）单击 components 按钮。

2）选择模型中除去三组小孔特征及两组用户自定义特征外的剩余部分（紫色）。

3）单击 Proceed 按钮。

4）将 Min Radius 设置为 0，将 Max Radius 设置为 5，并激活 Suppress Fillet Tangent Edges 选项。

5）单击 Cleanup 按钮。可以注意到，模型中紫色部件中所有的圆角都完成了中心线切割的工作。

6）单击 ACCEPT 按钮。

STEP 08 Mesh Features。

本环节将对此前定义的两组用户自定义特征进行网格划分。

1）针对名为 Feature 的用户自定义特征，在 Mesh Type 下拉式菜单中选择 trias 选项。

2）在 Elem Size 一栏中填入 0.5。

3）针对名为 TopHole 的用户自定义特征，在 Mesh Type 下拉式菜单中选择 R-Trial Union Jack。

4）在 Elem Size 一栏中填入 0.5。

5）单击 Mesh All 按钮。

6）查看网格划分结果。此时视图区域中的模型应与图 5-52 所示一致。

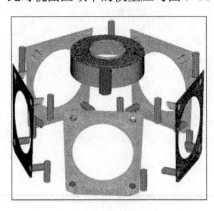

图 5-52　Mesh Features 结果

注意：使用 R-Tria Union Jack 方式和普通直角三角形模式的单元形态区别。

7）单击 ACCEPT 按钮。

STEP 09 Organize & Cleanup。

本环节将对模型中剩余部分的曲面进行归类和几何清理。几何清理的标准文件来自 BatchMesher Parameter 以及 Element Quality Criteria Files 中的清理标准。

单击 ACCEPT 按钮即可。

STEP 10 Mesh/Remesh。

本环节将对模型中剩余部分的曲面进行网格划分。同样提供了包括网格形态设置 （Mesh Type）以及单元尺寸设置（Element Size）的选项。

1）在 Element Size 一栏中输入 1。

2）将 Mesh Type 设置为 trias。

3）单击 Mesh 按钮。

4）单击 ACCEPT 按钮。

STEP 11 Elements Cleanup。

在完成了此前 10 个环节的工作后，模型中的各类曲面，包括小孔、用户自定义特征以及其他非特征化曲面都已完成了基本的几何清理和网格划分工作。本环节需要对已有的二维网格的质量和连接性进行检查，为最终的四面体网格划分工作做好准备。

1）单击 Components 按钮。

2）选择所有的部件，并单击 Proceed 按钮。

3）保持其他参数设置不变（Min Size – 0.25, Max FeatureAngle – 60.0, Normals Angle – 150.0），单击 AutoCleanup 按钮。

如果用户界面中弹出图 5-53 所示的提示框，则表示单元质量检查及清理工作顺利结束。

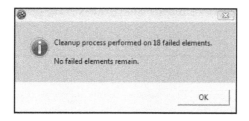

图 5-53 单元质量检查及清理提示

4）如果用户对 HyperMesh 单元质量检查与单元编辑的功能很熟悉，也可以使用手工调整的方式完成 Element Cleanup 的工作。此步操作可选择进行。

5）单击 ACCEPT 按钮。TretraMesh Process Manager 会在此环节中自动保存那些无法通过质量检查及最终未能完成 Element Cleanup 处理的低质量单元。用户任何时候都可以通过

retrieve 功能调出这些单元，并通过手工方式调整其形态，以保证最终 TetraMesh 的顺利完成。

STEP 12 Tetra Meshing。

作为 TetraMesh Process Manager 流程自动化工具的最后一个环节，TetraMesh 能够帮助用户最终生成实体网格。

1）在 select trias/quads to tetra mesh 下选择 elems。

2）在 fixed trias/quads 下选择 elems。

3）单击 mesh 按钮。

实体网格的划分持续时间视硬件性能的高低和模型规模的大小，可能从数分钟至数小时不等。

4）在 HyperMesh 用户界面的左侧，从 Tetramesh Process Manager 切换至 Model Browser。

5）在名为 tetmesh 的部件上右键单击，在弹出菜单中选择 Isolate Only 选项。此时可以在 HyperMesh 视图区域中观察到网格的全貌。

6）单击 Mask（🖑）按钮。

7）通过鼠标左键+〈Shift〉键的方式，任意选取模型中的部分单元，并将其隐藏。

8）观察模型内部的单元形态，如图 5-54 所示。

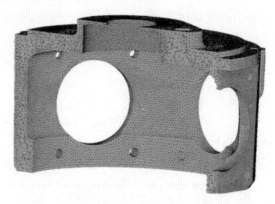

图 5-54　Tetramesh 结果

9）保存文件并退出。此操作可选择执行。

5.4　CFD 网格划分

5.4.1　CFD 用户配置

在 Engineering Solution 中的新用户配置采取了一种有效的方法，针对 CFD 分析的需要提供专门的操作环境以处理所有的前处理步骤。

Engineering Solution 中有两种 CFD 用户配置可用。CFD （General) 是针对所有的 CFD 求解器的前处理的，而 CFD（AcuSolve）则包含了仅供 AcuSolve 使用的附加功能。选择 CFD（AcuSolve) 配置可以从 HyperMesh 的工具栏中直接进入 AcuConsle，如图 5-55 所示。

User Profiles
Customize user interface:
Application:
Engineering Solutions
Crash
CFD
DropTest
Aerospace
Radioss
AcuSolve
OptiStruct
Always show at start-up
OK
Cancel

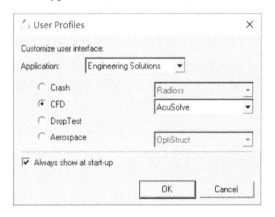

图 5-55　CFD 用户配置

（1）菜单栏　选择 CFD 用户配置将改变 Engineering Solutions GUI 布局中的菜单栏（图 5-56），并且添加了一个针对 CFD 的工具栏。

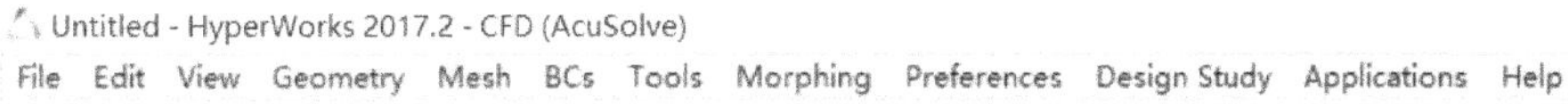

Untitled - HyperWorks 2017.2 - CFD (AcuSolve)
File Edit View Geometry Mesh BCs Tools Morphing Preferences Design Study Applications Help

图 5-56　CFD 菜单栏

（2）主菜单页面　当选择 CFD 用户配置时，面板页面同样会改变，如图 5-57 所示。

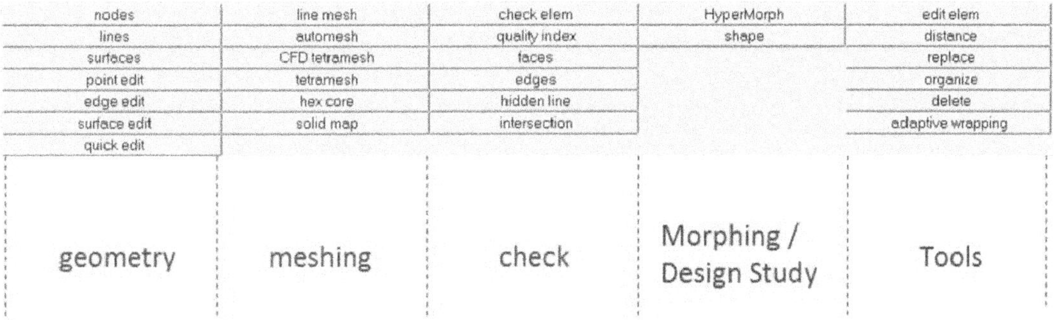

nodes
lines
surfaces
point edit
edge edit
surface edit
quick edit
line mesh
automesh
CFD tetramesh
tetramesh
hex core
solid map
check elem
quality index
faces
edges
hidden line
intersection
HyperMorph
shape
edit elem
distance
replace
organize
delete
adaptive wrapping
geometry
meshing
check
Morphing / Design Study
Tools

图 5-57　CFD 用户配置时的面板

5.4.2　一般工作流程

在 Engineering Solutions 中 CFD 建模的一般步骤如下。

1．几何清理/去除多余特征

在将几何模型导入 Engineering Solutions 后，进行一定的几何清理和去除多余特征是非常必要的。损坏的表面要进行修复或者替换，对流场没有影响的几何特征应该抑制掉，以简化网格生成过程并保证得到好的单元质量。

2．划分面网格

选择一种合适的面网格划分算法（如 surface deviation 或者 size and bias），并且在几何表面生成壳单元。表面壳单元的质量对最终体网格有着直接的影响，因此在生成体网格之前检查/提高面网格的质量是非常重要的。同时还要保证壳单元中没有自由边。

3．划分体网格

在面网格划分的基础上用合适的算法生成体网格，如 CFD tetramesh。如有必要，检查并提高网格的质量同样要重视。

4．准备导出模型

为了实现 Engineering Solutions 和 CFD 求解器的良好兼容，建议在导出网格模型之前用某种方法对网格进行组织。

5．为 CFD 求解器导出网格模型

用一种 CFD 求解器能识别的格式导出网格模型。

5.4.3 网格划分

Engineering Solutions 在工具栏中的 Mesh 选项卡下为 1D、2D、3D 网格划分提供了很多算法，CFD 划分网格的功能见表 5-1。

表 5-1　CFD 划分网格功能

选　项	功　能　解　释
2D Boundary Layer Mesh	在一组定义封闭环的边所在的二维平面上生成具有或者不具有边界层的 2D 网格
Automesh	对几何面上或者对单元生成网格，对已经存在的网格进行交互式的重新划分
BL Thickness	对现有的分布厚度值创建等值图
CFD TetraMesh	生成混合网格，包括边界层的六面/五面体单元和核心区的四面体单元
Check Elements	验证单元基本质量和这些单元的几何特征质量
Create Single Component	打开一个对话框来创建一个单一的组件
Create CFD Components	功能性地定义标准的 CFD 集合。弹出的对话框中，常用的集合名字（如 inflow）是事先选定的。组件可以在列表中被添加或移除。单击 Create 按钮后，所选的组件就被创建了并且在 Model Browser 中显示
Delete	从模型数据库中删除数据，预览和删除空的组件、无用的属性集合、材料集合或曲线等
Detach	从相邻的结构中分离单元
Distance	确定两个节点/几何点之间的距离或者确定三个节点/几何点之间的角度，或者改变这些距离和角度
Drag	通过拖动一系列的节点或者线条来创建面或者网格，或者通过拖动选中的单元来创建单元
Edges	在一组单元中寻找自由边、T 形连接边或其他间断连接，显示并且消除重复的节点
Edit Element	手动创建、合并、切分、修改单元

选　　项	功能解释
Element Offset	通过壳单元偏置来创建或者修改单元
Element Types	选择并修改现有的单元类型
Faces	在一系列单元中寻找自由面，与 edges 命令有着类似的操作，不过 face 只针对 3D 单元
Features	计算当前模型的特征并通过创建一维 plot 单元或特征线来显示这些特征
Hex-Core	在任意的由 2D 一阶面网格（三角形或四边形）定义的体中创建六面体核心网格
Hidden Line	创建隐藏线单元并显示内部结构。同时包含的 Clip Boundary Elements 工具可以使用户更清晰地观察切割部分结构
Intersection/Penetration	允许检查单元的交叉或单元的干涉
Line Drag	通过沿着一条线拉伸节点、线、单元创建二维或者三维面和单元
Line Mesh	沿着一条线创建一系列（如梁单元）的一维单元
Linear Solid	在两组平面单元之间创建体单元
Mass Calc	获得一组已选的单元、体、面的质量、面积、体积等
Node Edit	将节点关联到几何点、线、面；沿着一个面移动节点；在一个平面上放置节点；将一列节点重新映射在线上；将节点投射到两个节点的假想连线上
Nodes	通过许多不同方式创建节点
Normals	显示单元或平面的法向，调整并翻转单元或平面的法向
Planar Surface/Mesh	创建一个用户指定平面上的二维面或者网格
Organize	允许在集合器中通过复制或者移动数据来重新组织数据库
Project	向一个平面、向量、表面、线上投射特征数据
Quality Index	为显示的壳单元模型计算一个单一值来表示单元质量
Reflect	关于一个平面映射模型的一部分，把选定部分映射成为它的镜像
Renumber	允许对实体进行重新编号
Replace	允许节点的重新放置
Rotate	关于空间的一根轴旋转实体
Ruled Surface/Mesh	通过节点、线、线段等的任意组合来创建面或单元
Scale	对实体进行缩放
Skin Surface/Mesh	通过一系列的线创建蒙皮面或单元
Solidmap Mesh	在一个几何体中创建体网格
Solid Mesh	对一个仅由边定义的六面体或五面体创建体网格
Spin	通过围绕一个向量旋转一系列的节点、线或单元来生成环形面或网格
Spline Surface/mesh	通过边界线创建壳单元或者面
Split	切分面单元或者体单元
TetraMesh	在一个封闭的体内创建一阶或二阶的四面体单元
Translate	在特定的方向上移动对象
Wind Tunnel	3D 风洞网格划分工具

5.4.4　CFD Tetramesh 面板

CFD Tetramesh 面板可以用来生成混合网格，包括在边界层内的六面体/五面体单元和在核心区内的四面体网格。其中独立的子面板包括 Boundary Selection、Boundary Layer

Parameters、Tetramesh Parameters、2D Parameters 和 Refinement Boxes。

除了 Refinement Box 子面板，其他的面板都拥有 Mesh、Reject 和 Mesh to file 按钮。这意味着用户可以从任何一个子面板进入网格划分功能。这样用户就可以选择一个参数面板来划分网格，如果划分结果不是很满意，还可以撤销操作，改变一些参数，并重新生成网格而不用离开此子面板。

1. Boundary Selection 子面板

用户可以使用这个面板来选择需要生成边界层的表面单元/组件。面板布局随着用户对边界层选项的选择而变化。强烈推荐使用 Smooth BL 方法，这样可以用非常光顺的边界层生成算法，并得到更高的单元质量。

使用 With BL（fixed/float）和 W/o BL（fixed/float）来选择单元、组件和实体。选择 fixed 选项意味着基本的 2D 网格不会被修改。float 选项意味着基本 2D 网格的节点固定，但是单元可以被重新划分以生成更高质量的 3D 四面体单元。

- With BL（fixed/float）：用来选择将要用来生成边界层网格的表面单元。
- W/o BL（fixed/float）：用来选择定义了体，但是不必生成边界层的单元。Remesh 按钮意味着选择的网格将在临界表面生成边界层后被重新划分。

Morph 按钮可以保持完好的基面网状拓扑结构。那些和边界层区域相接触的网格将被变形，如图 5-58 所示。图 5-58a 是初始的面网格，对称面为蓝色，入口面为深黄色。图 5-58b 所示是单击 Morph 按钮后所得到的划分结果。四边形单元都被变形并且被切分以连接核心区的四面体网格。图 5-58c 所示是单击 Remesh 按钮后得到的结果。如图 5-58b、c 所示，边界层单元都为紫色，内部核心区单元都为棕色。

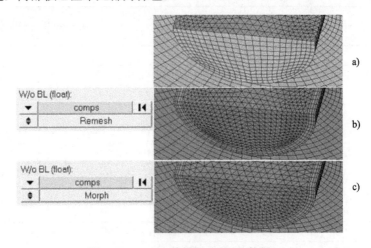

图 5-58　Morph 按钮和 Remesh 按钮

- Anchor nodes：Anchor nodes 在重新划分网格时保持不变，因此新的网格必须要通过它们。如果用户在某些区域需要三角形单元边，也可以选择 1D 单元来代替这些节点。使用这个选项可以在某些特定区域保持节点或边界不变，如为了后处理目的。

2．BL Parameters 子面板

这个面板用来指定一般的边界层参数。这些设定将影响到其他 CFD 子面板中边界层的生成。此面板中的选项包括：

（1）Boundary layer thickness

- Number of layers：在使用 specified first layer thickness 和 growth rate 时，用来指定总的边界层数。
- Total thickness：可以用来指定边界层厚度，但不是层数。
- Ratio of Total Thickness/Element Size：总边界层厚度和基面单元的平均单元尺寸间的比例。
- First layer thickness：第一层的厚度，如果用户不能确定这个厚度，可用 First cell height calculator 来计算它。
- BL growth rate 是一个无量纲的因子，用来控制层与层之间的增长率。

（2）BL hexa transition mode

- Simple pyramid：使用金字塔形单元来完成从边界层的六面体的四边形面到四面体的核心网格的过渡。这些金字塔形单元的高度由 simple transition ratio 来控制，这个参数指的是金字塔形单元高度和四边形单元尺寸间的比例。
- Smooth pyramid：生成由金字塔形单元和四面体单元构成的过渡层。层厚度由 smooth transition ratio 控制，代表着过渡层厚度和四边形尺寸间的比例。
- All prism：意味着在面网格上如果有任何四边形单元，它们将被切分成两个三角形单元，这样从最后一层边界层网格到核心区的过渡就不是从四边形面到三角形面的过渡了。这个选项非常重要，尤其当某些区域的四边形网格使用（低）distributed BL thickness ratio 时。因为在这些区域，当进行干扰计算来分配边界层厚度比率时，过渡单元的厚度是不被计算的。
- All Tetra：在边界层中只生成四面体网格，将把所有的四边形面网格切分成三角形网格。

（3）BL only 选择框

这个选项将仅仅生成边界层网格，而不生成核心区的四面体网格。它还可以修改相邻表面网格以反映由边界层厚度带来的变化，并创建一个名为 CFD_trias_for_tetramesh 的集合。通常为了用 Tetramesh Parameters 子面板生成内部核心区的四面体网格，边界层单元将被放置在名为 CFD_boundary_layer 的集合中，核心区的网格通常放置在 CFD_Tetramesh_core 集合中。两个集合都是自动创建的。

（4）BL Reduction 选择框

使用这个工具可以设置参数用来缩放边界层厚度，以避免生成狭窄或封闭的通道。

- Manual 按钮：打开 Distributed BL thickness ratio 对话框，以手动定义边界层厚度缩放比。
- Auto 按钮：用来打开 Generate boundary layer distributed thickness values 对话框，以自动定义边界层厚度缩放比。
- 1st cell height calc 图标：通过 First cell height dialog 计算第一层单元高度。
- Export settings 图标：保存和设置文件。

（5）Manual BL Distributed Thickness

通过 BL Parameters 子面板的绿色 Manual 按钮可以打开 Distributed BL Thickness Ratio 对话框，如图 5-59 所示。

该对话框用来手动为节点或组件定义分配厚度比率。当用户需要通过一个组件或一组节点来减少或增加边界层厚度时，这个工具是非常有用的。

使用 Nodes 或 Components 单选按钮来选择想要改变边界层厚度的节点或组件。

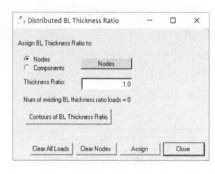

图 5-59 Distributed BL Thickness Ratio 对话框

Thickness Ratio 值表示所选的局部边界层厚度和 CFD Tetramesh 面板中指定的总厚度值之间的比值。如 0.5 的比例值将使当前边界层厚度减小到原先厚度的 1/2。

任何时候用户都可以通过单击 Contours of BL Thickness Ratio 按钮来查看分布的厚度比值。

（6）Automatic BL Distributed Thickness

通过 BL Parameters 子面板的绿色 Auto 按钮可以打开如图 5-60 所示对话框。这个对话框将根据用户的设置来确定模型狭窄区域并缩放总边界层厚度。

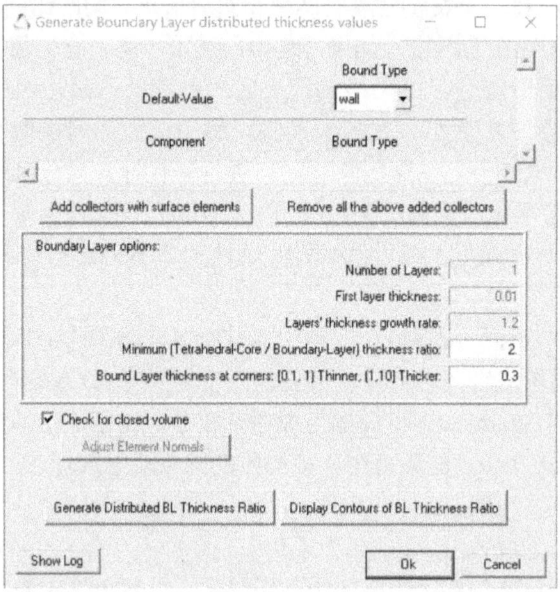

图 5-60 Automatic BL Distributed Thickness 对话框

如果已经在 Boundary Selection 子面板中选择了组件，那么这些组件将在该对话框中自动显示出来，并带有合适的 Bound Type。可以单击 Add collectors with surface elements 按钮并选择模型的其他部分。如果这样选择组件，还需要为每个组件指定 Bound Type。每个组件也可以通过 Remove 按钮从列表中移除。可以通过单击 Remove all the above added collectors 按钮移除所有的组件。

Number of Layers、First layer thickness、Layers thickness growth rate 与 CFD Tetramesh 面板中设置的值保持一致。

● Minimum（Tetrahedral-Core/Boundary Layer）thickness ratio 值：是四面体核心区和边界层之间的比例。这个值必须要大于 0。这个值越大，边界层区将被压缩的越多，核心区将越开放。图 5-61 所示是相同模型下，此值为 2 和 0.5 的结果。

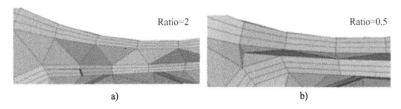

图 5-61　Minimum thickness ratio（Tetrahedral-Core/Boundary Layer）

● Bound Layer thickness at corners：可以调整边角处的总边界层厚度来避免单元扭曲或与其他边界层单元发生干涉（由于边界层的违约双曲增长）。这个值越小，拐角处的边界层厚度就越小。图 5-62 所示是相同模型下，此值为 1 和 5 的结果。

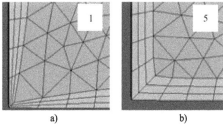

图 5-62　Bound Layer thickness at corners

● Check for closed volumes 复选框：会执行一个检验来确认所选的单元是否来自一个封闭的体，封闭的体可以简化网格划分。由于边界层的生成方向都是向内部的，然而某些体由于没有封闭的区域，边界层的生成方向就变成了单元的法向。如果这个法向是错误的方向，边界层也将向错误的方向扩展。如果发生了这种情况，用户可以取消选择该复选框，并单击 Adjust Element Normals 按钮来改变错误的单元法向。

● Generate Distributed BL 按钮：将创建分布式边界层，并将厚度值放置在 CFD_BL_Thickness 集合中。

如果用户想要查看 Boundary Layers' Thickness Ratio 的等值图，单击 Display Contours of BL Thickness Ratio 按钮即可，结果如图 5-63 所示。

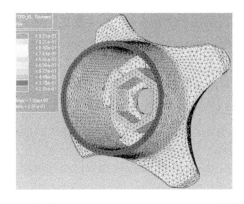

图 5-63　查看 Boundary Layers' Thickness Ratio 的等值图

当生成分布式边界层后，单击 Close 按钮关闭对话框并返回 BL Parameters 子面板。

（7）First Cell Height dialog

该工具可以为生成边界层估算合适的第一层边界层单元高度（first layer thickness），如图 5-64 所示。这是根据流动特性和流体性质来进行的。

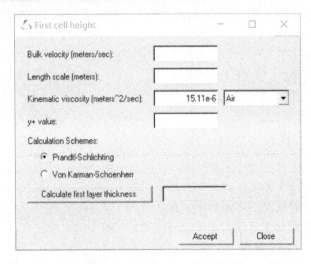

图 5-64　估算合适的第一层单元高度

所有要输入的数据都是为 Calculate first layer thickness 按钮而设置的。只要用户提供了所需的数据，单击这个按钮，计算机将自动进行计算并给出建议的厚度。

- Bulk velocity（meters/sec）：平均流速。
- Length scale（meters）：模型的特征长度，如在圆管中，特征长度为圆管的直径。
- Kinematic viscosity（meters^2/sec）：流体的黏度。
- y+ value：湍流模型所需的 y+值。
- Calculation Schemes：选择最适合用户的那个方案。

当所有的这些值被指定后，单击 calculate first layer thickness 按钮将得到一个建议厚度。用户可以单击 Accept 按钮，这个值将自动被输入到 CFD Tetramesh 面板中的 First layer thickness。或者可以直接单击 Close 按钮关闭窗口而不接受这个值。

3．Tetramesh Parameter 子面板

使用这个面板来设置默认的四面体划分方法，如目标单元尺寸或划分算法，这将影响其他子面板的网格生成。

该子面板的选项包括：

- Max tetra size：任何方向的四面体网格尺寸将不会超过这个值。
- Tetramesh Normally/Optimize Speed/Optimize Mesh Quality：影响网格划分算法的选择。
- Tetra Mesh Normally：在大多数情况下使用，是标准的四面体划分算法。这个选项在每个四面体划分子面板中都可以见到。
- Optimize Mesh Speed：使用更快速的划分算法。如果网格生成时间相比单元质量更重要的话，可以使用这个选项。同样可以在每个划分子面板中见到该选项。
- Optimize Mesh Quality：花费更多时间来优化四面体网格划分的质量。它采用

volumetric ratio 或 CFD skew 方法来衡量四面体单元质量。当用户的求解器对网格质量要求很高时，可以使用这个选项。

● Standard/Aggressive/Gradual/Interpolate/User Controlled/Octree Based：影响单元增长率（边界层）。

这些增长选项控制着生成的单元数量和单元质量间的权衡。standard 选项可以在大多数情况下使用；aggressive 将生成更少的四面体单元，因为它相比 standard 使用了较高的增长率；gradual 将生成更多的单元，因为它相比 standard 使用了较小的增长率；当核心区的网格要根据面网格尺寸而发生改变时，interpolate 选项将非常有用；user controlled 选项允许指定 uniform layers 的数量和 growth rate 的值；octree based 是一种非常快的网格填充算法，由此生成的体网格通常都具有完美的边界层过渡。

● growth rate：设 d 是初始厚度，r 是初始增长率，那么连续的边界层厚度分别为 d、$d*r$、$d*r^2$、$d*r^3$、$d*r^4$ 等。

如果用户不关心单元的总数，而非常重视单元质量，那么 Interpolate 将产生最好的结果。因为单元尺寸会光顺地变化而生成质量很高的单元。

● Pyramid transition ratio：定义了从边界层六面体单元到核心区四面体单元过渡层的金字塔形单元相关高度。

如果用户想应用额外的运算来提高整体网格质量，激活 Post-mesh smoothing 复选框即可。附加的光顺和置换过程将被执行，四面体单元将被切分成更光顺的过渡网格。

如果用户的几何模型体中还包含着其他的体，则需激活 fill voids 复选框，所有的体将被划分网格。例如，一个大球体中间包含一个小球体的模型，如果选择了这个选项，那么小球体也会像两个球体之间那部分一样，一同被划分网格。

想要保存文件设置，单击 Export settings 按钮。

5.4.5 CFD 网格划分实例

1. 用 CFD MESH 面板生成混合网格
在本节中，将通过实例介绍以下内容。
● 使用 CFD Tetramesh 面板为 CFD 应用工具（如 Fluent, StarCD）生成网格。
● 生成具有任意层数的边界层类型网格，并学习边界层厚度分布操作方法。
● 为 CFD 模拟指定/确定边界层区域。
● 导出一个针对 FLUENT 软件的具有边界区域的网格文件。
● 将模型文件导入 FLUENT。

STEP 01 打开模型文件。

1）在工具栏中单击 Open Model（🖳）按钮。
2）从教程目录中选择 manifold_surf_mesh.hm 文件。
3）单击 Open 按钮打开包含面网格的 manifold_surf_mesh.hm 文件，如图 5-65 所示。

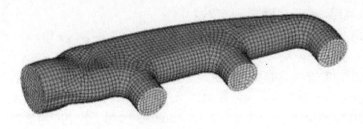

图 5-65　manifold_surf_mesh.hm 文件

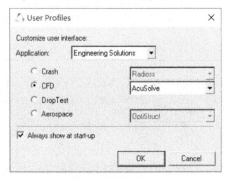

图 5-66　CFD 用户配置

STEP 02　加载 CFD 用户配置。

1）选择 Preferences > User Profiles 命令。

2）在 Application 栏中选择 Engineering Solutions。

3）选择 CFD>General 选项，如图 5-66 所示。

4）单击 OK 按钮。

5）检查将被用来生成体单元的面网格。

边界网格可以是三角形/四边形网格的任意组合。将对 Wall 集合中的所有表面单元生成边界层网格。

STEP 03　检查在集合器 wall、inlet、outlets 中的所有单元是否形成了一个封闭的体。

1）选择 Mesh > Check > Component > Edges 命令来打开 Edges 面板。

2）单击黄色的 comps 按钮并选择 wall、inlet 和 outlets。

3）单击 select 按钮，然后单击 find edges 按钮。状态栏中将会显示信息：没有找到任何边。

4）切换 free edges 按钮到 T-connections。

5）同样地选择前面的 3 个组件，然后单击 find edges 按钮。状态栏将会显示：没有找到 T 形连接边。

6）单击 return 按钮关闭面板。

STEP 04　创建 CFD 网格。

1）选择 Mesh > Volume Mesh 3D > CFD tetramesh 命令，打开 CFD Tetramesh 面板。

2）选择 Boundary Selection 子面板。

首先需要选择将要生成边界层表面区域的所有单元/组件。这些单元/组件将在 With BL（float）和 With BL（fixed）中被选中。

3）在 With BL（fixed）下，单击 comps 按钮并选择 wall 集合。

选择剩下的单元/组件，它们共同定义了体但是不需要生成边界层。这个操作将在 W/o BL（float）和 W/o BL（fixed）中完成。

4）在 W/o BL（float）下，单击 comps 按钮并选择 inlet 和 outlets 集合。

5）确认 W/o BL（float）下的转换按钮是 Remesh。其功能是在 inlet 和 outlets 中的网格在临近表面区域如因生成边界层而变形，则会被重新划分网格。

6）默认的 Smooth BL 选项保持不变。

本书推荐在多数情况下应使用这个选项，因为这样生成的边界层将拥有更均匀的厚度和更高的单元质量。Boundary Selection 子面板如图 5-67 所示。

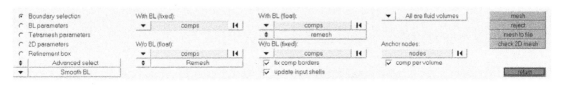

图 5-67　Boundary Selection 子面板

7）选择 BL Parameters 子面板。在 Boundary Selection 子面板中定义的所有数据已经被保存下来。

8）选择选项以指定边界层和四面体的核心。设置 Number of Layers 值为 5，First layer thickness 值为 0.5，BL growth rate 值为 1.1（这个无量纲因子控制着边界层厚度从一层到下一层的变化）。

9）在 BL hexa transition mode 下，确认选项设置在 Simple Pyramid。Simple Pyramid 这个默认选项将用金字塔形单元作为从六面体到四面体的过渡单元。

10）取消选择 BL only 复选框。

说明：如果选择该选项将只生成边界层并且在生成四面体核心前停止。该选项是用来调整临近面网格并使之适应边界层厚度引入的变化，同时创建一个 CFD_trias_for_tetramesh 集合，用 Tetramesh Parameters 子面板生成内核四面体网格时将会用到它。BL Parameters 子面板如图 5-68 所示。

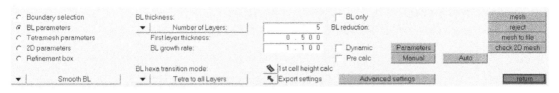

图 5-68　BL Parameters 子面板

11）选择 Tetramesh Parameters 子面板。

12）在做四面体网格划分时有 3 种不同的算法。选择 Optimize Mesh Quality 选项。有关每个选项的详细说明，请参阅联机帮助。

13）设置四面体核心增长率 interpolate，这样就避免了在核心网中心生成过大的四面体单元的问题。

14）单击 mesh 按钮生成 CFD 网格，结果如图 5-69 所示。

当这个操作完成后，会自动创建两个集合：CFD_boundary_layer 和 CFD_Tetramesh_core。

图 5-69　CFD 网格

15）单击 return 按钮关闭面板。

STEP 05 隐藏一些网格单元来观察内部单元和边界层。

1）按快捷键〈F5〉并选择要隐藏的单元，观察生成的网格质量。内部网格如图 5-70 所示。

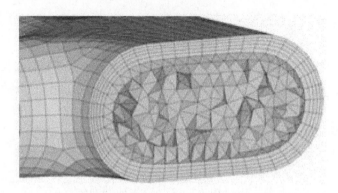

图 5-70　隐藏单元，观察内部单元和边界层

2）用户也可以进入 Hidden Line 面板观察体网格内部。选择 BCs > Check > Hidden Lines 命令进入面板。

3）标题区留空并选择 YZ 平面，以将 YZ 平面定义为切割平面。

4）保留 trim planes 和 clip boundary elements 被选中，单击 show plot 按钮，生成网格如图 5-71 所示。

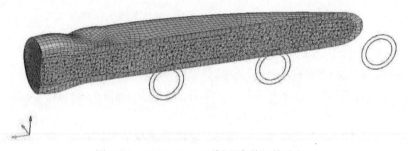

图 5-71　Hidden Line 面板观察体网格内部

系统自动地在模型中心进行平面切割。

5）左击图形区中的切割平面所在处，按住鼠标左键并拖动鼠标，可观察到切割平面跟随移动了。

6）取消 clip boundary elements 选项并单击 show plot 按钮，网格如图 5-72 所示。可以观察到单元被完整地显示了出来。

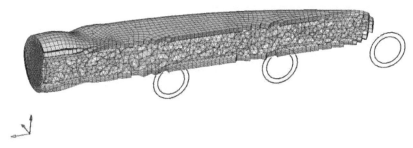

图 5-72　取消 clip boundary elements 选项结果

7）拖动切割平面的位置。试一试其他切割平面和切割平面的选项，看看会有什么样的效果。

8）单击 return 按钮退出面板。

STEP 06　组织模型。

在这部分内容中，用户需要为指定的边界条件定义网格的面区域，以应用在任意的 CFD 求解器中（FLUENT、StarCD、CFX 等）。例如，假定用户将为 FLUENT 导出网格，在这样的模型中，需要创建 3 个集合来放置边界，即 inflow、outflow 和 wall。用户选择了两个在数据库中没有的新名称，但它们有 FLUENT 兼容的前缀，可以根据它们的名字来识别边界类型。重新使用包含在 wall 集合中的面网格，因为这些网格被指定为"与边界层固定"类型，所以在生成 CFD 网格的过程中它们仍然没有改变。然而原来的 inlet 和 outlets 集合的表面已经被完全地重新生成了，所以需要创建命名为 inflow 和 outflow 的新的组件。

1）将 CFD_Tetramesh_core 集合重命名为 fluid。这个集合将保留所有的 3D 体网格单元。

2）选择 BCs>Organize，将 CFD_boundary_layer 集合中的所有单元移动到 fluid 集合中。

3）选择 BCs> Faces 来自动生成^faces 集合，其中包含了 fluid 集合中单元的面网格。

4）选择 BCs>Component>Single 来创建两个新组件并命名为 inflow 和 outflow。组件创建窗口如图 5-73 所示。然后需要从 faces 集合中移动一些单元到 inflow 和 outflow 集合中。

5）在 Model Browser 中，单独显示 faces 组件。

6）选择 BCs>Organize，并选中在 inlet/inflow 平面上的一个单元（此单元将被高亮显示）。

7）选择 elems >by face。所有在 faces 集合中 inlet/inflow 平面上的单元将被选中。

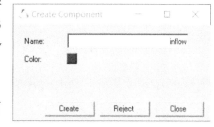

图 5-73　创建新组件并命名为 inflow

8）设置 dest comp 为 inflow，然后单击 move 按钮。同样地，移动 faces 集合中所有在

outlets 平面上的单元到 outflow 集合。

9）在 Model Browser 中将 inflow 和 outflow 组件显示出来。完成后，将看到外部表面的颜色同它们所放置的集合颜色是相同的，如图 5-74 所示。

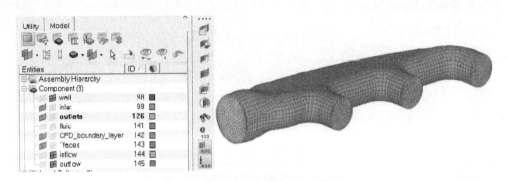

图 5-74 inflow 和 outflow 组件显示

10）在 faces 集合中剩下的单元是和 wall 集合中相同的单元，可以把它们删除。

11）同时删除 faces 和 CFD_boundary_layer 集合，它们现在是空的了。

STEP 07 导出面网格和体网格，并把这些网格导入到 FLUENT 中。

1）仅显示包含要导出单元的组件，这些组件是 fluid、inflow、outflow 和 wall，其他的组件都不要显示。

2）单击 Export Solver Deck（🗂）按钮，打开导出选项卡。

3）将 File Type 设置到 CFD；设置 Solver Type 为 Fluent。

4）在 File 中单击"文件"按钮并为文件指定一个名称和地点。

5）单击 Export 按钮来导出文件。

STEP 08 创建一个 FLUENT 模拟例子。

如果用户的计算机上安装有 FLUENT，可以将 manifold.cas 导入进去并进行模拟。

1）打开 FLUENT 3d 或者 3ddp。

2）选择 File>Read>Case...命令。

3）选择 manifold.cas。

4）单击 OK 按钮。

5）导入文件后，FLUENT 识别出了边界域 outflow、inflow、wall 以及体网格区域 fluid。interior-*区域是 FLUENT 自动生成包含两两 3D 单元共享的内部表面的区域。

6）选择 Define>Boundary Conditions。

7）选择 inflow 区域，设置如 mass-flow-inlet 或 velocity-inlet 这样合适的边界条件。

8）设置其他面区域的边界条件类型。

工程解决方案需要花大量的时间在生成体网格和鉴定边界域上。现在剩下的仿真任务可以在 FLUENT 中轻松执行了。

2. 用边界层厚度自动调整的方法生成 CFD 网格

用边界层厚度自动调整的方法生成 CFD 网格，主要是用于在某些面和面距离非常近的区域生成网格。下面将通过实例介绍，内容包括：

- 用 CFD Tetramesh 面板为 CFD 软件（如 Acusolve、CFD、CFX、Fluent、StarCD、SC/Tetra）生成网格。
- 在面和面距离非常近的区域以任意厚度分布和层数来生成边界层网格。更具体地说，就是在一些清理或分离表面边界都不足以满足用户标称边界层厚度的区域中。
- 在那些面之间距离太小的地方，生成一个可以防止边界层干扰/碰撞的分布式的厚度，以适应基线或名义边界层的厚度。

STEP 01 打开文件。

1）从工具栏中单击 Open Model（ 📄 ）按钮。

2）选择 manifold_inner_cylinder.hm 文件。

3）单击 Open 按钮打开文件，此文件包含面网格，如图 5-75 所示。

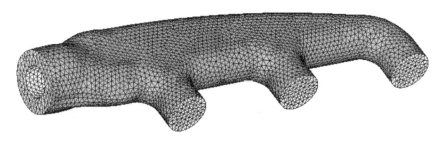

图 5-75　manifold_inner_cylinder.hm 文件

4）检查将用来生成体网格的面单元。需要用 Wall 和 Wall_cyl 组件中的面网格生成边界。然而，在 WALL_CYL 的末尾区域有一段 Wall 和 Wall_cyl 的间距非常的小。改变 Wall 组件的视角后，就可以清晰地观察到这个情况，如图 5-76 所示。

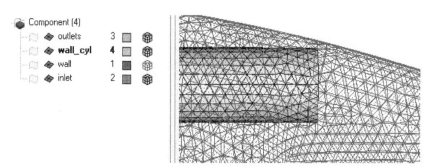

图 5-76　检查面单元

在更复杂的模型中，要直观地看到所有区域中不能生成基线或标称边界层的空间是不太可能的，但这对操作将不会有影响，自动分布式厚度计算将考虑到所有可能产生干涉的情况。下面将详细介绍。

STEP 02　检查面单元是否定义了一个封闭的体。

1）选择 Mesh > Check > Components > Edges。

2）单击 comps 按钮并选择所有集合，名字分别是 inlet、outlets、wall 和 wall_cyl。

3）单击 Find edges 按钮。状态栏中将显示消息：没有找到自由边。

4）将 free edges 按钮切换到 T-connections。

5）再次选择组件并单击 find edges 按钮。状态栏中将显示：没有找到 T 形连接边。

STEP 03　生成 BL 分布式厚度以消除边界层的干涉。

1）选择 Mesh > Volume Mesh 3D > CFD tetramesh。

2）选择 Boundary Selection 面板，如图 5-77 所示。

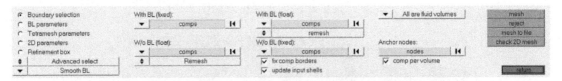

图 5-77　Boundary Selection 面板

3）在 With BL（fixed）下，单击 comps 按钮并选择集合 Wall 和 Wall_cyl。

4）在 W/o BL（float）下，单击 comps 按钮并选择集合 inlet 和 outlets。

5）确保 W/o BL（float）下面的选择按钮设置在 Remesh。

6）保留默认的 Smooth BL 选项不变。

7）选择 BL Parameter 子面板，如图 5-78 所示。

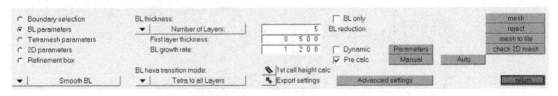

图 5-78　BL Parameter 子面板

8）设置数据。Number of Layers 值为 5；First layer thickness 值为 0.5；BL growth rate 值为 1.2；BL quad transition 值为 All Prisms （Prism to all Layers）。该选项意思是如果在面网格上有四边形的话，它们将被切分成两个三角形。这样的话边界层最后一层到四面体网格核心之间的过渡就不必要了。

9）单击绿色的 Auto 按钮，弹出一个 Generate Boundary Layer distributed thickness values 对话框。

10）单击 Add collectors with surface elements 按钮，打开"组件选择"面板。

11）选择组成体表面的所有集合，名称分别为 inlet、outlets、wall 和 wall_cyl，然后单击 proceed 按钮。

12）Generate BL Distributed Thickness 窗口将显示图 5-79 所示被选的组件。

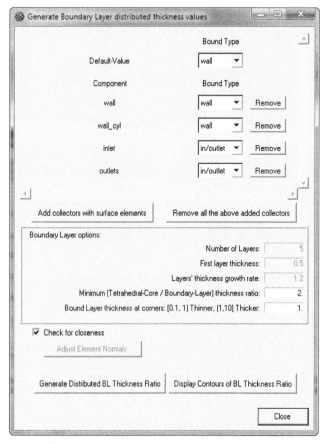

图 5-79　Generate BL Distributed Thickness 窗口

13）对每一个被选中的组件设置正确的 Bound Type。由于将要由 wall 和 wall_cyl 组件生成边界层，因此要设置它们的 Bound Type 为 Wall。同样确认一下 inlet 和 outlets 组件的 Bound type 设置为 in/outlet，如图 5-80 所示。

14）设置 Boundary Layer options，如图 5-81 所示。前 3 个空是在 BL Parameters 子面板中设置的，这里无法更改。因此除了厚度分配"载入"区域和有双曲平滑操作的拐角处外，其他区域的边界层都会拥有同样的厚度。

指定 Minimum Tetrahedral Core / Boundary Layer thickness ratio 的值为 2，即在那些空间太小不足以生成普通边界层的区域，边界层的厚度将被

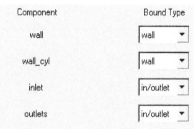

图 5-80　设置 Bound Type

减小，以至于四面体核心网格的厚度是总边界层厚度的至少两倍。

最后一个选项为 Bound Layer thickness at corners，是一个控制壁面弯曲区域的双曲增长关系参数。此值越小，总的边界层厚度就越小。小于 1 的值将生成更薄的层，大于 1 的值将生成更厚的层。

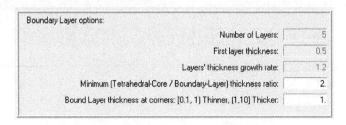

图 5-81　设置 Boundary Layer options

此时将准备生成厚度分配式边界层网格，应确认不要隐藏边界集合器中的网格。

15）选择 Generate Distributed BL Thickness Ratio 选项。如果模型已经拥有边界层厚度比，那么将弹出一个提示框询问是否保持设置或者清空它。大多数情况下应清空现有的比值，单击 YES 按钮。

16）此后将有一个信息框弹出提示^CFD_BL_Thickness 集合中的厚度分配式边界层值，如图 5-82 所示。

图 5-82　Generate Distributed BL Thickness Ratio

17）在 Generate Boundary Layer distributed thickness values 窗口中单击 CLOSE 按钮。

STEP 04 生成边界层网格和四面体核心网格。

1）在 CFD Tetra Mesh 面板中，选择 Tetramesh Parameters 子面板，如图 5-83 所示。

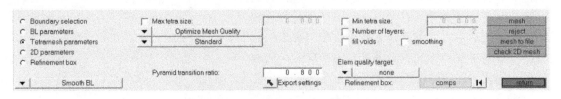

图 5-83　Tetramesh Parameters 子面板

2）设置四面体网格生成算法为 Optimize mesh quality。

3）确认四面体增长率设置为 interpolate。

4）单击 mesh 按钮生成网格。完成后将有两个新集合被建立：CFD_boundary_layer 和
CFD_Tetramesh_core，如图 5-84 所示。

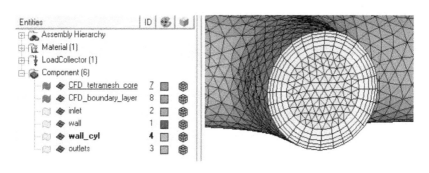

图 5-84　生成 CFD 网格

STEP 05　隐藏单元检查细小区域的边界层厚度。

1）单击 xz Left Plane View（⬚）按钮。

2）按快捷键〈F5〉进入 Mask 面板。

3）选择要被隐藏的单元。隐藏盖住模型上半部分的单元。

4）单击 mask 按钮。

5）单击 xy Top Plane View（⬚）按钮。

6）放大观察边界表面非常靠近的区域。图 5-85 所示为边界表面放大前后的对比效果免边界层干涉。

7）单击 return 按钮退出 Mask 面板。

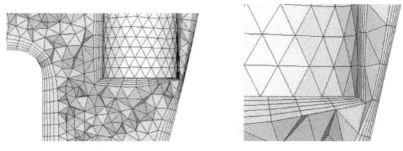

图 5-85　检查细小区域的边界层厚度

STEP 06　在为 CFD 求解器导出网格前整理、安排体和面组件。

首先需要把代表单一流体/固体域的单元放入同一组件。本例只有一个流体域，因此操作如下。

1）重命名 CFD_Tetramesh_core 组件。在 Model Browser 中右击 CFD_Tetramesh_core，选择 Rename 命令，然后输入新的名字 fluid，如图 5-86 所示。

2）选择 BCs > Organize。

3）选择 elems > by collector > CFD_boundary_layer 组件。

4）在 dest component 处选择 fluid。

5）单击 move 按钮后再单击 return 按钮。此时 Fluid 组件中放置的都为体网格。

6）选择 BCs > Faces。

7）选择 fluid 组件后单击 find faces 按钮，所有的边界面网格将放置在 faces 组件中。

8）在 Model Browser 中，右击 Component，在弹出菜单中选择 Create 命令。

9）输入 wall_exterior。将 Card image 设置为 none，单击 Create 按钮。

10）创建 3 个空组件，分别命名为 wall_cylinder、inlet_annulus 和 outlets3。组件创建窗口如图 5-87 所示。

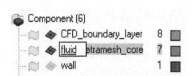

图 5-86 重命名 CFD_Tetramesh_core 组件

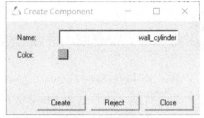

图 5-87 创建空组件

11）用 Organize 面板组织安排组件。选择 BCs > Organize。

12）设置 dest component 为 wall_exterior，然后选择 faces 组件中一个在外壁面的单元。

13）单击 elems 按钮并选择 by face。

14）选择了所有该归并到 wall_exterior 组件中的单元后，单击 move 按钮，结果如图 5-88 所示。

图 5-88 选择了所有该归并到 wall_exterior 组件中的单元

15）设置 dest component 为 outlets3。然后在每个不同的 outlets 面上选择至少一个单元，如图 5-89 所示。

图 5-89 在每个不同的 outlets 面上选择至少一个单元

16）单击 elems 按钮并选择 by face。

17）选择了所有该归并到 outlets3 组件中的单元后，单击 Move 按钮。

18）设置 dest component 为 inlet_annulus。如图 5-90 所示选择一个单元。

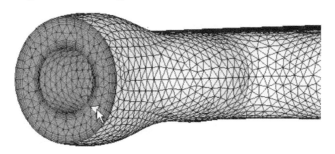

图 5-90　选择一个单元

19）右击 elems 并选择 by face。

20）所有 inlet annulus 面上的单元被选中后，单击 Move 按钮将这些单元移动到 inlet_annulus 组件中。此时 faces 组件中剩下的单元将要被移动到 wall_cylinder 组件中。

21）设置 dest component 为 wall_cylinder。

22）单击 elems 按钮并选择 by collector。

23）选择 face 组件。

24）单击 Move 按钮，然后单击 return 按钮。被移动到 wall_cylinder 组件中的单元如图 5-91 所示。

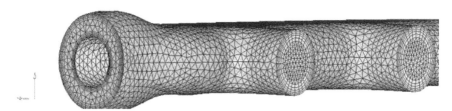

图 5-91　被移动到 wall_cylinder 组件中的单元

STEP 07　导出网格。

1）确认仅显示用户想导出网格的组件。图 5-92 所示的组件都不应被显示。

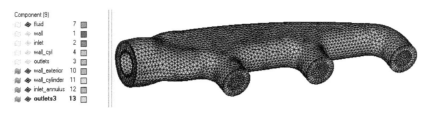

图 5-92　仅显示想导出网格的组件

2）单击 Export Solver Deck（🛬）按钮，打开 Export 选项卡。选择需要的格式（如 Acusolve、CFX、CGNS、Fluent 和 StarCD）来导出网格。

3. 平面 2D 网格的边界层划分

在本小节中，将通过实例介绍如下内容。

1）由边围成的面区域以任意层数和厚度分配生成 2D 边界层类型网格。

2）在不能生成用户指定的一般边界层厚度的区域，即边界非常靠近的区域，生成高质量 2D 边界层类型网格。

STEP 01 打开练习文件。

1）选择 File >Open 命令。

2）选择 manifold_inner_cylinder_2d.hm 文件。

3）单击 open 按钮打开包含边界的文件。

4）检查将用来生成面网格的线单元。

边界网格应该仅仅由 PLOTEL（单元类型）单元组成，如图 5-93 所示。将由 wall 和 inner wall 集合中的边生成边界层网格。

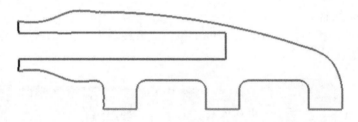

图 5-93 仅仅由 PLOTEL（单元类型）单元组成的边界网格

STEP 02 检查在集合 wall、inner wall、inlet 和 outlets 中的单元是否定义了一个封闭的域。

1）选择 BCs > Check > Edge 命令。

2）单击 comps 按钮。

3）选择 wall、inner_wall、Inlet 和 Outlet 集合。

4）单击 select 按钮。

5）用户需要确认容差值小于最小的单元长度。为了实现这一点，首先找到最小单元长度。

6）选择 Mesh >Check > Elements > Check Elements 命令。

7）选择 1-D 按钮。

8）单击顶端的 length 按钮。信息将显示出最小单元长度为 3.09，因此用户可以安全使用的容差值为 3。

9）单击 return 按钮关闭当前面板。

10）在 Edge 面板中的 tolerance =处输入 3.0，然后单击 Preview Equiv 按钮。状态栏中信

息显示：没有找到节点。

STEP 03 生成 2-D 边界层网格。

1）选择 Mesh > Surface Mesh 2D > 2D Mesh with BL 命令。

2）打开 2D Native BL（planar）选项卡，如图 5-94 所示。

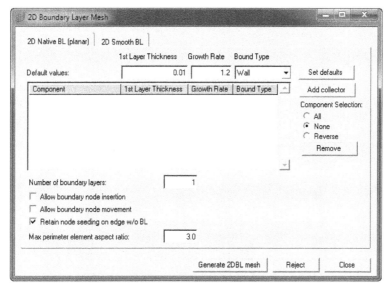

图 5-94　2D Native BL（planar）选项卡

3）设置为增加集合时所要分配的默认的值。

● 1st Layer Thickness =0.5。

● Growth Rate =1.1。

● Bound Type =Wall。

● Number of boundary layers =6。

4）取消选中 Retain node seeding on edge w/o BL 复选框。

5）单击 Add collector 按钮。

6）在选择面板中单击 comps 按钮，选择所有 4 个组件。

7）单击 select 按钮。

8）单击 proceed 按钮。

9）在 2D Boundary Layer Mesh 窗口中，所有被选择的组件如图 5-95 所示。

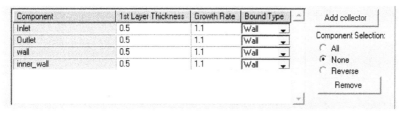

图 5-95　2D Boundary Layer Mesh 窗口

10）默认的有关边界层划分的值将被分配到每个组件。需要从中移除一个或多个组件，选择这些组件然后单击 Remove 按钮即可。

11）在 2D Boundary Layer Mesh 窗口中，为 Inlet 和 Outlet 组件设置 Bound Type 值为 In/Outlet，如图 5-96 所示。目的是不沿着 inlet 和 outlet 的组件生成边界层。

注意：这些单元或许将基于邻近的单元尺寸被重新划分。

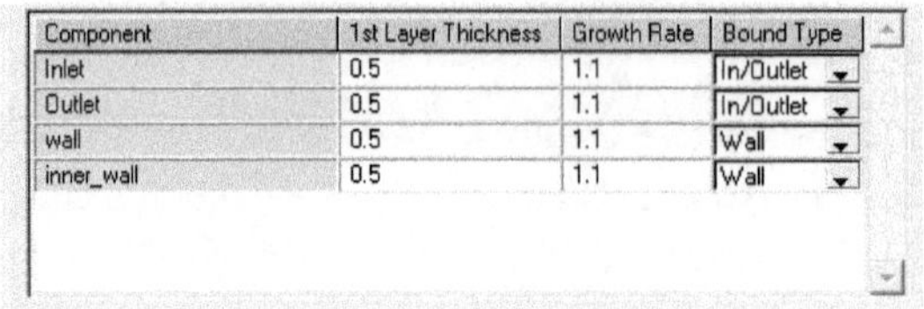

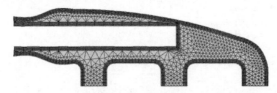

Component	1st Layer Thickness	Growth Rate	Bound Type
Inlet	0.5	1.1	In/Outlet
Outlet	0.5	1.1	In/Outlet
wall	0.5	1.1	Wall
inner_wall	0.5	1.1	Wall

图 5-96　为 Inlet 和 Outlet 组件设置 Bound Type 值

12）单击 Generate 2D BL Mesh 按钮生成网格，如图 5-97 所示。当操作完成后，将创建两个集合：2DBLMesh 和 2DCoreMesh。注意此时网格的质量并不是很好。下一步用户可改变一些默认的参数来允许边界节点插入和移动。

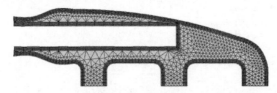

图 5-97　单击 Generate 2D BL Mesh 生成网格

如前面所述，In/Outlet 类型的组件将基于邻近单元的尺寸重新划分，如图 5-98 和图 5-99 所示，可以清晰地说明此种情况。如图 5-98 所示，inlet/outlet 是由一个单一的、很大的单元定义的，在网格划分后，这个单元的尺寸被减小了并获得了一个光顺的单元尺寸过渡。这样便得到了高质量的网格，结果如图 5-99 所示。

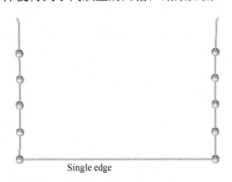

Single edge

图 5-98　基于邻近单元的尺寸被重新划分

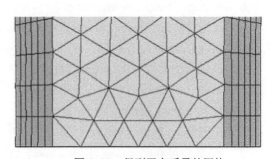

图 5-99　得到了高质量的网格

STEP 04 改变网格质量。

由于宽高比过大，边界层网格常常质量较差。生成这种网格往往是由于图 5-100 所示的过长的边界导致的。

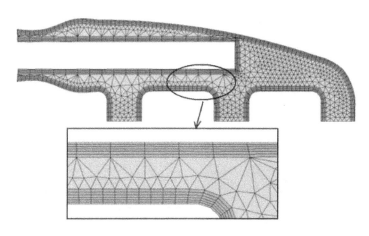

图 5-100　过长的边界导致边界层网格常常质量较差

此问题可以通过限制最大边界单元的宽高比来解决。最大边界单元宽高比可以由以下两种途径改变。

● 通过在边界/边缘增加新节点。

● 通过边界/边缘的节点移动。

1）激活 Allow boundary node insertion 选项。通过插入节点来细化边界。新节点的插入是由指定的最大边界单元宽高比来控制的。或者激活 Allow boundary node movement 选项。该选项可以沿着原先的边界移动边界节点。边界节点的移动也是由最大边界单元宽高比来控制的，如图 5-101 所示。

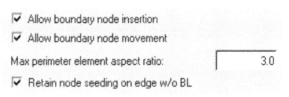

图 5-101　激活 Allow boundary node movement 选项

2）单击 Generate 2D BL Mesh 按钮来生成网格。如果模型已经包含了 2DBLMesh 和 2DCoreMesh 集合，那么将弹出一个信息框询问是否要删除其中的网格或者增加新的网格，如图 5-102 所示。一般情况下需要清空现有的网格，单击 Yes 按钮。

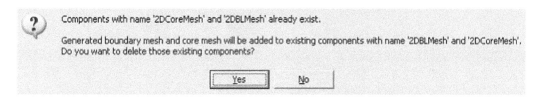

图 5-102　单击 Generate 2D BL Mesh 来生成网格

当操作完成后，2DBLMesh 和 2DCoreMesh 集合将由新的网格更新，如图 5-103 所示。

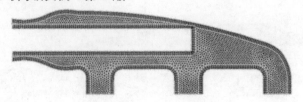

图 5-103 新的网格

3）可以通过快捷键〈F10〉来检查单元的宽高比，选择 2-D 选项，如图 5-104 所示。

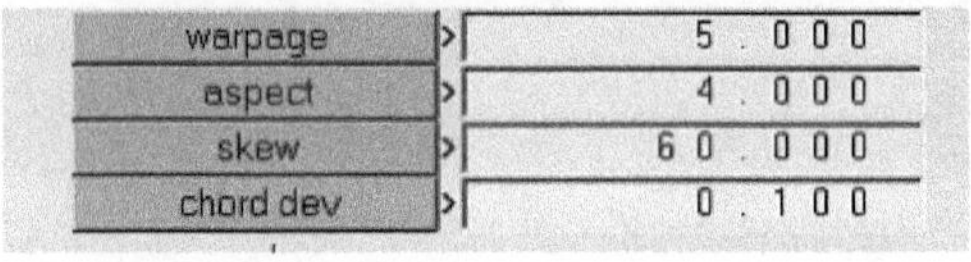

warpage	>	5.000
aspect	>	4.000
skew	>	60.000
chord dev	>	0.100

图 5-104　检查单元的宽高比

当边界有一个比较尖锐的角度时，为了得到一个更光顺单元尺寸的过渡，三角形单元会被加入到边界层网格中，如图 5-105 所示。单元光顺同样会使网格质量提高，如图 5-106 所示。

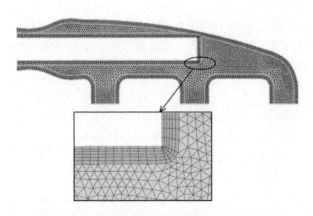

图 5-105　三角形单元被加入到了边界层网格中

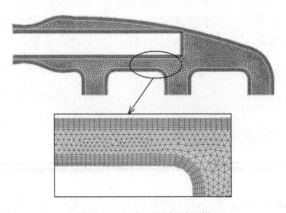

图 5-106　高质量新的网格

3D 网格划分

图 5-106 所示是更新后的高质量网格，可与图 5-105 所示作对比。

同样注意自动生成的网格会执行干涉检测，并且会通过减少边界层厚度避免边界层网格的干涉，如图 5-107 所示。

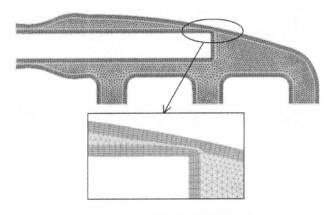

图 5-107　避免边界层网格的干涉

STEP 05 使用分配厚度式边界层划分来生成边界层和核心区网格。

本实例中边界层网格的生成拥有统一的厚度。这对于本例模型是没有问题的，只要总的边界层厚度接近或稍大于两个面之间的距离，并且没有导致交叉或干涉就可以。当碰撞或者干涉发生的时候，有以下处理方法。

- 减小总的边界层厚度。
- 减小局部边界层厚度。

1）在 2D Boundary Layer Mesh 窗口中，单击 Reject 按钮移除已创建的网格。此时 2DBLMesh 和 2DCoreMesh 集合将被删除。

2）单击 Close 按钮关闭弹出的窗口。创建新组件（空的）来放置关键区域（边界层单元会导致碰撞的区域）的 PLOTEL 单元。

3）打开 Model Browser。

4）选择 BCs > Components > Single 命令。

5）输入名称 wall_critical。

6）依次单击 Create 和 Close 按钮。

7）选择 BCs > Organize 命令。

8）选择图 5-108 所示区域的线单元（PLOTEL）。

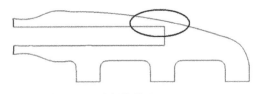

图 5-108　选择线单元（PLOTEL）

9）将 dest group/dest component 切换到 dest component=，并选择目标集合为 wall_critical。

10）单击 move 按钮，将选择的 PLOTEL 单元移动到目标集合中，如图 5-109 所示。

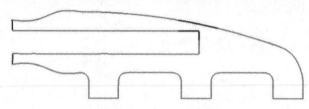

图 5-109　将选择的 PLOTEL 单元移动到目标集合中

11）选择 Mesh > Surface Mesh 2D > 2D Mesh with BL 命令。

12）在 2D Native BL（planar）选项卡中单击 Add collector 按钮。

13）在面板区单击 comps 按钮。

14）选择组件 wall_critical。

15）单击 select 按钮。

16）单击 proceed 按钮。wall_critical 组件将被增加到列表中。

17）设置 wall_critical 组件的 1st First Layer Thickness 值为 0.4，如图 5-110 所示。

Component	1st Layer Thickness	Growth Rate	Bound Type	
inlet	0.5	1.1	In/Outlet	
outlet	0.5	1.1	In/Outlet	
wall	0.5	1.1	Wall	
inner_wall	0.5	1.1	Wall	
wall_critical	0.4	1.1	Wall	

图 5-110　设置 wall_critical 组件的 1st Layer Thickness 值

18）单击 Generate 2D BL Mesh 按钮来生成网格。当操作完成后，会自动创建两个组件：2DBLMesh 和 2DCoreMesh。

19）可以放大 wall_critical 组件周围的单元，观察如何通过减少总边界层厚度来避免边界层干涉，如图 5-111 所示。

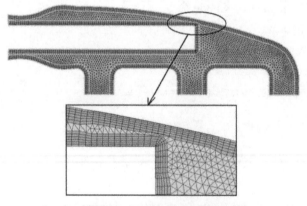

图 5-111　减少总边界层厚度来避免边界层干涉

5.5 SimLab 网格划分实例

SimLab 是 Altair 公司的一个面向工作流程、基于先进的特征识别和映射技术的有限元建模软件,鉴于它在实体网格建模中的独特功能,本节将通过实例予以介绍。

SimLab 是一个基于全新设计理念的、善于捕获有限元工程建模流程并使其自动化运行的垂直应用开发平台,可以帮助用户快速而精确地模拟复杂几何体和复杂装配模型的工程行为。SimLab 自动化的工程仿真建模功能可以减少有限元建模中的人为错误以及手工创建有限元模型和解释结果中的巨大时间消耗。与一般的通用有限元前处理软件相比,SimLab 对复杂装配体的实体网格建模效率可以提高 5~10 倍。

SimLab 能够完成诸如平面、圆柱面、倒角、圆孔等各种特征的识别。与此同时,网格尺寸、类型和参数都能通过网格控制工具进行快速的设置。

下面将通过实例介绍如何在已识别的特征上进行网格控制,并详细介绍 SimLab 特征识别和网格控制功能的用法。

STEP 01 导入 CAD 模型。

本实例将应用一个 Parasolid 格式模型。选择 File > Import > CAD 命令,导入 Parasolid 模型,如图 5-112 所示。

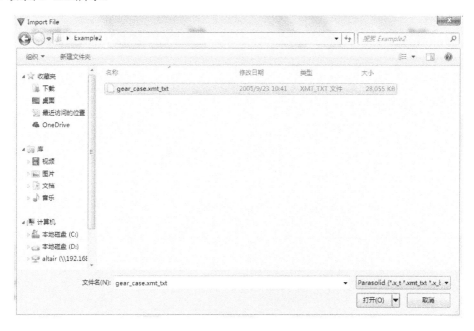

图 5-112 导入 Parasolid 格式 CAD 模型

此时,SimLab 将提示用户指定待导入模型的特征类型以及单位制。本实例选择 Solid 和 Millimeter,如图 5-113 所示。导入后的模型如图 5-114 所示。

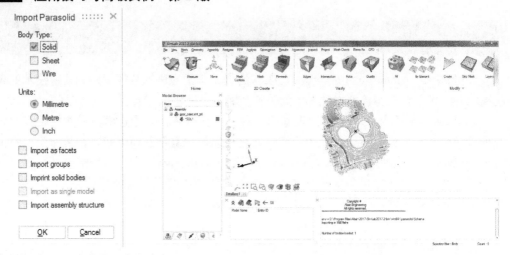

图 5-113　设置导入模型特征类型及单位制　　　　图 5-114　模型导入

STEP 02　网格划分。

网格划分包括设置局部网格控制、全局网格控制、面网格划分、网格检查清理以及实体网格划分等步骤。如果对特征保留没有明确的要求，跳过局部网格控制也依然可以得到不错的网格。

STEP 03　局部网格控制。

1）将"选项"过滤器切换到 body，鼠标选择导入的 CAD 并右键单击，在弹出菜单中选择"Create Mesh Control"。如图 5-115 所示。

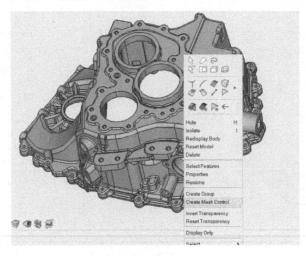

图 5-115　创建 Body Mesh Control

在弹出的窗口左边选择 Body，参数设置如图 5-116 所示。

160

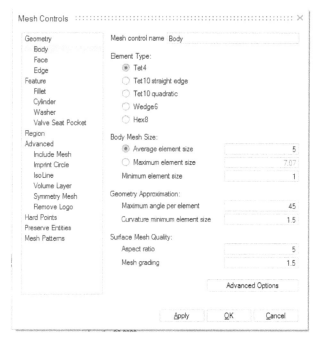

图 5-116　Body Mesh Control 参数设置

2）选中 body 并右键单击，在弹出菜单中选择 Select Features，在弹出的窗口中选中 Fillets，搜索半径在 0～8 之间的倒角。如图 5-117 所示。

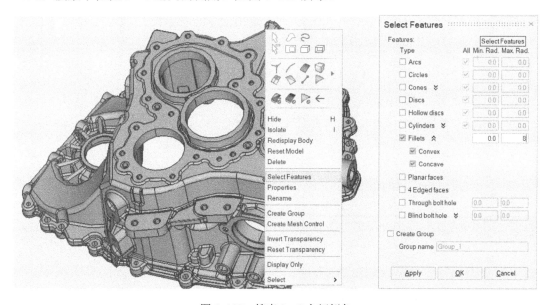

图 5-117　搜索 0～8 之间倒角

单击 OK 之后，所有的半径在 0～8 之间的倒角都被选中，鼠标再次右键单击，在弹出菜单中选择 Create Mesh Control，设置倒角的 mesh control 参数如图 5-118 所示。

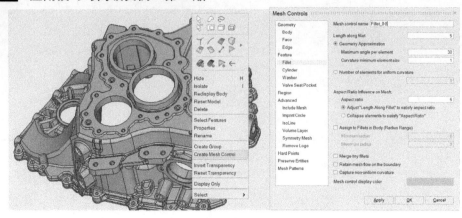

图 5-118　倒角 Mesh Control 参数设置

3）选中 body 并右键单击，在弹出菜单中选择 Select Features，在弹出的窗口中选中 Cylinders，搜索半径在 0～8 之间的圆柱面，如图 5-119 所示。

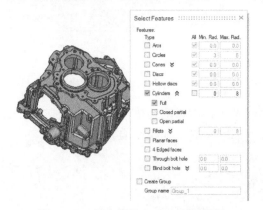

图 5-119　搜索半径 0～8 之间圆柱面

单击 OK 之后，所有的半径在 0～8 之间的圆柱面都被选中，鼠标再次右键单击，在弹出菜单中选择 Create Mesh Control，设置圆柱面的 mesh control 参数如图 5-120 所示。

图 5-120　圆柱面 Mesh Control 参数设置

4）将"选项"过滤器切换至 Face，选中图 5-121 所示的面并右键单击，在弹出菜单中选择 Select Features，搜索半径范围在 0～6 之间的所有圆弧。如图 5-122 所示。

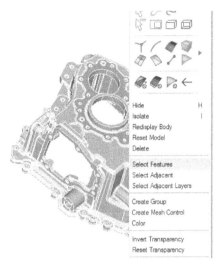

图 5-121　选择曲面　　　　　　　　图 5-122　搜索半径 0～6 之间圆弧

单击 OK 之后，该面上所有半径在 0～6 之间的圆弧被选中，再次右键单击，在弹出菜单中选择 Create Mesh Control，设置 Washer 的 Mesh Control 参数如图 5-123 所示。

图 5-123　Washer Mesh Control 参数设置

5）切换"选项"过滤器为 Cylinder，选择模型中图 5-124 所示的圆柱面，右键选择 Create Mesh Control，在弹出的窗口中选择 Isoline，参数设置如图 5-125 所示。

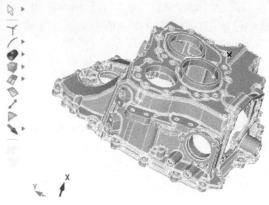

图 5-124 手动选择圆柱面

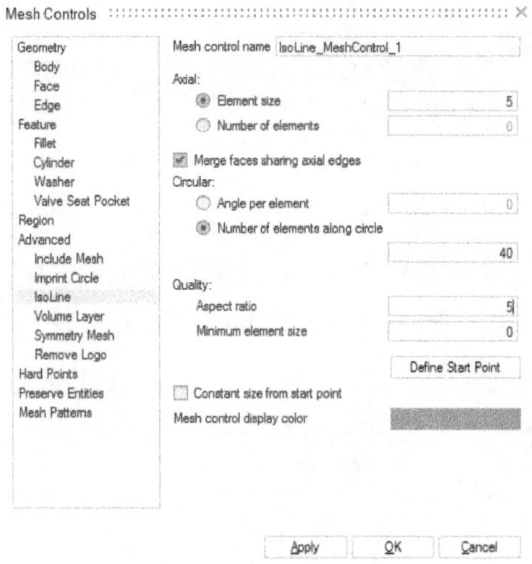

图 5-125 IsoLine Mesh Control 参数设置

选中其他的圆柱面，再次设置 Isoline 的 Mesh Control 参数。如图 5-126 所示。

图 5-126 其他圆柱面的参数设置

6）搜索图 5-127 所示所有的 Cones，设置 Preserve Entities 的 Mesh Control 参数，类型为 Face shape。Mesh Controls 设置如图 5-128 所示。

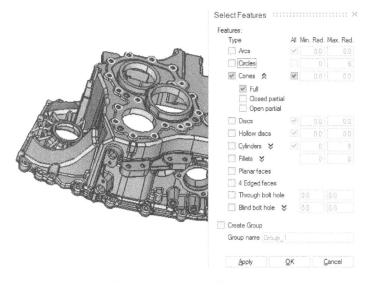

图 5-127　搜索所有的 Cones

图 5-128　Cones Mesh Control 设置

STEP 04　面网格划分。

从 Mesh>2D Create 中选择 Mesh 来划分 2D 网格。如图 5-129 所示。

图 5-129　Surface Mesh

使用默认的参数，从 Advanced Options 中选择 Identify features and mesh 选项，然后单击 OK 按钮进行面网格划分。面网格划分参数设置如图 5-130 所示。

图 5-130　面网格划分参数设置

划分后的面网格如图 5-131 所示。所有的几何特征都实现了精确捕捉并按照现实设定的规则进行了网格划分。

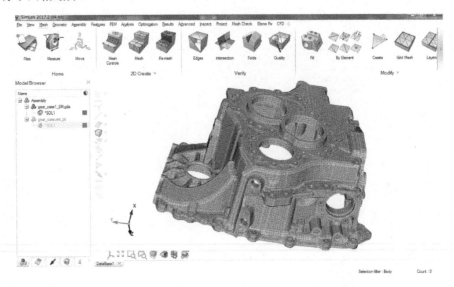

图 5-131　面网格

网格检查清理。

1）从 Mesh>Verify 中选择 Quality 来检查 2D 网格质量。如图 5-132 所示。设置 Aspect Ratio 上限值为 10，发现有 0.001%单元失败。如图 5-133 所示。单击 Display 显示出失败的单元。如图 5-134 所示。

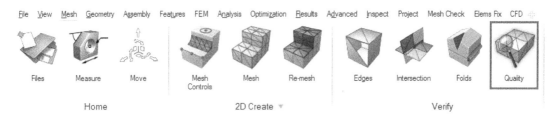

图 5-132　面网格质量检查

Element Type	Element Quality	Compute	Min Value	Max Value	Condition	Limit Value	% Failure	Display	Clean Up
Tri	Aspect Ratio	☑	1.001	12.286	>=	10	0.001	⦿	○
Quad	Edge Length	☐			<	0.5		○	○
					>=	100			
Tet	Interior Angle	☐			<	20		○	○
Hex					>	160.0			
Wedge	Stretch	☐			<	0.10		○	
Pyramid	Skew	☐			>	75		○	
	Element Face Angle	☐			<	45		○	
	Area	☐			<	0		○	
	Mid-Node Offset : Ratio	☐			>	0.5		○	
	Mid-Node Offset : Distance	☐			>	0.5		○	
	Jacobian Ratio	☐			<	0.1		○	

☐ Select all　☐ Deselect all　Options　Compute　Write Report　Display　CleanUp　Cancel

图 5-133　面网格质量检查

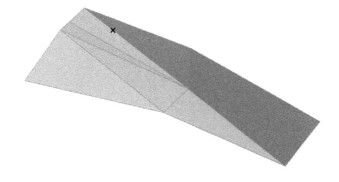

图 5-134　Display 失败的单元

观察失败的单元，可以通过 Mesh>Modify>By element 中的 collapse edge 来清理。如图 5-135 所示。选择一个节点和经过该节点的一条单元边，可以将该单元边变成一个节点（相关的单元自动删除）。如图 5-136 所示。

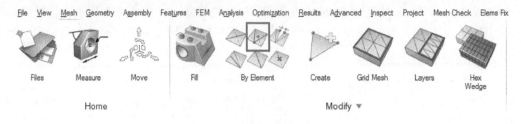

图 5-135　选择 Collapse edge

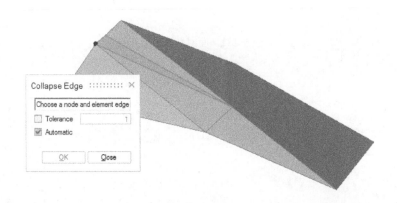

图 5-136　清理失败的单元

2）分别选择 Mesh>Verify>Edges 和 Mesh>Verify>Intersection 来检查表面网格是否有自由边和穿透等。经检查，该模型没有自由边，T 形连接以及穿透，如图 5-137 所示。

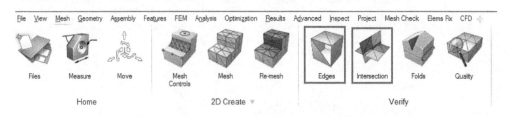

图 5-137　网格穿透及封闭性检查

STEP
06　体网格划分。

从 Mesh>3D Create 中选择 Volume Mesh 来生成体网格。选中整个表面网格，设置平均单元尺寸为 5，其他参数默认，单击 OK 按钮来划分 3D 单元。如图 5-138 和图 5-139 所示。

图 5-138　Volume Mesh

生成后的体网格如图 5-140 所示。

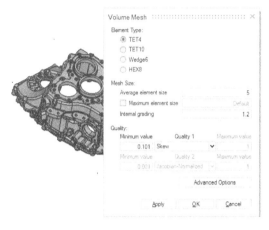

图 5-139　Volume Mesh 划分参数设置

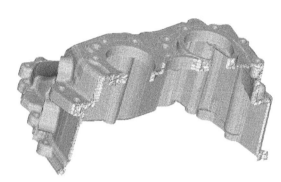

图 5-140　体网格

小结

　　六面体网格划分的真正难点是几何分块策略，分块策略与 HyperMesh 没有直接的关系，完全取决于读者个人对于结构拓扑关系的理解。HyperMesh 提供的是多种分块方法，能够实现使用者的各种想法。不同的人，分块思路可能不一样，对复杂结构的分块能力有差异，没有固定的流程。分块划分还有一个划分顺序的要求，主要原则是从繁到简、从内到外。分块策略和划分顺序安排好之后，剩下的就是用 solid map 划分六面体，利用 HyperMesh 使这个操作毫无难度可言，整个过程完全流程化了。如果分析中要求高质量的六面体网格，在 solid map 操作时还可以通过 HyperMesh 非常灵活的面网格划分来控制体网格的质量。HyperMesh 网格划分的精华就在面网格，几乎所有的操作技巧都包含在面网格划分过程中，如果读者把面网格划分技巧运用熟练，六面体网格划分只不过是分块和反复使用 solid map 而已。

　　四面体网格划分要简单的多，除了工具要顺手，技巧也是必需的。HyperMesh 除了四面体生成工具 TetraMesh 外，还提供了四面体划分流程 Tetra-process。许多复杂的结构，比如发动机箱体、变速箱体等，具有复杂的特征和庞大的体积，直接使用 TetraMesh 工具会感到无从下手，此类零件用四面体划分流程 Tetra-process 可以大大提高划分效率。另外，使用专业的四面体网格划分软件 simlab 是快速划分复杂结构、生成高质量四面体网格的最佳选择。

第 6 章

1D 单元创建

在有限元分析领域，1D 单元是一个非常重要的概念。典型的 1D 单元包括杆单元、梁单元、刚性单元和弹簧阻尼单元等。各类通用有限元求解器部分或全部支持各类 1D 单元类型。

本章将向用户介绍 1D 单元的基本概念及应用场合。重点介绍使用 HyperMesh 中的 1D 单元截面管理模块 HyperBeam 进行 1D 单元截面的创建、编辑和管理的基本方法，并辅以相应的练习。本章后半部分则介绍了使用 HyperMesh 中的 Connector 功能进行模型装配和管理的基本方法，并辅以相应的练习。

本章重点知识

6.1　1D 单元划分

1D 单元在有限元方法中用来准确模拟连接（如螺栓连接）类似杆和梁的物体。

1D 单元支持创建 bar2s、bar3s、rigid links、rbe3s、plots、rigids、rods、springs、welds、gaps 和 joints 类型。各类 1D 单元可编辑的数据和用途见表 6-1。

表 6-1　各类 1D 单元可编辑的数据和用途

1D 单元	可编辑数据	用　　途
Bar2	1）引用一个属性 2）定义局部坐标的向量 3）释放自由度 4）单元偏置 5）可选方向点	支持复杂梁单元
Bar3	1）引用属性 2）定义局部坐标的向量 3）释放自由度 4）单元偏置 5）可选方向点	支持复杂梁单元，需定义第三个点来支持二阶梁
Gap	引用属性	支持间隙单元
Joint	1）引用属性 2）可选用节点定义方向	支持运动学连接或安全分析的连接定义
Plot	引用两个节点	支持仅用于显示的单元类型
RBE3	1）每个节点自由度 2）每个节点的权重	支持 NASTRAN RBE3 单元
Rigid link	1）节点自由度 2）一个主节点 3）多个从节点	支持多节点刚性单元
Rigid	节点自由度	支持刚性单元
Rod	引用属性	支持杆单元
Spring	1）引用属性 2）节点自由度 3）可选定义方向向量	支持弹簧或阻尼单元
Weld	节点自由度	支持 weld 单元

创建 1D 单元的面板位于 1D 页面下。Plot 单元可以用 Edit Element、Line Mesh、Elem Offset、Edges 或 Features 面板创建。

6.2　HyperBeam

HyperBeam 是 HyperMesh 向用户提供的功能强大的 1D 单元截面创建、编辑和管理模块。在 HyperBeam 中，梁截面信息可以由用户在 HyperMesh 界面下，通过已有的几何或有限元模型进行直接提取，或针对不同的求解器模板创建各类标准梁截面信息。正确创建的梁截面信息可以在有限元模型前处理阶段，由梁单元进行引用，辅以各类材料模型，即可正确表征各类 1D 单元的力学特性。

如图 6-1a 所示，有限元模型为一个典型的薄壁结构，使用壳单元进行离散。为了增强其刚度，需要在其上铺设截面为 I 形的加强筋。使用 HyperBeam 创建相应的梁截面形状，并赋予相应的梁单元。图 6-1b 所示是在 HyperMesh 前处理环境中，使用 3D 梁截面显示状态的有限元网格划分结果。

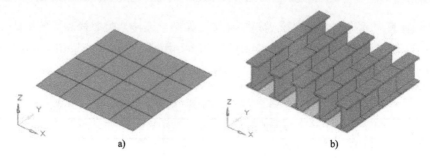

图 6-1 动态梁截面显示

6.2.1 HyperBeam 用户界面

使用 HyperBeam View 模块可以查看和编辑梁截面信息。在 HyperMesh 中，可以在主菜单 1D 面板下，通过单击 HyperBeam 按钮启动该页面，也可以直接单击 Model Browser 上的 ▦ 按钮进行切换。

顺利完成 HyperBeam 启动后，可以看到该界面分为如下几个部分：Section Browser & Parameter Definition、Graphics Window、Pane 和 Toolbar，如图 6-2 所示。

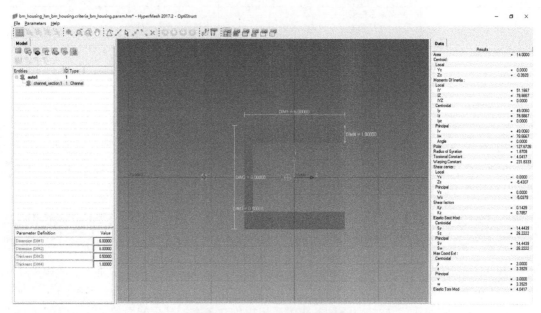

图 6-2 HyperBeam 用户界面

1. 梁截面浏览器和梁截面编辑器

在视图区域的左侧是梁截面浏览器。它给出了当前数据库文件中所有的截面及截面集合的信息，提供用户查看。用户可以通过梁截面浏览器查看当前模型中所有的一维单元截面信息。针对每一梁截面对象,浏览器提供了梁截面参数查看和编辑功能。通过选择某一特定的梁截面,该截面的各类计算结果将自动显示在视图区域右侧的 Result Pane 中。此外,在选择了某一特定的梁截面后,可以在 Parameter Definition Window 中对该截面的参数进行编辑。

注意,仅 Standard 和 shell 截面可以提供直接参数编辑功能。Generic 截面可以在 Result Pane 中对其参数进行编辑。而通过几何或单元提取的 solid section 则无法编辑。

在梁截面浏览器中,如图 6-3 所示,提供了各类截面的排序功能。用户可以通过截面 ID,或通过梁截面性质的区分,对梁截面和梁截面几何进行分组和排列。例如,可以将所有 L 形截面进行归类,将所有 H 形截面归于另外一类。

(1) Context Menu 使用 Context Menu 的弹出式对话框,可以新建、编辑、删除一个梁截面,或对一个已有的梁截面进行重命名等操作,如图 6-4 所示。

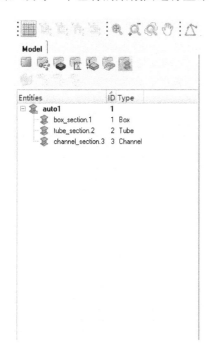

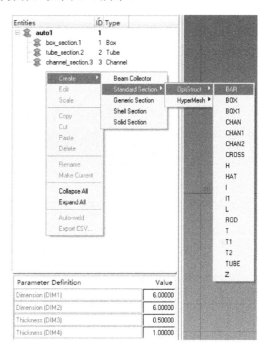

图 6-3 梁截面浏览器   图 6-4 弹出式对话框

可以通过 Create 命令创建一个 OptiStruct 的标准 BAR 截面。此外,Delete 命令可以删除一个已有的截面;Rename 命令可以对一个截面进行重命名;Collapse All 和 Expand All 则提供了目录树的展开和关闭功能。Make Current 是一类特殊的命令,该命令的操作对象只能为 Beamsection Collector(梁截面集合),它可以控制新创建的梁截面存储在哪一个梁截面集合中。特别地,针对 Shell Section 有两个特殊的控制参数:Edit 和 Export CSV。

● Edit:可以对 shell section 各个部分的厚度和名称进行编辑。connectivity order 则提供了选中部分的顶点连接列表,如图 6-5 所示。

● Export CSV:允许用户捕捉当前截面的名称,各个部分的信息、厚度以及顶点的编号和坐标信息,并输出到 CSV 文件中。如果希望输出多个梁截面,可以使用鼠标左键+〈Ctrl〉键选取多个截面进行输出。

（2）Parameter Definition 梁截面参数定义窗口位于 HyperBeam 用户界面左下方，如图 6-6 所示。

Parameter Definition	Value
Dimension (DIM1)	6.00000
Dimension (DIM2)	6.00000
Thickness (DIM3)	0.50000
Thickness (DIM4)	1.00000

Poi...	Y Value	Z Value
1	-3.3849	-3.2119
2	-2.7406	4.1529
3	17.4659	-2.4794

图 6-5 Edit 功能 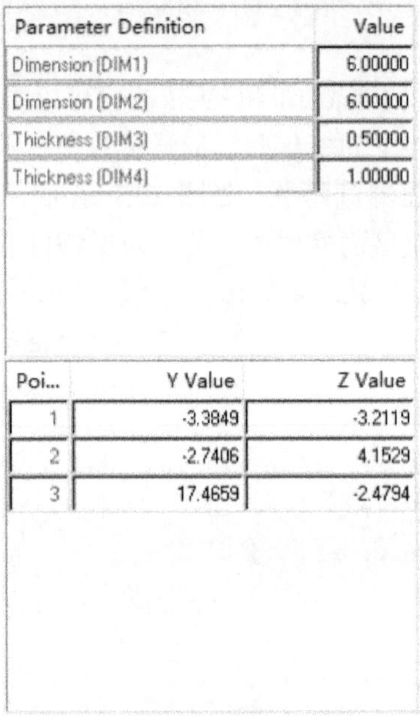   图 6-6 梁截面参数定义窗口

如果用户选取的截面为各个求解器所分别支持的标准截面形式，那么可以在该窗口中对截面的各类几何参数进行编辑。此外，该窗口还可以对 shell section 的各个顶点的 y，z 坐标进行编辑。每当完成了一次参数的编辑后，视图区域中的截面图形会自动进行更新。使用〈Tab〉键或〈Shift+Tab〉组合键，可以快速地在各个参数间进行切换。

2. HyperBeam 工具栏

HyperBeam 工具栏提供了两类基本的功能，如图 6-7 所示。

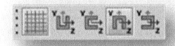

图 6-7 HyperBeam 工具栏

第一项功能▦为打开/关闭背景网格显示。打开该功能，可以方便地对一系列的梁截面的几何尺寸进行比较；第二项功能为▦▦▦▦，可以控制梁截面显示的方向。单击后续的 4 个图标，可以分别获得截面的不同显示方式。

3. 视图窗口

该视窗为 HyperBeam 最重要的窗口，提供了各类梁截面几何形态的直接查看信息。所有的梁截面都包括局部坐标系、截面型心和剪切中心。

如果截面对象为标准梁截面（Standard Section），那么该截面的几何参数也会显示在视图窗口中，如图 6-8 所示。

如果截面为 shell section，那么将显示该截面的各个部分以及顶点的编号，如图 6-9 所示。

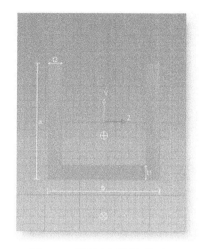

图 6-8　截面为标准梁截面

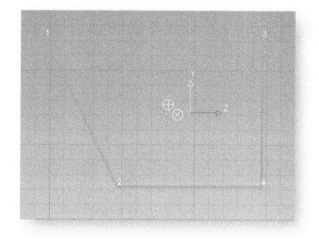

图 6-9　截面为 shell section

如果显示对象为 solid section，那么将显示该截面的剖分情况，如图 6-10 所示。注意，截面上的网格将不引入整体有限元模型中，而仅仅是用于计算该截面的相关属性。

由于 generic section 并没有相应的截面几何形态信息，而只有各类截面数据计算结果，因此在视图区域中，只会显示一个灰色的截面示意图，如图 6-11 所示。如果希望对一个 generic section 进行编辑，则需要在 result pane 中对其各类参数进行修改。

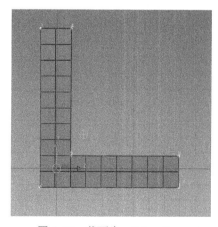

图 6-10　截面为 solid section

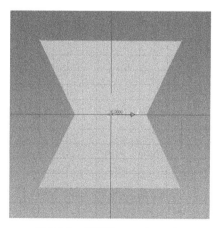

图 6-11　截面为 generic section

4. Result Pane

完成了各类梁截面的创建后，关于该截面的各类参数计算结果，如截面面积、截面惯性矩、剪切中心、剪切因子等内容，都将显示在 result pane 中。注意，如果截面对象为 generic section，那么该截面的属性信息能且仅能在该面板下进行编辑，如图 6-12 所示。

Area	=	0.5000
Centroid :		
Local		
Yc	=	0.0000
Zc	=	-2.5000
Moments Of Inertia :		
Local		
IY	=	3.1254
IZ	=	1.0417
IYZ	=	0.0000
Centroidal		
Iy	=	0.0004
Iz	=	1.0417
Iyz	=	0.0000
Principal		
Iv	=	0.0004
Iw	=	1.0417
Angle	=	0.0000
Polar	=	1.0421
Radius of Gyration	=	0.0289
Torsional Constant	=	0.0017
Shear center :		
Local		
Ys	=	0.0000
Zs	=	-2.5000
Principal		
Vs	=	0.0000
Ws	=	0.0000
Shear factors		
Ky	=	1.0000
Kz	=	1.0000
Sz	=	0.4167
Sw	=	0.4167
Max Coord Ext :		
Centroidal		
y	=	2.5000
z	=	0.0000
Principal		
v	=	2.5000
w	=	0.0000
Plastic Sect Mod :		
Centroidal		
Zy	=	0.0000
Zz	=	0.5379
Principal		
Zv	=	0.0000
Zw	=	0.5379
Elastic Tors Mod	=	0.0167

图 6-12 截面的属性信息

6.2.2 HyperBeam Sections 截面

应用 HyperBeam 可创建下述梁截面。

（1）Standard Section（标准截面） 标准截面可实现自动化地创建求解器支持的截面。HyperBeam 支持各种求解器不同梁截面形状及尺寸的编辑，创建的标准梁截面可在 HyperMesh 中以 3D 显示。

（2）Shell Section（壳截面） 利用几何曲线或 1D 单元创建薄壳梁截面。创建的壳截面可在 HyperMesh 中以 3D 显示。

（3）Solid Section（实心截面） 利用连续的 2D 单元或由闭合曲线定义的连续曲面创建实心梁截面。注意，HyperBeam 不能修改 HyperMesh 中创建的初始单元。创建好的实心截面可在 HyperMesh 中以 3D 显示。

（4）Generic Section（通用截面） "通用截面"命令不需定义实际的梁截面形状。它支持面积、惯量及型心等输入参数。通用截面不能在 HyperMesh 中以 3D 显示。

【实例 6-1】 创建和使用标准梁截面

本实例介绍使用 HyperBeam 创建标准梁截面并将其与 OptiStruct 的 PBARL 卡片关联的过程。假定已经载入 OptiStruct 用户配置，并且在 HyperMesh 界面中输入 standard_section.hm 文件。

如图 6-13a 所示，有限元模型为一个典型的薄壁结构，使用壳单元进行离散。为了增强其刚度，需要在其上铺设截面为 I 形的加强筋。使用 HyperBeam 创建相应的梁截面形状，并赋予相应的梁单元。图 6-13b 所示是模型在 HyperMesh 的 3D 显示结果。

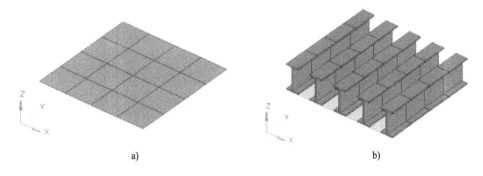

a)   b)

图 6-13　实例模型

在 HyperMesh 模型浏览区单击（🔧）按钮，整个窗口将转入 HyperBeam 界面。创建标准梁截面时，在 HyperBeam 模型浏览区单击鼠标右键选择预期的梁截面即可。本例将使用 OptiStruct I 形梁截面，具体参数如图 6-14 所示。

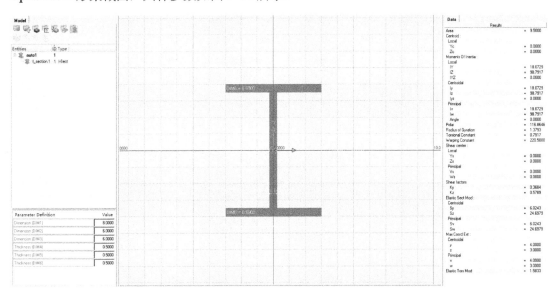

图 6-14　HyperBeam 界面

待 HyperBeam 计算得到整个梁截面信息后，需要创建一个包含该截面的属性，并创建一个 component 与属性进行关联。属性创建如图 6-15 所示。Component 创建及属性关联如图 6-16 所示。

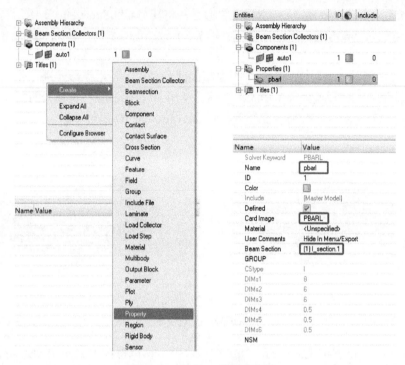

图 6-15　PBARL 属性的创建

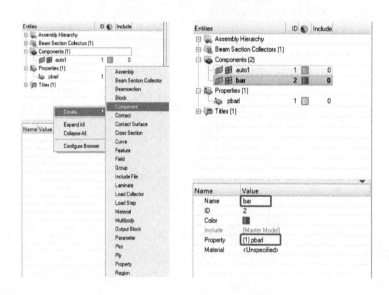

图 6-16　component 创建与属性关联

组件和已关联梁截面的属性创建完毕后，就可以通过 1D 页面下的 Bar 菜单创建杆单元，如图 6-17 所示。

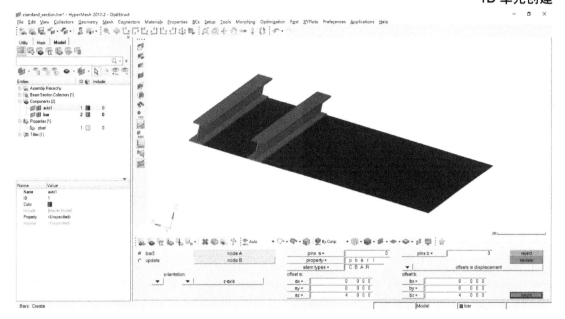

图 6-17　Bar 菜单创建杆单元

　　标准截面都是使用绝对坐标系 Y 方向定义的，因此使用 HyperBeam 截面定义杆单元的方向是非常方便的。在 Bars 面板上定义的杆方向与梁截面的 Y 方向是一致的。本例中，Bars 面板上定义的 Z 正方向与 HyperBeam 中梁截面的 Y 方向是一致的。一维梁单元的中线与截面剪切中心一致，因此常常需要进行单元端点偏移操作。本例在所创建的 I 形梁的两个端点 Z 方向设置偏移量为 4。

　　在 HyperMesh 界面中单击（ 🔲 ）按钮，可以 3D 显示已创建的梁单元。

【实例 6-2】　创建和使用壳截面

　　本实例介绍使用 HyperBeam 创建壳截面，并将其与 OptiStruct 的 PBARL 卡片关联的过程。假定已经载入 OptiStruct 用户配置并且在 HyperMesh 界面中输入 shell_section.hm 文件，文件位于 <installation_directory>\tutorials\hm。

　　如图 6-18a 所示图形表示梁截面的 plot 单元。创建梁截面时可使用单元或曲线作为基础截面。图 6-18b 所示图形用来定义梁截面的方向。

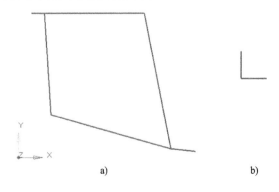

a)　　　　　　　　　　　　　　　　b)

图 6-18　实例模型

从 1D 页面的 HyperBeam 面板中选择 Shell Section 子面板，如图 6-19 所示。将基础截面的类型设置成 elems，在图形区选择 plot 单元，将 cross section plane 切换成 N1,N2,N3。

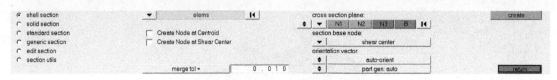

图 6-19　Shell Section 子面板

按照图 6-20 所示选择 N1、N2 和 N3，基础截面原点为截面剪切中心点。N1 到 N2 定义了梁截面局部 Y 方向。N3 定义了梁截面的 Z 轴正方向。注意 HyperBeam 截面中梁截面的局部坐标系，退出 HyperBeam 界面后将使用这个局部坐标系定义梁单元的方向，如图 6-21 所示。

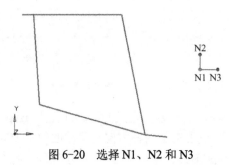

图 6-20　选择 N1、N2 和 N3

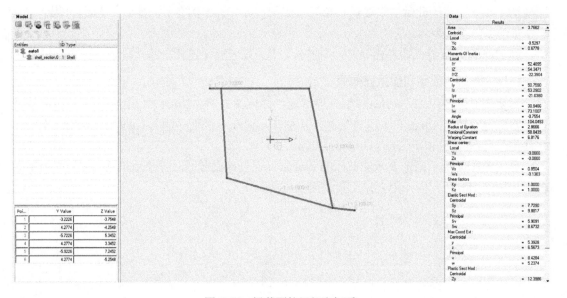

图 6-21　梁截面的局部坐标系

待 HyperBeam 计算得到整个梁截面信息后，需要创建一个包含该截面的属性，并创建一个 component 与属性进行关联。属性创建如图 6-22 所示。Component 创建及属性关联如图 6-23 所示。

图 6-22　PBAR 属性的创建

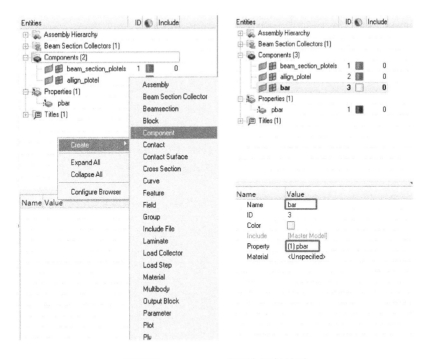

图 6-23　component 创建与属性关联

组件和已关联梁截面的属性创建完毕后，就可以通过 1D 页面下的 Bar 菜单创建杆单元了，如图 6-24 所示。

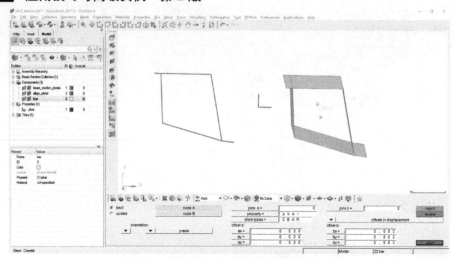

图 6-24　Bar 菜单创建杆单元

梁截面都是使用绝对坐标系 Y 方向定义的，因此使用 HyperBeam 截面定义杆单元的方向是非常方便的。在 Bars 面板上定义的杆方向与梁截面的 Y 方向是一致的。本例中，Bars 面板上定义的 Y 正方向与 HyperBeam 中梁截面的 Y 方向是一致的。

在 HyperMesh 界面中单击（　）按钮，可以 3D 显示已创建的梁单元。

6.2.3　HyperBeam 计算的梁截面属性

通常情况下，梁截面在 YZ 平面定义，梁单元的 X 轴由梁长度方向定义。用户定义的坐标系称为局部坐标系（local coordinate system），平行于局部坐标系且坐标原点位于截面型心的坐标系称为型心坐标系（centroidal coordinate system），参考弯曲轴线的坐标系称为主坐标系（the principal coordinate system）。HyperBeam 中相关截面数据计算方法见表 6-2。

对于壳截面来说，HyperBeam 使用薄壁杆理论计算相关截面信息，也就是忽略转矩和惯性矩、与壳单元厚度相关的高次项以及厚度变形的影响。

表 6-2　HyperBeam 中相关截面数据计算方法

截 面 形 状	计 算 方 法
截面积	$A = \int \mathrm{d}A$
线 Y 轴惯性矩	$I_{yy} = \int z^2 \mathrm{d}A$
线 Z 轴惯性矩	$I_{zz} = \int y^2 \mathrm{d}A$
惯性矩	$I_{yz} = \int yz \mathrm{d}A$
惯性半径	$R_g = \sqrt{I_{min} / A}$
抗弯截面模量	$E_y = I_{yy} / z_{max}$ $E_z = I_{zz} / y_{max}$
最大坐标值	$y_{max} = \max |y|$ $z_{max} = \max |z|$
塑性截面系数	$P_y = \int |z| \mathrm{d}A$ $P_z = \int |y| \mathrm{d}A$

（续）

截 面 形 状		计 算 方 法
扭转惯性矩	实心截面	$lt = lyy + lzz + \int \left(z\dfrac{\partial \omega}{\partial y} - y\dfrac{\partial \omega}{\partial z} \right)dA$ ω ——翘曲函数，见下文解释
	截面开口壳结构	$lt = 1/3 \int t^3 ds$ t ——壳厚度
	截面闭口壳结构	$lt = 2\sum A_{mi}F_{si}$ A_{mi} ——封闭空间 i 所包围的面积 F_{si} ——封闭空间 i 的剪流
弹性扭转模量	实心截面	$E_t = l_t / \max\left(y^2 + z^2 + z\dfrac{\partial \omega}{\partial y} - y\dfrac{\partial \omega}{\partial z} \right)$
	截面开口壳结构	$E_t = l_t / \max t$
	截面闭口壳结构	$E_t = l_t / \max(F_{si}/t)$
剪切中心		$y_s = \dfrac{l_{yz}l_{yw} - l_{zz}l_{zw}}{l_{yy}l_{zz} - l_{yz}^2}$ $l_{ya} = \int y\omega dA\, l_{zv} = \int zdwA$
		$z_s = \dfrac{l_{yy}l_{yw} - lyzl_{zw}}{l_{yy}l_{zz} - l_{yz}^2}$
翘曲刚度		$l_{\omega\omega} = \int \omega^2 dA$
剪切变形系数		$\alpha_{zz} = \dfrac{1}{Q_y^2}\int \left(\tau_{xy}^2\mid_{Q_z=0} + \tau_{xz}^2\mid_{Q_z=0} \right)dA$
		$\alpha_{zz} = \dfrac{1}{Q_y Q_z}\int \left(\tau_{xy}\mid_{Q_y=0}\tau_{xy}\mid_{Q_z=0} + \tau_{xz}\mid_{Q_y=0}\tau_{xy}\mid_{Q_z=0} \right)dA$
		$\alpha_{zz} = \dfrac{1}{Q_z^2}\int \left(\tau_{xy}^2\mid_{Q_y=0} + \tau_{xz}^2\mid_{Q_y=0} \right)dA$
剪切刚度系数		$k_{yy} = 1/\alpha_{zz}$
		$k_{yz} = -1/\alpha_{yz}$
		$k_{zz} = -1/\alpha_{yy}$
剪切刚度		$S_{jj} = k_{jj}GA$
翘曲函数		$\nabla^2\omega = 0$ $\left(\dfrac{\partial \omega}{\partial y} - z \right)n_y + \left(\dfrac{\partial \omega}{\partial y} + y \right)n_z = 0$ 对实心截面而言，翘曲函数是使用有限元方法来计算的，这可能导致几何拐点处失真的高应力，即使网格细化都无法改变。这可能导致计算弹性扭转模量时出现问题

与 Nastran 对应的符号：

$l1 = l_{zz}$

$l2 = l_{yy}$

$k1 = k_{yy}$

$k2 = k_{zz}$

6.2.4 在 HyperMesh 界面中调用梁截面

相同的梁截面在不同的求解器界面下得到的截面信息也会有所不同。

HyperMesh 提供了多种有限元模型管理工具。创建一维梁单元时，正确理解组件、属性、单元和梁截面的相互关系是非常重要的。

通过模型浏览树可以创建组件、属性和材料等对象，并可在 Entity Editor 中为其指定相关的参数，如图 6-25 所示，先将截面关联给 PBAR 属性，再将 PBAR 属性关联给对应的组件。

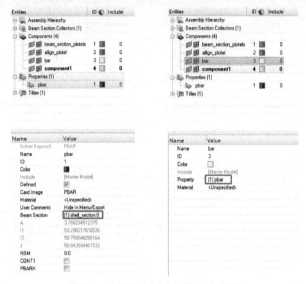

图 6-25 关联已创建的截面与属性

HyperMesh 中包括二力杆（rod）、等截面梁（bar）、变截面梁（beam）等所有类型的单元，都需要存放在一定的组件集中。属性可与组件关联也可以与独立的单元相关联。如果关联组件的属性与关联单元的属性出现冲突，那么关联单元的属性优先。一维单元属性包含面积、惯量以及截面尺寸等截面信息。一维单元包含单元方位和连接信息。梁截面包含截面几何信息和由截面形状计算得到的截面信息。事实上，当一维单元属性与某个梁截面相关联后，梁截面上的信息将自动覆盖一维单元属性上相关区域的数据。一维单元的三维显示依赖梁截面所包含的几何信息。如果希望断开梁截面与某个属性的关联关系，在 Entity Editor 中 Beam Section 中更改即可。

6.2.5 梁截面信息导入导出

1. 模型导入

导入有限元模型时，HyperMesh 将自动为所有的 rod、bar 和 beam 单元创建梁截面和相应的单元属性，即使当前会话中没有预先定义相关梁截面。只有 HyperBeam 中完整定义了梁截面和相关属性后，HyperMesh 的 3D 显示才会生效。

如果在导入有限元模型时不希望 HyperMesh 自动为创建的一维单元创建梁截面，可以在模型导入窗口的"自定义导入特征"对话框中取消选择 Beam sections 和 Beam section collectors。此时实际属性卡片中的梁截面保持不变，但 HyperMesh 将不再计算截面的几何信息以及由几何形状计算得到的截面信息，如图 6-26 所示。

2. 模型导出

有限元模型导出的过程与导入类似，梁截面信息默认输出，如图 6-27 所示。如果不希望导出梁截面信息，则需要使用自定义输出窗口，取消选择相关信息的输出。

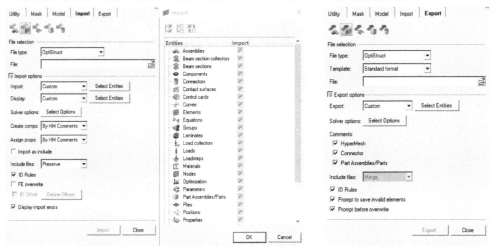

图 6-26　导入有限元模型　　　　　　图 6-27　有限元模型导出

【实例 6-3】　导入并自动创建梁截面

本例介绍了在 HyperMesh 模型导入过程中自动创建梁截面以及 3D 显示梁单元的过程。假定已经载入 OptiStruct 用户配置并且在 HyperMesh 界面中输入了 pbeaml.fem 文件。

使用文本编辑器打开 pbeaml.fem 文件，如图 6-28 所示。pbeaml.fem 文件中没有相关的梁截面定义，导入此模型时，HyperMesh 将自动为这些梁单元创建截面并支持 3D 显示。在 HyperMesh 中导入 pbeaml.fem，使用三维梁视图模式（💠）得到的模型如图 6-29 所示。

```
$$
$$    PBEAMLData
$$
$$
$$    PBEAMLData
$$
$HMNAME PROP              1"ROD" 3
$HWCOLOR PROP             1    11
PBEAML        1      0           ROD              +
+     5.0    1.0
$$
$HMNAME PROP              6"BOX" 3
$HWCOLOR PROP             6    11
PBEAML        6      0           BOX              +
+    10.0   10.0    1.0    1.0
$$
```

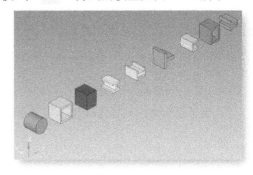

图 6-28　pbeaml.fem 文件　　　　　　图 6-29　三维梁视图

6.3　使用 HyperBeam 创建和关联梁截面属性

在有限元分析建模过程中，梁单元通常用 1D 单元表示。通过本节的学习可以熟悉 HyperMesh 软件中 1D 单元（梁单元、杆单元和刚性单元）的建模，尤其是创建和关联梁截面属性信息，而非创建梁单元本身。

下面通过一个实例来介绍如何使用 HyperBeam 创建和关联梁截面属性。介绍的内容如下。

● 使用 HyperMesh 软件中的 HyperBeam 模块计算获得各种类型梁截面的属性信息。
● 使用这些梁截面属性信息完善属性 Collectors。

● 对创建的梁单元关联属性 Collector。

本实例中所用到的模型文件为 hyperbeam.hm。该几何模型中包括了几种不同的横截面：标准横截面、壳横截面、实体横截面。该模型为一个实心圆柱体连接了一个中空的梯形结构，梯形结构的另一端连接了一个形状不规则的实体组件，如图 6-30 所示。

STEP
01 载入并查看模型。

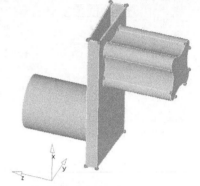

1）通过路径<installation_directory>\tutorials\hm 打开模型文件。

2）通过菜单栏选择 Preferences>User Profiles>OptiStruct 命令，接着单击 OK 按钮。

图 6-30 几何模型

几何模型中包含了不同类型的横截面：标准横截面、壳横截面、实体横截面。接下来用户需要建立一个标准横截面来表示几何模型中的圆柱横截面，建立一个壳横截面来表示中空的梯形特征，建立一个实体横截面来表示不规则的实体特征。

模型中包含 4 个 Collector，其中一个存放所有的曲面，另外两个分别存放壳横截面和实体横截面的线特征，剩下一个用于存放梁单元。

STEP
02 使用 HyperBeam 模块建立一个标准圆形横截面。

该步骤将使用 HyperBeam 面板中的 Standard Section 子面板快速创建一个实体圆形横截面的模型。

为了定义该圆形横截面，HyperBeam 需要一个横截面半径作为输入值。因此首先需要使用 Geom 页面的 Distance 面板量取横截面的直径。

1）使用 Geom 页面的 Nodes 面板在圆柱体底部的圆环线上创建 3 个节点，具体操作如下。

① 选择 Extract on Line（✏）子面板。

② 激活 lines 选择器，选择圆柱体底部的圆环线。

③ 在 Number of u nodes =栏输入 3。

④ 单击 create 按钮。

该操作在圆曲线上创建了 3 个节点，其中两个节点是重合的（因为圆曲线是一条首尾相连的封闭曲线），用户可以通过两个独立的节点量取该圆曲线的直径，如图 6-31 所示。

2）使用 Geom 页面的 Distance 面板量取两节点之间的距离，具体操作如下。

① 进入 Geom 页面，选择 Distance 面板。

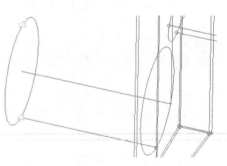

图 6-31 圆曲线上用于量取直径的节点

② 选择 Two Nodes 子面板。

③ 选择上述两个节点作为 N1、N2 节点。

此时在 distance =框中显示两节点间的距离（即圆的直径）为 110 个单位。

3）在面板中创建一个实心圆形横截面，具体操作如下。

① 进入 1D 页面，选择 HyperBeam 面板。

② 选择 Standard Section 子面板。

③ 将 standard section type 下的选项切换为 solid circle 项。

④ 单击 create 按钮。

程序自动打开了一个 HyperBeam 窗口，其中中间窗格显示的是一个实心圆形横截面模型，左边窗格（HyperBeam view）列出了模型中创建的横截面，右边的窗格（Results window）显示了当前尺寸信息下计算得出的各种梁属性信息，如图 6-32 所示。

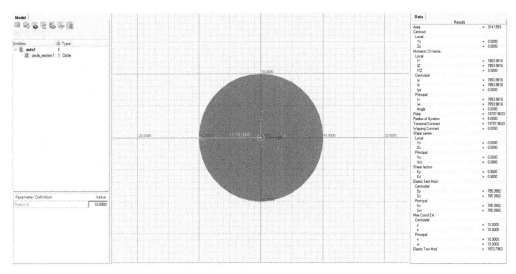

图 6-32 HyperBeam 窗口（标准横截面）

注意：若需了解更详细的信息，可以参考有关 HyperBeam 横截面的在线帮助文档 HyperWorks Desktop Applications > HyperMesh > User's Guide > Browsers > Model Browser > Model Browser Views Modes > HyperBeam View。

4）将该横截面的直径改为上述量取的值，具体操作如下。

① 单击窗口左下方窗格中选项后的框。

② 输入 55，按〈Enter〉键。

在 Results window 中会及时更新并显示直径的值及横截面的其他测量值，这些属性信息均是基于上面所输入的值得出的。计算该属性所依据的相关数学公式可在 HyperMesh 软件的在线帮助文档中查询：HyperWorks Desktop Applications > HyperMesh > User's Guide > Browsers > Model Browser > Model Browser Views Modes > HyperBeam View > Cross Sectional Properties Calculated by HyperBeam。

HyperBeam 模块可以计算横截面的面积、惯性矩及扭转常数。

5）在 HyperBeam view 窗口中将刚创建好的横截面改名为 Solid Circle，操作如下。

① 在 HyperBeam view 窗口中鼠标右键单击已创建的横截面的名字（该横截面位于名为

auto1 的文件夹下），在弹出菜单中选择：rename。

② 输入 Solid Circle，按〈Enter〉键。

6）选择 File 主菜单，在下拉菜单中单击 Exit 按钮退出 HyperBeam，回到 HyperMesh 界面。

上述步骤计算所得的梁截面属性信息会以用户所设定的文件名自动保存在一个 Beam Section Collectors 下，该 Beam Section Collectors 将在后续操作中用于关联属性卡。

由于模型文件中已存在模型的几何信息，用户可以使用 Solid Section 子面板创建一个实体横截面，本书使用的是 Standard Section 子面板，避免了对象的选择操作，但是需要输入一个直径测量值。

完成上述操作后建议用户将模型文件进行一次保存。

本步操作采用 HyperBeam 模块创建了一个梁的标准横截面，同时使用用户学习了怎样为标准横截面设定相关尺寸，以及保存该横截面以用于后续操作。

STEP 03 建立一个壳截面。

本步操作将使用 HyperBeam 模块中的 Shell Section 子面板为几何模型中的梯形特征创建一个梁截面。

该梁截面可以使用事先创建的 component shell_section 中的线来创建。这些线位于梯形特征的中面上，除了这些线之外，HyperBeam 模块还需要输入该几何特征的厚度以计算壳截面的相关属性信息，如图 6-33 所示。

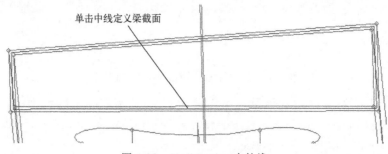

单击中线定义梁截面

图 6-33 Shell Section 中的线

用户可以使用多种方法（如 Distance 面板）计算梯形特征的厚度，该厚度值为 2。

1）使用 component shell_section 中的线创建一个壳截面，操作如下。

① 单击选择 1D 页面下的 HyperBeam 面板。

② 选择 Shell Section 子面板。

③ 将"对象"选择器切换为 lines。

④ 单击 lines 选择 by collector。

⑤ 从列表中选择 shell_section，单击 select 按钮。

⑥ 将 cross section plane 切换为 fit to entities 按钮。

⑦ 将 section based node 切换为 base node 并激活该选择器按钮。

⑧ 在图形区域，按住鼠标左键将指针移动到中面的线条上，如图 6-34 所示。

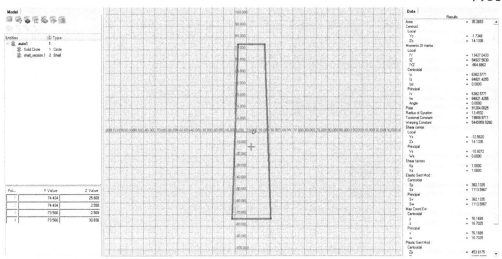

图 6-34　壳单元截面

⑨ 在高亮显示的线条上任意单击选择一点作为基点，单击 return 按钮。

⑩ 确认选项 part gen: auto（当前可能是 part gen: simple）。

⑪ 单击 create 按钮，打开 HyperBeam 窗口。

cross section plane 选项定义了一个平面，使程序可以基于所选择的对象（线/单元）计算梁截面的属性信息。用户也可以将选项切换至 N1，N2，N3，自己创建一个平面。

fit to entities 选项允许用户为平面选择一个参考点，使用户可以计算获得除界面中心点之外的其他点的属性信息。该功能通过 section base node 选项实现，所选节点定义了一个坐标系的原点，用于作为计算各种梁截面属性信息的参考坐标系。程序会计算基于横截面中心点和用户所选坐标系的所有属性信息。

横截面中心点的坐标会根据用户定义的坐标系进行计算（该坐标系由用户之前所设定的节点定义），而横截面剪切中心的坐标信息将会产生两组：Local Ys 和 Zs 是基于横截面坐标系原点计算得到的剪切中心坐标值；principal Vs 和 Ws 是基于横截面中心点计算获得的剪切中心坐标值。

2）将横截面的厚度值改为 2，操作如下。

① 在 Model Browser 中的 shellsection.1 上单击鼠标右键，在弹出菜单中选择 Edit 命令。屏幕会弹出图 6-35 所示的 Edit Shell Section 对话框。

② 在 Part Thickness 文本框中输入 2，按〈Enter〉键。在 Results window 中会即时更新并显示梁截面的属性信息。

③ 单击 Exit 按钮关闭该窗口。

3）将该横截面重命名为 Trapezoidal Section。

4）选择 File 主菜单，在下拉菜单中单击 Exit 按钮退出 HyperBeam，回到 HyperMesh 界面。

此步操作采用 HyperBeam 模块创建了一个壳截面，并设定了该横截面的厚度值。注意到由于所定义的壳截面仅包含一个组

图 6-35　Edit Shell Section 对话框

件，因此厚度值也仅有一个，对于包含多个组件的壳截面的定义，每一个组件需单独定义一个厚度值。

完成该步操作后建议用户将模型文件进行一次保存。

STEP 04 使用曲面建立一个实体横截面。

本步操作将为模型中的不规则实体几何特征创建一个横截面，具体将用到 HyperBeam 模块中的 Solid Section 子面板。

建立实体横截面所需要输入的数据可以是 2D 单元、曲面、或者一组封闭的线。此处将使用 component solid_section 的曲面进行实体横截面的定义。

1）使用 component solid_section 的曲面定义一个实体横截面，具体操作如下。

① 选择 Solid Section 子面板，将"对象"选择器设定为 surfs。

② 选择图 6-36 所示的高亮显示的曲面。

③ 激活 base node，按住鼠标左键将指针移动到所选的曲面或其边界线上，然后在高亮显示的对象的任意处单击鼠标左键。

④ 确认 first order 选项正确（当前可能是 second order）。该选项可以指定 HyperBeam 模块使用一阶单元（线性单元）计算横截面的属性信息。

⑤ 单击 create 按钮，打开 HyperBeam 窗口。程序自动对所选曲面区域划分了四边形网格，并基于这些网格计算获得了横截面的属性信息，如图 6-37 所示。

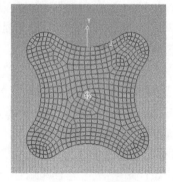

图 6-36 定义实体横截面   图 6-37 实体横截面

2）将新创建的横截面重命名为 Solid Section。

3）退出 HyperBeam 窗口，保存数据。

STEP 05 将梁截面属性信息关联到属性 Collector 和梁单元。

在 HyperMesh 软件中，用户可以轻松地将 HyperBeam 模块中计算获得的梁截面属性信息关联到梁单元的属性卡中，并保存在一个 Beam Section Collectors 中。只需创建一个梁单元属性卡片 collector，然后将 Beam Section Collectors 和属性 collector 进行关联。当创建一个实际的梁单元时，将属性 collector 关联到该单元即可。

1）创建一个带 PBEAM 卡的属性 collector，将其与 Beam Section Solid Circle 进行关联。具体操作如下。

① 在 Model Browser 中创建一个属性 collector，命名为 standard_section，将 Card Image 设置为 PBEAM，Material 设置为 steel。

② 在 Beam Section 中选择 Solid Circle。之前利用 HyperBeam 模块计算获得的梁截面属性信息将会自动关联到 PBEAM 卡片中，注意到卡片中的参数值（A、I1a、I2a、I12a、J 等）与所选横截面的属性值是一致的。

2）通过 Bars 面板创建一个梁单元，方向沿 X 轴，设置属性为 standard_section，具体操作如下。

① 选择 1D 页面下的 Bars 面板。

② property 选择 standard_section。

③ 将 orientation 选项切换为 vectors，选择 x-axis。

④ 激活 node A，在图形区域中按住鼠标左键，将指针置于穿过圆柱体的那条线上，直到其为高亮显示状态。

⑤ 释放鼠标左键，选择线的两个端点作为 node A 和 node B，如图 6-38 所示。

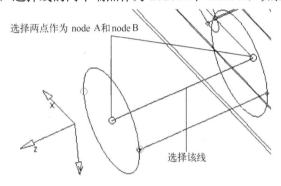

图 6-38　创建一个梁单元

程序成功创建了一个梁单元并将其保存在 beam component 中。

在创建梁单元的过程中，X 轴由选择的节点 A 和 B 确定，横截面方向（Y 轴和 Z 轴）由所使用的 components、vectors 或 direction node 确定。这主要取决于 Solid circle 的原始属性，用户对 Y 或 Z 轴如何定义在这里并不重要。

当用户改变 Beam Section Collectors 的信息时（如编辑横截面的信息），更新后的数据信息会自动同步到任何关联该 Beam Section Collectors 的属性 collector 中去。

STEP 06 保存以上工作。

本节实例介绍了使用 HyperBeam 模块创建梁界面并计算其相关属性信息，以及如何编辑梁截面和将梁截面属性信息关联到属性 collector 中，并最终关联到创建的 1D 单元上。

6.4　connector

connector 是 HyperMesh 中快速创建各种连接形式的工具，通过 connector 定义了连接对象、连接单元等各种信息，因此可以快速建立多个相应连接关系，或者快速更改多个连接关系。下面将通过几个实例来介绍 connector 的用法。

6.4.1 创建 connector

在本节将介绍如下内容。

- 在预先定义的焊点上创建 connector，焊接两个前支架。
- 在壳单元上创建 connector，焊接两个前支架与加强板。
- 利用主连接文件创建 connector，焊接右侧轨道及前支架。
- 更新 NASTRAN/OPTISTRUCT ACM (area contact method) 焊接方式。首先通过这些 ACM 连接创建 connector，然后重新更换为两节点的单元。

本部分将使用模型文件 frame_assembly.hm，通过在几何曲面上预定义的焊点上创建 connector 来焊接两个前支架，如图 6-39 所示。

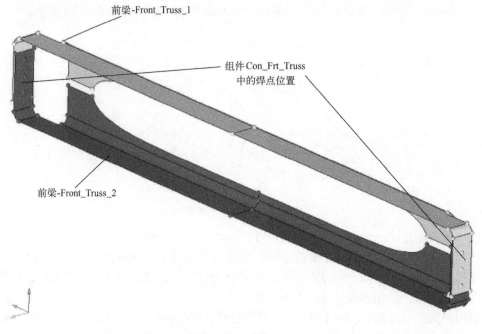

图 6-39 模型文件 frame_assembly.hm

STEP 01 载入并查看模型文件。

1）打开模型文件 frame_assembly.hm。

2）使用不同的视角对模型文件进行查看。

3）通过主菜单选择 Preferences > User Profiles，在弹出菜单中选择 OptiStruct，单击 OK 按钮，载入用户预置文件。

STEP 02 单独显示 assem_1 中的几何模型和网格模型。

1）在 Model Browser 中单击 Model view（▢）按钮，展开 Assembly Hierarchy 层树。

2）确认"对象选择"选项已设置为 Elements and Geomtry（▧）。该图标功能可以使用户选择其在浏览器中的操作仅对几何模型生效、仅对单元生效或者对几何和单元均生效。

3）右键单击 assem_1，在弹出菜单中选择 Isolate。该步操作将只显示 assem_1 中的组件。

STEP 03 打开 Connector Browser。

1）通过菜单栏选择 View > Connector Browsers。

2）查看 Connector Browser 的布局。

Connector Browser 允许用户查看和管理模型中的 connector。浏览器的上部称为连接对象浏览器（link entity browser），显示了模型中被连接对象的相关信息。浏览器的中部称为 connector 窗口，其中包含了模型中的所有 connector 信息。浏览器的下部称为 Entity Editor。所有 connector 均基于连接类型进行排列分组，如图 6-40 所示。

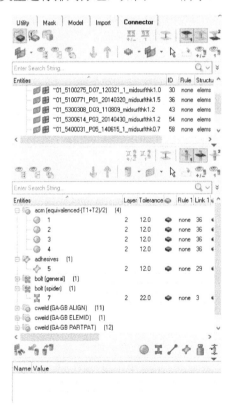

图 6-40　Connector Browser

由于当前模型中没有创建任何 connector，所以没有任何 component 或 connector 存在。

 STEP 04 在两个前支架几何模型的预定义焊点上创建焊接。

创建 connector 有两种方法：自动创建和手动创建。前者会自动创建一个 connector 并进行"实现"操作，而后者允许用户手动创建一个 connector，然后手动对其进行"实现"操作。"实现"指的是将 connector 转化为焊接单元（weld entity）的过程。

自动创建 connector 可使用 Connectors Browser 模块中的 Spot、Bolt、Seam 和 Area 面板；手动创建 connector 可使用 Create 和 Realize 子面板。

1）进入 Spot 面板：在 Connector Browser 的 connector 窗口中单击右键，在弹出菜单中选择 Create > Spot，进入 Spot 面板，如图 6-41 所示。

图 6-41　Spot 面板

2）确认当前的 component 为 Con_Frt_Truss。

3）将 location："对象"选择器切换为 points。

4）单击 points"对象"选择器，选择 by collector > component Con_Frt_Truss，单击 select，这样就选择了几何模型上的 6 个预定义的焊点。

5）在 connect what:栏单击 comps"对象"选择器，接着单击 component Front_Truss_1 和 Front_Truss_2。

6）在同一栏，将 elems 切换为 geom。

7）在 tolerance =中设定值为 5，这样 connector 会自动连接距离其 5 以内的任何已选择的对象。

8）在 type=中选择 weld。

9）单击 create 按钮。

10）单击 return 按钮。

程序自动创建和实现了 6 个 connector（注意状态栏中的显示信息）。绿色的 connector 表示焊接单元（weld entity）创建成功。这些 connector 以几何信息（非单元信息）保存在当前 component collector Con_Frt_Truss 中，如图 6-42 所示。

connector 通常有 3 种显示状态：已实现（绿色 ▣）、未实现（黄色 ▢）和错误（红色 ▪）。当采用手动方式创建 connector 时，其颜色会从黄色变为绿色，表明 connector 被实现转化为焊接单元（weld elements）。当采用自动方式创建 connector 时，其颜色会直接变为绿色，没有未实现状态（黄色）的中间过程。

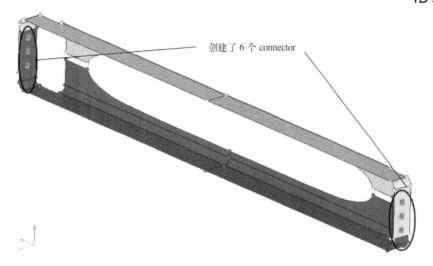

图 6-42　自动创建和实现了 6 个 connector

程序在焊接单元两端的曲面上自动添加固定点（图 6-43），以保证焊接单元和在曲面上划分的壳单元的连接性。

固定点

STEP 05 重新查看 Connector Browser。

图 6-43　固定点

1）在 Connector Browser 的 connector 窗口中，如图 6-44 所示，单击 RBAR 左侧的+号展开层树。

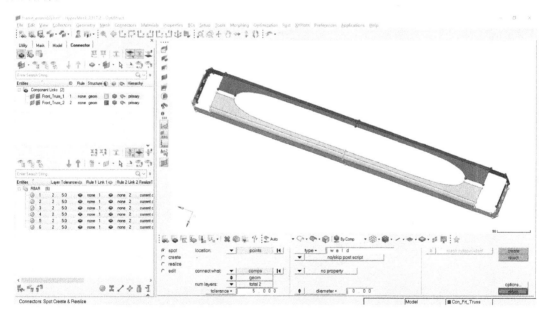

图 6-44　connector 窗口

当前层树下包含了刚刚创建的 6 个 connector，它们均为 RBAR 类型。注意 Entities 栏下的 ID 号、Links 栏和 state 栏，用户可以将标签区域边线向右拖动一定距离以扩大其显示区域，方便查看相关信息。

2）在 Connector Browser 的连接对象浏览器（link entity browser）中右键单击 Front_Truss_1，在弹出菜单中选择 Find。该步操作将会在图形区单独显示选中的 component，同时高亮显示 6 个已创建的 connector，表明这些 connector 连接了 Front_Truss_1。

3）再次右键单击 Front_Truss_1，在弹出菜单中选择 Find Attached。该步操作将会查找通过 connector 与 Front_Truss_1 相连的所有 component。注意到在连接对象浏览器（link entity browser）中 Front_Truss_1 和 Front_Truss_2 均为高亮显示状态，表明它们在图形区均为显示状态。

STEP
06 在两个前支架上生成壳单元网格。

1）按〈F12〉键进入 Automesh 面板，选择 Size and Bias 子面板。

2）将网格划分模式切换为 automatic（当前可能是 interactive）。

3）选择 surfs > displayed。

4）在 elem size =中设定值为 10。

5）在 mesh type 选项中选择 mixed。

6）切换选项为 elems to surf comp（当前可能是 elems to current comp）。

7）单击 mesh 按钮，对曲面划分网格。

8）放大显示一个 connector 区域，查看焊接单元所创建的固定点是如何保证生成的节点通过焊点的。

9）单击 return 按钮，回到主面板。

STEP
07 单独显示 assem_2 中的几何模型和网格模型。

在壳单元之间的预定义焊点处创建 connector，将两个前支架和加强板焊接到一起。

1）在 Model Browser 中，确认"对象选择"选项已设置为 Elements and Geomtry（ ）。

2）右键单击 assem_2，在弹出菜单中选择 Isolate，如图 6-45 所示。

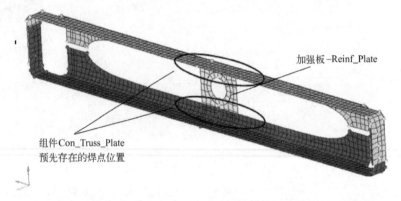

加强板-Reinf_Plate

组件Con_Truss_Plate
预先存在的焊点位置

图 6-45　assem_2 中的几何模型和网格模型

STEP 08 在前支架和加强板壳单元上的预定义焊点之间创建 connector。

1）在 Model Browser 中，将 Con_Truss_Plate 设置为当前 component。

2）进入 Connector Browser，在 connector 窗口单击鼠标右键，在弹出菜单中选择 Create>Spot。

3）进入 Create 子面板。

4）在 location 项中选择 points。

5）选择 points > by collector>Con_Truss_Plate，接着单击 select 按钮。

在 connect what 选项中选择以下 component：Front_Truss_1、Front_Truss_2、Reinf_Plate，接着单击 select 按钮。

6）在 connect what 选项中将 geom 切换为 elems。

7）将 num layers 设置为 total 2。

8）将 connect when 设置为 now。

9）单击 create 按钮，在所选的焊点创建 connector。

此时状态栏显示信息：8 spot connectors created with comps and links。新创建的 connector 被保存在 component collector Con_Truss_Plate 下。

注意到，在 Connector Browser 中新建的 8 个 connector 当前在 undefined 组下，且颜色为黄色，表明它们还未实现。

10）单击 undefined 左侧的+号，可以发现所创建的 8 个 connector 状态均为 unrealized。

STEP 09 将 component Con_Truss_Plate 中的 connector 转换为焊接单元（weld entity）。

1）进入 Realize 子面板。

2）放大显示 Reinf_Plate，选择顶部的 4 个 connector。

3）在 type=中选择 weld。

4）在 tolerance =中设定值为 7。

5）将 mesh independent 切换设定为 mesh dependent。当 mesh dependent 选项被激活时，如果生成的连接单元与被连接的壳单元的节点正好重合，两个重合节点会自动融合。如果没有正好重合的壳单元的节点，这个选项将局部重新划分壳单元，保证连接单元节点与壳单元节点重合。

6）在 mesh dependent 下有两个选项，选择 adjust realization。

7）单击 realize 按钮，将所选 connector 实现为焊接单元。注意，单元连接过程中并没有重新划分单元以连接节点。

8）再次激活 connector 选择器，选择底部的 4 个 connector。

9）在 mesh dependent 下，将选项切换为 adjust mesh。

10）在 adjust mesh 下将选项切换为 remesh。

11）单击 realize 按钮，将所选 connector 实现为焊接单元。本次操作的单元连接过程中进行了网格的重新划分操作，如图 6-46 所示。

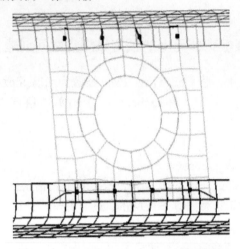

图 6-46　将所选 connector 实现为焊接单元

STEP 10 单独显示 assem_3 中的几何模型和网格模型。

1）在 Model Browser 中，确认对象选择选项已设置为 Elements and Geometry（▥）。

2）右键单击 assem_3，在弹出菜单中选择 Isolate，如图 6-47 所示。

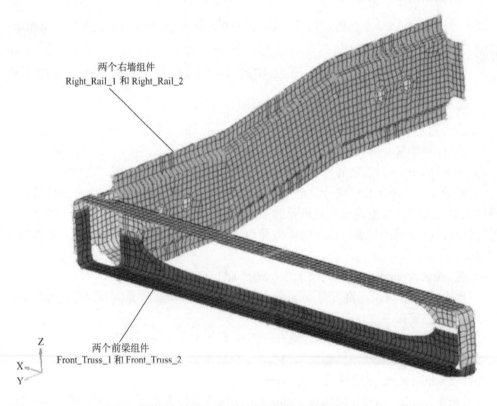

两个右墙组件
Right_Rail_1 和 Right_Rail_2

两个前梁组件
Front_Truss_1 和 Front_Truss_2

图 6-47　assem_3 中的几何模型和网格模型

STEP 11 通过导入一个主 connector 文件，创建 connector，将两个轨道焊接在一起，然后将其焊接到前支架上。

1）通过主菜单选择 File > Import > Connectors。

2）单击 File 一栏的（ ）按钮，选择文件 rails_frt_truss.mwf。

3）单击 Import 按钮。导入文件需要大约几秒钟时间，程序会自动创建 connector 并将其保存在一个名为 CE_Locations 的新 component 中。

4）单击 Close 按钮，关闭 Import 选项卡。

STEP 12 将 component CE_Locations 中的 connector 实现为焊接单元（weld elements）。

1）在 Model Browser 中，将 CE_Locations 设置为当前 component。

2）进入 Connector Browser，在 connector 窗口单击鼠标右键，在弹出菜单中选择 Create >Spot。

3）进入 Realize 子面板。

4）选择 connectors > displayed。

5）在 type=中选择 weld。

6）在 tolerance =中设定值为 7。

7）将 mesh independent 切换为 mesh dependent。

8）单击 realize 将所选 connector 实现为焊接单元。

9）单击 return 按钮回到主面板，结果如图 6-48 所示。

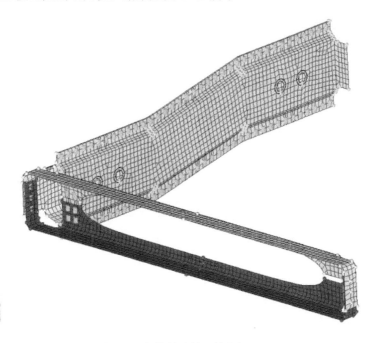

图 6-48　焊接的右墙和前支架

STEP
13 单独显示 assem_4 中的几何模型和网格模型。

1）在 Model Browser 中，确认"对象选择"选项已设置为 Elements and Geomtry（▦）。

2）右键单击 assem_4，在弹出菜单中选择 Isolate，结果如图 6-49 所示。

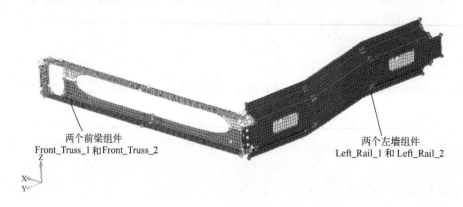

两个前梁组件
Front_Truss_1 和 Front_Truss_2

两个左墙组件
Left_Rail_1 和 Left_Rail_2

图 6-49　通过对 connector 的复制映射操作焊接两个前支架

STEP
14 创建一个新的 component collector 用于保存新的 connector。

1）在 Model Browser 中，单击右键，在弹出菜单中选择 Create > Component。

2）在 Name 中输入 CE_Locations_Dup。

3）为该 component 设置一个颜色。

STEP
15 复制主连接文件中创建的 connector，并对其进行镜像操作。

1）通过主菜单选择 Connectors> Reflect> Connectors，进入 Reflect 面板。

2）将"对象"选择器切换为 connectors。

3）选择 connectors > by collector，选择 component CE_Locations，单击 select。

4）选择 connectors > duplicate > current comp。此时图形区显示的所有 connector 均被复制到当前的 component CE_Locations_Dup。

5）在"平面"选择器中选择 x-axis。

6）单击 B，进入之后单击 base，设定一个镜像所需的基点。

7）单击 x=激活坐标输入区。默认情况下，3 个坐标值均为 0.000，本步骤中该点即为所要选择的点。

8）单击 return 按钮，回到 Reflect 面板。

9）单击 reflect 按钮，镜像所选的 connector。

10）单击 return 按钮，回到主面板。

注意到此时镜像得到的 connector 均为未实现状态（黄色）。

16 更新左纵梁的 connector 信息，连接左纵梁的 component。

1）进入 Connector Browser。

2）在 connector 窗口中展开 RBAR 层树。

3）单击 State 按钮，依次对 connector 进行排序。

用户可以将标签区域边线向右拖动一定距离以扩大其显示范围查看 State 栏的信息。注意到当前所有的 realized connectors 都显示在列表顶部。

4）再次单击 State 按钮，这样所有的未实现 connector 都会显示在列表顶部。

5）在 Entities 栏下，单击鼠标左键选择第一个 connector，按住〈Shift〉键，单击选择最后一个 unrealized connector，这样就选择了列表中所有的 unrealized connector。

6）在 Entities 栏下单击右键，在弹出菜单中选择 Update Link。在 connector 窗口下弹出一个新的窗口，如图 6-50 所示。

7）查看 Link1 和 Link2 栏。注意到 connector 连接了 component Right_Rail_1 和 Right_Rail_2，这些数据信息来自之前导入的主 connector 文件，这些连接需要进行更新映射到两个左纵梁部件上。

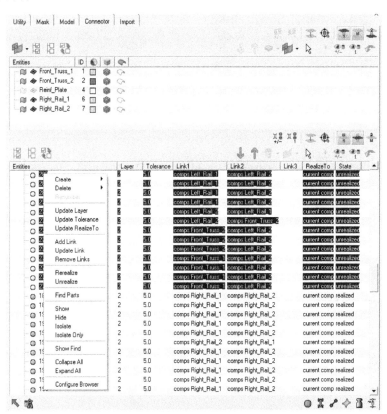

图 6-50　选择 Update Link

8）在刚刚弹出的 Update Link 窗口中，将 Search 栏下 Link Type 的设置为 comps。

9）单击 Search 栏下的 Link Select，打开一个 component 选择面板。如图 6-51 所示。

10）单击 component，选择 component Right_Rail_1。

11）单击 proceed 按钮。此时在 Connector Browser 中 Search 栏下的 Link Select 已设置为 Right_Rail_1。

12）将 Replace 栏下 Link Type 的设置为 comps。

13）单击 Replace 栏下的 Link Select，打开一个 component 选择面板。

14）单击 component，选择 component Left_Rail_1。

15）单击 proceed 按钮。此时在 Connector Browser 中，Replace 栏下的 Link Select 已设置为 Left_Rail_1，如图 6-51 所示。

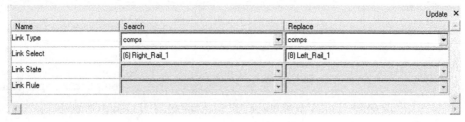

图 6-51　Link Select 设置

16）单击 update，更新 connector 的连接。

17）重复 9）～16）步的操作，查找 component Right_Rail_2 并将其替换为 component Left_Rail_2。

18）查看 connector 窗口中的 connector 列表，确认所有的 unrealized connectors 均连接在左纵梁部件上。

19）单击 Update 窗口的 X，关闭窗口。

STEP 17　将 component CE_Locations_Dup 中的 connector 转换为焊接单元（weld entity）。

1）进入 Connector Browser，在 connector 窗口单击鼠标右键，在弹出菜单中选择 Create >Spot。

2）进入 Realize 子面板。

3）选择 connectors > by collector，选择 component CE_Locations_Dup。

4）在 type=中选择 weld。

5）在 tolerance =中设定值为 7。

6）将 mesh independent 切换为 mesh dependent。

7）单击 realize 将所选 connector 实现为焊接单元。

8）单击 return 按钮回到主面板。

STEP 18　确认所有的 connector 都已实现，查看连接对（pairs of adjacent connectors）。

1）进入 Connector Browser，展开 connector 窗口下的 RBAR 文件夹。

2）浏览所有的 connector，注意到所有的 connector 均为实现状态。

3）放大显示前支架与纵梁的连接区域之一进行查看，注意到该区域具有连接对（pairs of adjacent connectors）。

4）在"视图"工具栏中单击 Visualization Options（ ▦ ）按钮。

5）单击 connector（ ▮ ）按钮，在 Color by 中选择 Layer。

6）仍然在当前选项卡，注意到 Layers 下的 2t（2 个单位厚度）呈紫色。

当前所有的 connector 着色均为紫色，表示这些 connector 均连接了两个组件。由于连接对（pairs of adjacent connectors）创建了一系列的双焊接单元，因此用户可以将每个连接对合并成一个单独的连接，这个连接可以同时连接 3 个组件。

7）单击 Close 按钮，关闭"视图"选项卡。

STEP
19 单独显示之前查看过的 2t connector（pairs of adjacent 2t connectors）。

1）在 Model Browser 中关闭几何的显示。

2）在主面板中选择 Tool 页面，进入 Find 面板。

3）进入 Between 子面板。

4）将要查找的对象类型切换为 connectors。

5）将"对象"选择器设置为 comps。

6）选择 component Front_Truss_1 和 Front_Truss_2。

7）单击 select 按钮。

8）单击 find 按钮，程序在两个 component 之间找到了 6 个 connector。

9）单击选择器旁边的 ◀ 取消刚才的选择。

10）选择 component Front_Truss_1 和 Right_Rail_1。

11）单击 find 按钮，程序在两个 component 之间找到了 3 个 connector。

12）单击选择器旁边的 ◀ 取消刚才的选择。

13）选择 component Front_Truss_1 和 Left_Rail_1。

14）单击 find 按钮，程序在两个 component 之间找到了 3 个 connector。

15）单击 return 按钮回到主面板。

STEP
20 unrealize 当前显示的 connector。

1）通过主菜单 Connectors > Unrealize，进入 Unrealize 面板。

2）选择 connectors > displayed。注意到状态栏显示信息：12connectors added by 'displayed'. Total selected 12。

3）单击 unrealize 按钮，删除选中的 connector 的有限元单元。与选中 connector 关联的焊接单元也被删除。

4）单击 return 按钮返回到主面板。

STEP 21　将 2t connector 转换为 3t connectors。

1）通过主菜单 Connectors>Check > Connector Quality，进入 Connector Quality 面板。

2）进入 Connectors (unrealized)子面板，选择 connectors > displayed。

3）在 tolerance =中设定值为 7。

4）单击 preview combine 按钮。状态栏显示信息：12 connector(s) found that need to be combined。

5）单击 combine 按钮，合并所选的 connector。状态栏显示信息：6 connectors deleted。同时注意到当前 connector 变为深蓝色，表明它们有三层。如果用户无法看到这些 connector，可以在 Connector Browser 中设置显示这些 connector。

6）单击 return 按钮返回到主面板。

STEP 22　将 component Con_Frt_Truss 中的 3t connector 转换为 weld elements。

1）将当前 component 设置为 Con_Frt_Truss。

2）进入 Connector Browser，在 connector 窗口单击鼠标右键，在弹出菜单中选择 Create > Spot。

3）进入 Realize 子面板。

4）选择 connectors > displayed。

5）在 type=中选择 weld。

6）在 tolerance =中设定值为 10。

7）将 mesh independent 切换为 mesh dependent。

8）单击 realize 将所选 connector 实现为焊接单元。

在 Connector Browser 中的 connector 窗口查看，发现列表中刚才更新过的 connector 现在均有 3 个连接。

9）单击 return 按钮回到主面板。

10）在"视图"工具栏中单击 Visualization Options （▨）按钮。

11）单击 connector （▮）按钮，在 Color by 中选择 State。

STEP 23　单独显示 assem_5 中的几何模型和网格模型。

1）在 Model Browser 中，确认"对象选择"选项已设置为 Elements and Geometry （▨）。

2）右键单击 assem_5，在弹出菜单中选择 Isolate。

STEP 24　从已有的 ACM welds 中创建 connector。

使用 Fe Absorb 面板从 component Con_Rear_Truss 中已有的 ACM 焊接单元中获得

connector。

1）通过主菜单 Connectors > Fe Absorb 打开 Automated Connector Creation and FE Absorption 对话框，如图 6-52 所示。

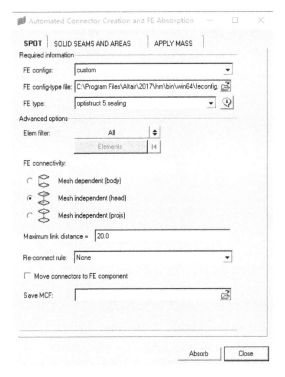

图 6-52　Automated Connector Creation and FE Absorption 对话框

2）设置 FE Configs 为 custom。

3）设置 FE Type 为 optistruct 74 acm (general)。

4）将 Elem filter 切换为 Select。

5）单击两次 Elem filter: Elements，弹出 elems 的"对象选择"面板。

6）选择 elems > by collector，选择 component Con_Rear_Truss。

7）单击 proceed 按钮返回到对话框。

8）激活 Move connectors to FE component 选项。

9）单击 Absorb 按钮将单元恢复为未连接的 connector。

在 ACM 焊接处生成了 connector。这些 connector 均为已实现的 2t connector，且与 ACM 一样保存在 component Con_Rear_Truss 中。

10）单击 Close 按钮关闭对话框。

6.4.2　创建 Area Connectors

本节将介绍如何在左轨道上创建一个粘性连接。

本实例使用模型文件 frame_assembly_1.hm。 粘性连接需要划分网格，若连接处已存在网格单元，则程序会对 connector 自动划分网格使其和所选单元吻合。若在曲面、线或沿节点创建粘性连接，用户需要手动使用 Automesh（该功能面板会在用户选择上述类型对象后自动弹出）功能，为连接区域划分网格。

本实例所用 Area 面板包括 3 个子面板：

● Area：通过简单的操作创建和实现一个粘性连接。

● Create：创建但是不实现粘性连接。

● Realize：创建 connector 所表示的有限元单元。

STEP 01 载入并查看模型文件。

1）打开模型文件 frame_assembly_1.hm。

2）使用不同的视角对模型文件进行查看。

3）通过主菜单选择 Preferences > User Profiles，在弹出菜单中选择 OptiStruct 用户配置模板，单击 OK 按钮，载入用户预置文件。

STEP 02 打开 Connector Browser。

1）通过菜单栏选择 View > Connector Browsers。

2）查看 Connector Browser 的布局。Connector Browser 允许用户查看和管理模型中的 connector。浏览器的上部称为连接对象浏览器（link entity browser），显示了模型中被连接对象的相关信息。浏览器的中部称为 connector 窗口，其中包含了模型中的所有 connector 信息。浏览器的下部称为 Entity Editor。所有 connector 均基于连接类型进行排列分组。

由于当前模型中没有创建任何 connector，所以在 Connector Browser 中没有任何 component 或 connector 存在。

STEP 03 在 component Left_Rail_1 和 Left_Rail_2 的上部翻边处创建粘性连接。

1）在 Model Browser 中设置只显示 component Left_Rail_1 和 Left_Rail_2。

2）放大显示两个翻边区域，查看连接处的单元。

3）在 Model Browser 中右击鼠标，在弹出菜单中选择 Create > Component。

4）将新的 component 命名为 Left_Rail_Adhesive，设置其为当前显示的 component。

5）在 Connector Browser 中的 connector 窗口右击鼠标，在弹出菜单中选择 Create > Area。

6）将 location:设置为 elems。

7）在 component Left_Rail_1 的顶部翻边上选择一个单元，选中单元为高亮显示。

8）单击 elems 选择 by face，整个翻边的单元为高亮显示，如图 6-53 所示。

9）在 connect what:中选择 comps，然后选择 Left_Rail_1 和 Left_Rail_2。

10）单击 select 按钮。

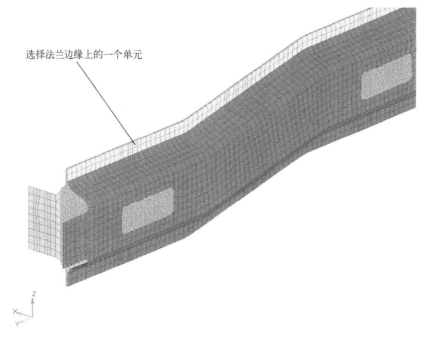

选择法兰边缘上的一个单元

图 6-53　整个翻边的单元为高亮显示

11）将 tolerance=设置为 10，这样 connector 会自动连接距离其 10 以内的任何已选择的对象。

12）单击 type=，选择 adhesives。

13）将 adhesive type 设置为 shell gap，该选项不考虑壳单元的厚度。确认 adhesive 类型设置为 shell gap，直接投影到壳单元上生成连接单元。

14）单击 create 按钮。

15）查看新创建的粘性连接，注意到程序已创建了一个 area connector，单击 return 按钮。

16）通过主菜单选择 Connectors > Unrealize，进入 Unrealize 面板。

17）选择之前创建的 connector。

18）单击 unrealize 按钮。

19）单击 return 按钮。

20）依次进入 Area 面板和 Realize 子面板。

21）单击 connectors 按钮，选择未实现的黄色 connector。

22）将 adhesive type 设置为(T1+T2)/2，将 coats =设置为 3，类型考虑每个壳单元的厚度。确认 adhesive 类型设为(T1+T2)/2，并且 coats = 3，这个选项将考虑壳单元的厚度，并且将沿厚度方向生成三层六面体单元，如图 6-54 所示。由于要使用的厚度信息来自求解器关键字 pshell，要求必须在适当的求解器模板下使用，而且必须已经赋予了厚度。

23）单击 realize 按钮。

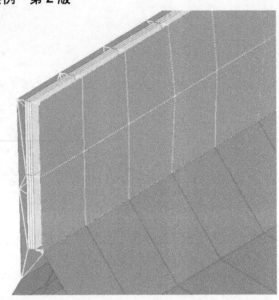

图 6-54　沿厚度方向生成三层六面体单元

STEP 04 在 component Left_Rail_1 和 Left_Rail_2 的下部翻边处创建粘性连接。

1）进入 Area 面板。

2）进入 Area 子面板。

3）将 location 设置为 nodes。

4）单击 node list，选择 by path。

5）选择 component Left_Rail_1 下翻边外缘的一排节点（选择外缘最左边的一点，然后选择最右边的一点，则整条外缘上的点都被选中），如图 6-55 所示。

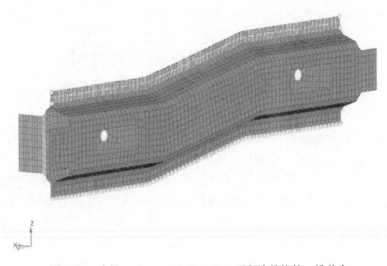

图 6-55　选择 component Left_Rail_1 下翻边外缘的一排节点

6）定义 width =为 10。

7）定义 offset =为 3。

8）选择 component Left_Rail_1 和 Left_Rail_2。

9）单击 select 按钮。

10）单击 create 按钮。

这些独立网格区域的 connector（通过节点/线/面选择时）的默认网格尺寸为 10，如果有需要，用户可以指定一个不同的网格尺寸进行修改。

11）进入 Edit 子面板，选择 remesh 选项，如图 6-56 所示。

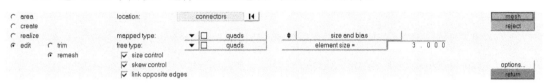

图 6-56　Edit 子面板

12）选择新创建的 area connector。

13）设置 element size=为 3。

14）单击 mesh 按钮。注意，如果有预先存在的网格，则 connector 不会实现。

15）进入 Realize 子面板。

16）选择 connector。

17）将 type 从(T1+T2)/2。

18）单击 realize 按钮。

查看新创建的 adhesive 连接，如图 6-57 所示。注意，从单元创建 area connectors 时，程序会使用当前的网格划分方式对 area connectors 划分网格；从节点、线或曲面创建 area connectors 时，如果 Area 子面板默认值不合适，可以手动划分网格。

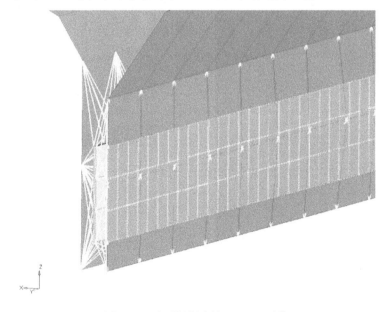

图 6-57　查看新创建的 adhesive 连接

6.4.3 创建 Bolt Connectors

本节将介绍如何在两个后支架上创建螺栓连接，如图 6-58 所示。

本实例使用模型文件 frame_assembly_2.hm。Bolt 面板基于被连接 component 之间的孔创建 connector，在每个 RBE connector 的末端使用 spiders 或者 washers。当激活 Bolt 面板时，当前图形区只显示 bolt 类型的 connector；在用户退出该面板之前其他类型的 connector 会暂时不显示。

Bolt 面板包括 3 个子面板：

- Bolt：通过简单的操作创建和实现一个粘性连接。
- Create：创建但是不实现螺栓连接。
- Realize：创建 connector 所表示的有限元单元。

STEP 01 载入并查看模型文件。

1）打开模型文件 frame_assembly_2.hm。

2）使用不同的视角对模型文件进行查看。

3）通过主菜单选择 Preferences > User Profiles，在弹出菜单中选择 OptiStruct，单击 OK 按钮，载入用户预置文件。

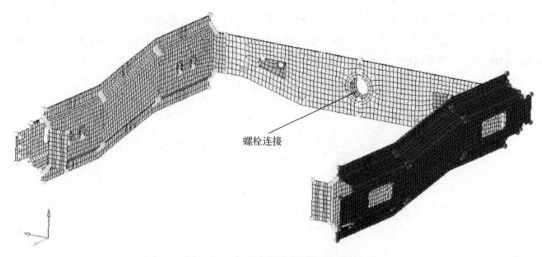

螺栓连接

图 6-58 在后支架上创建螺栓连接

STEP 02 单独显示 assem_5 中的几何模型和网格模型。

1）在 Model Browser 中单击 Model view（▦）按钮，展开 Assembly Hicrarchy 层树。

2）确认"对象选择"选项已设置为 Elements and Geomtry（▦）。

3）右键单击 assem_5，在弹出菜单中选择 Isolate。该步操作将只显示 assem_5 中的组件。

4）将 Con_Rear_Truss 设置为当前 component。

03 打开 Connector Browser。

1）通过菜单栏选择 View > Connector Browsers。

2）查看 Connector Browser 的布局。Connector Browser 允许用户查看和管理模型中的 connector。浏览器的上部称为连接对象浏览器（link entity browser），显示了模型中被连接对象的相关信息。浏览器的中部称为 connector 窗口，其中包含了模型中的所有 connector 信息。浏览器的下部称为 Entity Editor。所有 connector 均基于连接类型进行排列分组。

由于当前模型中没有创建任何 connector，所以在 Connector Browser 中没有任何 component 或 connector 存在。

04 创建一个螺栓连接。

1）在 Connector Browser 的 connector 窗口中单击右键，在弹出菜单中选择 Create > Bolt，进入 Bolt 面板。

2）将 location 设置为 nodes，选择 component Rear_Truss_1 的孔边缘的一个点，如图 6-59 所示。

3）在 connect what:中单击 comps，选择 Rear_Truss_1 和 Rear_Truss_2。

4）单击 select 按钮。

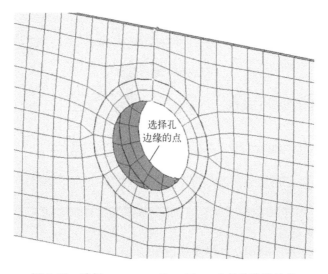

图 6-59 选择 component Rear_Truss_1 的孔边缘的点

5）将 tolerance=设置为 50，这样 connector 会自动连接距离其 50 以内的任何已选择的对象。

6）将 type=设置为 bolt (general)，如图 6-60 所示。重新实现（rerealize）这些 connector 可以选择不同的螺栓类型。

7）在右下方 realize & hole detect details…中设置 hole detection details > max dimension= 中输入 60，保证所能捕捉到的孔的范围。

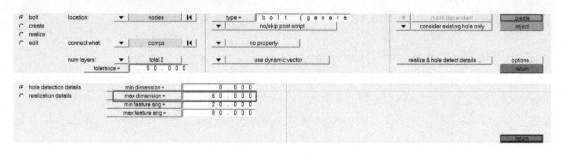

图 6-60　设置 type

8）单击 create 按钮，结果如图 6-61 所示。

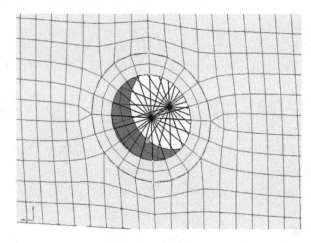

图 6-61　螺栓连接

9）单击 return 按钮返回主面板。

6.4.4　利用 connector 快速替换被连接部件

本节将介绍如下内容。

- 用新的类似零件代替 Rear_Truss_1，并更新相关的 connector 信息。
- 输出 connector 信息。
- 输出 FE deck 文件，并在文件中查看 connector 信息。

完成模型文件的装配之后，通常在某些零件上可能会有一些设计上的改变。当发生这样的情况时，用户需要将当前模型中的零件替换成新的类似零件，并更新相关联的 connector 信息。

本实例使用模型文件 frame_assembly_3.hm，同时操作过程中需要导入一个新的零件模型文件。本实例内容包括如何删除原有的 component，导入新的 component，并更新连接信息。用户可以将连接信息导出到一个单独的文件中，也可以导出整个 FE input deck 来查看相关的连接信息。

01 载入并查看模型文件。

1）打开模型文件 frame_assembly_3.hm。

2）使用不同的视角对模型文件进行查看。

3）通过主菜单选择 Preferences > User Profiles，在弹出菜单中选择 OptiStruct，单击 OK 按钮，载入用户预置文件。

02 打开 Connector Browser。

1）通过菜单栏选择 View > Connector Browsers。

2）查看 Connector Browser 的布局。

Connector Browser 允许用户查看和管理模型中的 connector。浏览器的上部称为连接对象浏览器（link entity browser），显示了模型中被连接对象的相关信息。浏览器的中部称为 connector 窗口，其中包含了模型中的所有 connector 信息。浏览器的下部称为 Entity Editor。所有 connector 均基于连接类型进行排列分组。

03 导入 rear_truss_1_new.hm 文件，更新连接。

1）在 Model Browser 中设置单独显示 Rear_Truss_1，如图 6-62 所示。

2）通过主菜单选择 File > Import > Model。

3）选择 Import HM model；在 File selection 中单击"打开"（ ）按钮，导入文件 rear_truss_1_new.hm。

4）单击 Import 按钮。

5）新导入的 component rear_truss_1_new 在 rear_truss_1 上面。

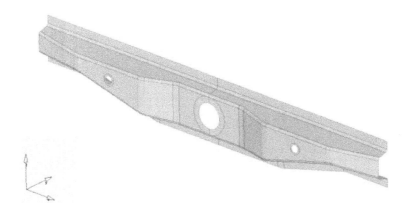

图 6-62　显示 Rear_Truss_1

STEP 04 使用 Connector Browser 中的相关功能将 connector 的连接更新关联至新零件。

1）在 Connector Browser 下的连接对象浏览器（link entity browser）中，鼠标右键单击 Rear_Truss_1，在弹出菜单中单击 Find Attached 按钮。

2）在任意一高亮显示的 connector 名称上单击鼠标右键，在弹出菜单中选择 Update Link。

3）单击 Search 栏下的 Link Select 框，如图 6-63 所示。

Name	Search		Replace	
Link Type	comps	∨		∨
Link Select	*			
Link State		∨		∨
Link Rule		∨		∨

图 6-63　Link Select 框

4）单击 component，选择 Rear_Truss_1，如图 6-64 所示。

5）单击 proceed 按钮，选择该 component。

Name	Search		Replace	
Link Type	comps	∨		∨
Link Select	(10) Rear_Truss_1			
Link State		∨		∨
Link Rule		∨		∨

图 6-64　选择 Rear_Truss_1

6）单击 Replace 栏下的 Link Select 框。

7）单击 component，选择 Rear_Truss_1.1，如图 6-65 所示。

8）单击 proceed 按钮，选择该 component。

Name	Search		Replace	
Link Type	comps	∨	comps	∨
Link Select	(10) Rear_Truss_1		(16) Rear_Truss_1.1	
Link State		∨		∨
Link Rule		∨		∨

图 6-65　选择 Rear_Truss_1.1

9）单击 Update 按钮，更新 connector 连接信息。

STEP
05 将 component Con_Rear_Truss 中的 connector 实现为焊接单元。

1）将当前 component 设置为 Con_Rear_Truss。

2）在 connector 窗口中单击鼠标右键，在弹出菜单中选择 Create > Spot，进入 Spot 面板。

3）进入 Realize 子面板。

4）选择 connectors > displayed。

5）将 type=设置为 weld。

6）设置 tolerance =值为 10。

7）将选项切换为 mesh dependent，选择 adjust realization。

8）单击 realize 按钮，实现所选 connector。

9）单击 return 按钮，返回主面板。

STEP
06 将 connector 信息保存为一个 XML 文件。

1）通过主菜单选择 File > Export > Connectors。

2）在弹出对话框中设定 XML 文件保存位置，单击 Export 按钮。

3）用文本编辑器打开 XML 文件，查看文件了解 connector 信息的保存方式，在以后的操作中用户可以使用 XML 文件导入 connector。

STEP
07 输出有限元 deck 文件并查看其中的 connector 信息。

1）通过主菜单选择 File > Export > Solver Deck。

2）将 File type 设置为 OptiStruct。

3）将 Template 设置为 standard format。

4）单击 File 旁的（ ）按钮，设置文件的保存路径和名称，确认文件扩展名为.fem。

5）单击 Export Options 旁的（ ）按钮，查看更多的输出选项。

6）单击 Export 按钮。

7）打开刚刚输出的.fem 文件，模型的连接信息保存在文件的最后部分。该部分显示为注释格式，这样在用户运行分析的时候 connector 信息不会被读取，但是当 input deck 重新导入到 HyperMesh 软件中时，程序会读取这些 connector 信息。

小结

练习完成后读者可以发现，在 HyperMesh 里创建 1D 单元非常简单，但 1D 单元却是比较复杂的一类单元。一是由于其类型较多，包括梁单元、杆单元、刚性单元、弹簧单元等，二是由于其属性复杂，不同类型的单元体现了不同的力学特性，用户需要根据自己的模拟的需要来进行选择。对于梁等柔性单元的属性需要定义截面参数，使用 HyperBeam 可以非常方便地创建标准的和不规则的截面，并自动计算截面参数，这类单元可以用来模拟一个方向远大于另外两个方向的构件，如螺栓的螺杆。刚性单元是一种多节点自由度耦合的关系，可以用来模拟刚度非常大的构件，如螺栓上的螺母和螺栓头。因此梁单元和刚性单元就可以组合成为一种简化螺栓的连接方式，使用 HyperMesh 的 Connector 工具便可以快速地创建这组单元来模拟螺栓。除了定义螺栓连接，其还可以方便地定义焊点、焊缝和粘接的连接方式，装配效率非常高。

第 7 章

航空应用案例

在过去的近 30 年中，Altair 公司根据航空航天领域的需要，不断地完善 HyperWorks 软件，并以其前、后处理及创新平台设计技术帮助波音、空客、欧洲宇航防务、洛克西德·马丁、欧洲直升机以及国内几大著名飞机设计企业设计新一代的飞机，取得了大量前所未有的工程成果，提供了一系列高效、优化、创新的新技术，已经成为现代飞机性能设计的新平台。

Altair HyperWorks 软件在业界应用广泛，可以应用于金属及复合材料的前、后处理、轻量化设计、强度分析、力学性能及鸟撞击迫降安全性仿真等。全球的航空航天用户利用 HyperWorks，并结合 Altair 丰富的工程经验、技术与方法，可以实现仿真驱动的设计流程。本章通过 3 个具体的实际案例，着重介绍 HyperMesh 在全机建模、部件建模以及机身细节模型方面的强大功能。

本章重点知识

7.1　全机模型建模

本节介绍飞机全机的建模过程，具体步骤如下。

STEP 01　启动 HyperMesh 并设置 OptiStruct 用户配置文件。

1）启动 HyperMesh，弹出一个 User Profiles 的用户图形界面。

2）在图形界面中选择 OptiStruct。

3）单击 OK 按钮。

STEP 02　导入模型文件。

1）单击工具栏 Open model（🖼）按钮，选择模型文件 ch.7\demo1_1.hm。

2）单击 Open 按钮。

STEP 03　切分机身几何。

1）单击工具栏 Shaded Geometry and Surface Edges（🌑）按钮，显示几何面。

2）选择 Geom>surfaces edit>trim with lines。

3）在 with lines 列中，双击 surfs>by collector>fuselage，选中 fuselage 部件中的所有曲面。

4）双击 lines>by collector>stringer（可能默认选项是 free lines，先切换至 lines），选中 stringer 部件中的所有的线。

5）切换其他两个选项为 normal to surface 和 entire surface。

6）单击 trim 按钮，曲面被曲线切割。

7）切换到 Trim with Surfs/Plane 子面板。

8）在 with surfs 列中，双击上面的 surfs>by collector>fuselage，选中 fuselage 部件中的所有曲面。

9）双击下面的 surfs>by collector>frame，选中 frame 部件中的所有曲面。

10）无需选中 trim both 选项。

11）单击 trim 按钮。

STEP 04　划分机身单元。

1）单击 2D>automesh，在 surfs 中选择 fuselage 中的所有面，设置 element size 为 1000，单元尺寸要足够大，确保每个曲面只划分一个单元。

2）其他选项为默认，单击 mesh 按钮。

3）单击 return 按钮退出。

STEP
05 创建机身单元的属性，并将其赋予单元。

1）在模型浏览树中右击 Create > Property。
2）输入属性名 prop name 为 fuselage。
3）card image 选择 PSHELL。
4）material 选择 Alu_2024。
5）T 输入 1.2。
6）在 Components 中单击 fuselage，在 Entity Editor 中将 property 选择为 fuselage。

STEP
06 创建长桁的属性。

1）在模型浏览器中显示长桁部件 stringer_solid 的几何。
2）选择 1D>HyperBeam>solid section。
3）确保黄色选项框为 surfs，cross section plane 为 fit to entities。
4）在图形区域中，选择任意一长桁端面，如图 7-1 所示。

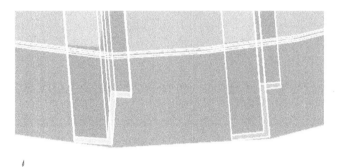

图 7-1　选择长桁端面

5）单击 create 按钮，弹出 HyperBeam 的截面模型面板。
6）在模型浏览树中选择 solid_section.0，右击 Rename 按钮，将其重命名为 section_Z。
7）选择 File>Exit。
8）在模型浏览树中右击 Create >Property。
9）修改 prop name 为 stringer。
10）在 Entity Editor 中 card image 选择 PROD。
11）material 选择 Alu_7075。
12）beamsection 选择 section_Z。

STEP
07 创建长桁的部件。

1）在模型浏览树中右击 Create > Component。

2）输入 comp name 为 M_stringer。

3）在 Entity Editor 中 property 选择 stringer。

STEP 08 创建长桁单元。

1）选择菜单 Preference>meshing option。

2）修改 feature angle 为 1。

3）选择 Tool>edges，输入 tolerance 为 0.1。

4）确保黄色选项框为 elems，选择图 7-2 所示单元（末端一排单元每隔一个选一个）。

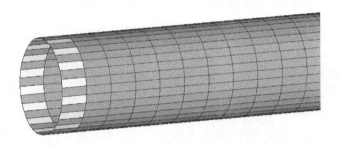

图 7-2　选择单元

5）选择 elems>by face，如图 7-3 所示。

6）单击 find edges 按钮。

7）单击 return 按钮，退回到 Tool 面板。

8）单击 delete 按钮，在黄色框中选择 elems，选中机身两端面的所有 edge 单元。

9）单击 delete entity 按钮，剩下的 edge 单元如图 7-4 所示。

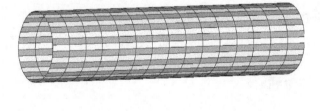

图 7-3　通过 by face 选择单元　　　　　　　　图 7-4　edge 单元

10）单击 return，退回到 Delete 面板。

11）选择 organize>collectors。

12）在黄色框中选择 elems，选中剩下的所有 edge 单元。

13）单击 dest component=，选择 M_stringer。

14）单击 move 按钮。

15）单击 return 按钮。

16）选择 1D>config edit>elems，选择所有 edge 单元。

17）单击 new config=，选择 rod。

18）单击 switch 按钮。

19）单击 return 按钮，退回到 1D 面板。

20）选择 elem types>1D，选中所有的 edge 单元。

21）单击 rod=，选择 CROD。

22）单击 update 按钮，更新单元类型。

23）切换工具栏 1D Traditional Element Representation（ ✏ ）按钮为 1D Detailed Element Representation（ 🐾 ）按钮，结果如图 7-5 所示。

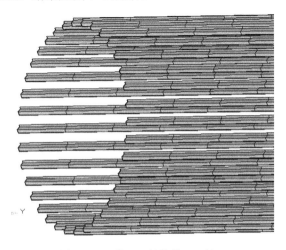

图 7-5　三维显示长桁的 rod 单元

注意，长桁的 rod 单元在本模型中不是直接生成的，而是通过 edge 单元转换来生成的。

STEP 09 创建框的属性（机身的框包含两种截面，所以需要创建两种属性）。

1）在模型浏览器中，选中 frame_solid，右击选择 isolate。

2）选择 1D>HyperBeam>solid section。

3）确保黄色选项框为 surfs，cross section plane 为 project to plane。

4）在图形区域中，选择任意一 T 形截面框的截面。

5）在所选的截面上用 project to plane 中的 N1、N2、N3 创建一个截面的投影平面，平面的法向指向框的路径方向，如图 7-6 所示。

6）单击 create 按钮，弹出 HyperBeam 的截面"模型"面板。

7）在模型浏览树中选择 solid_section.1，右击 Rename，将其重命名为 section_T。

8）选择 File>Exit 退出。

9）重复 2）～8）步，选择 U 形截面框，创建 U 形框截面，并重命名为 section_U，如图 7-7 所示。

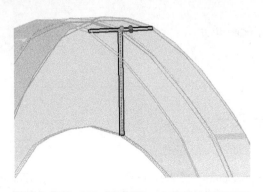

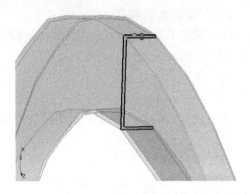

图 7-6 N1、N2、N3 创建一个截面的投影平面   图 7-7 创建 U 形框截面

10）在模型浏览树中右击 Create > Property。

11）输入属性名 prop name 为 frame_T。

12）在 Entity Editor 中 card image 选择 PBAR。

13）material 选择 Alu_7075。

14）beamsection 选择 section_T。

15）单击 create 按钮，创建 T 形框的属性。

16）重复 10）～15）步，创建 U 形框的属性。其中属性名为 frame_U，beamsection 为 section_U。

STEP 10 创建机身框的部件。

1）在模型浏览树中右击 Create > Component。

2）输入 comp name 为 M_frame_T。

3）在 Entity Editor 的 property 中选择 frame_T。

4）在模型浏览树中右击 Create > Component。

5）输入 comp name 为 M_frame_U。

6）在 Entity Editor 中 property 选择 frame_U。

STEP 11 创建 T 形框的梁单元（CBAR 单元）。

1）在模型浏览器中选中 M_frame_T 并右击，然后在弹出菜单中选择 Make Current。

2）选择 1D>bars>bar2。

3）单击 property=，选择 frame_T。

4）单击 elem types=，选择 CBAR。

5）在 orientation 下拉菜单选择 vector>y-axis，确定梁截面的摆放方向。

6）把视图调整到图 7-8 所示角度，使得 T 形截面框在图形区域左边。

7）在左端面的第二排节点处创建梁单元，该节点处也就是几何框的摆放位置处。

8）确保 node A 已经激活，选择左端面第二排的任意一节点，然后激活 node B，选中与 node A 节点顺时针方向相连的节点，此时自动生成一个 CBAR 单元。

9）创建下一个 CBAR 单元。以上一步的 node B 节点为新的 node A 节点，以上一步 node B 节点顺时针方向相连的节点为新的 node B 节点，此时生成第二个 CBAR 单元。

10）按照 8）~9）步所述的方法创建该机身框位置上其他的 CBAR 单元，直到该位置上的 CBAR 单元首尾相连成一圈，如图 7-9 所示。

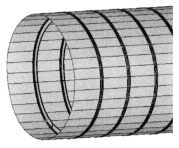
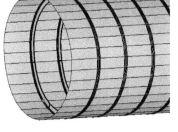

图 7-8　确定梁截面的摆放方向　　　图 7-9　创建该机身框位置上的 CBAR 单元

11）单击 return 按钮退出。

12）选择 Tool>translate，通过 translate 功能创建其他机身框的 CBAR 单元。

13）在左上角处的黄色框区域，通过倒三角下拉菜单选择 elems，把 translate 的方向切换为 N1、N2、N3，把 translate 的距离切换为 magnitude=N2-N1。

14）选中 8）~10）步所创建的所有 CBAR 单元，然后选择 elems>duplicate> original comp。

15）N1、N2 的位置如图 7-10 所示，N1 为第二排节点的一节点，N2 为第三排节点的一节点，N1、N2 在同一水平线。将 magnitude= 切换为 magnitude=N2-N1，scale= 设置为 1.000，这表示移动的方向为 N1-N2 方向，移动的距离为 N1 到 N2 的距离。

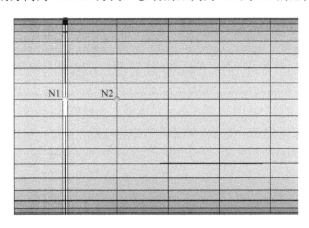

图 7-10　N1、N2 的位置

16）单击 translate+按钮。这样就把选中的单元复制了一份，并把复制的单元移动到了第二个框的位置。

17）选择 elems>duplicate>original comp，其他的设置不变。

18）单击 translate+按钮，再次复制并移动单元。

19）重复 17）～18）步操作 5 次。共创建完毕 8 个机身框的 CBAR 单元。

20）单击 return 按钮退出。

21）选择 Tool>edges，输入 tolerance 为 50。

22）选择所有的单元，单击 preview equiv 按钮。如图 7-11 所示，复制-移动生成的 CBAR 单元节点并没有与机身的四边形单元节点耦合在一起。

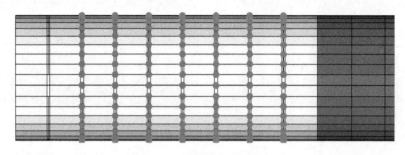

图 7-11　节点耦合前的预览

23）单击 equivalence 按钮，耦合单元节点。

STEP 12 创建 U 形框的梁单元（CBAR 单元）。

1）在模型浏览器中选中 M_frame_U 并右击，在弹出菜单中选择 Make Current。

2）选择 1D>bars>bar2。

3）单击 property=，选择 frame_U。

4）单击 elem types=，选择 CBAR。

5）在 orientation 下拉菜单选择 vector>N1、N2、N3，确定梁截面的摆放方向。

6）把视图调整到图 7-12 所示角度，使得 U 形截面框在图形区域左边。在节点上选择 N1、N2 两点，如图 7-12 所示，N1 在左 N2 在右。N1、N2 的方向确定了 U 形截面的摆放方向。

7）在左端面的第二排节点处创建梁单元，该节点处也就是几何框的摆放位置处。

8）确保 node A 已经激活，选择左端面第二排的任意一节点，然后激活 node B，选中与 node A 节点顺时针方向相连的节点，此时自动生成一个 CBAR 单元。

9）创建下一个 CBAR 单元。以上一步的 node B 节点为新的 node A 节点，以上一步 node B 节点顺时针方向相连的节点为新的 node B 节点，此时生成第二个 CBAR 单元。

10）按照 8）～9）步所述的方法创建该机身框位置上其他的 CBAR 单元，直到该位置上的 CBAR 单元首尾相连成一圈，如图 7-13 所示。

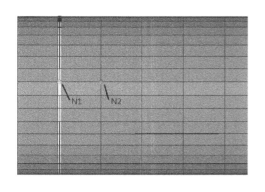

图 7-12　确定梁截面的摆放方向

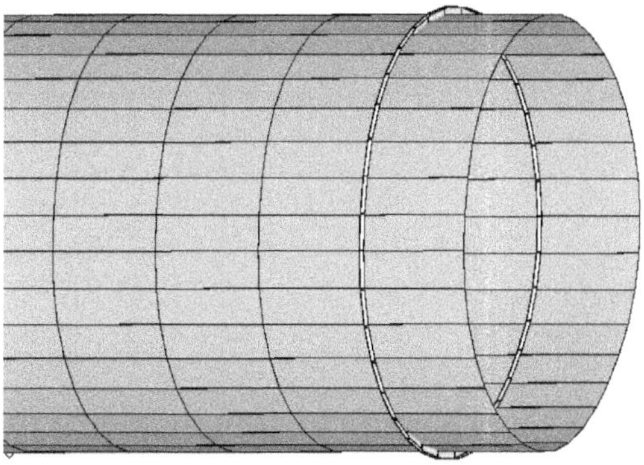

图 7-13　创建该机身框位置上其他的 CBAR 单元

11）单击 return 按钮退出。

12）选择 Tool>translate，通过 translate 命令创建其他机身框的 CBAR 单元。

13）在左上角处的黄色框区域，通过倒三角下拉菜单选择 elems，把 translate 的方向切换为 N1、N2、N3，把 translate 的距离切换为 magnitude=N2-N1。

14）选中 8）～10）步创建的所有 CBAR 单元，然后选择 elems>duplicate> original comp。

15）N1、N2 的位置如图 7-14 所示。N1 为第二排节点的一节点，N2 为第三排节点的一节点。这表示移动的方向为 N1-N2 方向，移动的距离为 N1 到 N2 的距离。

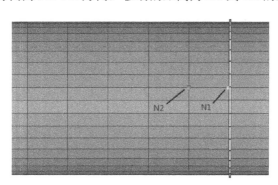

图 7-14　N1、N2 的位置

16）单击 translate+按钮。这样就把选中的单元复制了一份，并把复制的单元移动到了第二个框的位置。

17）选择 elems>duplicate>original comp，其他的设置不变。

18）单击 translate+按钮，再次复制并移动单元。

19）重复 17）～18）步操作 3 次。共 6 个机身框的 CBAR 单元创建完毕。

20）单击 return 按钮退出。

21）选择 Tool>edges，输入 tolerance 为 50。

22）选择所有的单元，单击 preview equiv 按钮。如图 7-15 所示，复制-移动生成的 CBAR 单元节点并没有与机身的四边形单元节点耦合在一起。

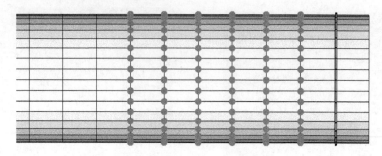

图 7-15　节点耦合前的预览

23）单击 equivalence 按钮，耦合单元节点。

STEP 13 创建模态卡片。

1）在模型浏览树中右击 Create > Load Collectors。

2）输入 loadcol name 为 eigrl。

3）card image 设置为 EIGRL。

4）[ND]为 10。表示前 10 阶的模态。

5）选择 Analysis>loadsteps。

6）在 name=文本框中输入 mode。

7）单击 type=，选择 normal modes。

8）选中 METHOD（STRUCT）。

9）单击 METHOD（STRUCT）处的图标 "="，选择 eigrl。

10）单击 create 按钮。

11）单击 return 按钮退出。

STEP 14 求解模型。

1）选择 Analysis>OptiStruct> OptiStruct，提交求解器计算。

2）求解成功后单击 HyperView 按钮查看结果。

7.2　典型航空零部件建模

本节将通过一个典型航空零部件模态分析的实例，介绍使用 HyperMesh 2017 进行典型航空零部件几何清理、网格划分、分析求解设置等工作的一般步骤。

STEP 01 读取模型。

1）启动 HyperMesh 2017，并选择 OptiStruct 求解器模板。

2）打开练习文件夹下的 HyperMesh 数据文件 demo2_1.hm。

3）完成文件打开后，视图区域中应显示图 7-16 所示的模型。

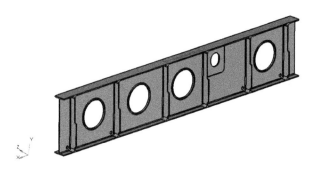

图 7-16　demo2_1.hm 模型文件

STEP 02　模型几何清理。

使用 HyperMesh 读取模型文件后，读取的模型文件并不能直接被用于网格划分。为了构建高质量的有限元模型，首先需要对零部件模型进行几何清理工作。几何清理的基本步骤包括抽取中面、移除小孔特征、移除曲面圆角特征、移除曲线圆角特征以及修复其他可能存在的中间几何缺陷。下面将依次对几何清理的各个步骤进行介绍。

1）抽取中面。在 HyperMesh 主菜单的 Geom 下，选择 midsurface，进入菜单后，切换到 extraction options 子选项，将中面抽取算法设置为 offset，如图 7-17 所示。

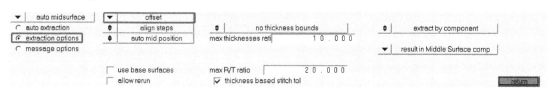

图 7-17　Auto Midsurface 菜单

切换到 auto extraction 子选项，选择 component beam2 中的所有曲面，其他选项按照默认设置，单击 extract。生成的中面会自动放置在命名为 midsurface 的 component 中。将 beam2 中的原始几何隐藏。视图区域中应显示图 7-18 所示的中面模型。

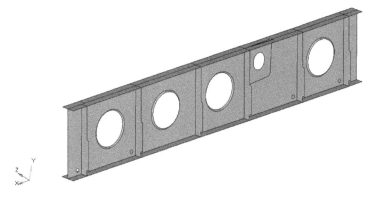

图 7-18　中面模型

2）移除小孔特征。模型中有相当数量的小孔特征，会对二维网格划分造成很大的影响。如果这些特征并不是分析所必需的，那么可以通过模型简化功能移除这些小孔。在 Geometry 面板下选择 defeature 菜单，接着选择 pinholes。将选择对象设置为 surfs，在 diameter<一栏中输入10。面板设置如图7-19所示。

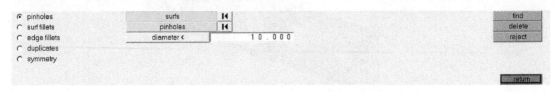

图7-19 移除小孔的面板设置

选择 component midsurface 中的所有曲面，并单击 find 按钮，可以看到，HyperMesh 自动搜索到了模型中所有半径小于10的小孔特征，如图7-20所示。单击 delete 按钮，移除这些小孔特征。

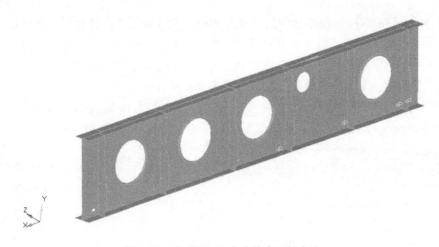

图7-20 HyperMesh 自动搜索到的小孔

3）移除曲面圆角特征。在模型中，有部分工艺特征，在分析求解过程中是不需要保留的，如半径较小的曲面圆角特征。使用 HyperMesh 的模型简化功能，可以方便地去除这些特征。

依然停留在 Defeature 面板下，选择 surf fillets，在 find fillets in selected 中设置选取对象为 surfs，选择 component midsurface 中的所有曲面，设置 min radius 为1.0，设置 max radius 为25，如图7-21所示。

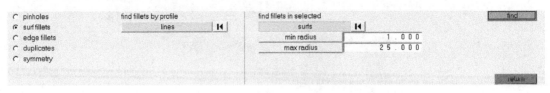

图7-21 Surf Fillets 面板设置

单击 find 按钮，搜索曲面圆角特征。找到后，模型中的曲面圆角特征将被白色高亮显示，如图 7-22 所示。单击 remove 按钮，移除这些曲面圆角。

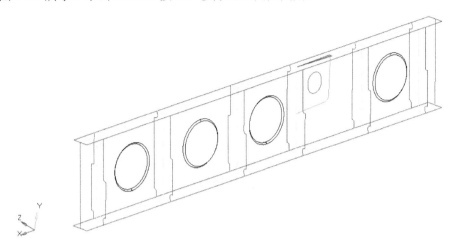

图 7-22　曲面圆角特征将白色高亮显示

4）移除曲线圆角特征。模型中部分较小的曲线圆角特征会给网格划分工作带来很大的困扰。如果这些特征并不位于分析的关键部位或对分析结果影响不大，那么可以不必保留它们，通过 HyperMesh 的模型简化功能可以移除这些特征。

依然在 Defeature 面板中，选择 edge fillets 功能。选取对象将自动切换为 surfs，选择 component midsurface 中的所有曲面。在 min radius 中输入 1，在 max radius 中输入 200，在 min angle 中输入 15，如图 7-23 所示。

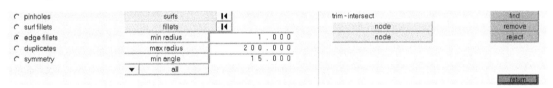

图 7-23　edge fillets 功能

单击 find 按钮，找到模型中所有的曲线圆角特征，如图 7-24 所示。单击 remove 按钮，移除这些曲线圆角特征。

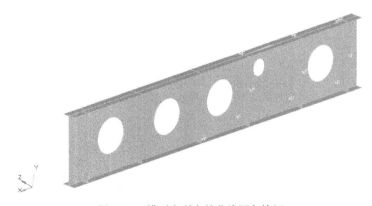

图 7-24　模型中所有的曲线圆角特征

5）移除额外的硬点。在模型中，有相当数量的硬点特征是不必要的，在网格划分阶段，HyperMesh 会自动在这些硬点上撒布节点。一部分硬点来自于原有的二维几何模型，一部分硬点则源自移除小孔特征后的空心定位点。通过 HyperMesh 的硬点编辑功能，可以移除这些额外的硬点。

首先在 HyperMesh 工具栏中，激活模型的硬点显示功能（ 🔳 ），并将模型视图风格切换为 By Topo，如图 7-25 所示。

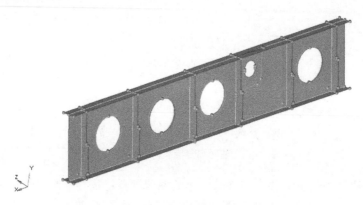

图 7-25　激活模型的硬点显示功能

在 HyperMesh 主菜单 Geometry 面板下，选择 Point Edit 功能。进入该页面后，切换到子菜单 suppress。将选择对象设置为 multiple points，在 break angle 中输入 10，如图 7-26 所示。选择视图区域中所有的硬点，并单击 suppress 按钮，移除所有额外的硬点特征。

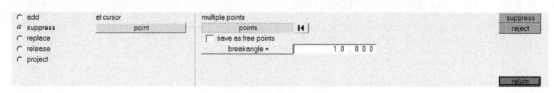

图 7-26　Point Edit 功能

6）修复模型中其他存在的几何缺陷。完成了前几步的基本的几何清理工作后，清理后的模型在 By Topo 视图下的显示如图 7-27 所示。

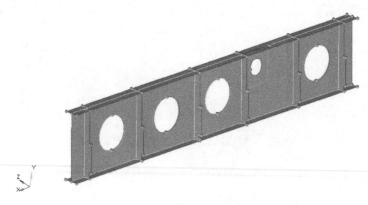

图 7-27　By Topo 视图

基本的几何清理工作对模型进行了相当程度的清理和简化，但是注意到，在模型上部分有一个明显的几何缺陷。放大视图可以看到，该几何缺陷是由于 surface 之间未能正确连接造成的。放大视图后的该缺陷如图 7-28 所示。

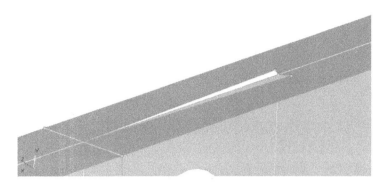

图 7-28　surface 之间未能正确连接

在 Geometry 面板下，选择 Point Edit 功能，并进入 replace 子菜单。在 moved points 中，选择图 7-29 所示的硬点。

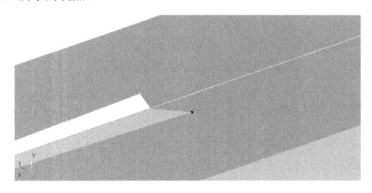

图 7-29　选择所示的硬点

在 retained points 中，选择位于 T 形边上的硬点，如图 7-30 所示。

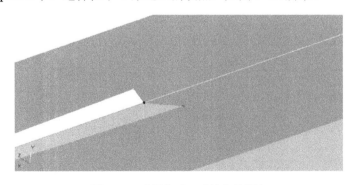

图 7-30　选择位于 T 形边上的硬点

单击 replace 按钮完成修补。修补后的局部视图如图 7-31 所示。

图 7-31　修补后的局部视图

使用类似的方法，完成另一侧的几何缺陷修补，整个缺陷修补完毕的局部视图如图 7-32 所示。

图 7-32　整个缺陷修补完毕的局部视图

截止到这一步，已完成了模型的几何清理和修补工作。清理后的模型可以进行二维网格划分了。

STEP 03 二维网格划分。

1）（可选操作）考虑到模型中存在大量的圆孔特征（包括 4 个较大的开孔以及一个较小的开孔），为了能够精确地将几何上的对称性映射至有限元模型上，用户总是希望在圆孔特征的周围网格也保持一定的对称性。为了达到这一目的，就需要对模型的几何进行一定的切分。图 7-33 所示给出了一个可行的曲面切分方案。

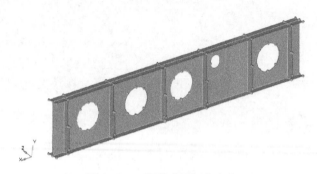

图 7-33　可行的曲面切分方案

事实上，仅针对该模型而言，对其进行曲面分割以获得排布更为规则的网格的方式是非常多的，用户可以酌情选择其他的划分方式。在本练习中，为了保证模型的一致性，在后续的操作中都将以该模型为例进行调整。

2）网格划分。在 HyperMesh 主菜单 2D 面板下的 automesh 功能中，首先选择模型边缘的两个较小的平面，以单元边长为 10mm 进行网格划分，如图 7-34 所示。

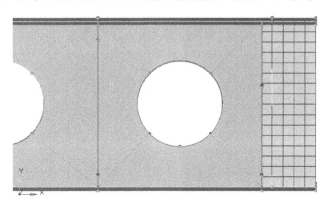

图 7-34　网格划分

对这两个平面进行网格划分的目的，是对未来圆孔周围平面的网格划分工作进行引导。

3）选择圆孔周围与此前进行了划分的两个平面相邻的那个平面，按照图 7-35 所示的参数进行二维网格划分的设置。该平面的初步划分结果如图 7-36 所示。

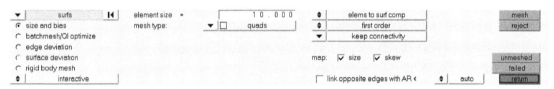

图 7-35　二维网格划分参数设置

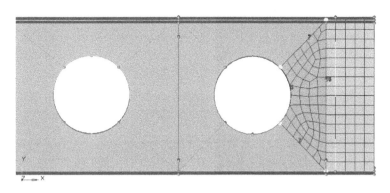

图 7-36　初步划分结果

在这里，用户希望圆孔周围的单元全部为四边形单元，而且按照规则矩阵形式进行排列，因此依然需要对其进行一定的调整。

在 automesh 功能的二级菜单中，切换到 mesh style 子菜单，选择 map as rectangle，将网格排布映射设置为矩阵形式（有时还需要取消最后一列的 size 和 skew 的选择），如图 7-37 所示。

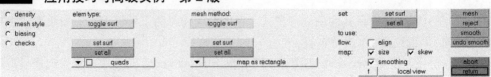

图 7-37　mesh style 子菜单

对当前平面的网格映射模式进行调整，如图 7-38 所示。

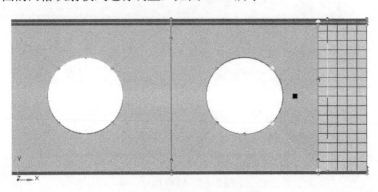

图 7-38　调整网格映射模式

单击 Mesh 按钮，并调整对边的单元数量均为 16 个单元，得到在空间中精确映射为矩阵形式的网格，如图 7-39 所示。

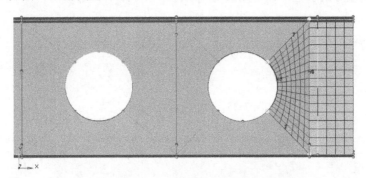

图 7-39　在空间中精确映射为矩阵形式的网格

单击 return 按钮回到上级菜单，并对所有圆孔周围的平面进行类似的划分。得到划分结果如图 7-40 所示。

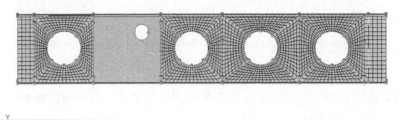

图 7-40　划分结果

4）使用单元边长为 10mm，完成对模型中其他面的网格划分工作，如图 7-41 所示。

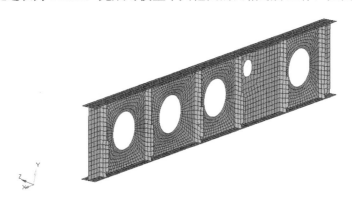

图 7-41　其他面的网格划分

STEP 04　建立材料模型和单元类型，并自动赋予有限元模型厚度信息。

1）在模型浏览树右击 Create > Material，单击命名为 Al（即铝合金）的材料模型，按图 7-42 所示输入铝的弹性模量、泊松比和密度。

图 7-42　创建与编辑材料属性

2）HyperMesh 向用户提供了针对中面结构自动提取原有几何模型厚度，并赋予各个单元属性的功能。为了实现该功能，首先需要创建名为 t0 的 Property，其单元类型为 PSHELL，如

图 7-43 所示。

3）创建名为 t0 的 Component，并与此前创建的名为 t0 的 Property 进行关联，如图 7-44 所示。

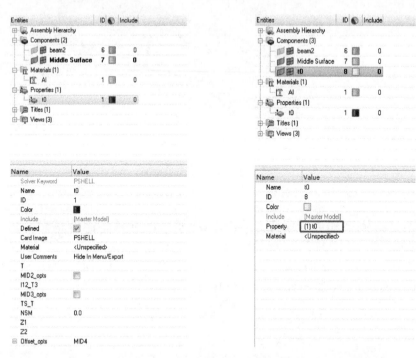

图 7-43　创建属性　　　　　　　　　图 7-44　属性关联

4）在菜单栏进入 Mesh > Assign > Midsurface Thickness 面板，如图 7-45 所示。

5）在 Midsurface Thickness Map 选项卡中，按图 7-46 所示设定相关参数，单击 Apply 按钮。

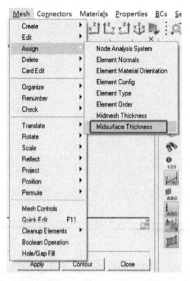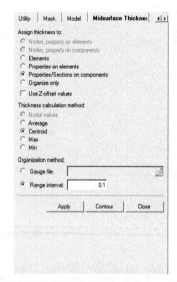

图 7-45　Geom/Mesh 页面　　　　　图 7-46　Midsurface Thickness Map 选项卡

6）在弹出的 elems 选择器中，选择模型中所有的单元，然后单击 proceed 按钮。

7）HyperMesh 将对模型中所有的壳单元，根据其原始的厚度进行分组，创建各个新的 component 和 property。

如图 7-47 所示，在完成了自动厚度赋予后，模型被分为了若干个 component，并以不同的颜色进行区分。

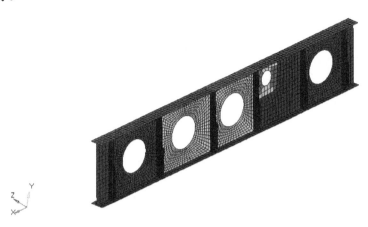

图 7-47　根据其原始的厚度进行分组

观察模型浏览器，可以看到，根据原有几何厚度的不同，HyperMesh 自动创建了名为 t1：6～t3：1 的 component，如图 7-48 所示。其中 component tFailed 中存放了未赋予厚度的单元，经查看是大圆孔周围的一圈翻边，由于不考虑这部分翻边对计算结果的影响，直接将这个 component 删除。

与之相对应的，同时创建了名为 t1：6～t3：1 的 Property，如图 7-49 所示。

图 7-48　HyperMesh 自动创建的 component　　　　图 7-49　HyperMesh 自动创建的 Property

8）可以注意到，模型中较小开口的部分，由于原始几何在此处是平滑过渡的，因此生成了具有多个厚度的 component，如图 7-50 所示。

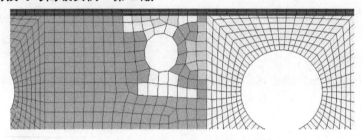

图 7-50　模型中较小开口的部分

通过 Tool 面板下的 Organize 功能，将此处的单元移至 component t2：9 中，即得到图 7-51 的结果。

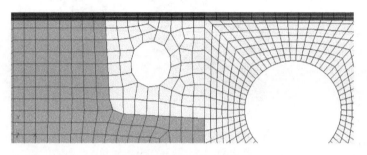

图 7-51　Organize 单元

STEP 05　创建边界条件，递交求解。

1）创建名为 EIGRL 的 Load Collector，其 Card image 选择为 EIGRL，在 Entity Editor 中编辑 ND，输入 10，如图 7-52 所示。

图 7-52　创建名为 RIGRL 的 Load Collector

2）创建名为 SPC 的 Load Collector，其 Card Image 选择为 None。然后在 Analysis>Constraints 面板约束模型两个端面所有节点，如图 7-53 所示。

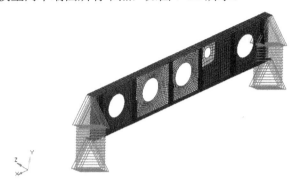

图 7-53　创建名为 SPC 的 Load Collector

3）在 Analysis 页面下的 Load Step 功能中，创建名为 Mode Analysis 的工况。分析类型选择为 Normal Modes；在 SPC 中，选择 Load Collector SPC；在 Method（Struct）中，选择 Load Collector EIGRL，如图 7-54 所示。单击 Create 按钮，完成工况创建。

图 7-54　创建名为 Mode Analysis 的工况

STEP 06 递交 OptiStruct 求解。

STEP 07 使用 HyperView 进行结果后处理。

1）启动 HyperView，打开工作文件夹下的.h3d 文件。
2）查看分析结果。该零件第一阶固有频率为 57.88Hz，振型如图 7-55 所示。

图 7-55　零件第一阶固有频率及振型

7.3 机身细节模型的连接

本实例介绍如何使用 HyperMesh 快速建立机身蒙皮与长桁以及蒙皮与框之间的连接，模型如图 7-56 所示。

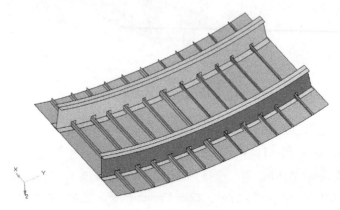

图 7-56　机身细节模型

STEP 01 运行 HyperMesh，设置用户属性，打开模型文件。

1）运行 HyperMesh，在弹出的 User Profiles 窗口中选择 OptiStruct。

2）打开练习文件夹下的 HyperMesh 数据文件 demo3_1.hm。

3）完成文件打开后，视图区域中显示的模型如图 7-57 所示。

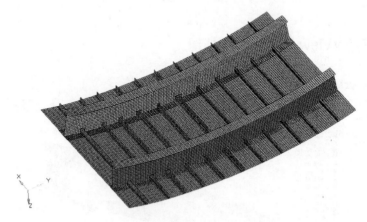

图 7-57　demo3_1.hm 文件

STEP 02 创建连接点的位置。

1）在 Model Browser 中右键单击组件 frame_skin_point，在弹出菜单中选择 Make

current，将其设置为当前。

2）进入 Geom 选项卡并选择 Lines 面板，在该面板下选择 Smooth nodes 选项，通过一组节点创建光滑曲线，如图 7-58 所示。

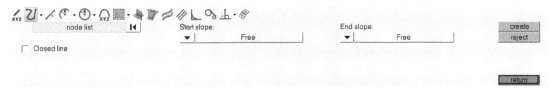

图 7-58　Smooth nodes 选项

3）将 node list 切换为 node path 按钮，并选择图 7-59 所示的节点。

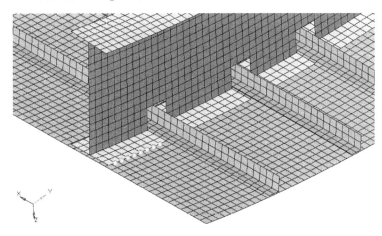

图 7-59　选择图示的节点

单击 create 按钮创建曲线，如图 7-60 所示。

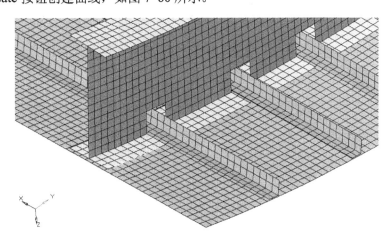

图 7-60　创建曲线

4）重复上述步骤，创建此框上的其他直线，如图 7-61 所示。

图 7-61 创建此框上的其他直线

5）进入 1D 选项卡，选择 line mesh 面板，输入 element size 为 20，选择 element config 为 plot，如图 7-62 所示。

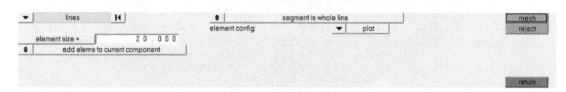

图 7-62 line mesh 面板设置

6）单击 lines，选择 By collector，并选择组件 frame_skin_point，此时在此组件内的所有直线都被选中，如图 7-63 所示。

图 7-63 选择 lines

单击 mesh 按钮，出现图 7-64 所示的面板。单击 return 按钮，完成对直线的网格划分。

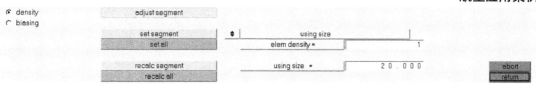

图 7-64　调整密度

7）按功能键〈F4〉进入 Distance 面板，选择 two node 选项，如图 7-65 所示。

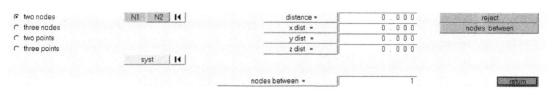

图 7-65　Distance 面板

选择框上网格的两点，如图 7-66 所示。单击 nodes between 按钮，创建在这两个点之间的一个节点，如图 7-67 所示。

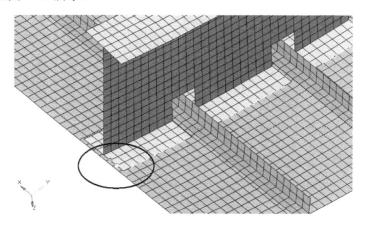

图 7-66　选择框上网格的两点

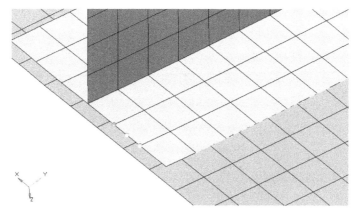

图 7-67　创建两点之间的一个节点

8）进入 Tool 选项卡，并选择 Translate 面板，如图 7-68 所示。

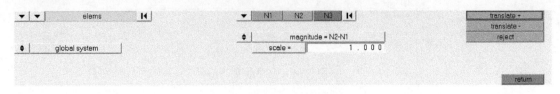

图 7-68　Translate 面板

单击 elems，选择 by collector，并选择组件 frame_skin_point，此时在此组件内的所有单元都被选中，如图 7-69 所示。

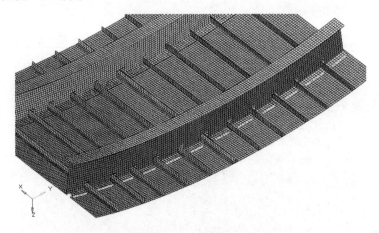

图 7-69　选择单元

单击"方向选择"按钮 N1，选择方向，如图 7-70 所示。

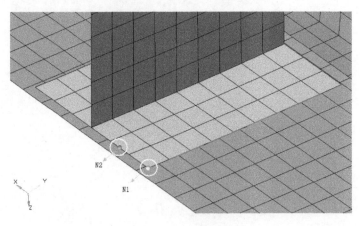

图 7-70　选择方向

切换移动的距离 Magnitude 为 N2 − N1，单击 translate 按钮，将一维单元移动到指定位置，如图 7-71 所示。

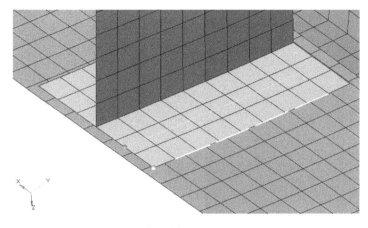

图 7-71　将一维单元移动到指定位置

9）按功能键〈F4〉进入 Distance 面板，使用 Nodes Between 面板创建节点，如图 7-72
所示。

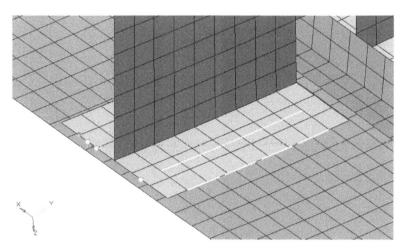

图 7-72　用 Nodes Between 面板创建节点

10）在 Translate 面板下单击 elems，通过 by collector 选择单元，再次单击 elems 选择
duplicate，在弹出的菜单中选择 current comp，如图 7-73 所示。

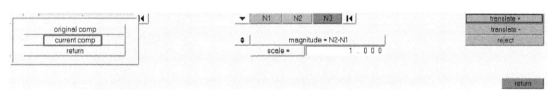

图 7-73　选择 current comp

N1、N2 的选择结果如图 7-74 所示。单击 translate 按钮，将复制的一份单元移动到新的
位置，如图 7-75 所示。

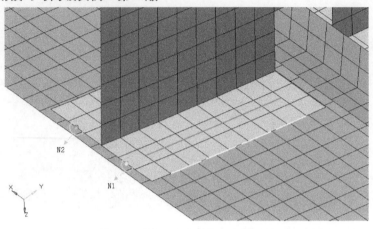

图 7-74　选择 N1、N2

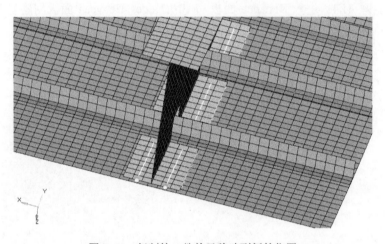

图 7-75　复制的一份单元移动到新的位置

11）重复上面的步骤，将一维单元移动到另一个框的橡条上，如图 7-76 所示。

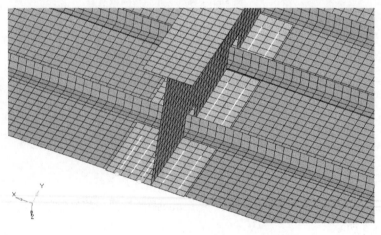

图 7-76　将一维单元移动到另一个框的橡条上

创建铆钉截面属性。

1）进入 1D 选项卡，选择 HyperBeam 面板，在该面板下选择 standard section，并设置 standard section type 为 solid circle，如图 7-77 所示。

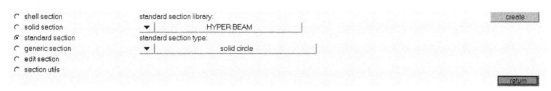

图 7-77　HyperBeam 面板

2）单击 create 按钮进入 HyperBeam 页面，在左下角 parameter definition 中输入半径为 2，创建直径为 4mm 的铆钉，如图 7-78 所示。

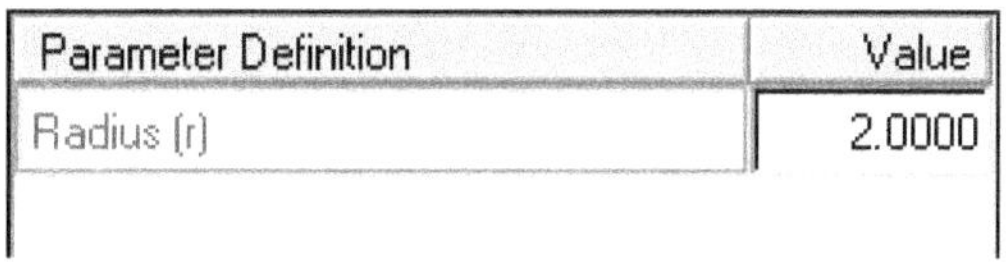

Parameter Definition	Value
Radius (r)	2.0000

图 7-78　输入半径

3）右键单击左上角 circle_section.1，选择 Rename，输入 D=4mm，如图 7-79 所示。

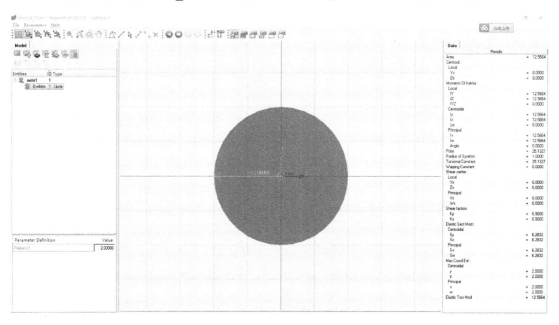

图 7-79　选择 Rename

4）选择 File>Exit，退出 HyperBeam。

STEP 04 创建铆钉属性以及组件。

1）在模型浏览树中右击 Create > Property，进入 Entity Editor，并在相应的位置输入图 7-80 所示的信息。

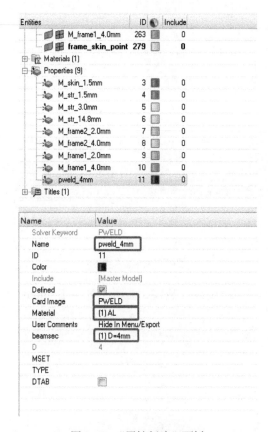

图 7-80 "属性创建"面板

在 pweld_4mm 属性上右击，选择 Card Edit 选项，结果如图 7-81 所示。单击 return 按钮返回。

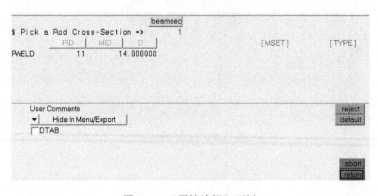

图 7-81 "属性编辑"面板

2）在模型浏览树中右击 Create > component，进入 Entity Editor，在该面板下输入相应信息，如图 7-82 所示。注意，property 中选择 pweld_4mm。

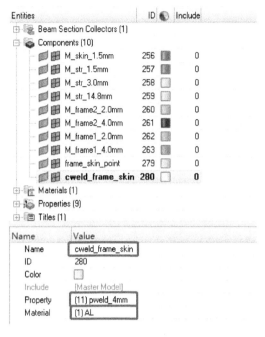

图 7-82　"component 创建"面板

STEP 05 创建框与蒙皮之间的铆钉。

1）进入 1D 选项卡，选择 Connectors 面板，如图 7-83 所示。

masses	bars	connectors	line mesh	edit element	○ Geom
joints	rods	spotweld	linear 1d	split	◉ 1D
markers	rigids	HyperBeam		replace	○ 2D
	rbe3			detach	○ 3D
	springs			order change	○ Analysis
	gaps		vectors	config edit	○ Tool
			systems	elem types	○ Post

图 7-83　选择 Connectors 面板

选择 Spot 子面板，如图 7-84 和图 7-85 所示。

organize	spot	add links	compare	connector options
find	bolt	unrealize	quality	
mask	seam	mesh edit		
delete	area			
translate	apply mass			
numbers	fe absorb			
renumber				return

图 7-84　选择 Spot 子面板

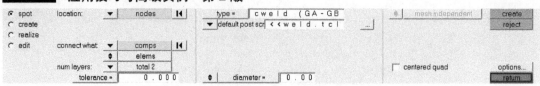

图 7-85　Spot 子面板

2）单击 nodes，选择 by collector，在弹出的面板下选择 frame_skin_point，此时，在该组件下的所有的节点都被选中，如图 7-86 所示。

图 7-86　该组件下的所有的节点都被选中

单击 connect what 后的 comps，在图形显示区域选择框与蒙皮，如图 7-87 所示。

图 7-87　选择框与蒙皮

在 num layers 中选择 total 2，在 tolerance =中输入 5。单击 type =，在弹出的面板中选择 cweld(GA-GB ELEMID)。在 diameter =中输入 4，如图 7-88 所示。

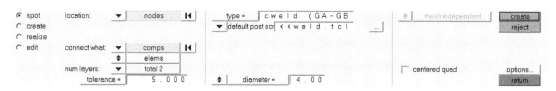

图 7-88　设置参数

单击 create 按钮，铆钉已经创建在所选的节点位置，连接方式为单元对单元，如图 7-89 所示。

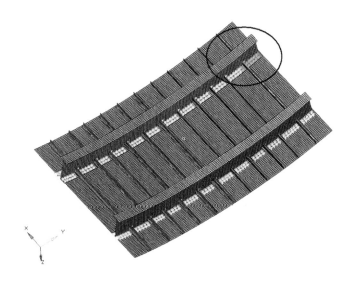

图 7-89　铆钉创建

显示绿色为创建成功的铆钉，红色为失败的铆钉，因此需要更新一下红色铆钉的连接。大部分创建失败是由于铆钉在单元的搜索范围内没有找到单元，可以通过增大搜索半径来更新。

3）单击"视图控制"（🖳）按钮，并选择连接单元的显示方式，取消选择 Realized 复选框，如图 7-90 所示。此时，窗口中所有创建成功的连接都不会显示，只有没有创建成功的会在窗口中显示。

4）单击菜单栏 view 选择 Connectors Browser，打开连接单元查看器，如图 7-91 所示。

5）单击"连接单元选择"（🔲）按钮，在图形显示区域内框选红色连接单元，此时在 Connectors Browser 中显示所选中的单元，如图 7-92 所示。在选中的单元上单击右键，在弹出菜单中并选择 Remove links，在弹出的警示框中单击 Remove links 确认。此时，窗口中红色连接单元显示为黄色，如图 7-93 所示。

图 7-90　视图控制

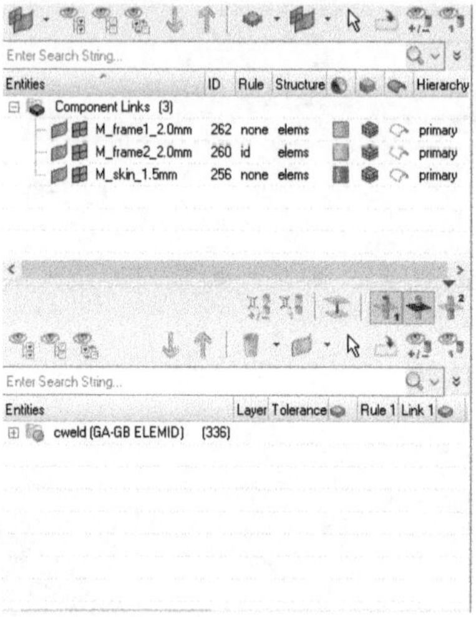

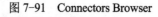

图 7-91　Connectors Browser

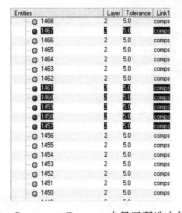

图 7-92　Connectors Browser 中显示所选中的单元

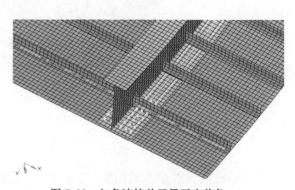

图 7-93　红色连接单元显示为黄色

6) 进入 1D > connectors，并选择 add links，如图 7-94 和图 7-95 所示。

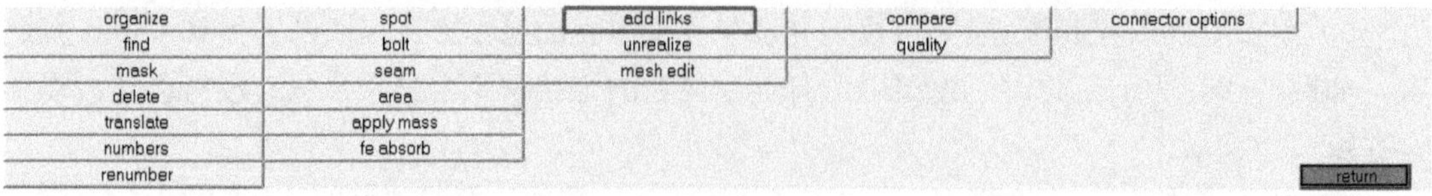

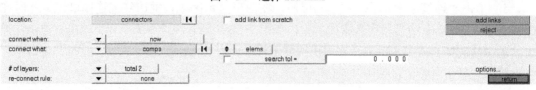

图 7-94　选择 add links

图 7-95　Add Links 子面板

单击 connectors，并在图形显示区域框选黄色连接单元。单击 connect what 中的 comps，在窗口中单击选择框与蒙皮。在 search tol = 中输入 8，如图 7-96 所示。单击 add links 按钮。

图 7-96　输入参数

7）进入 1D > spot，选择 Realize 面板，如图 7-97 所示。

图 7-97　选择 Realize 面板

选择窗口中更新过的 connector，并在 tolerance = 中输入 8，如图 7-98 所示。

图 7-98　输入参数

单击 realize 按钮。此时窗口中不再显示有连接单元，可以在"视图控制"面板中显示成功创建的连接单元，如图 7-99 所示。所有连接均成功创建。

图 7-99　成功创建所有连接

STEP 06　创建长桁与蒙皮之间的连接。

1）创建属性以及组件。与前面操作一样，首先创建一个 component stringer_skin_

point，用于存放创建铆钉所需节点的信息。

创建组件 cweld_stringer_point，并赋予其属性 pweld_4mm，用于存放创建的长桁与蒙皮之间的铆钉，如图 7-100 所示。

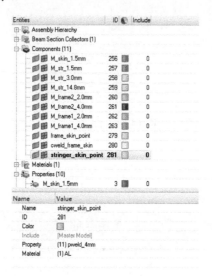

图 7-100　创建组件

2）在 Lines 面板下，创建光滑曲线，如图 7-101 和图 7-102 所示。

图 7-101　Line 面板

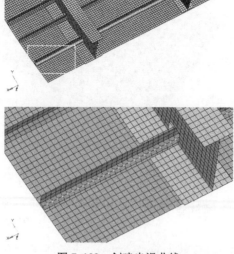

图 7-102　创建光滑曲线

3）进入 Lines Mesh 面板，对上述创建的曲线进行划分，参数设置如图 7-103 所示。

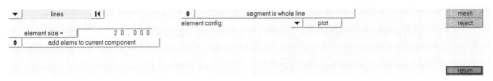

图 7-103　参数设置

4）网格划分后，进入 tool > Position 面板，将创建的 1D 单元复制并移动到新的位置，如图 7-104 和图 7-105 所示。

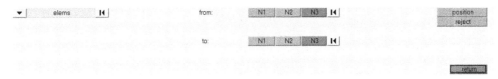

图 7-104　Position 面板

单击 elems，选择方式选择 by collectors，并选择 stringer_skin_point，再次单击 elems，选择 duplicate，复制单元到 current component，from 节点与 to 节点选择如图 7-105 所示。

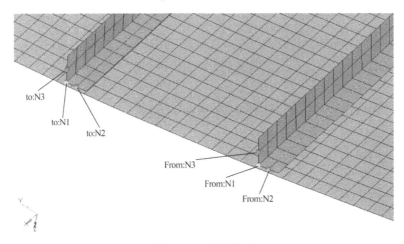

图 7-105　复制单元

5）重复上述步骤，将创建的一维单元复制到每一根长桁的位置，如图 7-106 所示。

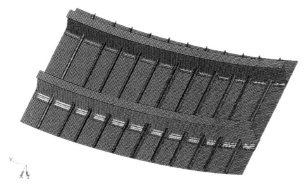

图 7-106　将创建的一维单元复制到每一根长桁的位置

6）同前面创建连接单元一样，进入 Connectors 面板，选择 spot。单击 nodes，选择 by collector，选择 stringer_skin_points，设置 connect what 为 comps，选择 M_skin_1.5mm 与 M_str_1.5mm，在 tolerance 中输入 8，选择 type 为 cweld(GA－GB ELEMID)，如图 7-107 所示。

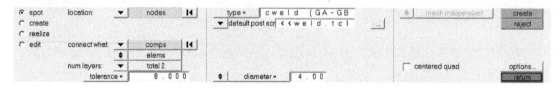

图 7-107　参数设置

单击 create 按钮，创建的铆钉如图 7-108 所示。

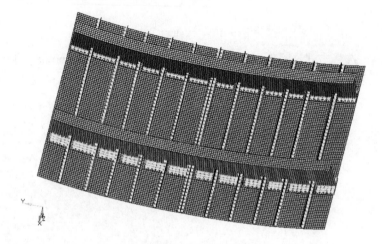

图 7-108　创建铆钉

STEP 07　建立模态分析，查看连接状况。

有关静力分析以及模态卡片创建分析，可参考本系列丛书的求解器部分。

1）建立模态卡片，如图 7-109 所示。

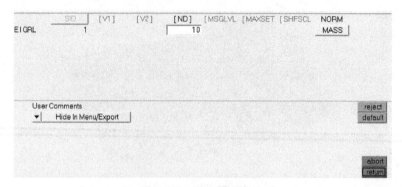

图 7-109　建立模态卡片

2）创建模态分析工况，如图 7-110 所示。

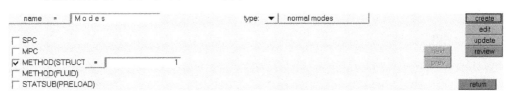

图 7-110　创建模态分析工况

3）递交求解，如图 7-111 所示。

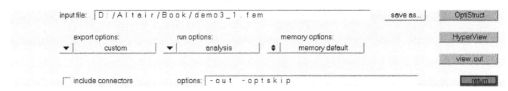

图 7-111　递交求解

计算结束后，可通过 HyperView 来查看计算的结果，有关 HyperView 的使用可以参阅第 13 章。HyperView 显示其中的一阶模态如图 7-112 所示。

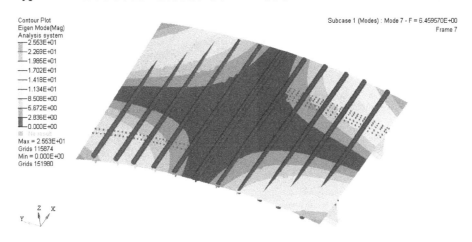

图 7-112　一阶模态

小结

线性和非线性强度分析、振动分析、疲劳寿命计算、气动分析和热分析等，如今已成为飞机研发设计中的标准分析项目。可以说，没有现代 CAE 技术，就没有现代的飞机设计。在现代飞机研发过程中，有限元模型规模越来越大，网格越来越精细，模型管理越来越复杂，特别是复合材料在飞机上的大规模应用使得单元属性数据大大增加，而激烈的市场竞争又要求飞机的研发周期不断缩短，投放市场时间不断提前，传统的有限元前、后处理器已经远远不能满足这些新的需求，HyperMesh 在进行整机建模、细节模型和管理庞大的模型方面展现了巨大的优势。

第 8 章

OptiStruct、RADIOSS 及 Nastran 的前处理

本章将通过实例介绍在 HyperMesh 中如何设定 OptiStruct、RADIOSS 和 Nastran 的求解文件。在读完本章实例后，读者将初步了解在 HyperMesh 中建立 OptiStruct、RADIOSS 和 Nastran 模型的方法，了解如何建立静力模型、结构拓扑优化以及冲击模型。

本章重点知识

8.1 OptiStruct 分析实例 1：三维惯性释放分析

8.2 OptiStruct 分析实例 2：使用 PCOMPG 进行飞机复合材料的结构分析

8.3 OptiStruct 优化实例 1：汽车摆臂的概念设计

8.4 OptiStruct 优化实例 2：脱模方向约束的摆臂拓扑优化

8.5 RADIOSS 实例：汽车前碰分析

小结

OptiStruct 和 RADIOSS 是 Altair 公司 HyperWorks 软件包中的两个结构求解器。OptiStruct 是一个经过工业验证的现代化线性、非线性静力学、振动和疲劳求解器。现在已经被广泛应用于工业结构设计及优化设计中。OptiStruct 帮助工程师完成结构分析及优化工作，这些工作包括强度、耐久性及 NVH 分析，应用 OptiStruct 工程师可以快速实现结构创新、轻量化设计。RADIOSS 是解决瞬态加载工况下非线性问题领先的结构求解器，其具有高扩展性、高品质、高鲁棒性，它的诸多功能如多域求解技术、高级质量缩放、高级材料功能（复合材料，扩展有限元 XFEM）等，均为明显区别于其他同类产品的独有特色。RADIOSS 求解器被广泛应用于汽车、航空航天、电子/家电、包装、轨道机车、生物医疗、能源、船舶、军工等领域，用于改善产品性能、提高产品安全防护水平等。OptiStruct 和 RADIOSS 的求解领域如图 8-1 所示。

OptiStruct			RADIOSS	
FEA		MBD	FEA	
线性：	非线性(隐式)	■ 运动学	非线性(隐式)：	非线性(显式)：
■ 静态	■ 弹塑性	■ 动力学	■ 准静态	■ 碰撞
■ 振动	■ 接触	■ 静力学	■ 振动	■ 流固耦合
■ 屈曲	■ 垫圈	■ 准静力学	■ 后屈曲	■ 后屈曲
■ 热	■ 预紧		■ 材料	■ 热
	■ 热接触		■ 接触	■ 材料
	■ 大变形			■ 接触

图 8-1　Altair OptiStruct 与 RADIOSS 功能列表

Nastran 是 1960 年代末，美国宇航局 NASA 在美国政府的支持下组织开发的通用结构有限元分析软件。Nastran 源代码被整合进了多家公司的软件包并继续进行开发，分别称之为 MSC.Nastran、NEi Nastran、NX Nastran 等，分别由相应公司销售。

OptiStruct 求解器采用 Nastran 格式，也称为 Nastran Bulk 数据格式，因此与 Nastran 求解器的主要格式相同。Nastran 用户使用 OptiStruct 求解器（尤其是 MSC.Nastran 用户）求解静力分析、模态分析等问题，如果 Nastran 求解文件本身没有错误，则无需修改该 Nastran 求解文件，可以直接提交 OptiStruct 求解。

如果 OptiStruct 用户想用 Nastran 求解器计算 OptiStruct 的计算文件，通常只需要在 HyperMesh 中设置求解序列（即 SOL），然后设置输出控制（即 post）即可。

值得注意的是，Nastran 求解器中一般需要设置 K6ROT 参数来提供壳单元 CQUAD4 的面内转动刚度。K6ROT 参数的具体数值需要根据经验、实验等设置，不同数值会得到不同的结果。OptiStruct 求解器的 CQUAD4 单元算法中已经考虑了单元面内转动自由度，根据每个单元的结构性质计算面内转动刚度，无需设置 K6ROT 参数。

RADIOSS 非线性求解器采用 block 数据格式。这里需要注意，RADIOSS block 数据格式与 Nastran 求解器所需要的格式并不兼容。

下面将通过实例介绍在 HyperMesh 中如何设定 OptiStruct、RADIOSS 和 Nastran 的求解文件。

8.1　OptiStruct 分析实例 1：三维惯性释放分析

本实例通过一个已有的有限元模型介绍如何使用 HyperMesh 设置惯性释放分析，在 OptiStruct 中求解并使用 HyperView 进行后处理。所使用的模型如图 8-2 所示。

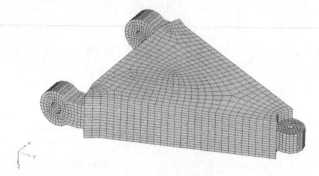

图 8-2　汽车摆臂模型

本实例的基本分析过程包括如下内容。

- 启动 HyperMesh。
- 导入 ie_carm.hm 文件。
- 定义相应的条件，建立分析模型。
- 提交 OptiStruct 计算。
- 在 HyperView 中查看结果。

STEP 01　导入.hm 文件。

1）启动 HyperMesh，弹出 User Profiles 对话框。User Profiles 也可通过下拉菜单 Preferences 进入。

2）在 User Profiles 对话框中选择 OptiStruct。

3）选择 File>Open，弹出 Open file 浏览器窗口，找到 ie_carm.hm 文件。

4）单击 Open 按钮，将 ie_carm.hm 文件载入当前的 HyperMesh 中。

STEP 02　创建惯性释放分析的载荷集。

本步骤将创建两个载荷集 Load Collector：一个为静态载荷，一个为约束。

1）在模型浏览窗口右击 Create > Load Collector。

2）loadcol name 输入 static_loads。

3）可在颜色板上选择一种颜色。

4）在 Entity Editor 中，确认 card image 选择 None。

至此，完成创建名为 static_loads 的载荷集。

5）在模型浏览窗口右击 Create > Load Collector。

6）loadcol name 输入 SPCs。

7）在 Entity Editor 中，确认 card image 选择 None。

至此，完成创建名为 SPCs 的约束集。

8）可在颜色板上选择一种颜色。

STEP 03 创建分析中要求的 SUPORT1。

1）单击位于 HyperMesh 状态栏右侧的 Set Current Load Collector，在界面上列出了所有定义的载荷集，如图 8-3 所示。

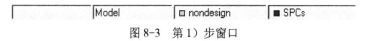

图 8-3　第 1）步窗口

2）选择 SPCs 为当前的载荷集。

3）从 Analysis 页面选择 Constraints 面板。

4）单击 create 按钮确定黄色框中为 nodes，如果不是，单击左侧"转换"按钮选择 nodes。选择位于控制臂与底盘之间前面连接点的多节点刚性单元中心点，如图 8-4 中所示的第 1 个约束点，DOF1、DOF2、DOF3 的值设定为 0.0，右键取消对自由度 DOF4、DOF5、DOF6 的选择。

5）单击 load type=，在弹出的菜单中选择 SUPORT1。

6）单击 create 按钮，这个载荷用于惯性释放分析。

7）选择控制臂和底盘之间的另一个连接点，即图 8-4 所示的第 2 个约束点。

8）DOF2、DOF3 的值设定为 0.0，通过右键取消对自由度 DOF1、DOF4、DOF5、DOF6 的选择。

9）单击 create 按钮。

10）创建第 3 个约束。选择图 8-4 所示刚性单元的顶部节点（node 号为 1695），DOF3 的值设定为 0.0，通过右键取消对自由度 DOF1、DOF2、DOF4、DOF5、DOF6 的选择。此刚性单元将减震装置的底部固定于控制臂。

11）单击 create 按钮。

12）单击 return 按钮返回 Analysis 界面。

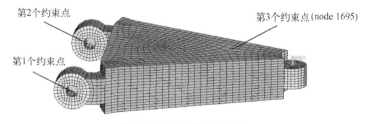

图 8-4　施加约束的节点

STEP 04 创建静力载荷。

1）在 Set Current Load Collector 中选择 Static_loads。

2）在 Analysis 界面选择 forces。

3）确认 nodes 按钮是激活的，如果不是，单击 nodes。

4）选择控制臂末端刚性单元顶部的节点，如图 8-5 所示。

5）确保设置为 global system。

6）设置 magnitude 为 1e+05。

7）单击 N1、N2、N3 旁边的开关，并选择 x-axis。

8）确保 load types 为 FORCE。

9）单击 create 按钮。

10）选择 4）步中的同一节点。

11）设置 magnitude 为 3e+05。

12）把力的方向改成 z-axis。

13）单击 create 按钮。

14）单击 return 按钮回到 Analysis 面板。

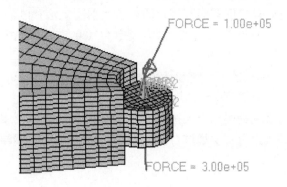

图 8-5　静力作用的节点

STEP 05　创建 OptiStruct 载荷工况。

1）在 Analysis 页面中选择 Loadsteps 面板。

2）单击 name =并输入 linear。

3）单击 type:选择 linear static。

4）选中 LOAD 前面的复选框。

5）单击=，在载荷列表中选择 static_loads 工况。

6）选中 SUPORT1 前面的复选框。

7）单击=，在载荷列表中选择 SPCs 工况。

8）单击 create 按钮，即创建了 OptiStruct 的载荷工况。它引用了载荷集 SPCs 中的惯性释放支点和载荷集 static_loads 中的载荷。

9）单击 return 按钮返回主菜单。

STEP 06 创建必需的控制卡片以求解惯性释放分析。

1）从 Analysis 页面选择 control cards。

2）单击两次 next 按钮，再单击 PARAM，然后拉动滚动条选择 INREL。

3）在 INREL_V1 下选择-1，如图 8-6 所示。

4）单击两次 return 按钮回到主菜单。

若使用 Nastran 求解，则步骤如下。

1）首先需要选择 Nastran 模板，然后按照上述步骤按顺序完成。

2）在 Analysis 页面单击 control cards。

3）单击 SOL，在 Analysis 选项卡下选择 Statics。

4）单击 PARAM，并拉动滚动条选择 POST，注意 POST 的参数为-1。

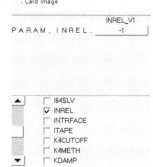

图 8-6　选择数值

5）从 HyperMesh 的下拉菜单中选择 File>Export>Solver Deck，确定文件路径和文件名称之后，单击 Export 按钮即可导出 Nastran 求解文件。

STEP 07 求解惯性释放分析。

1）使用 OptiStruct 面板完成两个功能，即保存当前模型并创建运行 OptiStruct 所需的输入文件以及设置分析类型。

2）从 Analysis 页面选择 OptiStruct 面板。

3）单击 save as 按钮选择要存文件的指定路径。

4）在 File Name 中输入 ie_carm.fem，然后单击 Save 按钮。

5）设置 Export options 为 All。

6）选择 run options：为 analysis。

7）设置 memory options:为 memory default。

8）单击 OptiStruct 按钮，开始计算。

9）此时即启动了 OptiStruct 求解。求解结束后，结果文件将存储在输入文件所在目录。ie_carm.out 文件用于查找错误信息，如果出现错误，这些信息将有助于调试。在文件所在的目录中包含的文件见表 8-1。

表 8-1　OptiStruct 计算输出文件

文 件 名	文 件 解 释
ie_carm.html	网页格式文件，是对输入数据及计算的总结
ie_carm.h3d	包含各种计算结果（如位移、应力）等的结果文件，可在 Hyperview 中进行后处理
ie_carm.res	HyperMesh 二进制重启动文件
ie_carm.out	ASCII 文件，计算前的模型检查及计算中的各种信息文件，可用于查找错误信息
ie_carm.stat	详细的各个阶段 CPU 运行时间列表

STEP
08 查看变形。

在 OptiStruct 面板单击 HyperView 按钮，这一步将自动启动 HyperView 并加载前面生成的.h3d 文件

1）将 Animate Mode Menu 设置为 Linear Static，如图 8-7 所示。

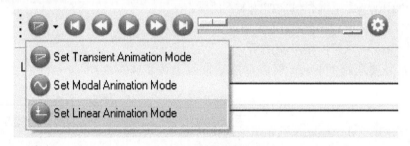

图 8-7　设置动画类型窗口

2）单击工具栏 Contour（　）按钮。

3）单击激活 Result type:栏第一个下拉菜单，并选择 Displacement [v]。

4）单击激活第二个下拉菜单，并选择 Mag。

5）单击 Apply 按钮显示位移云图。

6）选择 Deformed 面板工具条（　）按钮。

7）设置 Result Type:为 Displacement(v)。

8）将 Type 设置成 Uniform，Value 设置为 10，这意味着最大位移将是 10 个模型单位且其他所有的位移都会相应地进行缩放。

9）设置 Type 为 Uniform。

10）单击 Apply 按钮，将 Undeformed Shape:设置成 Wireframe。

11）将 Color 设置为 Component。出现模型的变形图，覆盖在原有未变形的网格上。

STEP
09 查看变形动画。

1）确定 Animate Mode Menu 设置为 Linear Static。

2）单击（　）按钮开始动画。单击　转到 Animation Controls 面板。动画运行时，使用面板左边的滑动条调整动画速度。

3）单击（　）按钮停止动画。

STEP
10 查看 von Mises stress 应力云图。

1）单击 Contour 面板工具栏（　）按钮。

2）将 Result type:设置为 Element Stresses (2D & 3D)。

3）将 stress type 设置成 vonMises。

4）单击 Apply 按钮，并注意云图的变化。完成后，从 File 下拉菜单中选择 Exit 退出 HyperView。

说明：从 HyperMesh 8.0 起，参数 PARAM、INREL、-2 可以激活惯性释放分析而不需要 SUPORT/SUPORT1 卡，可以单击"控制卡片"面板上的 PARAM 框激活 SUPORT1 参数。本实例的目的是介绍创建 SUPORT1 的步骤，因此并未用到这个参数。作为附加实例，可以使用上面提到的参数来求解本实例。在这种情况下，不需要在载荷工况中创建 SUPORT1 卡片或选择该载荷集。

8.2　OptiStruct 分析实例 2：使用 PCOMPG 进行飞机复合材料的结构分析

本实例对一个复合材料结构使用 PCOMPG 卡片进行铺层定义的过程进行了解析，展示了使用全局铺层编号对结果后处理的优越性。本节首先介绍了传统的定义方法，即使用 PCOMP 定义，通过对比显示出使用 PCOMPG 对实际问题处理的益处。由于结构形状、载荷和边界条件都是关于 X 轴对称的，所以只对一半的结构模型进行创建，并在对称面施加对应的边界条件，如图 8-8 所示。

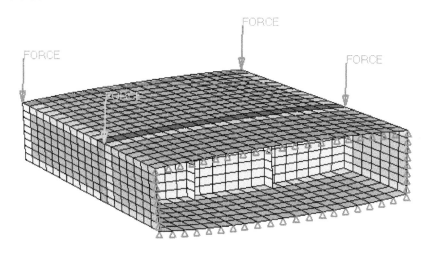

图 8-8　模型结构

本实例包括以下步骤。
- 打开模型文件。
- 查看和设置分析模型。
- 提交计算。
- 查看结果。
- 利用 PCOMPG 卡片重新定义铺层属性。
- 提交计算。
- 查看结果。

STEP 01 进入 OptiStruct 用户界面并打开模型文件。

1）启动 HyperMesh。

2）在 User Profiles 对话框中选择 OptiStruct，单击 OK 按钮。

3）在 File 下拉菜单选择 Open>Model 命令，弹出 Open Model 浏览窗口，找到 frame.hm 文件。

4）单击 Open 按钮，将 frame.hm 数据载入当前的 HyperMesh 中，替换原有数据。

STEP 02 查看模型。

结构模型已经建立，可以直接进行求解计算。在提交计算之前，应先查看建立的模型。

模型用于线性静力分析。由于模型为对称结构，故可以建立一半有限元模型并施加对称边界条件，在对称面约束所有节点的 DOF1、DOF5 和 DOF6，如图 8-9 所示。

所有的 component 都会从底面向上（即单元的法向）利用 PCOMP 属性对层进行排列，如图 8-10 所示。

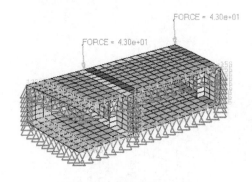

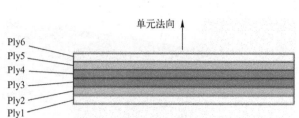

图 8-9　一半结构的有限元模型　　　　图 8-10　沿着单元法向的铺层排列

这个模型中 component 的名字若以单词"Flange"开头，表示它们是将不同的 component 连接在一起的连接点。查看时，需注意由 Skin 和 Rib component 构成的法兰区域。查看 Skin_inner、Rib、Skin_outer Flange1_Skin_Rib 和 Flange2_Skin_Rib 的铺层排列（图 8-11b）。注意 Skin_inner、Flange1_Skin_Rib、Flange2_Skin_Rib 和 Skin_outer 中有很少的公共铺层，它们在每一个 component 中的叠放次序是不同的。例如，Skin_inner 的第 4 层是 Flange2_Skin_Rib 的第 3 层和 Skin_outer 的第 2 层。

1）从 2D 页面单击 HyperLaminate 面板，打开 HyperLaminate 图形界面。在此可以对铺层信息进行定义、查看和编辑，也可以在此创建并编辑材料特性和设计变量。

2）展开屏幕左边模型窗口中的 Laminates 部分。

3）选择 Skin_inner PCOMP，层合板中的详细信息出现在图形界面中，如图 8-12 所示。

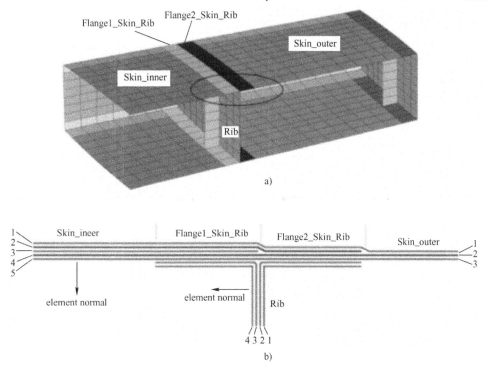

图 8-11　Skin_inner、Rib、Skin_outer、Flange1_Skin_Rib 和 Flange2_Skin_Rib 的铺层排列

图 8-12　显示层合板信息

4）确认 Skin_inner 的铺层定义与 Flange1 _Rib_Skin 的铺层定义的前五项一致，见表 8-2。

表 8-2 Flange1_Rib_Skin 的铺层定义

铺 层 编 号	材 料	铺 层 厚 度	铺 层 方 向	应 力 输 出
1	Carbon_fiber	1.2	45	YES
2	matrix	0.2	90	YES
3	Carbon_fiber	1.2	-45	YES
4	matrix	0.2	-90	YES
5	Carbon_fiber	1.2	90	YES
6	matrix	0.2	-45	YES
7	Carbon_fiber	1.2	45	YES

5）选择 Rib PCOMP 并输入 Rib 的第 3 个和第 4 个铺层定义，使之与表 8-2 中的第 6 和第 7 项一致。

6）选择 Flange1_Rib _Skin PCOMP，查看铺层定义，确认 Flange1_Rib _Skin 的铺层定义与表 8-2 一致且前 5 层与 Skin_inner 铺层相同，最后的两个层与 Rib 的第 3 层和第 4 层相同，查看其他法兰的铺层定义。

7）还可以查看其他组件。结束后，从 File 下拉菜单中选择 Exit。退出 HyperLaminate 图形界面并返回 HyperMesh。

STEP 03 提交计算。

1）从 Analysis 页面选择 OptiStruct 面板。

2）在 input file:之后单击 save as…，弹出 Save file…浏览窗口。

3）选择路径并写入 OptiStruct 模型文件 frame_PCOMP.fem，OptiStruct 支持以.fem 为扩展名的输入格式。

4）单击 Save 按钮。

注意此时 frame_PCOMP.fem 的文件名和路径已经在 input file：区域显示。

5）设置 export options:为 all。

6）单击 run options:开关并选择 analysis。

7）设置 memory options:为 memory default。

8）单击 OptiStruct 按钮开始运行。当出现 Process completed successfully 时，分析过程完成。在结果文件所在目录中会自动生成的文件见表 8-3。

表 8-3 OptiStruct 计算输出文件

文 件 名	文 件 解 释
frame_PCOMP.html	网页格式文件，是对输入数据及计算的总结
frame_PCOMP.out	ASCII 文件，计算前的模型检查及计算中的各种信息文件，预测计算需要的磁盘空间、RAM 大小，可用于查找警告和错误信息
frame_PCOMP.h3d	包含各种计算结果，如位移、应力等的结果文件，可在 Hyperview 中进行后处理
frame_PCOMP.stat	详细的各个阶段 CPU 运行时间列表

STEP
04 查看结果。

1）从 OptiStruct 面板单击绿色的 HyperView 按钮。打开 HyperView 并且模型结果自动载入。HyperView 中出现一个信息窗口，提示模型和结果文件成功载入 HyperView。

2）单击 Close 按钮关闭信息窗口。

3）单击 Contour 面板工具栏（ ▮ ）按钮。

4）单击 Result type:下面的第一个开关，并选择 Composite Stresses (s)。

5）单击第二个开关，并选择 P1 (major) Stress。

6）在 Layers 选择 Ply 3。

7）在 Averaging method:下面区域选择 None。

8）单击 Apply 按钮。此时会标明模型所有 components 的第 3 层最大主应力位置。

9）单击 ⚓ 以查看模型，如图 8-13 所示。在顶面应力值不会逐渐变化，但会在经过 Flange2_Skin_Rib 时突然减小。再次查看 Flange1_Skin_Rib 的铺层属性表格，可以看到 Flange2_Skin_Rib 的第 3 层特征为基体材料，而与之相邻的 Flange1_Skin_Rib 和 Skin_outer 的第 3 层为碳纤维材料。应力值发生突然的改变是因为观察到的是两种不同材料处的应力。此例子表明，在 PCOMP 结果的后处理过程中，为使结果有意义，用户必须使铺层结果与它们相应的铺层属性相互关联。

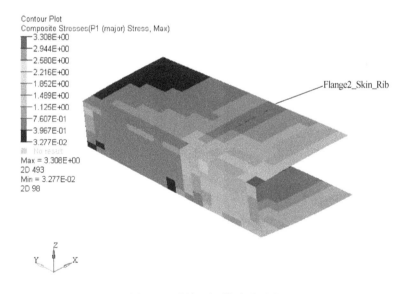

图 8-13　框架顶面的应力分布

需要强调的是，在对 PCOMP 结构进行后处理过程中，仅仅根据铺层编号描绘结果是不够的。用户在使用这种方法进行后处理的过程中必须时刻掌握铺层属性（材料属性、厚度、方向、故障指数等）。如果是庞大而复杂的模型，在后处理过程中掌握各个层的属性将是枯燥乏味的。

使用 PCOMP 的弊端可以通过使用属性定义的 PCOMPG 卡片来避免。使用该卡片可以为各个层和后处理分配全局铺层编号，后处理的结果与全局铺层编号相关。

下面的步骤将阐述使用 PCOMPG 属性重定义模型的过程。

05　利用 PCOMPG 卡片重新定义铺层属性。

1）不关闭 HyperView，转到 HyperMesh。

2）从 2D 页面选择 HyperLaminate 面板。开启 HyperLaminate 图形界面，从中可以对铺层信息进行定义、查看和编辑。

3）从 Tools 下拉菜单选择 Laminate options。

4）单击 Convention:开关并选择 Total。

5）单击 OK 按钮关闭窗口。

创建新组件时，Total 已被设置为默认选项。

此时将创建含有全局铺层编号的 PCOMPG 组件。如前所述，Skin_inner 的第 4 层是 Flange2_Skin_Rib 的第 3 层和 Skin_outer 的第 2 层。因此，所有这些层将定义为同一全局层 ID 4。同样地，其他的层也将类似定义，如图 8-14 所示。

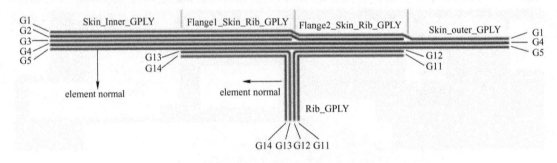

图 8-14　含有全局铺层编号的铺层信息

6）展开屏幕左边树结构的 laminates 部分。

7）右击 PCOMPG。

8）单击 New 按钮，创建一个新的设计变量。默认的变量名为 NewLaminate1，且扩展了树结构。

9）右击 Laminate name:重命名为 Skin_inner_GPLY，覆盖默认文件名。

10）在 Add/Update plies:段的 GPLYID 区域中输入 1。

11）选择 Material 的下拉菜单，并选择 corbon_fiber。

12）在 Thickness T1 区域输入 1.2。

13）在 Orientation 区域输入 45。

14）选择 SOUT 的下拉菜单并选择 YES。

15）单击 Add New Ply 按钮，增加铺层信息。

16）重复这个过程，使用表 8-4 中的特征再增加 4 个层。

表 8-4　Skin_inner_GPLY 铺层信息

GPLY 铺层编号	材　料	铺层厚度/mm	铺层方向/（°）	应 力 输 出
2	Matrix	0.2	90	YES
3	carbon_fiber	1.2	-45	YES
4	Matrix	0.2	-90	YES
5	carbon_fiber	1.2	90	YES

17）单击 Update Laminate 按钮更新铺层信息，此时铺层信息显示在图形界面右边的 Review 栏。

18）创建一个名为 Rib_GPLY 的新 PCOMPG，铺层排列见表 8-5。

表 8-5　Rib_GPLY 铺层信息

GPLY 铺层编号	材　料	铺层厚度/mm	铺层方向/（°）	应 力 输 出
11	carbon_fiber	1.2	0	YES
12	Matrix	0.2	45	YES
13	Matrix	0.2	-45	YES
14	carbon_fiber	1.2	45	YES

根据图 8-14 所示有关全局铺层编号的铺层信息，创建 Flange1_Skin_Rib_GPLY 组件。

19）右击 Skin_inner_GPLY 并从弹出菜单中选择 Duplicate 以创建一个相同的组件。

20）双击 Laminate name：下的文本框，将组件重命名为 Flange1_Skin_Rib_GPLY，覆盖默认文件名。

21）使用 Add New Ply 功能并根据表 8-6 中的特征再增加两个层。

表 8-6　Flange1_Skin_Rib_GPLY 铺层信息

GPLY 铺层编号	材　料	铺层厚度/mm	铺层方向/（°）	应 力 输 出
13	Matrix	0.2	-45	YES
14	carbon_fiber	1.2	45	YES

创建了新组件 Flange1_Skin_Rib_GPLY。这个组件的前 5 个层与 Skin_inner_GPLY 相同，且它的最后两个层是 Rib 的第 2 层和第 1 层。为减少本部分的步骤，其他组件的铺层排列信息（包括 PCOMPG 和合适的分层信息）已经创建在文件 updated_PCOPMPG_properties.fem 中。这个文件将写入 HyperMesh 并覆盖特征，代替了手动更新。文件 updated_PCOPMPG_properties.fem 为 OptiStruct 输入文件格式。可使用任何文本编辑器打开和查看组件是如何通过 PCOMPG 定义的。具体参数对应含义可查询 OptiStruct 帮助中的 PCOMPG 卡片，部分文件见表 8-7。

表 8-7　通过 PCOMPG 卡片定义组件

$HMNAME COMP			35"Flange2_Rib_Spar"		
$HWCOLOR COMP			35	21	
PCOMPG	35		3.0		HILL
	21	31.2	-45.0		YES

（续）

$HMNAME COMP			35"Flange2_Rib_Spar"		
	22	20.2	0.0		YES
	23	31.2	45.0		YES
	12	20.2	45.0		YES
	11	31.2	0.0		YES
$HMNAME COMP			36"Flange6_Rib_Spar"		
$HWCOLOR COMP			36	6	
PCOMPG	36		3.0		HILL
	21	31.2	-45.0		YES
	22	20.2	0.0		YES
	23	31.2	45.0		YES
	100	20.2	0.0		YES
	11	31.2	0.0		YES
	12	20.2	45.0		YES
	13	20.2	-45.0		YES
	14	31.2	45.0		YES

22）从 File 下拉菜单中选择 Exit，退出 HyperLaminate 界面，并返回 HyperMesh。

23）从 File 下拉菜单选择 Import…。

24）在 Import type 的按钮图标中单击 Import Solver Deck 按钮。

25）选中 FE overwrite。该选项使得定义在文件 Updated_PCOPMPG_properties.fem 中的 PCOMPG 属性覆盖旧的 PCOMP 属性。

26）在 File：中选择 Updated_PCOPMPG_properties.fem 文件。

27）单击 Import 按钮。

28）单击 Close 按钮。

STEP 06 在 HyperLaminate 中查看导入的属性。

1）从 2D 页面进入 HyperLaminate 面板。

2）展开屏幕左边树结构的 Laminates 部分。此时所有的组件都出现在 PCOMPG 下。早先创建的组件（Skin_inner_GPLY，Rib_GPLY 和 Flange1_Skin_Rib_GPLY）仍然存在，但没有与之相关的单元。通过 PCOMPG component 可以查看铺层定义。

3）从 File 下拉菜单中选择 Exit。

若使用 Nastran 求解，则此部分的步骤如下。

1）首先需要选择 Nastran 模板，然后将上述步骤按顺序完成。

2）在 Analysis 页面单击 control cards。

3）单击 SOL 按钮，在 Analysis 选项卡下选择 Statics。

4）单击 PARAM 按钮，并拉动滚动条选择 POST，注意 POST 的参数为-1。

5）从 HyperMesh 的下拉菜单中选择 File>Export>Solver Deck，确定文件路径和文件名称之后，单击 export 按钮即可导出 Nastran 求解文件。

STEP 07 提交计算。

1）从 Analysis 页面选择 OptiStruct 面板。

2）在 input file: 之后单击 save as...。在 Save file...浏览窗口，选择写入 OptiStruct 模型文件的路径并输入文件名 frame_PCOMPG.fem。

3）单击 Save 按钮。注意此时 frame_PCOMPG.fem 文件的名字和路径已经在 input file: 区域显示。

4）设置 export options：为 all。

5）单击 run options：开关，并选择 analysis。

6）设置 memory options：为 memory default。

7）单击 OptiStruct 按钮。运行 OptiStruct。如果运行成功，新的结果文件将写入 OptiStruct 模型文件的路径下。

STEP 08 后处理查看结果。

1）当弹出窗口中出现信息"ANALYSIS COMPLETED"后，单击弹出窗口中的 Result 按钮，结果将自动载入。HyperView 出现信息窗口，提示模型和结果文件已经成功载入 HyperView。

2）单击 Close 按钮关闭信息窗口。

3）单击 Contour 面板工具栏（ ▥ ）按钮。

4）单击 Result type:下面的第一个开关并选择 Composite Stresses (s)。

5）单击第二个开关并选择 P1 (major) Stress。

6）在 Layers 选择 PLY 3。

7）在 Averaging method:下面区域选择 None。

8）单击 Apply 按钮。此时会标明模型所有组件的第 3 层最大主应力位置。

9）单击 ⚓ 查看模型，如图 8-15 所示。

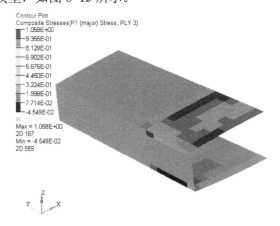

图 8-15　全局第 3 层主应力云图

基于全局铺层编号的后处理消除了必须了解铺层编号和组件上相应铺层属性的需要。结果显示以全局铺层编号为基础，不必考虑铺层顺序，因此可以选择整个模型中任何一个全局层编号并查看结果。如果给定区域没有给定的层出现，其结果将不显示。

8.3　OptiStruct 优化实例 1：汽车摆臂的概念设计

本节实例要求使用 OptiStruct 拓扑优化功能对汽车摆臂进行概念设计，优化得到的结构不仅质量更轻，而且可以满足所有载荷工况的约束要求。

汽车摆臂有限元网格包括可设计区域（蓝色）和不可设计区域（黄色），如图 8-16 所示。零件指定约束点（载荷施加点）的合位移，在该点上施加三种载荷后产生的位移分别为 0.05、0.02 和 0.04，优化设计的目标是尽可能减少设计材料。优化问题描述如下。

- 目标：体积最小化。
- 约束：施加载荷的节点在工况 1 下的合位移小于 0.05 mm；施加载荷的节点在工况 2 下的合位移小于 0.02 mm；施加载荷的节点在工况 3 下的合位移小于 0.04 mm。
- 设计变量：单元密度。

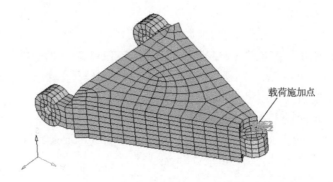

载荷施加点

图 8-16　包含可设计和不可设计材料区域的有限元网格模型

本实例的基本分析过程包括如下内容。
- 将已标识可设计与不可设计区域的有限元模型导入 HyperMesh。
- 定义相关的属性、边界条件、载荷和优化参数。
- 使用 OptiStuct 确定材料的最优分布。
- 结果（实体的分布）将以单元密度值从 0～1 的云图在设计空间中显示，需要加强的区域的密度趋向于 1。

STEP 01　载入 OptiStruct 并读取文件。

1）启动 HyperMesh。

2）在 User Profiles 对话框中选择 OptiStruct，并单击 OK 按钮。

3）单击工具栏 Files Panel（🖳）按钮。在弹出的 Open Model... 对话框中选择 carm.hm 文件。

4）单击 Open 按钮，carm.hm 文件被载入当前 HyperMesh 进程，取代进程中已有的其他数据。

STEP 02 建立材料和几何属性并定义合适的组件。

本实例中所用到的 3 个组件事先已经定义，以下只需要创建材料集并为每个组件指定相应的材料。

1）在模型浏览窗口内单击鼠标右键，在弹出菜单中选择 Create>Material，如图 8-17 所示。

2）在 Name 栏中输入 Steel。

3）在 Card image 栏中选择 MAT1。

4）设置 E 为 2.0e+05，Nu 为 0.3，如图 8-18 所示。

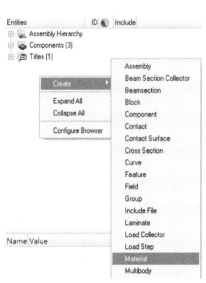

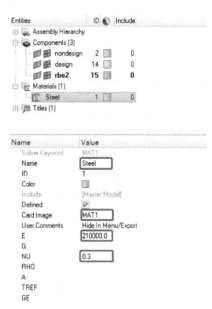

图 8-17　选择 Material　　　　　　　图 8-18　设置相关参数

5）单击 return 按钮。

以上操作建立了一个新的材料 steel，指定材料为 OptiStruct 的 linear isotropic，弹性模量为 2.0e+05，泊松比为 0.3。由于本例是一个线性静力分析问题，体积是其响应，因此不需要指定密度值。但在其他的情况下，密度值必须设定。可以随时在 Entity Editor 中对 collector 的卡片属性进行修改。

6）在模型浏览窗口内单击鼠标右键，在弹出菜单中选择 Create>Property。

7）在 Name 栏输入 design_prop。

8）card image 选择 PSOLID。

9）material 选择 Steel。

10）同上建立一个新的 Property，在 Name 栏输入 nondesign_prop。

11）card image 选择 PSOLID。

12）单击 material 选择 Steel。

13）单击模型浏览窗口中命名为 nondesign 的 Component，在 Entity Editor 中将 Property 设置为 nondesign_prop，如图 8-19 所示。

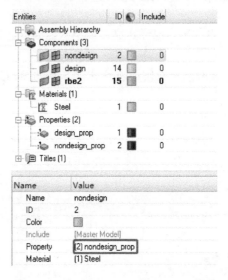

图 8-19 为 component 选择对应的属性

14）重复 13）步操作，设置 design_prop 为 design。

STEP 03 创建载荷集 load collector。

本步骤需要创建 4 个载荷工况 load collector，分别命名为 SPC、Brake、Corner 和 Pothole，并指定不同的颜色，具体操作如下。

1）在模型浏览窗口内单击鼠标右键，在弹出菜单中选择 Create>LoadCollector。

2）name 输入 SPC。

3）Card image 中选定为 None。

4）单击 color 按钮并在调色板里选择一种颜色。

5）同上，创建另外 3 个载荷集，名称分别为 Brake、Corner 和 Pothole。

STEP 04 创建约束。

1）在模型浏览窗口单击 LoadCollectors，右键单击 SPC 并在弹出菜单中单击 Make Current，即可将 SPC 设置为当前的载荷集。

2）从 Analysis 页面单击 Constraints，进入定义约束的面板。

3）从面板左侧的按钮中选择 Create 子面板。

4）在图形窗口中，通过单击方式选择套管一端的节点（前端，如图 8-20 所示），约束其 DOF1、DOF2 和 DOF3 三个自由度，DOF4、DOF5 和 DOF6 三个自由度没有约束。

5）单击 Create 按钮即创建约束。在图形窗口中被选择的节点处出现三角形约束符号，上边的数字 123 表明沿 X 轴、Y 轴、Z 轴方向的移动自由度已约束。

6）选择套管另一端的节点并约束其 DOF 2 和 DOF 3 自由度，如图 8-21 所示。

7）单击 Create 按钮。在图形窗口中被选择的节点处出现三角形约束符号，上边的数字 23 表明沿 Y 轴、Z 轴方向的移动自由度已约束。

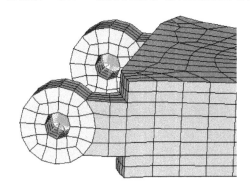
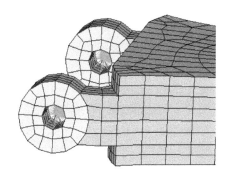

图 8-20 约束套管一端的 DOF1、DOF2 和 DOF3 三个自由度 | 图 8-21 约束套管另一端的 DOF2 和 DOF3 两个自由度

8）单击 nodes，并从"扩展选项"窗口中选择 by id。

9）输入数值 3239 并按〈Enter〉键，即选择 ID 号为 3239 的节点，如图 8-22 所示。

10）仅约束 DOF3。

11）单击 create 按钮。在图形窗口中被选择的节点处将出现三角形约束符号，上边的数字 3 表明沿 Z 轴方向的移动自由度已约束。

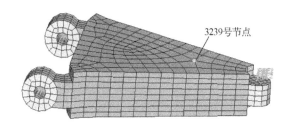

3239号节点

图 8-22 约束 ID3239 节点的 DOF3

12）单击 return 按钮返回主菜单。

STEP
05 创建载荷。

在节点 2699 上加载 3 个独立的力，分别在 X、Y 和 Z 方向上，分别属于 Brake、Corner 和 Pothole 三个 load collector。使用表 8-8 中力的设定数值来创建载荷。具体步骤如下。

表8-8　力的设定

节 点 编 号	载　　荷	大小/N	轴　　向
2699	brake	1000	x-axis
2699	corner	1000	y-axis
2699	pothole	1000	z-axis

1）在模型浏览窗口中单击 LoadCollectors，接着右键单击 Brake，在弹出菜单中单击 Make Current，将 Brake 设置为当前的载荷集。

2）从 Analysis 页面单击 forces，进入定义载荷的面板。

3）单击 nodes，选择 by id。

4）输入节点号 2699，按〈Enter〉键。

5）单击 magnitude=，输入 1000.0，按〈Enter〉键。

6）单击 magnitude=下面的方向定义开关，并在弹出菜单中选择 x-axis。

7）单击 create 按钮，在节点 2699 的 X 轴方向施加 1000 单位的集中力，此时在节点 2699 处出现一个指向 X 方向的箭头。

8）为了更好地显示载荷的表示箭头，可选择 uniform size=，输入 100，按〈Enter〉键。

9）在模型浏览窗口中单击 Load Collectors，右键单击 Corner，在弹出菜单中单击 Make Current，将 Corner 设置为当前的载荷集。

10）单击 nodes，选择 by id。

11）输入节点号 2699，按〈Enter〉键。

12）单击 magnitude=，输入 1000.0，按〈Enter〉键。

13）单击 magnitude=下面的方向定义开关，并在弹出菜单中选择 y-axis。

14）单击 create 按钮，在节点 2699 的 Y 轴方向施加 1000 单位的集中力。

15）在模型浏览窗口中单击 Load Collectors，右键单击 Pothole，在弹出菜单中单击 Make Current，将 Pothole 设置为当前的工况。

16）单击 nodes，选择 by id。

17）输入节点号 2699，按〈Enter〉键。

18）单击 magnitude=，输入 1000.0，按〈Enter〉键。

19）单击 magnitude=下面的方向定义开关，并在弹出菜单中选择 z-axis。

20）单击 create 按钮，在节点 2699 的 Z 轴方向施加 1000 单位的集中力，如图 8-23 所示。

21）单击 return 按钮回到 Analysis 页面。

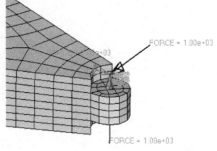

图8-23　节点2699处三个方向的载荷

STEP
06　创建 OptiStruct 子工况。

设定边界条件并定义子工况。

1）在 Analysis 页面进入 Loadsteps 面板。

2）单击 name=，输入 Brake，按〈Enter〉键。

3）确认 type 为 linear static。

4）确认 SPC 复选框被选中。

5）单击其右侧的条目区并从 load collectors 列表中选择 SPC。

6）确认 LOAD 前的复选框被选中，单击其右侧的条目区并从 load collectors 列表中选择 Brake。

7）单击 create 按钮，一个 OptiStruct 子工况 Brake 已经创建。该工况的约束由 load collector 中的 SPC 指定，力由 load collector 中的 Brake 指定。

8）同样步骤定义 Corner 和 Pothole。

9）单击 return 按钮回到 Analysis 界面。

STEP 07 为拓扑优化定义设计变量。

在 HyperMesh 中设置 Optimization。

1）在 Analysis 页面选择 Optimization 面板。

2）选择 Topology 面板。

3）从面板左侧的按钮中选择 Create 子面板。

4）单击 desvar=，并输入 design_prop，按〈Enter〉键。

5）单击 props，选择 design_prop，单击 select 按钮。

6）选择 type: PSOLID。

7）单击 Create 按钮，即定义了一个拓扑优化的设计空间 dcsign_prop，在 Property collector 中的所有名为 design_prop 的单元现在都包含在设计空间中。

8）单击 return 按钮返回 Optimization 面板。

STEP 08 定义响应。

在这个优化问题中，目标是体积的最小化，而约束是受力的 2699 号节点的位移。将创建两个响应：一个是用于定义目标的体积响应；另一个是位移响应。

由于 3 个载荷工况都使用相同的节点位移作为响应，所以只需要定义一个位移响应。

1）选择 Responses 面板。

2）单击 response =，并输入 vol。

3）单击响应类型 response type 开关，并在弹出菜单中选择 volume。

4）确认 regional/total 置于 total（默认值）。

5）单击 create 按钮，模型的体积响应 vol 即被定义。

6）单击 response =，并输入 disp1。

7）单击 response type 开关，并在弹出菜单中选择 Static displacement。

8）单击 nodes 并从弹出的扩展项选择菜单中选择 by id。

9）输入 2699 并按〈Enter〉键，受 3 个力的节点将被选择。

10）选择 total disp。这是 X、Y、Z 三个坐标轴方向的合位移。

11）单击 create 按钮，节点 2699 的总位移响应 disp1 即被定义。

12）单击 return 按钮返回 Optimization 面板。

STEP 09 定义目标函数。

在本例中目标是最小化已定义的 vol 全局体积响应。

1）在 Optimization 面板选择 Objective 子面板。

2）单击 Objective 面板左上角的转换按钮，从弹出菜单中选择 min。

3）单击 response =，并从响应列表中选择 vol。

4）单击 create 按钮。

5）单击 return 按钮返回 Optimization 面板。

STEP 10 定义设计约束。

对每一个子工况，将对已定义的合位移响应 disp1 加一个上下限约束。

1）在 Optimization 面板选择 Dconstraints 子面板。

2）单击 constraint =，并输入 constr1。

3）确认 upper bound =被选中。

4）单击 upper bound =，并输入数值 0.05。

5）单击 response =，并在响应列表中选择 disp1。

6）单击 loadsteps，选择 Brake。

7）单击 select 按钮。

8）单击 create 按钮。对应子工况 Brake，在响应 disp1 上定义了一个上限为 0.05 的约束。

9）单击 constraint =，并输入 constr2。

10）确认 upper bound =被选中。

11）单击 upper bound =，并输入数值 0.02。

12）单击 response =，并在响应列表中选择 disp1。

13）单击 loadsteps，选择 Corner。

14）单击 create 按钮。对应子工况 Corner，在响应 disp1 上定义了一个上限为 0.02 的约束。

15）单击 constraint =，并输入 constr3。

16）确认 upper bound = 被选中。

17）单击 upper bound =，并输入数值 0.04。

18）单击 response =，并在响应列表中选择 disp1。

19）单击 loadsteps，选择 Pothole。

20）单击 create 按钮。

21）单击 return 按钮两次返回主菜单。对应子工况 Pothole，在响应 disp1 上定义了一个上限为 0.04 的约束。

STEP
11 检查 OptiStruct 输入数据。

执行求解前，OptiStruct 可以对模型进行校验，以评估模型计算时所需要的硬盘空间以及内存大小。在校验运算中，OptiStruct 也会检查执行分析和优化所必需的信息是否完全，并确保这些信息不会冲突。

1）在 Analysis 页面选择 OptiStruct 面板。

2）单击 input file: 栏后的 save as…，弹出 Save file… 对话框。

3）选择一个存储 OptiStruct 文件的目录，并在 File name:栏中输入模型文件名 carm_check.fem。

4）单击 Save 按钮。

5）此时 carm_check.fem 的文件名和存取位置将显示在 input file: 栏中。

6）单击 export options：转换按钮，选择 all。

7）单击 run options：转换按钮，选择 check。

8）单击 memory options：转换按钮，选择 memory default。

9）单击 OptiStruct 按钮，启动 OptiStruct 检查运算。一旦过程结束，可以在弹出的窗口中看到 carm_check.out 文件的内容，包含文件设置的信息、优化问题的设置、对运行计算所需要的内存数和硬盘空间数的估计、优化迭代和计算时间的信息，也可能看到警告和错误信息。

- 优化问题建立是否正确，可查看 carm_check.out 文件中的 Optimization Problem Parameters 部分。
- 目标函数是否正确，可查看 carm_check.out 文件中的 Optimization Problem Parameters 部分。
- 约束是否正确，可查看 carm_check.out 文件中的 Optimization Problem Parameters 部分。
- 是否具有足够的硬盘空间运行优化，可查看 carm_check.out 文件中 Disk Space Estimation Information 部分。

STEP
12 进行优化求解计算。

1）在 Analysis 页面选择 OptiStruct 面板。

2）单击 input file: 栏后的 save as…，弹出 Save file… 对话框。

3）选择一个存储 OptiStruct 文件的目录，并在 File name:栏中输入模型文件名 arm_complete.fem。

4）单击 Save 按钮。

5）单击 run options：转换按钮，选择 optimization。

6）单击 OptiStruct 按钮，进行求解。

求解结束后，弹出窗口出现"OPTIMIZATION HAS CONVERGED."信息。如果模型有错误，OptiStruct 也会提示出错信息并将此信息写入 carm_complete.out 文件中，具体信息可通过文本文件编辑器查看。

求解过程中，软件自动生成以下文件：carm_complete.res、carm_complete.hgdata、carm_complete.out、carm_complete.oslog、carm_complete.oss、carm_complete.sh、carm_complete_hist.mvw、carm_complete.HM.ent.tcl 和 carm_complete.stat 等，这些文件都存放在 arm_check.fem 文件同一个目录中。

7）关闭弹出窗口并单击 return 按钮，进入主菜单。

8）在 HyperView 中查看结果和后处理。

在所有迭代中，单元密度结果被输出到 carm_complete_des.h3d 文件。另外，在第一次和最后一次迭代中，每种子工况对应的 Displacement（位移）和 Stress（应力）结果被默认输出到 carm_complete_s#.h3d 文件，这里 "#" 是指定子工况的 ID。下面介绍如何在 HyperView 中查看结果。

STEP 13 查看结构变形情况。

1）在命令窗口看到 OPTIMIZATION HAS CONVERGED 信息时，单击 Result 按钮，即能启动 HyperView，并自动载入结果。模型和结果文件成功在 HyperView 的信息窗口出现，注意在 HyperView 的四个不同页面中，分别载入了 4 个.h3d 文件。

2）单击 Close 按钮关闭信息窗口。查看模型的变形形状有助于判断边界条件定义是否正确及模型是否按期望变形。第 1 页是优化结果，第 2、3、4 页可以查看分析结果。

3）单击工具栏 Next page（ ）按钮进入下一页面。第 2 页显示 carm_complete_s1.h3d 文件结果。注意，此页面名为 Subcase 1 – brake，其结果与子工况 Brake 对应。

4）单击工具栏 Contour（ ）按钮。

5）单击激活 Result type:栏第一个下拉菜单，并选择 Displacement [v]。

6）单击激活第二个下拉菜单，并选择 Mag。

7）单击 Apply 按钮显示位移云图，如图 8-24 所示。

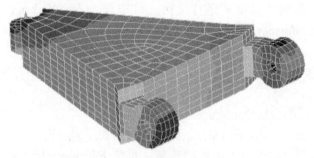

图 8-24　单元位移云图

8）单击工具栏 Deformed（ ）按钮。

9）在 Result type:栏中选择 Displacement [v]，在 Type：栏中选择 Uniform。

10）在 value: 栏中输入 10，即最大位移为 10 个模型单位，其他位移按比例放大。

11）在 Undeformed shape：下面单击 Show 旁的下拉菜单，选择 Wireframe。

12）单击 Apply 按钮，窗口图形区出现模型变形云图，表面是最初的未变形的网格。

13）在动画模式中选择 Linear Static，如图 8-25 所示。

14）单击 ⏵ 启动模型动画，显示第一个子工况 Brake 变形动画。请读者思考下列问题。

● 在第一个子工况下，施加的载荷是什么方向？

● 哪个节点的自由度被约束了？

● 边界条件应用于网格后，变形形状是否正确？

15）在 Result Browser 中选择 Iteration 18，如图 8-26 所示。

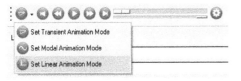

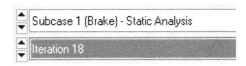

图 8-25　动画模式　　　　　　　　图 8-26　选择 Iteration 18

云图将显示第一个子工况 Brake 的第 18 次迭代的位移结果。

16）单击 ⏸ 停止动画。

17）单击 Next page（➡）按钮，进入第 3 页。第 3 页显示 arm_complete_s2.h3d 文件结果。注意，此页面名为 Subcase 2 – corner，其结果与子工况 Corner 对应。

18）重复 2）～16）步操作，可显示第二个子工况模型变形云图。请读者思考下列问题。

● 在第二个子工况下，施加的载荷是什么方向？

● 哪个节点的自由度被约束了？

● 边界条件应用于网格后，变形形状是否正确？

19）用同样的方法，检查第三个子工况 Pothole 的位移和变形。

STEP 14 查看密度结果静态图。

第 1 页载入的是优化迭代结果（单元密度）。

1）单击 Previous page（⬅）按钮，直到页面名显示为 Design History，此页面结果对应每一步优化迭代。

2）单击工具栏 Contour（📊）按钮。

3）单击激活 Result type：栏第一个下拉菜单，选择 Element Densities[s]。单击激活第二个下拉菜单，选择 Density。

4）在 Averaging method：栏中选择 Simple。

5）单击 Apply 按钮，显示密度云图。

6）选择工具栏 Deformed（📏）按钮。

7）单击 Show：栏，选择 Features，仅显示未变形网格的边界。

8）在 Results Browser 中选择 Iteration 18。请读者思考下列问题。

● 是否大多数单元的密度值都收敛到接近 1 或者 0？

● 如果有很多中间密度的单元（其密度值介于 0～1 之间），则需要调整离散参数 DISCRETE。离散参数 DISCRETE（在 Optimization 面板 opti control 中设置）可用于使具有中间密度值的单元趋向于 1 或者 0，有利于得到更加离散的结构。对于本例，现有的网格和结果已经足够。结构需要加强的区域密度值趋向于 1.0，而不需要加强的区域密度值趋向于 0.0。

● max =栏中是否显示 1.0e+00？本例确实如此。

如果不是，则优化的进程不够。可以进行更多的迭代和（或）减少目标容差 OBJTOL 的参数值（在 Optimization 面板 opti control 中设置）。如果调整了离散参数 DISCRETE，并且（或）减少目标的容差 OBJTOL 仍不能产生更佳离散的解（没有单元的密度值为 1.0），用户可能需要检查优化问题的设置。定义的一些约束在给定的目标函数下可能是无法达到的，反之亦然。

STEP 15 查看密度结果等值面图。

1）单击工具栏 Iso（ⅢⅡ）按钮。

2）在 Result type：栏第一个下拉菜单选择 Element Densities[s],在第二个下拉菜单选择 Density。

3）单击 Apply 按钮显示密度等值面图。

4）在 Current value 栏中输入 0.15 并按〈Enter〉键，等值面图显示在图形窗口中。密度云图只显示此模型中密度值超过 0.15 的部分，其余部分会从视图中删除，如图 8-27 所示。

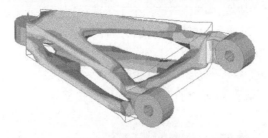

图 8-27 可设计区域材料的最优化布局等值面图

5）移动 Current value 栏下的滑杆以改变阈值。移动过程中，图形窗口中的等值面会更新。使用此工具可以在窗口中更直观地查看材料的分布与载荷的路径。

8.4 OptiStruct 优化实例 2：脱模方向约束的摆臂拓扑优化

本实例考虑工艺条件的优化，即将铸造脱模方向作为约束对摆臂进行拓扑优化。如图 8-28 所示，有限元网格包括设计区域（棕色部分）和非设计区域（蓝色部分）。

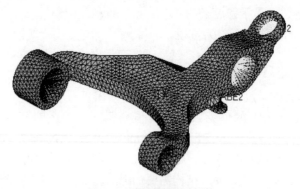

图 8-28 摆臂有限元网格

优化问题描述如下。
- 目标：应变能最小化。
- 约束：体积约束上限为 0.3，即占 30%。
- 设计变量：单元密度。

本实例的基本分析过程包括如下内容。
- 在 HyperMesh 里设置拓扑优化设计变量和脱模方向约束。
- 在 HyperMesh 里设置优化问题。
- 提交 OpstStruct 计算。
- HyperView 后处理。
- 设置拓扑优化设计变量和脱模方向约束。

STEP 01 载入 Optistruct 模板。

1）启动 HyperMesh，弹出 User Profiles 对话框，也可以通过下拉菜单 Preferences 进入。
2）在 User Profiles 对话框中选择 OptiStruct。
3）单击 OK 按钮。

STEP 02 读入模型文件 controlarm.hm。

从 File 的下拉菜单选择 Open，选择 Model 二级菜单，找到 controlarm.hm 文件并单击 Open 按钮。controlarm.hm 模型将被载入当前 HyperMesh 中。

STEP 03 使用脱模方向约束创建拓扑优化设计变量。

脱模方向约束 DRAW 用来设计铸件的可制造性，允许模具沿给定方向滑动，这些约束通过使用 DTPL 卡来定义。DRAW 有两个选项：SINGLE 选项为单向脱模，SPLIT 选项为从给定方向的分模平面上下脱模。

1）从 Analysis 界面选择 Optimization 面板。
2）选择 Topology 面板，如图 8-29 所示。
3）选择面板左边的 create。
4）在 desvar=输入 dv1。
5）单击 props，选择 Design。
6）单击 select 按钮。
7）设置 type 为 PSOLID。

图 8-29　选择 ToPology 面板

8）单击 create 按钮。

9）选择 draw 进入脱模方向约束 Draw 子面板，将 draw type 设置为 single。

10）单击 anchor node 按钮。

11）输入 3029 并按下〈Enter〉键，节点 3029 被选中。

12）单击 first node 按钮。

13）输入 4716 并按下〈Enter〉键，节点 4716 被选中。

14）在 obstacle 下双击 props，选择 Non-design 并单击 select 按钮，即选择非设计部分作为障碍物，以保证最后结构是可铸造的。

15）单击 update 按钮。

16）单击 return 按钮返回 Optimization 面板。

STEP 04 定义优化响应。

在 HyperMesh 中设置优化问题。

1）在 Optimization 面板中单击 responses。

2）在 response =后输入 Volfrac。

3）设置 response type 为 volumefrac。

4）单击 create 按钮。

5）在 response =后输入 Comp1。

6）设置 response type 为 weighted comp。

7）单击 loadsteps 并选择两个载荷工况，然后单击 return 按钮。

8）单击 create 按钮。

9）单击 return 按钮返回 Optimization 面板。

STEP 05 定义体积百分比约束。

1）单击 dconstraints 定义约束，如图 8-30 所示。

2）在 constraint=后输入 Constr。

3）选中 upper bound=，输入 0.3。

4）单击 response=，选择 Volfrac。

5）单击 create 按钮，完成体积约束的设置。

6）单击 return 按钮返回 Optimization 面板。

图 8-30 第 1）步窗口

STEP
06 定义目标。

1）单击 objective 以定义目标函数。

2）选择 min。

3）单击 response 并选择 Compl。

4）单击 create 按钮。

5）单击 return 按钮两次，返回 Optimization 面板。

至此，完成最优化问题的设置。

STEP
07 保存数据。

1）单击 Files 下拉菜单，选择 Save as。

2）设置保存文件的目录并输入文件名 controlarm_opt.hm，单击 save 按钮。

STEP
08 优化计算。

1）在 Analysis 页面上选择 OptiStruct 面板。

2）将 export options：设置为 all。

3）将 run options：设置为 optimization。

4）将 memory options：设置为 memory default。

5）单击 OptiStruct 按钮，开始运算。运行结束时，会在模型文件的目录下产生一些文件，其中 controlarm_opt.out 为信息文件，可用于检查模型和运行的出错信息。仿真结果文件见表 8-9。

表 8-9 仿真结果文件

文 件 名	文 件 解 释
controlarm_opt.hgdata	HyperGraph 文件，每一步迭代的结果
controlarm_opt.HM.comp.tcl	HyperMesh 命令文件，基于密度结果将单元编入 components，用于 OpstiStrct 拓扑优化计算
controlarm_opt.HM.ent.tcl	HyperMesh 命令文件，基于密度结果将单元编入 entity sets，用于 OpstiStrct 拓扑优化计算
controlarm_opt.hist	OptiStruct 迭代历程文件
controlarm_opt.oss	OSSmooth 文件设置密度阈值 0.3
controlarm_opt.out	OptiStruct 输出文件，计算前的模型检查及计算中的各种信息文件，预测计算需要的硬盘空间、RAM 大小，可用于查找警告和错误信息
controlarm_opt.html	在 HyperViewPlayer 中插件 Netscape 和 IE 自动浏览的文件
controlarm_opt.sh	形状结果文件，包括各单元的材料密度、无效单元尺寸参数、角度等，可用于重启动，执行 OSSmooth 文件等
controlarm_opt.mvw	HyperView 文件
controlarm_opt_hist.mvw	HyperView 历程文件

（续）

文　件　名	文　件　解　释
controlarm_opt_frames.html	HTML 文件用于后处理，用 HyperView Player 进行浏览，与 _menu.html 文件连接
controlarm_opt_menu.html	HTML 文件用于后处理，用 HyperView Player 进行浏览
controlarm_opt_des.h3d	HyperView 二进制文件，包括拓扑优化分析的 Density，形貌优化分析的 Shape 及尺寸和拓扑优化分析的 Thickness 等
controlarm_opt_s1.h3d controlarm_opt_s2.h3d	HyperView 二进制文件，包括线性静力分析的 Displacement 和 Stress，模态分析的 Element strain energy 等
controlarm_opt.res	HyperMesh Binary 结果文件

6）在 HyperView 中进行结果后处理。

OptiStruct 共进行了 38 步迭代，每一步计算结果都包含有单元密度信息，同时 OptiStruct 提供了第 1 步和第 38 步计算的位移（Displacement）和应力信息（Von Mises）。下面将介绍如何在 HyperView 中对结果进行后处理。

STEP 09 单元密度云图。

1）从 HyperMesh 面板单击 HyperView，在出现的信息界面单击 close 按钮。

2）在 Results Browser 查看最后一个迭代步。

3）单击 Contour（▥）按钮，在 Result type：的下拉菜单选择 Element Densities(s)，在其下面选 Density。

4）设置 Averaging method: 为 Simple。

5）单击 Apply 按钮。在界面上显示出图 8-31 所示的密度云图。

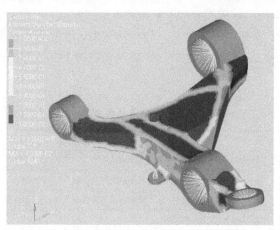

图 8-31　单元密度云图

STEP 10 密度等值面图。

OptiStruct 结果的等值面图可以十分直观和清晰地显示各个区域密度的变化，对于实体设计区域模型，此功能是查看密度分析结果的重要工具。

1）单击 Iso（ ⊞ ）按钮。

2）将 Result type:设置为 Element Densities (s)。

3）在 Results Browser 查看最后一个迭代步。

4）单击 Apply 按钮。

5）在 Current value:下输入 0.3。

6）确定 Show values:设置为 Above。

7）在 Clipped geometry 下选中 Features 和 Transparent，如图 8-32 所示。

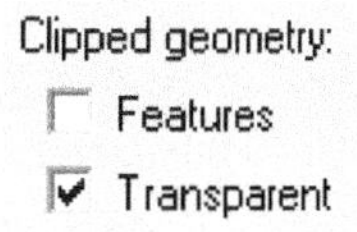

Clipped geometry:

☐ Features

☑ Transparent

图 8-32　选择相应选项

8）图 8-33 所示为密度的等值面图。可以拖动 Current values 的滚动条，动态显示不同数字的等值面。

说明：优化结果可以使用 Post>OSSmooth 进行几何重构，也可以通过 Inspire 或者 Evolve 中的 PolyNURBS 曲面功能进行快速曲面创建。CAD 重新建模可以在 HyperMesh 导出的几何文件的基础上选择任意的 CAD 软件进行。

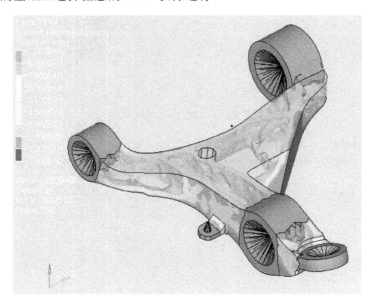

图 8-33　可设计部分的最佳材料分布等值面图形

STEP
11 位移与应力云图。

1）单击 Next Page（ ➡ ）按钮，转到第二页的 Load Case1。

2）将动画模式从 Transient 变为 LinearStatic，如图 8-34 所示。

3）单击云图 Contour（ ⊞ ）按钮。

4）设置 Result type 为 Displacements(V)。

5）单击 Apply 按钮。此时显示的是第 0 步的结果。

图 8-34　转变动画模式

6）单击 查看下一迭代结果，图形区将显示模型各个迭代步单元位移云图，如图 8-35 所示，也可显示模型的应力云图。

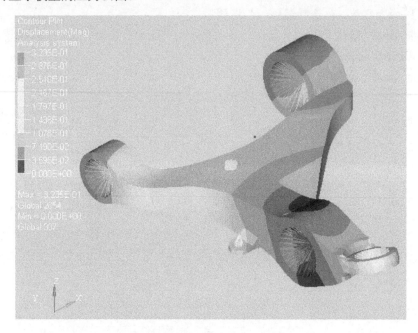

图 8-35 工况一单元位移云图

7）单击 Next Page（➡）按钮到第三页的 Load Case2，显示第二种工况的位移云图，如图 8-36 所示。

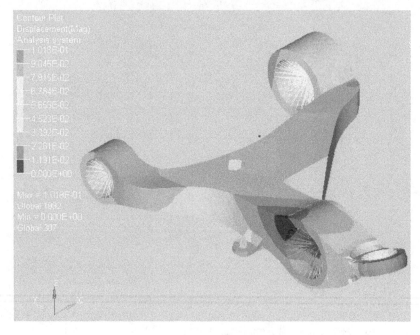

图 8-36 工况二单元位移云图

8.5 RADIOSS 实例：汽车前碰分析

本实例将利用 HyperMesh 对一个已有的模型进行汽车前碰前处理，使用 RADIOSS 进行有限元非线性求解并在 HyperView 中进行后处理。实例使用的模型如图 8-37 所示。

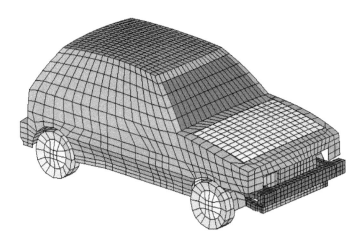

图 8-37 汽车前碰模型

模型描述如下。
- 单位：长度（mm）、时间（s）、质量（t）、力（N）、压强（MPa）。
- 仿真时间：0~0.05s。
- 工况：汽车以 15600mm/s 的速度撞击半径为 250mm 刚性柱。
- 模型材料见表 8-10。

表 8-10 模型材料

弹塑性材料	挡 风 玻 璃	钢	橡 胶
初始密度/t·mm^{-3}	2.5×10^{-9}	7.9×10^{-9}	2×10^{-9}
弹性模量/MPa	76000	210000	200
泊松比	0.3	0.3	0.49
屈服应力/MPa	192	200	1e30
硬化参数/MPa	200	450	
硬化指数/MPa	0.32	0.5	1
失效应力/MPa	-	425	

STEP 01 载入 RADIOSS（Block）模板。

1）启动 HyperMesh。
2）从 Preferences 菜单中选择 User Profiles 或单击（ 👤 ）按钮。
3）选择 RADIOSS 2017，并单击 OK 按钮。

STEP 02 载入 Exercise_9c.hm。

1）从工具栏单击（ ）按钮，选择 Exercise_9c.hm 文件。

2）单击 Open 按钮，整车模型被载入到当前 HyperMesh-RADIOSS 界面中。

STEP 03 创建 Windshield 材料并与相关组件关联。

1）在模型浏览窗口中右击，在弹出的菜单中选择 Create>Materials。

2）Component 名称命名为 windshield。

3）在 Entity Editor 中设置相关参数，如图 8-38 所示。

4）将创建的材料赋给 COMP-PSHELL_3 和 COMP-PSHELL_16，如图 8-39 所示。

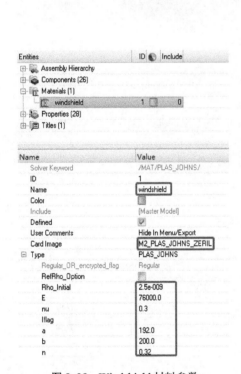

图 8-38　Windshield 材料参数

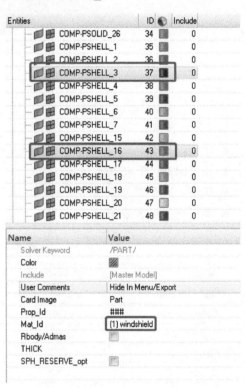

图 8-39　将材料赋给 component

STEP 04 创建并指定一维单元材料。

1）在模型浏览窗口中右击，在弹出菜单中选择 Create>Materials。

2）Component 名称命名为 steel。

3）在 Entity Editor 中设置相关参数，如图 8-40 所示。

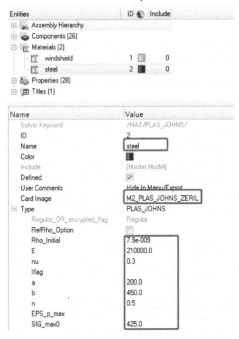

图 8-40   steel 材料参数

4）将创建的材料赋给 COMP_PROD8～COMP_PROD14。

STEP 05 指定其他二维单元材料。

1）从模型浏览窗口中选择除 COMP_PSHELL3、COMP_PSHELL16、COMP_PSHELL20、COMP_PSHELL21、COMP_PSHELL22 和 COMP_PSHELL23 之外的 COMP_PSHELL_1～COMP_PSHELL_30 中的所有二维单元组件。

2）在 Entity Editor 中选择材料为 steel。

STEP 06 指定三维单元材料。

1）从模型浏览窗口中选择 COMP-PSOLID_24、COMP-PSOLID_25 和 COMP-PSOLID_26。

2）在 Entity Editor 中选择材料为 steel。

STEP 07 创建 rubber 材料并与相关组件关联。

从模型浏览窗口中选择 COMP-PSHELL20～COMP-PSHELL23 单元组件。

1）在模型浏览窗口中右击，在弹出菜单中选择 Create>Materials。

2）Component 名称命名为 rubber。

3）在 Entity Editor 中设置相关参数，如图 8-41 所示。

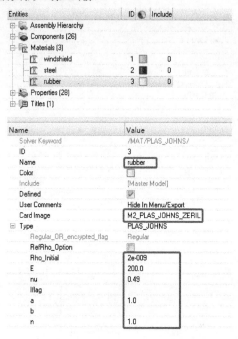

图 8-41 rubber 材料参数

4）将创建的材料赋给 COMP-PSHELL20～COMP-PSHELL23 单元组件。

STEP 08 创建刚性墙。

1）在模型轮胎底部偏下的位置，建立一个地面的参考点。

2）在模型浏览窗口中右击 Create，在弹出菜单中选择 Rigid WALL。

3）在 Name 栏输入 Ground，在 Geometry type 栏选择 infinite。

4）单击 base node，选择模型中地面的参考点。

5）单击 Normal，输入 $x=0$，$y=0$，$z=1$。

6）选择 Motion 中的 SLIDE 为 Sliding with fricitin。

7）在 d 栏中输入 200，设定"搜索"为从节点的距离[gr_nod1(s)也可以指定从节点]。

8）在 fric 栏中输入 0.2，用于设置摩擦系数。

STEP 09 创建刚性柱。

1）在车头前保险杠前方处建立一个参考点（$x=-320$，$y=1250$，$z=0$）。

2）在模型浏览窗口中右击 Create，在弹出菜单中选择 Rigid WALL。

3）在 Name 栏输入 Pole，在 Geometry type 栏选择 Cylinder。

4）单击 base node，选择 Cylinder 的参考点。

5）单击 Normal，输入 $x=0$，$y=0$，$z=-1$。

6）在 Length Z 中，输入圆柱的高度 1250。

7）在 Radius 栏中输入 250。

8）在 d 栏中输入 1500，定义"搜索"为从节点的距离。

9）在 Fric 中输入 0.2 的摩擦系数。

STEP 10 使用 TYPE7 定义接触（自接触）。

在模型浏览窗口中右击 Create，在弹出菜单中选择 Contact，或从 Tools 菜单中选择 Create cards>INTER> TYPE7。

1）在模型浏览窗口中右击 Create，在弹出菜单中选择 Contact。

2）在 Name 栏输入 CAR_CAR。

3）选择 Card image，选择接触类型为 TYPE7。

4）将 Grnod_id(S)设置为从节点。单击 nodes（或 Components，或 Set）选择整个车身，再单击 add，然后单击 return。

5）将 Surf_id(M)设置为主面。单击 Elements（或 Components，或 Set 等）选择整个车身，再单击 add，然后单击 return。

6）设置 Fric：0.2，Gapmin：0.7。如图 8-42 所示。

STEP 11 定义初速。

1）在 Utility 选项卡选择 BC's Manager。

2）在 Name 栏中输入 35MPH，设置 Select type 为 Initial Velocity，并设置 GRNOD 为 Parts。

3）单击 Parts 按钮，选择整个模型。

4）设置 V_x 为 15600，如图 8-43 所示。

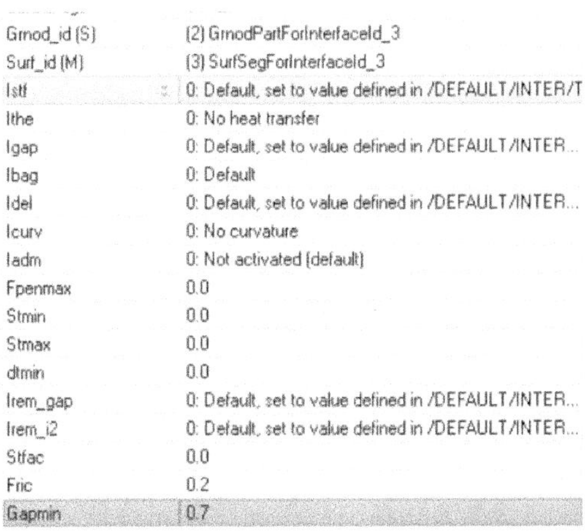

Grnod_id (S)	(2) GrnodPartForInterfaceId_3
Surf_id (M)	(3) SurfSegForInterfaceId_3
Istf	0: Default, set to value defined in /DEFAULT/INTER/T
Ithe	0: No heat transfer
Igap	0: Default, set to value defined in /DEFAULT/INTER...
Ibag	0: Default
Idel	0: Default, set to value defined in /DEFAULT/INTER...
Icurv	0: No curvature
Iadm	0: Not activated (default)
Fpenmax	0.0
Stmin	0.0
Stmax	0.0
dtmin	0.0
Irem_gap	0: Default, set to value defined in /DEFAULT/INTER...
Irem_i2	0: Default, set to value defined in /DEFAULT/INTER...
Stfac	0.0
Fric	0.2
Gapmin	0.7

图 8-42　CAR_CAR 接触参数

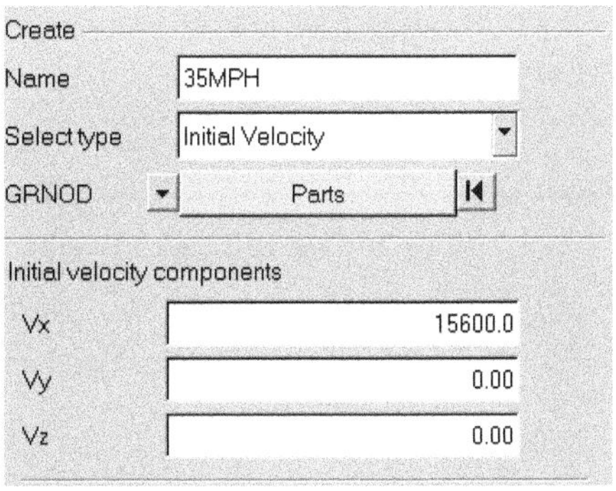

Create

Name　35MPH

Select type　Initial Velocity

GRNOD　Parts

Initial velocity components

Vx　15600.0

Vy　0.00

Vz　0.00

图 8-43　定义初始速度

5）单击 Create。

STEP 12 创建节点时间历程（用于设定曲线结果输出，并在 T01 结果文件中查看）。

1）模型浏览窗口设置仅显示 COMP-PSHELL_19 (rail)。

2）从 Tools 菜单中选择 Create cards>TH>NODE。

3）在 name 栏中输入 Rail，如图 8-44 所示选择 Rail 上的节点。

4）单击 proceed 按钮确定。

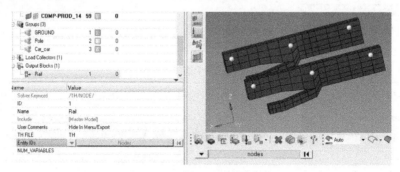

图 8-44　定义节点时间历程

STEP 13 创建 Engine File 求解文件。

1）在 Utility 选项卡中单击 Engine File，弹出 Engine File Assistant 对话框。

2）在 Create engine file 选项卡设置参数，如图 8-45 所示。

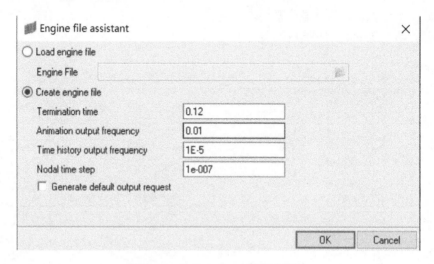

图 8-45　定义 engine 文件基本设置

3）单击 OK 按钮。

4）设置云图（Animation）的结果输出。可以在 Tools 菜单中选择 Create cards>ENGINE KEYWORDS>ANIM 进行设置，如图 8-46 所示。

图 8-46　定义 engine 文件 ANIM 标签

STEP

14 输出模型。

从菜单中单击 Export Solver Deck![按钮]按钮，设定输出路径和文件名称，如图 8-47。

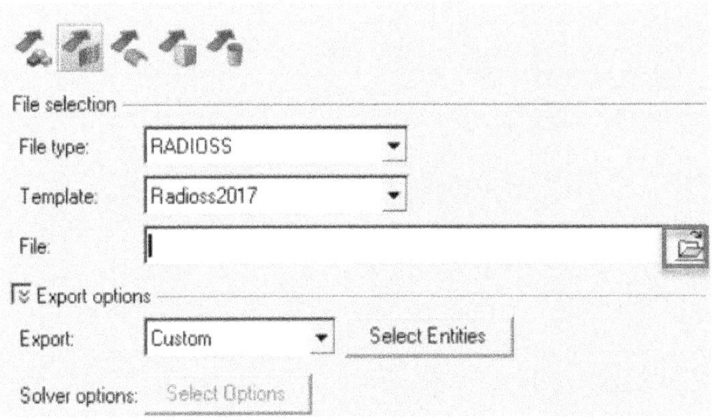

图 8-47　输出模型文件

1）在 Export 窗口单击（）指定文件输出路径。

2）指定文件名称为 Fullcar 并单击 Save 按钮。

3）单击 Export options 按钮，激活 Auto export engine file。

4）单击 Export 按钮，输出模型与求解文件。

STEP 15 求解。

1）选择 Altair HyperWorks 2017 > RADIOSS 2017 RADIOSS 2017。

2）在 Input file 栏选择上述输出路径下的 fullcar_0000.rad，如图 8-48 所示。

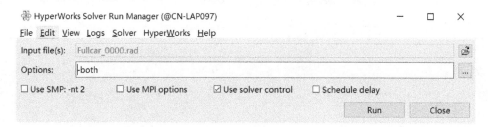

图 8-48　设置求解

3）单击 run 按钮，RADIOSS 开始求解，如图 8-49 所示。

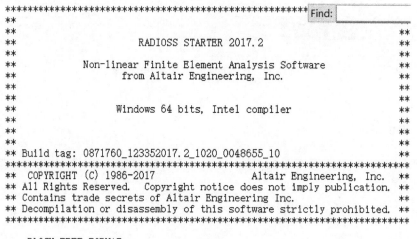

图 8-49　RADIOSS 对模型开始求解

STEP 16 结果查看。

可以通过 HyperViewer 查看.H3D 结果云图，通过 HyperGraph 查看 T01 曲线结果，如图 8-50 所示。

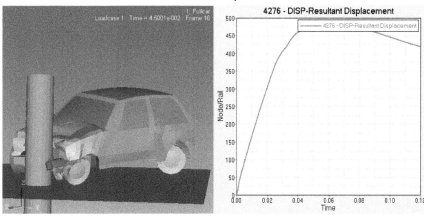

图 8-50　结果查看

小结

  HyperWorks 求解器包含隐式结构求解器、结构优化模块 OptiStruct 和显示求解器 RADIOSS，其中 OptiStruct 的格式与 Nastran 基本相同，可以使用相同的前处理方式。 HyperMesh 摒弃了对话框模式，使用卡片这一概念来进行求解器的前处理，在屏幕上所见到 的卡片即是求解文件输出的格式，这就要求读者应熟悉该求解器的各种单元、属性、材料等 卡片参数的意义，做到有的放矢。更多关于 OptiStruct 和 RADIOSS 软件使用的教程可以向 澳汰尔公司索取。

第 9 章

LS-DYNA 前处理

本章将介绍 HyperMesh 与 LS-DYNA 接口。完成本章练习后，读者将初步掌握在 HyperMesh 中建立 LS-DYNA 模型的方法。

本章通过实例的方式帮助读者理解 HyperMesh 中 LS-DYNA 的接口。

- LS-DYNA FE input reader。
- LS-DYNA FE output template。
- LS-DYNA Utility Menu。
- LS-DYNA user profile。

HyperMesh 的 LS-DYNA FE input translator、FE output template、Utility Menu 和 user profile 是 HyperMesh 中 LS-DYNA 接口的基础。

本章重点知识

9.1 总体介绍

9.2 实例：定义 LS-DYNA 的模型、载荷数据、控制卡片及输出

9.3 实例：使用曲线、梁、刚体、铰链

9.4 实例：模型导入、气囊输出显示及接触定义

小结

9.1 总体介绍

9.1.1 LS-DYNA Utility Menu

LS-DYNA Utility Menu 包含了针对 LS-DYNA 的常用工具，包括了 5 个页面的工具。这些页面和工具的功能见表 9-1。

表 9-1 Utility Menu 介绍

页 面	页 面 描 述
Geom/Mesh	包含了可以处理网格和几何的宏命令
User	用户自定义宏
Disp	关闭和显示，单独显示各种类型的对象。包含了很多可以改变模型显示的宏
QA/Model	包含了很多可以进行快速查看和清理单元质量的工具
LS-DYNA Utility Menu 中 tools 页面下的工具	
Part Info	在对话框中显示 part 的统计信息
Clone Part	复制一个 part，可以复制包括被复制 part 的属性和材料
Create Part	创建一个 part，在面板中可以选择新建或重复使用已有的属性或材料
Convert To Rigid	转换部分或整个模型到刚体，创建*CONSTRAINED_RIGID_BODIES 卡片
Find Free	查找 rigids 和 welds 单元的自由端
Find Fix Free	去除 rigids 和 welds 单元的自由端
RLs With Sets	对所有低版本生成的 Rigid 或者 Rigidlink 单元进行转化，使其与 Set 关联
Component Table	汇总、创建和编辑模型中的 parts 和属性
Material Table	汇总、创建和编辑模型中的材料

9.1.2 在线帮助

HyperMesh 在线帮助为读者讲解了如何创建 LS-DYNA 的卡片。可以通过以下途径打开在线帮助：单击 Help 菜单，选择 HyperWorks Desktop。

9.1.3 LS-DYNA FE Output Template

LS-DYNA 文件输出模板包含 LS-DYNA 格式向导，HyperMesh 可以用它来输出 LS-DYNA 求解文件。有以下几种 LS-DYNA 模板。

● Keyword971：Version 971 keyword format。
● Keyword970：Version 970 keyword format。
● Keyword960：Version 960 keyword format。

单击 Export（ ）按钮可以导出 LS-DYNA 文件，只需选择相应的模板输入名称并单击 Export 按钮即可。

9.1.4 LS-DYNA User Profile

在 Preferences 菜单下单击 User Profiles 选择 LS-DYNA 模板。选择 LS-DYNA 模板可以节省大量时间，因为会同时自动设置好以下内容。

- 设置文件读取类型为 DYNA KEY。
- 加载 DYNA.key FE 输出模板。
- 加载 DYNA Utility Menu。
- 界面切换至 DYNA tools；重命名和组织相应面板。
- 激活 ALE Setup 面板。

切换 LS-DYNA 模板到其他模板（如 OptiStruct），不会改变 LS-DYNA 模型。

9.2 实例：定义 LS-DYNA 的模型、载荷数据、控制卡片及输出

本实例包含以下内容。

- 在 HyperMesh 中查看 LS-DYNA 关键字，与 LS-DYNA 求解文件中格式相同。
- 理解 part、material 和 section 的创建和组织。
- 创建 sets。
- 创建速度。
- 理解 LS-DYNA 数据对象与 HyperMesh 中单元和加载方式的关系。
- 创建单点约束。
- 使用 segment 编号创建接触。
- 定义输出与仿真时间。
- 输出 LS-DYNA 格式的求解文件。

下列 tools/utilities 是 HyperMesh 设计 LS-DYNA 模型的基础。

- LS-DYNA FE input translator。
- FE output template。
- LS-DYNA Utility Menu。
- User Profile。

本节实例包含如下 3 个部分。

- 实例 1：定义头部和 A 柱碰撞分析模型数据。
- 实例 2：为头部和 A 柱碰撞分析定义边界条件和载荷。
- 实例 3：定义头部和 A 柱碰撞分析的时间和输出。

1. 定义模型数据

（1）*PART，*ELEMENT，*MAT，和*SECTION 之间的关系　*PART 可以引用属性（*SECTION）和材料（*MAT）等。使用了相同属性的一组单元一般放置到一个组件中。

*ELEMENT，*PART，*SECTION 和 *MAT 在 HyperMesh 中的引用关系见表 9-2。

表 9-2　*ELEMENT，*PART，*SECTION 和 *MAT 的引用关系

*ELEMENT	EID	PID		单元存放于组件集合(Component)中
*PART	PID	SID	MID	组件(Component)的卡片
*SECTION	SID			属性的卡片，通过在组件的卡片中指定属性(*SECTION)给*PART
*MAT	MID			材料集合的卡片，通过指定材料集合(*MAT)给组件来定义*PART 的材料

可以使用 Collectors 🔧🔩🔧🔩🔧🔩 来创建和编辑组件、属性和材料集合。

（2）在 HyperMesh 中查看 LS-DYNA 关键字　HyperMesh 卡片编辑器可以查看 LS-DYNA 关键字的数据行。在 HyperMesh 中显示的关键字和数据与在 LS-DYNA 求解文件中的显示一致。另外，对于一些关键字卡片，用户可以定义和编辑它们的参数和数据。

通过 Card Editor 面板可以查看卡片。它位于 Tool 菜单，可单击工具栏中的 Card Editor（🔧）按钮打开，或者右键单击 Model Browser/Solver Browser，在弹出来的菜单中选择。

（3）创建*MAT　在 HyperMesh 中，*MAT 是带有卡片的材料收集器。可以通过将材料收集器指定到组件（component）收集器来关联*PART，也可以通过 Model Browser、Solver Browser 或者 Material 下拉菜单来创建材料收集器。

（4）更新组件的材料　可以通过 Component Collectors 面板的 Update 子面板来更新组件的材料。

（5）Material Table Utility　此工具位于 LS-DYNA　Utility 下的 DYNA Tools 页面，具有如下功能。

● 查看模型中已有的材料和属性。

● 创建、编辑、合并、检查重复的材料。

（6）创建*SECTION　在 HyperMesh 中，*SECTION 是带卡片的属性收集器。可以从 Property Collectors 面板的 Create 子面板创建。

实例 1：定义头部和 A 柱碰撞分析模型数据

本实例的目的是进一步熟悉在 HyperMesh 中定义 LS-DYNA 中的 materials、sections 和 parts，包括为头部和 A 柱碰撞分析定义模型数据。头部和 A 柱模型如图 9-1 所示。

此实例包括如下步骤。

● 定义头部和 A 柱的材料为*MAT_ELASTIC。

● 定义 A 柱属性为*SECTION_SHELL。

● 定义头部属性为*SECTION_SOLID。

● 定义头部和 A 柱为*PART。

STEP 01　加载 LS-DYNA 模板。

1）从菜单栏选择 Preferences > User Profiles。

2）选择 LS-DYNA 模板并单击 OK 按钮。

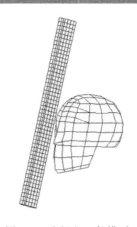

图 9-1　头部和 A 柱模型

STEP 02 打开 HyperMesh 文件。

1）从工具栏单击 Open Model 按钮，浏览并选择文件 head_start.hm。

2）单击 Open 按钮。模型被加载至图形区域。

STEP 03 为 A 柱和头部定义材料*MAT_ELASTIC。

1）在 Model Browser 空白处右击鼠标，在弹出菜单中选择 Create>Material。HyperMesh 在 Entity Editor 中创建并打开一个材料。

2）在 Name 栏输入 ELASTIC，如图 9-2 所示。

3）在 Card image 栏选择 MATL1。

4）在 Rho 区域，输入密度值 1.2E-6。

5）单击 E，输入弹性模量 210。

6）单击 Nu，输入泊松比 0.26。

Name	Value
Solver Keyword	*MAT_ELASTIC
Name	ELASTIC
ID	1
Color	
Include File	[Master Model]
Defined Entity	☑
Card Image	MATL1
User Comments	Hide In Menu/Export
Type	Regular
Fluid_Option	☐
Title	☐
Rho	1.2e-006
E	210.0
Nu	0.26
DA	
DB	
K	

图 9-2　创建材料

STEP 04 定义 A 柱属性(*SECTION_SHELL)，厚度为 3.5mm。

1）在 Model Browser 空白处右击，在弹出菜单中选择 Create > Property，HyperMesh 在 Entity Editor 中创建并打开一个 property。

2）在 Name 栏输入 section3.5，如图 9-3 所示。

3）在 Card image 栏选择 SectShll。

4）展开 NonUniform Thickness，并在 T1 输入厚度值 3.5。

图 9-3 创建属性

 STEP 05 定义头部*SECTION_SOLID。

1）在 Model Browser 空白处右击，在弹出菜单中选择 Create > Property，HyperMesh 在 Entity Editor 中创建并打开一个 property。

2）在 Name 栏输入 solid。

3）在 Card image 栏选择 SectSld。

STEP 06 将 A 柱定义为*PART。

A 柱使用材料的名称为 ELASTIC，*SECTION_SHELL 属性名称为 section3.5。

1）在 Model Browser 内展开 Component，单击 pillar 组件，打开 Entity Editor 并显示 pillar 对应的信息，如图 9-4 所示。

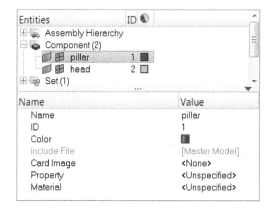

图 9-4 属性赋予

2）在 Card image 栏选择 Part。

3）在 Material 处单击 Unspecified >Material。

4）激活 Material 选择器，选择 ELASTIC。

5）在 Property 处单击 Unspecified >Property。

6）激活 Property 选择器，选择 section3.5。

STEP 07 定义头部为*PART。

头部部件采用的材料名称是 ELASTIC，*SECTION_SOLID 的属性名称为 solid。

1）在 Model Browser 中单击 head 组件，打开对应的属性编辑器。

2）在 Card image 栏选择 Part。

3）在 Material 处单击 Unspecified > Material。

4）激活 Material 选择器，选择 ELASTIC。

5）在 Property 处单击 Unspecified > Property。

6）激活 Property 选择器，选择 solid。

至此完成实例 1 的操作，保存文件为 head_2.hm。

2. 定义边界条件和载荷

（1）*INITIAL_VELOCITY_(Option)　定义 DYNA 初始速度的关键字见表 9-3。

表 9-3　定义初始速度的关键字

DYNA 关键字	应 用 范 围	在 HyperMesh 中创建
*INITIAL_VELOCITY	节点集，*SET_NODE_LIST	用于节点集，载荷收集器卡片名称为 InitialVel
*INITIAL_VELOCITY_GENERATION	*PART，*PART 集 *SET_PART_LIST	comps 集，载荷收集器卡片名称为 InitialVel
*INITIAL_VELOCITY_NODE	单个节点	从 Velocity 面板创建，在载荷收集器中无卡片

（2）*SET　除了*SET_SEGMENT，选择 Tools>Create>Sets 命令，可以从 Entity Sets 面板创建所有其他*SET 类型。用 Entity Sets 面板中的 review 可以查看 set 的内容，如何从 Contactsurfs 面板创建*SET_SEGMENT 不在此赘述。

（3）HyperMesh Entity 对象和类型　HyperMesh 的单元和载荷的选择可以通过配置（Configuration）和类型（Type）来确定。配置（Configuration）是 HyperMesh 的关键特征，类型（Type）用来定义载荷输出模板。一个配置（Configuration）可以支持多种类型（Type）。在生成单元和载荷之前，从 Elem Types 面板选择需要的类型（type）。

Load Types 子面板只使用于可以将载荷直接创建在节点或单元上的情况。其他情况下，载荷定义为一个有卡片的载荷收集器。例如，*INITIAL_VELOCITY_NODE（直接应用在节点上）可以由 Velocities 面板创建，而*INITIAL_VELOCITY（作用在节点集上）是通过创建一个 InitialVel 卡片的载荷收集器来定义的。

从 Elem Types 和 Load Types 面板能看到一系列单元和载荷类型，如图 9-5 和图 9-6 所示。

图 9-5　单元类型面板

force	=	NodePnt		temperature =	IniTmpNod
moment	=	NodePnt		velocity =	PrcrbVel_
constraint	=	BoundSPC		acceleration =	PrcrbAcc_
pressure	=	SegmentPr		equation =	Equations

图 9-6　载荷类型面板

一些单元的配置是 rigid 和 quad4。当加载了 DYNA.key 模板后，rigid 配置的具体单元类型的名称是 RgdBody、ConNode 和 GenWeld（关键字为 *CONSTRAINED_NODAL_RIGID_BODY，*CONSTRAINED_NODE_SET 和 *CONSTRAINED_GENERALIZED_WELD_SPOT）。

类似地，一些载荷的配置是 force 和 pressure。pressure 配置的具体类型是 ShellPres 和 SegmentPre（关键字为 *LOAD_SHELL_ELEMENT 和 *LOAD_SEGMENT）。

大多数单元和载荷的类型都能在创建它们的面板上进行选择。例如，rigids 从 Rigids 面板创建，约束从 Constraints 面板创建。

（4）*BOUNDARY_SPC_(Option)　定义单点约束的 DYNA 关键字见表 9-4。

表 9-4　单点约束的关键字

DYNA 关键字	应 用 范 围	在 HyperMesh 中创建
*BOUNDARY_SPC_NODE	单个节点	用 Constraints 面板创建约束并将其放置于无卡片的载荷收集器中
*BOUNDARY_SPC_SET	节点集 *SET_NODE_LIST	用于带 BoundSpcSet 卡片的载荷收集器引用的节点集

（5）*CONTACT 和 *SET_SEGMENT　从 BCs 菜单打开 Interfaces 面板，可以创建除 *CONTACT_ENTITY 外的各种接触（*CONTACT_ENTITY 可以从 BCs 菜单下的 Rigid Walls 面板创建）。

DYNA 接触在 HyperMesh 中定义为组（groups）。如果用户希望对 *CONTACT 进行删除、编号或者显示操作，应该编辑 HyperMesh 模型浏览器中的 groups。

（6）DYNA 接触的 Master 和 Slave 类型　DYNY 有很多类型的主、从接触面可供选择。HyperMesh 完全支持它们，本节主要描述 type0 的使用和设置 segment ID。

（7）*SET_SEGMENT 和 Contactsurfs 面板　在 Contactsurfs 面板中创建 *SET_SEGMENT。用这个面板还可以为已创建的 *SET_SEGMENT 删除或添加接触单元，直接调整其法向，而不用去调整单元的法向。

接触面在屏幕上显示为金字塔，每个 segment 对应一个金字塔。金字塔的方向代表了 segment 的法向。金字塔的方向默认与单元的法向相同。

在 Interfaces 面板为 *CONTACT 指定 *SET_SEGMENT，在 Add 子面板将类型设置为 csurfs 来指定 maste 或 slave 要引用的 segement。

实例 2：为头部和 A 柱碰撞分析定义边界条件和载荷

本实例的目的是熟悉在 HyperMesh 中进行 LS-DYNA 边界条件、载荷与接触的定义。

本实例包括为 hybrid III 假人头部与 A 柱碰撞分析设置边界条件和载荷，头部和 A 柱模型如图 9-1 所示。

本实例包含如下 3 个任务。

● 用*INITIAL_VELOCITY 定义头部所有节点的速度。
● 用*BOUNDARY_SPC_NODE 约束 A 柱底部节点的 6 个自由度。
● 用*CONTACT_AUTOMATIC_SURFACE_TO_SURFACE 定义头部和 A 柱的接触。

STEP 01 选择 LS-DYNA 模板。

1）从菜单栏选择 Preferences > User Profiles。
2）选择 LS-DYNA。

STEP 02 打开模型 head_2.hm。

1）打开模型文件 head_2.hm。
2）可以先仔细观察模型。

STEP 03 创建节点集*SET_NODE_LIST，包含头部所有的节点。

1）选择 Tools > Create > Sets。
2）在 Name 栏输入 Vel_Nodes，如图 9-7 所示。
3）在 Card image 栏选择 Node。
4）激活 nodes 选择器，选择 nodes>by collector>head。
5）单击 create 按钮创建 sets。
6）单击 return 按钮关闭面板。

图 9-7　创建节点集

STEP 04 定义速度。

1）右键单击 Model Browser，在弹出菜单中选择 Create > Load Collector。
2）在 Name 栏输入 init_vel。
3）在 Card image 栏选择 InitialVel。
4）在 NSID 域选择集 Vel_Nodes。
5）初始速度为全局 X 方向，在 VX 域输入 5。

STEP
05 创建载荷收集器来放置约束。

1）在 Model Browser 空白处单击右键，在弹出菜单中选择 Create > Load Collector。

2）在 Name 栏输入 SPC。

3）在 Card image 栏选择 none。

4）单击 Color 按钮指定一个颜色。

STEP
06 创建 A 柱端部的约束。

1）选择 BCs > Create > Constraints。

2）将选择器置于 nodes。

3）选择 nodes>by sets，并选择提前定义好的节点集 nodes for SPC。注意 A 柱底部的节点会高亮显示。

4）激活 6 个方向的自由度 DOF1～DOF6。

5）设置 load type 为 Bound SPC。

6）单击 create 按钮创建约束，如下图 9-8 所示。

7）单击 return 按钮关闭面板。

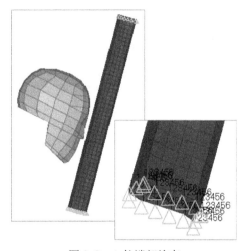

图 9-8　A 柱端部约束

STEP
07 将 A 柱单元定义为一个*SET_SEGMENT。

1）在 Model Browser 空白处单击右键，在弹出菜单中选择 Create > Contact Surfaces。

2）在 Name 栏输入 pillar_slave。

3）在 Card image 栏选择 setSegment。

4）可以为 contactsurf 选择一个颜色。

5）激活 elems 选择器，切换到 Add Shell Faces 子面板，选择 elems>by collector>pillar。

6）单击 Add 按钮创建接触面。

7）查看接触面时需保证金字塔方向朝外。

STEP 08 将头部单元定义为一个 SET_SEGMENT。

1）在 Model Browser 空白处单击右键，在弹出菜单中选择 Create > Contact Surfaces。

2）在 Name 栏输入 head master。

3）在 Card image 栏选择 setSegment。

4）可以为接触面选择一个颜色。

5）激活 elems 选择器，切换到 Solid Faces 子面板，选择 elems>by collector>head。

6）变换下方按钮为 nodes on face。

7）单击黄色 nodes 选择器。

8）选择实体单元表面任意 3 个节点。

9）将 break angle 栏设置为 30。

10）单击 Add 按钮创建接触面。

11）查看接触面时需保证金字塔方向朝外，如下图 9-9 所示。

12）单击 return 按钮关闭面板。

图 9-9 接触面创建

STEP 09 创建 group，使用 SurfaceToSurface 卡片。

1）在 Model Browser 空白处单击右键，在弹出菜单中选择 Create >Contact。

2）在 Name 栏输入 contact。

3）在 Card Image 栏选择 SurfaceToSurface。

STEP 10 为 group 的 slave 和 master 添加接触面。

1）确定 MSID 类型切换为 Contactsurfs。

2）单击 Contactsurfs 选择器并选择 headmaster 接触面。

3）单击 OK。

4）确定 SSID 类型，选择 Contactsurfs。

5）单击 Contactsurfs 选择器并选择 pillar_slave 接触面。

6）单击 OK。

图 9-10　接触设定

STEP 11 定义接触 AUTOMATIC 选项。

1）在 Options 下选择 Automatic，如图 9-10 所示。

2）回到 Model Browser。

STEP 12 查看 group 的主、从接触面。

1）在 Model Browser 创建好的 contact 中单击右键。

2）单击 review 按钮，如图 9-11 所示。注意主接触面和从接触面分别临时显示为蓝色和红色。

3）再次单击 review，退回到原来的显示模式。

至此完成实例 2 的操作，保存文件 head_3.hm。

图 9-11　主、从接触面显示

3. 定义控制卡和指定输出

*CONTROL 和*DATABASE 关键字介绍如下。

● *CONTROL 卡片是可选的，可以改变默认值并激活求解项，如质量缩放、自适应网格和隐式求解。推荐在模型中定义*CONTROL_TERMINATION 来控制求解时间。

● *DATABASE 卡片是可选的，但是必须通过定义来获得结果的输出。在 HyperMesh 中，除了表 9-5 列出的卡片，所有的*CONTROL 和*DATABASE 卡片都可以在 Analysis 页面或 Setup 菜单的 Control Cards 面板进行设定。

表9-5 不能使用"控制卡"面板建立*DATABASE卡片

DYNA卡片	建立卡片的面板
*DATABASE_CROSS_SECTION_(Option)	PLANE Option，Rigid Walls panel SET Option，Interfaces panel
*DATABASE_HISTORY_(Option)	Output Blocks panel
*DATABASE_NODAL_FORCE_GROUP	Interfaces panel

实例3：定义头部和A柱碰撞分析的时间和输出

本实例将练习在 HyperMesh 中定义 LS-DYNA 控制卡片和输出请求的方法。包括定义 LS-DYNA 的计算时间和输出。头部和A柱模型如图9-1所示。

本实例包括下面4个任务。

- 用*CONTROL_TERMINATION 指定 LS-DYNA 的计算终止时间。
- 用*DATABASE_(Option)卡片指定 ASCII 格式的输出结果文件。
- 用*DATABASE_BINARY_D3PLOT 卡片指定输出 d3plot 文件。
- 导出 LS-DYNA 971 格式的求解文件。

STEP 01 确认已加载 LS-DYNA 模板。

STEP 02 打开 head_3.hm 文件。

STEP 03 用*CONTROL_TERMINATION 指定 LS-DYNA 计算终止的时间。

1）选择菜单 view > solver browser，进入 Solver Browser 界面。

2）在 Solver Browser 空白处右击，在弹出菜单中依次选择 *Create>*CONTROL > *CONTROL_TERMINATION，HyperMesh 会在 Entity Editor 中创建并打开这个关键字，如下图9-12所示。

图9-12 计算终止时间设定

3）将 ENDTIM 设定为 2.5。

用*DATABASE_BINARY_D3PLOT 卡片指定 d3plot 输出。

1）在 Solver Browser 空白处右击，在弹出菜单中依次选择 *Create > *DATABASE > *DATABASE_ BINARY_D3PLOT，HyperMesh 会在 Entity Editor 中创建并打开这个关键字。

2）在 DT 处输入 0.1。

用*DATABASE_(Option) cards 卡片指定 ASCII 格式的输出。

1）在 Solver Browser 处右击，在弹出菜单中选择*Create>*DATABASE>*DATABASE_ OPTION，HyperMesh 会在 Entity Editor 中创建并打开这个关键字。单击 next 按钮，列表翻页。

2）选中 GLSTAT，并在 DT 中输入 0.1。此处指定了 GLSTAT 输出间隔为 0.1ms。

3）选中 MATSUM，并在 DT 中输入 0.1。此处指定了材料能力曲线输出间隔为 0.1ms。

4）选中 SPCFORC，并在 DT 中输入 0.1。此处指定了 SPC 作用反力输出间隔为 0.1ms。

输出 LS-DYNA Key 文件。

1）选择 File > Export > Solver Deck，打开含有 Export 按钮的面板。

2）确认 File type 为 LS-DYNA，且模板加载正确。

3）输入名称 head_complete.key。

4）单击 Export 按钮。

提交 LS-DYNA key 文件。

1）从"开始"菜单打开 LS-DYNA 程序。

2）从 solvers 菜单选择 Start LS-DYNA analysis。

3）选择 head_complete.key。

4）单击 OK 按钮开始分析。

在 HyperView 中进行 LS-DYNA 计算结果的后处理。

至此完成本实例的操作，保存文件。

9.3　实例：使用曲线、梁、刚体、铰链

本节实例包含两个部分：实例 1，定义座椅碰撞分析的模型数据；实例 2，定义边界条件和载荷。通过本节涉及的实例，读者可以学到如下内容。

- 创建 XY 曲线来定义非线性材料。
- 用 HyperBeam 定义梁单元。
- 创建 constrained nodal rigid bodies。
- 创建运动副。
- 定义*DEFORMABLE_TO_RIGID。
- 定义*LOAD_BODY。
- 创建*BOUNDARY_PRESCRIBED_MOTION_NODE。
- 使用 Component Table 工具查看模型数据。

本节涉及的实例将用到的工具有：DYNA Tools，Component Table，Curve Editor。其中的 DYNA Tools 菜单可以从 Utility Menu 中找到。Component Table 是 DYNA Tools 中的一个工具。用户可以用它来查看模型的 part 信息，创建和编辑 part。下面是该工具的一些功能。

- 列出已显示或模型中所有 part 的列表，并在图形区进行查看。
- 显示具有相同材料和属性的 part。
- 重命名或重编号 part、属性或材料。
- 更新厚度信息。
- 创建新的 part。
- 为 part 赋予属性和材料。
- 导出用逗号分隔格式的表格。

在 Component Table 窗口，可以将光标置于相应按钮上来显示并查看各项功能的解释。Component Table 窗口如图 9-13 所示。

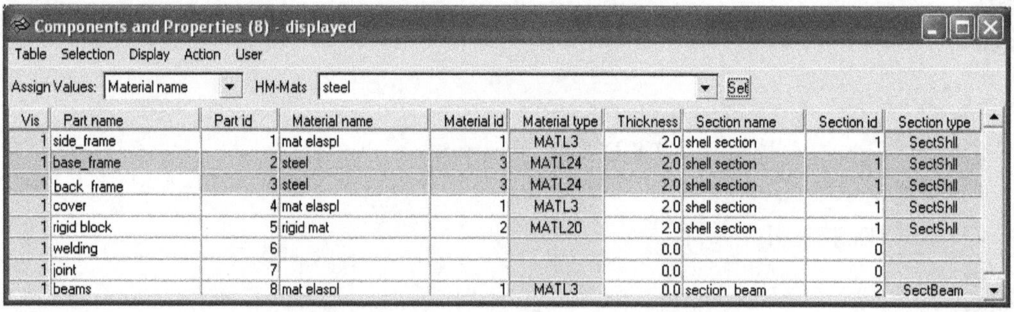
Components and Properties (8) - displayed
Table　Selection　Display　Action　User
Assign Values: Material name　HM-Mats steel　Set

Vis	Part name	Part id	Material name	Material id	Material type	Thickness	Section name	Section id	Section type
1	side_frame	1	mat elaspl	1	MATL3	2.0	shell section	1	SectShll
1	base_frame	2	steel	3	MATL24	2.0	shell section	1	SectShll
1	back_frame	3	steel	3	MATL24	2.0	shell section	1	SectShll
1	cover	4	mat elaspl	1	MATL3	2.0	shell section	1	SectShll
1	rigid block	5	rigid mat	2	MATL20	2.0	shell section	1	SectShll
1	welding	6				0.0		0	
1	joint	7				0.0		0	
1	beams	8	mat elaspl	1	MATL3	0.0	section_beam	2	SectBeam

图 9-13　Component Table 窗口

Curve Editor 是个弹出窗口，它比 XY Plots 面板更能直观地查看和编辑曲线。从 XYPlots > Curve Editor 菜单可以打开 Curve Editor 工具。下面是该工具的一些功能。

- 改变曲线的属性。
- 改变 graph 的属性。

- 在图形区域显示曲线。
- 创建新的曲线。
- 删除曲线。
- 重命名曲线。

图 9-14 所示是 Curve Editor 的示例图片。下面介绍如何在 HyperMesh 中定义模型中的 LS-DYNA 关键字数据：*DEFINE_CURVE、*DEFINE_TABLE、*ELEMENT_BEAM、*SECTION_BEAM、*CONSTRAINED_NODAL_RIGID_BODY、*CONSTRAINED_JOINT、*DEFORMABLE_TO_RIGID 等。

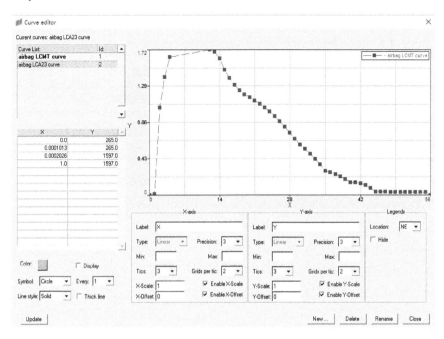

图 9-14　Curve Editor

1. *DEFINE_CURVE

*DEFINE_CURVE 卡片用来在 LS-DYNA 中定义曲线。曲线通常用来定义非线性材料和载荷，在 HyperMesh 中有多种方法来定义 DYNA 曲线。

（1）用曲线编辑器创建　具体方法为在菜单栏选择 XYPlots > Curve Editor 命令。

（2）从文件输入 XY 数据　在 XY Plots 菜单，可以通过读入 XY 数据文件来创建 *DEFINE_CURVE 卡片。XY 数据文件格式的示例如下。

```
XYDATA，  <curve one name>
x1 y1
x2 y2
ENDDATA
XYDATA，  <curve two name>
x1 y1
x2 y2
ENDDATA
```

工程师通过测试得到的数据格式通常是 Excel 文件。从 Excel 导出的数据是由逗号或空格分开的格式文件，可以被 HyperView 读取。将 HyperView 切换到 HyperGraph，从 File 菜单选择 Export Curves，用 XY Data 格式输出。HyperView 导出的 XY 数据文件也可以被 HyperMesh 读取。

（3）用数学表达式创建　从 Edit Curves 面板用数学表达式的方法创建*DEFINE_CURVE 卡片。通过这个面板，可以同时使用数学表达式和 XY 数据文件来创建曲线。

HyperMesh 通常用 curveN 来命名曲线。曲线会显示在 plots 上。在 Model Browser 的 Display 面板，可以通过单击 plot 来显示或隐藏曲线。

用表 9-6 中所列模板可以只输出 LS-DYNA 格式的曲线。选择 File>Export...命令，在 File type 处选择 Custom，选择 Curves.key 作为模板。

表 9-6　导出 LS-DYNA 曲线的模板

HyperMesh template	DYNA input file generated from template
LS-DYNA \curves.key	Version 970 keyword format for curves only
LS-DYNA 960\curves.key	Version 960 keyword format for curves only

Curves.key 模板文件位于 ALTAIR_HOME\templates\feoutput，可以使用 Import 按钮来导入文件模板。

2. *DEFINE_TABLE

*DEFINE_TABLE 可用来定义一个表，包括了一系列的输入曲线。每条曲线定义了一组升序的数据，由*DEFINE_CURVE 来定义这些曲线。

在 HyperMesh 中，可以用空的*DEFINE_CURVE 来生成*DEFINE_TABLE。用上面的任意一种方法生成一个空曲线（dummy curve），再在 Card Edit 面板编辑此空曲线。在弹出的卡片中激活 DEFINE_TABLE 选项，来创建*DEFINE_TABLE 并指定值和加载曲线。图 9-15 所示为*DEFINE_TABLE 卡片。

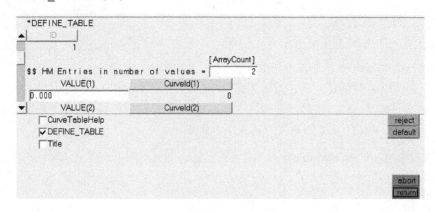

图 9-15　*DEFINE_TABLE 卡片

例如，给出对应不同应变率的 10 条不同的应力-应变曲线，HyperMesh 将在第一个 *DEFINE_TABLE 卡片后给出 10 个 *DEFINE_CURVE 卡片入口。10 条对应的

*DEFINE_CURVE 将被定义于*DEFINE_TABLE 卡片中。

3．*ELEMENT_BEAM

在 Bars 面板可以创建*ELEMENT_BEAM。可能需要用户指定第三个节点来确定截面的方向，但不是所有的梁单元都需要第三个节点，需要用 Card Editor 面板来编辑梁单元的卡片抑制第三节点。

梁单元放置于带 Part 卡片的组件中（component）。用 Card Editor 面板编辑单元来指定梁单元的 THICKNESS 和 PID。

4．*SECTION_BEAM

*SECTION_BEAM 是一个梁属性收集器。当 ELFORM 设置为 2 或 3 时，使用 HyperBeam 创建的截面可以支持*SECTION_BEAM。HyperBeam 面板位于 1D 页面，可以创建梁截面并保存于 beamsec。从*SECTION_BEAM 卡片选择一个 beamsec 截面来自动填写 A，I_{ss}，I_{tt}，和 I_{rr}。单击工具栏上的 和 按钮可以在屏幕上显示截面形状。

5．*CONSTRAINED_NODAL_RIGID_BODY

从菜单栏选择 Tools > Create Cards 或 Mesh > Create > 1D Elements > Rigids，可以创建*CONSTRAINED_NODAL_RIGID_BODY。图 9-16 所示是 RIGIDS 面板的图片。选中 attach nodes as set，会自动创建一个包含从节点的*SET_NODE_LIST 集。可以用 Renumbers 面板为其重新编号。在 DYNA 输出的求解文件中，*SET_NODE_LIST 卡片紧随*CONSTRAINED_NODAL_RIGID_BODY 卡片之后。

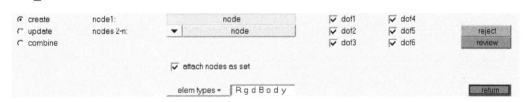

图 9-16　RIGIDS 面板

6．*CONSTRAINED_JOINT

单击 Tools > Create Cards 或 Mesh > Create > 1D Elements > Joints，可以创建所有的 DYNA 运动副。它们被放置于一个没有卡片的组件（component）中。

与其他 1 维单元不一样，用户不需要在 Elem Types 面板指定运动副类型，而要在 FE Joints 面板进行指定。FE Joints 面板有 property= 和 orientation 选择器，用户可以忽略它们。

DYNA 运动副使用的一对节点位置是重合的。选择 Preferences>Graphics 激活 coincident picking 选项，可以在两个重合节点中选取想要的节点，此功能也可以用在重合单元、载荷、坐标系的选取上。

从 Geom 页面打开 Nodes 面板，可以用已有的节点创建一个重合的节点。选择 Type In 子面板，单击 as node，从屏幕选择一个节点并单击 create 按钮来创建一个重合的节点。

*CONSTRAINED_JOINT_STIFFNESS_OPTION 是带 JointStff 卡片的属性收集器。

7．*DEFORMABLE_TO_RIGID

*DEFORMABLE_TO_RIGID 的关键字见表 9-7。

表 9-7　*DEFORMABLE_TO_RIGID 的关键字

LS_DYNA 关键字	用　途
*DEFORMABLE_TO_RIGID	从计算开始将 parts 转换为刚体
*DEFORMABLE_TO_RIGID_AUTOMATIC	在计算某时刻将 part 转换为刚体或可变形体
*DEFORMABLE_TO_RIGID_INERTIA	当柔体转换为刚体后定义刚体的转动惯量

这些运动副关键字的卡片格式见表 9-8。

表 9-8　运动副卡片

1	2	3	4	5	6	7	8
PID	MRB						

表中 PID 需要转换来自 part 的 ID 号；MRB 只有当 part 要转换成刚体时，*DEFORMABLE_TO_RIGID 和*DEFORMABLE_TO_RIGID_AUTOMATIC 卡片才会显示在这个域，是要合并的主刚体的 ID 号。

不必一次指定一个 part，使用 HyperMesh 可以用一个 part 集来同时选定多个 part。输出时，part 集中包含的 part ID 号会根据上述格式写到 DYNA 求解文件中。

实例 1：定义座椅碰撞分析模型数据

本实例将进一步练习并熟悉定义 LS-DYNA 的模型数据，包括定义和查看模型数据等。座椅和刚体块模型如图 9-17 所示。

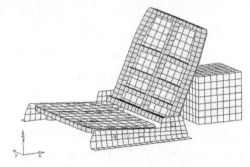

图 9-17　座椅和刚体块模型

STEP 01 加载 LS-DYNA 模板。

1）选择 Preferences > User Profiles，或者单击 User Profiles 按钮。

2）选择 LS-DYNA。

STEP 02 打开 HyperMesh 文件。

1）打开模型 seat_start.hm。

2）用不同视角来观察模型。

STEP 03 创建一个 XY plot。

1）选择 XY Plots > Create > Plots，打开 Plots 面板。

2）在 plot=栏输入 seat_mat。

3）确认将 plot type 设置为 standard。

4）like = 为空即可。此处选择已有的 plot，新的 plot 就会使用相同的属性。

5）单击 create plot 按钮。

6）单击 return 按钮。

STEP 04 由文件读入数据来创建两条应力-应变曲线。

1）选择 XYPlots > Create > Curves > Read Curves，进入 Read Curves 面板。

2）将 plot =栏设置为 seat_mat。

3）单击 Browse...按钮，浏览文件至 seat_mat_data.txt。

4）单击 input 按钮来读入文件。

5）注意创建了两条曲线并分别命名为 0.001 strain rate for steel (curve1) 和 0.004 strain rate for steel (curve2)。

6）单击 return 按钮。

STEP 05 创建一个空 XY Curve，用来创建*DEFINE_TABLE。

1）选择 XYPlots > Edit > Curves，打开 Edit Curves 面板。

2）选择 Create 子面板。

3）在 plot =栏选择 seat_mat。

4）激活 math 选项。

5）在 x =栏输入{0.0，0.2}。

6）在 y =栏输入{0.4，0.4}。

7）单击 create 按钮创建曲线。

8）曲线显示在 seat_mat plot 中，名称为 curve3。

9）单击 return 按钮关闭面板。

STEP 06 用空曲线来创建*DEFINE_TABLE。

1）在 Model Browser 中单击 curve3，如图 9-18 所示。

2）选中 DEFINE_TABLE。

3）在卡片中的 ArrayCount 输入 2，指定应变率的数量。

图 9-18 *DEFINE_TABLE 创建

4）在应变率 VALUE(1)中输入 0.001。

5）在应变率 VALUE(2)中输入 0.004。

6）单击 CurveId(1)按钮并选择 curve1。

7）单击 CurveId(2)按钮并选择 curve2。

8）单击 return 按钮退出面板。

STEP 07 创建非线性材料 (*MAT_PIECEWISE_LINEAR_PLASTICITY)。

1）选择 View > Browsers > HyperMesh > Solver，打开 Solver Browser。

2）在 Solver Browser 任意地方单击右键，在弹出菜单中选择 Create > *MAT > MAT (1-50) > 24-*MAT_PIECEWISE_LINEAR_PLASTICITY，如图 9-19 所示。

图 9-19 定义非线性材料

3）在 Name 栏输入 steel。

4）在密度 Rho 栏输入 7.8 E-6。

5）在弹性模量 E 栏输入 200。

6）在泊松比 NU 栏输入 0.3。

7）在屈服应力 SIGY 栏输入 0.25。

8）在 LCSS 栏选择 curve3 (id=5)。

STEP 08 更新 base_frame 和 back_frame components 材料为非线性材料。

1）选择 Tools > Component Table。

2）从 Table 菜单单击 Editable。

3）单击 base_frame 高亮选择。

4）在 Assign Values：选择 Material name。

5）在 HM-Mats：选择 steel。

6）单击 Set 按钮再单击 Yes 按钮确认。

7）重复 3）～6）步操作，为 back_frame 更新材料。

8）关闭 Component Table。

STEP 09 回到预定义视图。

在 Model Browser 下，展开 view，右击 Beam_view，在弹出菜单中选择 show，可以回到之前预定义的视图。

STEP 10 将 beams 置为当前 component。

在 Model Browser，右键单击 beams，在弹出菜单中选择 Make Current。

STEP 11 创建 beam。

1）选择 Mesh > Create > 1D Elements > Bars，打开 Bar 面板。

2）单击最左边 orientation 按钮并选择 node。direction node 需要通过选择来定义截面的方向。

3）单击 Node A 选择器并激活。

4）选择左边刚体单元的中心点作为 Node A。Node B 已激活。

5）选择右边刚体单元的中心点作为 Node B。

6）选择任意不是中点的节点作为 direction node。

7）beam 单元已创建。

8）单击 return 按钮关闭面板。

STEP 09 ～ **STEP 11** 是为了创建一个梁单元*ELEMENT_BEAM，以使 back_frame 与 side_frame 连接。

STEP 12 显示节点编号便于后续操作。

1）单击 numbers（图标）按钮打开 Numbers 面板。

2）改变选择器的类型为 nodes。

3）单击 nodes 并选择 by id.，输入 425～427，431 后按〈Enter〉键。

4）激活 display 单选项，单击 on 按钮显示 IDs。

5）单击 return 按钮。

STEP 13 设置 welding 为当前 component。

在 Model Browser，右键单击 welding，在弹出菜单中选择 Make Current。

STEP 14 在 rigid 配置下选择单元类型为 RgdBody。

1）选择 Mesh > Assign > Element Type。
2）在 rigid =栏，选择 RgdBody，如下图 9-20 所示。
3）选择 return 按钮。

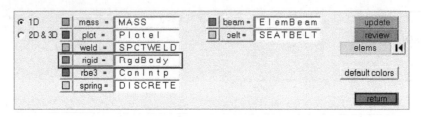

图 9-20 单元类型设置

STEP 15 创建 nodal rigid body (*CONSTRAINED_NODAL_RIGID_BODY)。

1）选择 Mesh > Create > 1D Elements > Rigids。
2）设置 nodes 2-n 为 multiple nodes。
3）选择梁单元自由点为 node1。
4）选择 425、426、427 和 431 作为 nodes 2-n。
5）激活 attach nodes as set 选项。
6）单击 create 按钮，创建 nodal rigid body。
7）单击 return 按钮。
注意，并没有创建*CONSTRAINED_JOINT_STIFFNESS，它不是必需的。

STEP 16 显示节点编号便于后续操作。

1）单击 numbers（ ） 按钮，打开 Numbers 面板。
2）选择器类型为 nodes。
3）单击 nodes 并选择 by id，输入 1635、1636 后按〈Enter〉键。
4）激活 display 单选项，单击 on 按钮显示 IDs。
5）单击 return 按钮。
6）单击工具栏的 Wireframe Elements (Skin Only)（ ） 按钮。

STEP 17 激活重合选择。

1）选择 Preferences > Graphics。
2）选中 coincident picking。
3）单击 return 按钮。

STEP 18 设置当前 component 为 joint。

在 Model Browser 面板右键单击 joint 组件，在弹出菜单中选择 Make Current。

STEP 19 为两个 nodal rigid bodies 创建旋转副(*CONSTRAINED_JOINT_REVOLUTE)。

两个刚体必须拥有一条共同的边线来定义运动副，且边线的端点不能与刚体的节点合并到一起。这两个刚体将围绕共同的边线进行旋转。

1）在 Solver Browser 右键单击，在弹出菜单中选择 Create > *CONSTRAINED > *CONSTRAINED_JOINT_REVOLUTE。

2）选择 joint type 为 revolute。此时 node1 已激活。

3）单击节点 1635。注意由于设置了重复选择功能，所以显示了两个节点，1635 和 1633。

4）选择 1635 的节点作为 node1。此时 node2 已激活。

5）同样方法选择 1633 的节点作为 node2。此时 node3 已激活。

6）选择节点 1636。显示两个重合节点，1636 和 1634。

7）选择节点 1636 作为 node 3。激活 node4。

8）选择节点 1634 作为 node 4。

9）单击 create 按钮生成旋转副。

10）单击 return 按钮。

STEP 20 创建一个 set 集，包含 base_frame、back_frame 和 cover。

1）选择 Tools > Create > Sets。

2）在 name =栏输入 set_part_seat。

3）在 card image 栏选择 Part。选择器自动设置为 comps。

4）单击黄色 comps 按钮并选择 base_frame、back_frame 和 cover。

5）单击 create 按钮创建 sets。

6）单击 return 按钮。

STEP 21 定义*DEFORMABLE_TO_RIGID，在分析开始时将座椅转换为刚体。

1）在 Solver Browser 右击，在弹出菜单中选择 Create > *DEFORMABLE_TO_RIGID > *DEFORMABLE_TO_RIGID。

2）在 Name 栏输入 dtor。

3）单击 PSID 并选择 set_part_seat，单击 OK 按钮。

4）单击 MRB 并选择 back_frame，单击 OK 按钮。

5）单击 C 按钮。

STEP 22 创建*DEFORMABLE_TO_RIGID_AUTOMATIC，在碰撞开始时将刚体座椅转换为柔体。

1）在 Solver Browser 右键单击，在弹出菜单中选择 Create > *DEFORMABLE_TO_RIGID > *DEFORMABLE_TO_RIGID_AUTOMATIC。

2）在 Name 栏输入 dtor_automatic。

3）在 SWSET 栏输入 1。

4）激活转换模式 CODE 并选择 0。转换将发生在 TIME1。

5）在 TIME1 栏输入 175。转换将发生在 175ms 时刻后。

6）激活 R2D_Flag。

刚体转换为柔体的 part 数量将写到 R2D 域（card 2，field 6）。这个数值基于下一步选择的 set 中包含的 part 数量。

7）单击 PSIDR2D，并选择 set_part_seat。

STEP 20 ～ **STEP 22** 是为了定义*DEFORMABLE_TO_RIGID，设置座椅为刚体直到开始接触刚体块，以减少计算时间。

STEP 23 显示指定材料的 parts (Ex: steel)。

1）在 Model Browser 面板单击 Material View（）按钮。

2）高亮显示 steel，右键单击，在弹出菜单中选择 isolate，只显示关联指定材料的 component。

3）为查看多个材料，单击 isolate（ ）按钮，在模型浏览器中按住〈Ctrl〉键来选择多个材料，相应的 part 会自动显示在图形中。

4）用上述的方法使用 By Properties 来显示模型。

STEP 24 显示所有 components。

在 Model Browser 面板单击 按钮。

STEP 25 重命名 part。

1）在 Model Browser 面板单击 Component View 按钮。

2）选择一个 part 双击或单击右键，选择 rename 即可输入新名称。注意 part 名称在 Solver 和 Model Browser 会同步更新。

STEP
26 对 part ID 重新编号。

1）在 Model Browser 面板单击 Part ID 域。
2）输入一个与现有 part 编号不冲突的数字。按〈Enter〉键或单击空白处即可完成修改。
使用 Solver Browser 的方法。

STEP
27 显示指定材料的 parts (Ex: steel)。

1）展开 Materials，将所有的材料显示出来。
2）右键单击 Steel，从菜单选择 Isolate。
3）重复步骤 1）和 2）来选择 components。

STEP
23 ～ **STEP** **27** 是为了使用 Model Browser、Solver Browser 或 Component Table 查看模型数据。

STEP
28 显示所有 components。

在 Solver Browser 面板单击 PART 一栏。

STEP
29 重命名 part。

1）继续单击，展开 PART，显示所有部件。
2）选择一个 part 双击或单击右键，选择 rename 即可输入新名称。

STEP
30 对 part ID 重新编号。

1）在 Model Browser 面板右键单击 Part ID 域。
2）输入一个与现有 part 编号不冲突的数字。按〈Enter〉键或单击空白处即可完成修改。
使用 Component Table 工具的方法。

STEP
31 显示指定材料的 parts (Ex: steel)。

1）选择 Tools > Component Table。
2）从 Display 菜单单击 By Material。
3）选择 steel 并单击 proceed 按钮。注意 GUI 和 Component Table 只显示与此材料相关联的组件，其他组件将被关闭显示。
4）同理，用以上步骤根据 By Properties 和 By thickness 来显示组件。

STEP 32 显示所有 components。

1）从 Display 菜单选择 All。
2）注意所有的 components 将显示在屏幕上。

STEP 33 重命名 part。

1）从 Table 菜单选择 Editable，使表格可被编辑（底色为白色的列可以被编辑，如 Part name、Part id、Thickness 等）。
2）单击任意一个 part 名称并改变它。
3）单击 Yes 按钮确认。

STEP 34 对 part ID 重新编号。

1）单击 Part Id 域。
2）输入一个与现有 part 编号不冲突的数字。
3）单击 Yes 按钮确认。
4）保存文件。

STEP 35 使用 Solver Browser 查看模型数据。

所有创建的求解器对象都列于 Solver Browser 中，每种类型的数据都可通过 Show、Hide、Isolate 和 Review 来帮助用户查看数据。
1）在*DEFORMABLE_TO_RIGID 栏选择 dtor。
2）单击右键，在弹出菜单中选择 Isolate，显示引用了此关键字的单元。
3）单击右键，在弹出菜单中选择 Review，使之高亮显示。
4）选择*BOUNDARY，单击右键，在弹出菜单中选择 Show，会显示与此载荷相关的对象和载荷手柄。

实例 2：定义边界条件和载荷

本实例将帮助读者进一步熟悉 LS-DYNA 边界条件和载荷的定义，将定义边界条件和载荷。座椅和刚体块的模型如图 9-17 所示。
本实例有如下 3 个任务。
● 用*LOAD_BODY_Z 卡片定义重力，方向为-Z 方向。
● 用 *BOUNDARY_PRESCRIBED_MOTION_NODE 定义座椅的加速度。
● 导出模型为 LS-DYNA970 格式，并提交计算。

STEP 01 确认加载 LS-DYNA 模板。

1）选择 Preferences > User Profiles，或单击 User Profiles 按钮。
2）选择 LS-DYNA。

STEP 02 打开 HyperMesh 文件。

1）打开文件 seat_2.hm。
2）从各种视角来观察模型。

STEP 03 用*LOAD_BODY_Z 卡片定义重力，方向为−Z 方向。

1）在 Solver Browser 右键单击，在弹出菜单中选择 Create > LOAD> *LOAD_BODY_Z。
2）在 Name 栏输入 gravity。
3）单击加载曲线 LCID，并选择曲线名称 gravity curve。
4）加载曲线放大系数 SF，输入 0.001。

STEP 04 ～ **STEP 06** 是为了用*BOUNDARY_PRESCRIBED_MOTION_NODE 卡片定义座椅加速度。

STEP 04 创建一个载荷收集器（Load Collector）来放置加速度载荷。

1）在 Model Browser 面板单击右键，在弹出菜单中 Create > Load Collector。
2）在 Name：栏输入 accel。
3）在 Card image：栏选择 none。
4）可以为其选择一个 Color。

STEP 05 为节点创建加速度。

1）选择 BCs > Create > Accelerations，打开"加速度设定"面板。
2）选择 load types 栏为 PrcrbAcc_S。
3）单击 sets，选择预定义的节点集 accel_nodes。
4）单击 magnitude=旁边图标 ▼，切换选项为 Curve、Vectors。
5）在 magnitude 栏输入 0.001。此值为下一步定义的加速度载荷的放大系数。座椅加速度是关于时间的函数。
6）选择"方向"为 x-axis。这里选择的是 X 方向的自由度。
7）单击黄色 curve 按钮并选择 acceleration curve。

8）在 magnitude% = 栏输入 1.0E+7。此处是设置在屏幕上的显示大小，不影响加速的数值。

9）单击 create 按钮创建加速度载荷。

10）单击 return 按钮。

STEP 06　输出 LS-DYNA971 格式的文件。

1）选择 File > Export > Solver Deck。

2）确认模板文件为 LS-DYNA。

3）在 File name：栏输入 seat_complete.key。

4）单击 Export 按钮。

STEP 07　用 LS-DYNA 求解器求解。

1）选择"开始"菜单，打开 LS-DYNA 软件。

2）从 solvers 菜单选择 Start LS-DYNA analysis。

3）选择文件 seat_complete.key。

4）单击 OK 按钮开始分析。

STEP 08　在 HyperView 中查看结果。

实例操作结束，保存文件。

9.4　实例：模型导入、气囊输出显示及接触定义

本实例包括以下内容。

● 为气囊网格充气定义*AIRBAG_WANG_NEFSKE。

● 使用*INITIAL_VELOCITY_GENERATION 卡片为头部定义-X 方向大小为 3mm/ms 的初始速度。

● 用*CONTACT_AUTOMATIC_SURFACE_TO_SURFACE 卡片定义气囊与头部的接触。

● 用*CONTACT_AIRBAG_SINGLE_SURFACE 定义气囊自接触。

● 用*CONTACT_NODES_TO_SURFACE 卡片定义板和气囊的接触。

下面首先介绍在 HyperMesh 中导入 LS-DYNA 模型及定义关键字的一些方法，然后再进行实例介绍。

1. 导入一个 DYNA 模型

（1）警告和错误消息　导入 DYNA 模型时，所有的警告和错误消息都将被写进 DYNAkey.msg 或 DYNAseq.msg，取决于使用了哪一个 FE 转换模板。该文件位于 HyperMesh 的起始目录。

（2）不支持的卡片　导入模型时，不被 HyperMesh 支持的卡片将被写进 Unsupp_Cards 面板。此面板可以从菜单下的 Setup > Create > Control Cards 打开。不被支持的卡片仍然可以同剩余模型一起导出。

当不支持的卡片关联 HyperMesh 模型中的某些对象时，需要小心。例如，×part 表示引用了卡片不支持的材料。HyperMesh 用文本方式保存不支持的卡片，但并不考虑它的引用关系。

（3）LSTC 假人文件　先将 tree 文件转换为 FTSS/ARUP tree 文件格式，就可以读入 LSTC Hybrid III 假人文件。

（4）Include Files 库文件　HyperMesh 支持 *INCLUDE。从菜单选择 File > Import，可以用 merge、preserve 或 skip include files 的方式导入。当导入了库文件后，HyperMesh 将保留不存在的对象的编号，并且在创建新对象时不使用这些编号。

（5）导出显示的模型　通过单击 Export 按钮，用户可以选择 Displayed 选项来导出显示的节点和单元。只有和这些节点、单元有关系的模型数据才会导出，包括材料、相关曲线、属性、接触和输出控制。

2．创建和查看接触

接触需要的主集和从集类型的创建方法和如何在接触对中使用见表 9-9。

表 9-9　接触的类型

主集和从集的类型	DYNA 卡片	创建卡片的面板	Interfaces 面板/ Add 子面板上的类型
EQ. 0: set segment id	*SET_SEGMENT	Set_Segment (contactsurfs) or …	csurfs
		Interfaces，Add Subpanel	entity
EQ. 1: shell element set id	*SET_SHELL_Option	Entity Sets or…	sets
		Interfaces，Add Subpanel	entity
EQ. 2: part set id	*SET_PART_LIST	Entity Sets or…	sets
		Interfaces，Add Subpanel	comps
EQ. 3: part id	*PART	Collectors	comps
* EQ. 4: node set id	*SET_NODE_Option	Entity Sets or…	sets
		Interfaces，Add Subpanel	entity
* EQ. 5: include all		Interfaces，Add Subpanel	all
* EQ. 6: part set id for exempted parts	*SET_PART_LIST	Interfaces，Add Subpanel and Then Card Image Sub-Panel	sets
* For slave surface only			

（1）Add 子面板　Interfaces 子面板下的 Add 子面板包括多种 master 和 slave 类型，即 comps、sets、entity 等，但只能选择与用户创建的*CONTACT 类型相对应的主、从集类型。

当主、从集的类型选择为 comps，且只有一个 component 被选择时，DYNA 类型是 3，并创建 part ID 和*PART；当选取多个 component 时，DYNA 类型是 2，part 作为集合 *SET_PART_LIST 被创建。

当主、从集类型设置为 sets 时，只有特定类型接触才能选择 sets。例如，*CONTACT_

NODES_TO_SURFACE 接触类型，只能选择节点集合，其他类型的集合（如单元或 part 集）是无法选择的。

（2）查看接触　通过 Interfaces 面板下的 Add 子面板，用 review 按钮来查看接触。

本实例将介绍如何在 HyperMesh 中定义气囊，进一步熟悉 LS-DYNA 载荷和接触的定义。本实例将在头部与充气的气囊碰撞分析中定义气囊、速度、接触。气囊和头部模型如图 9-21 所示。

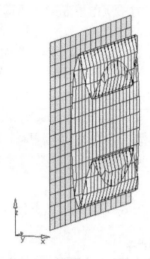

图 9-21　气囊和头部模型

STEP 01　加载 LS-DYNA 模板。

1）选择 Preferences > User Profiles。

2）选择 LS-DYNA。

STEP 02　导入 LS-DYNA 模型。

1）在菜单栏选择 File > Import > Solver Deck。

2）选择 File 命令，打开文件 airbag_start.key。

3）单击 Import 按钮。

STEP 03　创建 parts 集合*SET_PART_LIST，其包含 AirbagFront 和 AirbagRear 两个组件。

1）在 Model Browser 空白处单击右键，在弹出菜单中选择 Create > Set。

2）在 name =栏输入 airbag_set。

3）在 card image 栏选择 Part。

4）单击 components，选择 AirbagFront 和 AirbagRear。

STEP
04 定义气囊（*AIRBAG_WANG_NEFSKE)。

1）选择 View > Browsers > HyperMesh > Solver，打开 Solver Browser。

2）在 Solver Browser 右键单击，在弹出菜单中依次选择 Create >*AIRBAG > *AIRBAG_WANG_NEFSKE。

3）在 Name:栏输入 airbag，创建 control volume 卡片。

4）单击 SID 选取按钮，选择集合 airbag_set。

5）继续编辑 control volume 的卡片，见表 9-10。

6）在属性编辑器中输入表 9-10 中的数据。

表 9-10　control volume 卡片

属　　性	值	参　数　描　述
CV	1023.0	给定体积下的热容量
CP	1320.0	给定压力下的热容量
T	780.0	输入气流的温度
LCMT	curve id 1	输入质量流率的载荷曲线
C23	1.0	Vent orifice 相关系数
LCA23	curve id 2	以压力函数形式定义的 Vent orifice 面积载荷曲线
CP23	1.0	泄露 Orifice 系数
PE	1.0E-4	环境压力
RO	1.0E-9	周围介质密度
GC	1.0	万有引力转换常数

STEP
05 使用*INITIAL_VELOCITY_GENERATION 为头部定义向-X 方向大小为 3mm/ms 的初始速度。

1）在 Solver Browser 右键单击，在弹出菜单中选择 Create > *INITIAL > *INITIAL_VELOCITY_GENERATION。

2）在 Name：栏输入 velocity。

3）Card Image 设为 InitialVel。

4）在 Options 下方的 NSID 处右键单击，在弹出菜单中选择 Create，弹出 Create Sets 面板。

5）在 Entity IDs 处单击 Nodes，单击 nodes > by Collector，并选择 Head component，单击 Select，再单击 proceed，并单击 Close 关闭 Create Sets 面板。

6）速度为-X 方向，在 VX 栏输入-3。

STEP 03 ～ **STEP 05** 操作可为气囊网格定义*AIRBAG_WANG_NEFSKE。

STEP 06 创建一个 group 并指定其卡片为 SurfaceToSurface。

1）在 Solver Browser 右键单击，在弹出菜单中选择 Create > *CONTACT > *CONTACT_AUTOMATIC_SURFACE_TO_SURFACE。

2）在 Name：栏输入 Airbag_Head。

STEP 07 指定主面类型为 type3，part ID。

1）在属性编辑器中继续修改。

2）设置 MSID 类型为 Components。

3）单击 Components 选择 Head。

STEP 08 指定气囊从面类型为 type2，part set ID。

1）设置 SSID 类型为 set。

2）单击 sets 选择预定义的集 airbag_set (*SET_PART_LIST)。此集包含 AirbagFront 和 AirbagRear 两个 components。

STEP 09 查看主、从接触面。

1）在 Solver Browser 创建好的 group 中单击右键，在弹出菜单中选择 review。

2）注意主从面单元临时分别显示为蓝色和红色，其他单元临时显示为灰色。

3）按〈Esc〉键退出。

STEP 10 为气囊定义 *CONTACT_AIRBAG_SINGLE_SURFACE。

1）在 Solver Browser 右键单击，在弹出菜单中选择 Create > *CONTACT > *CONTACT_AIRBAG_ SINGLE_SURFACE。

2）在 Name 栏输入 airbag。

3）继续留在属性编辑器。

STEP 11 定义所有的气囊为从面，使用 type2，part set ID。

1）设置 SSID 选择类型为 set。

2）单击 sets 选择预定义的 airbag_set (*SET_PART_LIST)。

3）继续留在属性编辑器。

STEP 12 查看从面。

1）在 Solver Browser 创建好的 group 中单击右键，在弹出菜单中选择 review。

2）注意从面单元临时显示为红色，其他单元临时显示为灰色。

3）按〈Esc〉键退出。

STEP 06 ～ STEP 12 是为了用*CONTACT_AUTOMATIC_SURFACE_TO_SURFACE 定义头部和气囊接触。

STEP 13 定义气囊为主面，类型为 type 0，设置 segment ID。

1）在 Model Browser 空白处单击右键，在弹出菜单中选择 Create > Contact Surfaces。

2）在 name=栏输入 AirbagRear_master。

3）在 card image =栏选择 setSegment。

4）为接触面选择一个颜色。

5）激活 Elements 选择器，切换到 Add Shell Faces 子面板，单击 elems 并选择 by collector。

6）选择 AirbagRear component。

7）单击 Add 按钮创建接触面。注意到接触面的金字塔朝里，应该朝外。下一步将调整接触面的方向，不要退出该面板。

STEP 14 调整接触面法向，指向气囊外部。

1）单击 reject 按钮。

2）选中 reverse normals。

3）再次单击 add，注意到接触面的金字塔朝外。

4）单击 return 按钮关闭面板。

STEP 15 创建 *CONTACT_NODES_TO_SURFACE 卡片。

1）在 Solver Browser 右键单击，在弹出菜单中选择 Create > *CONTACT > *CONTACT_NODES_TO_SURFACE。

2）在 Name：栏输入 Airbag_Plate。

3）不要退出属性编辑器。

STEP 16 指定 AirbagRear_master 为主面。

1）设置 MSID 类型为 Contactsurfs。

2）单击 Contactsurfs 按钮，选择 AirbagRear_master。

3）单击 OK。

STEP 17 定义 plate 为接触从面，类型为 type4，node set ID。

1）设置 SSID 类型为 nodes。

2）单击 nodes 选择 by collector。

3）选择 RigidPlate component。

4）单击 OK 按钮。

STEP 18 查看主从对象。

1）在 Solver Browser 新创建的 group 中右键，在弹出菜单中单击 review。

2）注意主、从面单元临时分别显示为蓝色和红色，其他单元临时显示为灰色。

3）按〈Esc〉键退出。

STEP 13 ～ **STEP 18** 是为了用 *CONTACT_NODES_TO_SURFACE 定义头部和气囊的接触。

STEP 19 使用 Solver Browser 查看求解设定的数据。

1）展开*contact 下所有的+号。

2）在*CONTACT_AIRBAG_SINGLE_SURFACE 下右击 Airbag，在弹出菜单中选择 Review，主、从面单元分别以红色和蓝色高亮显示。右键选择 Reset Review 回到正常视图。

3）右键单击 Airbag_Plate，在弹出菜单中选择 Isolate，只有与接触相关的对象才被显示。

4）右键单击 Airbag，在弹出菜单中选择 Show，整个气囊将被显示在屏幕上，因为 Airbag 包含了整个气囊。

5）展开*INITIAL 文件夹，右击 velocity，在弹出菜单中选择 Show。加载了速度的对象会显示在屏幕上。

STEP 20 导出 LS-DYNA971 格式的模型。

1）单击 Export（ ）按钮，选择 Export Solver Deck（ ）。

2）注意 File type 设置为 LS-DYNA。

3）设置 Template 为 Keyword971。

4）单击 Select file（🗀）按钮，选择保存路径，输入文件名称为 airbag_complete.key。

5）在 Export options 处设置 Export: to All。

6）单击 Export 按钮。

STEP 21 提交文件到 LS-DYNA 971。

1）从"开始"菜单打开 LS-DYNA。

2）从 solvers 菜单选择 Start LS-DYNA analysis。

3）打开文件 airbag_complete.key。

4）单击 OK 按钮开始计算。

STEP 22 在 HyperView 查看结果。

完成实例操作，保存文件。

小结

完成本章练习后，读者应能利用 LS-DYNA 进行简单零件的显式动力学分析。通常步骤为在进行几何清理后划分网格并提高网格的质量，然后按照要求进行网格的连接装配，设定材料、部件属性，定义接触方式、边界条件和控制参数，最后输出可供提交计算的 Key 文件。

第 10 章

ABAQUS 前处理

本章通过实例的方式，帮助读者理解 HyperMesh 中 ABAQUS 接口的功能，主要介绍了建立 ABAQUS 分析的一般步骤，以及如何定义材料、接触、载荷与边界条件等关键建模技术。

本章重点知识

10.1 在 HyperMesh 环境中建立一个 ABAQUS 分析

10.2 定义 ABAQUS 3D 接触

10.3 定义 ABAQUS*STEP

10.4 ABAQUS 托架支架分析前处理

小结

10.1　在 HyperMesh 环境中建立一个 ABAQUS 分析

本实例主要进行如下讲解。

● 加载 ABAQUS 界面（user profile）和模型。

● 定义材料和 properties，并赋予 component。

● 查看实体单元卡片 *SOLID SECTION。

● 定义弹簧单元卡片 *SPRING，并建立相应的 component。

● 创建弹簧单元类型为 *SPRING1 的单元。

● 将 property 赋予指定的单元。

STEP
01　加载 ABAQUS 界面（user profile）和模型。

在 HyperMesh 安装程序中，包含了一组标准的用户界面（user profile），它们包含 OptiStruct、RADIOSS、ABAQUS、Actran、ANSYS、LS-DYNA、MADYMO、Nastran、PAM-CRASH、PERMAS 以及 CFD 等。当 ABAQUS 用户界面被加载时，HyperMesh 中相应的有用界面也被加载，而没用的界面则被去除，一些针对 ABAQUS 的特定界面也被加载。

1）启动 HyperMesh Desktop。打开菜单，选择 Preferences>User Profiles。

2）在 User Profile 对话框，切换为 ABAQUS，Standard 3D。

3）从菜单栏选择 File>Open>Model 或单击 Standard 工具栏上的 ![按钮] 按钮打开一个模型文件。

4）在 Open Model 对话框，打开文件 Abaqus3_0tutorial.hm。

STEP
02　定义材料。

HyperMesh 对多种 ABAQUS 材料类型提供了支持。在本实例中，将在 HyperMesh 中建立一个 ABAQUS 的线弹性材料模型，然后该材料将被关联到 property，property 将被关联到 component，创建材料如图 10-1 所示。

1）在 Model Browser 中右击，在弹出菜单中选择 Create > Material。HyperMesh 在 Entity Editor 中创建并打开一个材料。

2）在 Name 中输入 STEEL。

3）（选做）：为材料输入一个新的 ID。

4）（选做）：给材料选择一个颜色。

5）选中 Elastic 复选框，默认的材料类型是 ISOTROPIC，ELASTIC INFO 区域默认的值是 1。

6）在 Data：E 内单击 ![图标]，打开 ELASTIC INFO 对话框。

7）在 E(1)栏输入 2.1E5。

8）在 NU(1)栏输入 0.3，如图 10-2 所示。

图 10-1　创建材料

9）单击 Close 按钮，完成材料参数修改并返回主界面。

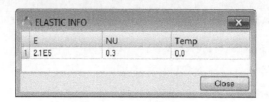

图 10-2 材料卡片编辑界面

STEP 03 定义*SOLID SECTION properties。

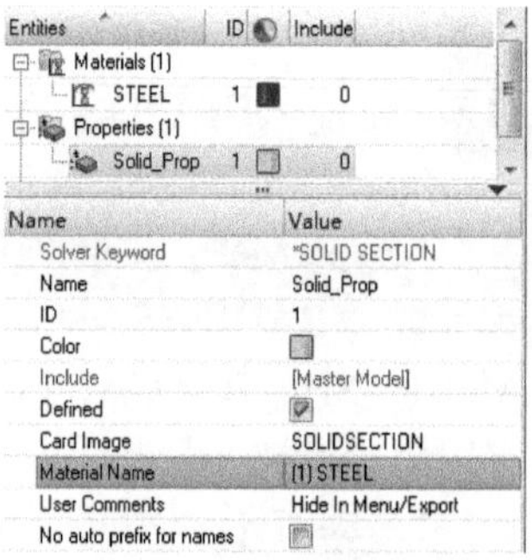

1）在 Model Browser 内右击，在弹出菜单中选择 Create>Property，在 Entity Editor 中创建并打开一个 property。

2）在 Name 中输入 Solid_Prop，如图 10-3 所示。

3）给 property 选择一个颜色。

4）在 Card Image 中选择 SOLIDSECTION。这使得 Card Image 中的卡片都跟实体单元相关联。如果弹出用户确认对话框，单击 Y。

5）在 HyperMesh 对话框内单击 Yes 进入下一步。

6）对于 Material Name，单击 Unspecified >Material。

图 10-3 创建属性

7）在 Select Material 对话框选择 STEEL 后单击 OK 按钮。HyperMesh 将材料 STEEL 关联到 property Solid_Prop。

STEP 04 将 property 关联到 component。

材料关联 property，property 关联 component。

1）在 Model Browser 内展开 Component，选择 BEAM 和 INDENTOR。可按住键盘〈Ctrl〉同时选择多个 component。

2）右击，在弹出菜单中选择 Assign。

3）在 Assign to Component(s)对话框内，从 Property 下拉菜单选择 Solid_Prop。

4）单击 OK 按钮，将属性 Solid_Prop 关联到 BEAM 和 INDENTOR component。

STEP 05 查看*SOLID SECTION。

HyperMesh 支持 property 中的每一个 section 属性。完成以下步骤即可查看*SOLID SECTION 卡片。

在 Model Browser 内展开 Property 文件夹，选择 Solid_Prop。HyperMesh 将打开 Entity Editor 并显示 property 的相应数据。Card Image 为 property 相关联的关键字。

STEP
06 定义*SPRING Property。

在 ABAQUS 接触分析中，在第一个载荷步分析中常常用到 grounded springs 保持分析稳定。本步骤展示如何创建这些 springs 单元以及如何创建*SPRING 卡片。可以通过完成以下步骤来建立*SPRING card。

1）在 Model Browser 内右击，在弹出菜单中选择 Create>Property，在 Entity Editor 中创建并打开一个 property。

2）在 Name 中输入 Spring_Prop。

3）给 Property 选择一个颜色。

4）在 Card image 中选择 SPRING。

5）在 HyperMesh 对话框内单击 Yes 进入下一步。

6）在 DOF1 栏输入 3。

对于 ABAQUS 中的 SPRING1 单元，可忽略第二个自由度，因为第二个自由度直接被固定了。

7）在 Data Stiffness 中单击 [图]，弹出 SPRINGSTIFCARDS 对话框。

8）在 Stiffness(1) 栏输入 1.0E-5。

9）单击 Close 按钮。

STEP
07 创建一个 component，并关联*SPRING Property。

1）在 Model Browser 内右击，在弹出菜单中选择 Create>Component，在 Entity Editor 中创建并打开一个 component。

2）在 Name 中输入 GROUNDED。

3）给 component 选择一个颜色。

4）对于 Property，单击 Unspecified>Property。

5）在 Select Propety 对话框内选择 Spring_Prop 并单击 OK，将 Spring_Prop property 关联到 GROUNDED component。

STEP
08 重置视图。

单击 Standard Views 工具栏上的 [图] 按钮。

STEP
09 创建 SPRING1 单元。

1）从菜单栏选择 Mesh>Assign>Element Type，打开 Element Type 界面。

2）进入 1D 子面板。

3）单击 mass =，选择 SPRING1。

在 HyperMesh 中，接地单元（grounded elements）以质量单元的形式来创建和存储，因为接地单元只有一个节点。

4）单击 return 按钮退出界面。

5）在 Model Browser 内展开 Component 文件夹，右击 GROUNDED，在弹出菜单中选择 Make Current。如果 spring 单元已创建，那么这些弹簧单元将放在当前这个 component 中。

6）从菜单栏选择 Mesh>Create>Masses，打开 Masses 对话框。

7）单击 node>by id。

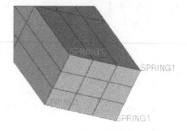

8）在 id = 文本框中输入 451t460b3（表示从 451 开始到 460 结束，每隔 3 取一个点，等价于 451，454，457，460），按〈Enter〉键。

9）单击 create 按钮，如图 10-4 所示。

10）单击 return 按钮退出。

图 10-4　创建 SPRING1 单元

 是为了将 Property 关联到单元。

在大部分情况下，Property 是关联到 component 的，属于 component 的单元，具有 component 中的 Property。在 HyperMesh 中，也可以将 Property 关联到独立的单元，而不用将这些单元单独归类出来，建立一个新的 component。Property 能直接关联指定的单元。在这个情况下，HyperMesh 会为指定的单元自动创建一个 ABAQUS 单元集合，并将 Property 关联这个集合。这个集合的名字叫做 HMprop_propertyname，propertyname 是要关联的 Property 的名字。在下面的例子中，将建立 Property ElemPrp，并关联单元 12、13 和 14，这些信息以图 10-5 所示形式写入 ABAQUS 的.inp 输入文件。

```
**    Template:  ABAQUS/STANDARD 3D
**
*NODE
      1,  2.5           ,  0.0         ,  2.5
      2,  2.5           ,  0.0         , -2.5
      3, -2.5           ,  0.0         , -2.5
      4, -2.5           ,  0.0         ,  2.5
**HWCOLOR COMP        1   11
*ELEMENT,TYPE=S4R,ELSET=auto1
      1,       1,        2,         3,          4
*ELSET, ELSET=HMprop_property1
      1
**HM_set_by_property    11           22
*SHELL SECTION, ELSET=HMprop_property1, MATERIAL=
```

图 10-5　.inp 文件格式

其中 11 位于 ABAQUS .inp 文件中的注释行，求解时被忽略，但是在.inp 重新导入 HyperMesh 时是有用的，11 指该 Property 的颜色，22 指该 Property 的 ID。

 创建 Property。

1）在 Model Browser 内右击，在弹出菜单中选择 Create>Property。

2）在 Name 中输入 ElemPrp。

3）给 Property 选择一个颜色。

4）在 Card Image 中选择 SOLID SECTION。

5）在 HyperMesh 对话框单击 Yes 进入下一步。

STEP 11 给独立的单元赋予 Property。

1）单击 Standard Views 工具栏上的 按钮。

2）在 Model Browser 内展开 Property 文件夹，右击 ElemPrp，在弹出菜单中选择 Assign。

3）选择水平 BEAM component 中的最左边和最右边的一层体单元。

4）单击 proceed 按钮，赋予 Property。

5）在 Mixed Property Warming 对话框内单击 OK 按钮。

6）在 Visualization 工具栏内，在单元颜色模式（Element Color Mode）列表中选择 By Prop。

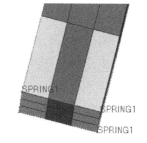

图 10-6 创建 SPRING1 单元

7）注意到单元是如何以 Property 的颜色来展示的，如图 10-6 所示。

注意：当一个 Property 关联一个 component 时，HyperMesh 会添加一个**HM_comp_by_property 的注释，以区别于关联单元的 Property。

10.2 定义 ABAQUS 3D 接触

在本实例中将进行如下讲解。

● 加载 ABAQUS Profile 并导入模型。

● 打开 ABAQUS Contact Manager。

● 定义实体单元的接触面。

● 定义壳单元的接触面。

● 通过 set 来定义接触面。

● 定义接触面的相互作用方式 interaction property。

● 定义接触对。

STEP 01 加载 ABAQUS profile 和模型。

1）打开 HyperMesh Desktop。

2）在 User Profile 对话框内，切换为 ABAQUS，Standard 3D。

3）从菜单栏选择 File>Open>Model 或单击 Standard 工具栏上的 按钮打开一个模型文件。

4）在 Open Model 对话框内，打开文件 Abaqus_contactManager_3D_tutorial.hm。

启动 the Contact Manager。

从菜单栏选择 Tools>Contact Manager，弹出 ABAQUS Contact Manager 对话框。

～
是为了定义 Solid Elements 的接触面。

在 HyperMesh 中，能通过单元或者单元集合对应的面来定义*SURFACE, TYPE= ELEMENT 卡片。在本实例中，将通过定义单个单元以及该单元对应的面来创建接触面。

建立 box1-top 接触面。

1）在 ABAQUS Contact Manager 对话框内选择 Surface 选项卡。

2）单击 New 按钮，弹出 Create New Surface 对话框。

3）在 Name 中输入 box1-top。

4）选择 Element based 作为接触面的类型。

5）单击 Color 旁边的 box 并给接触面选择一个颜色。

6）单击 Create 按钮。弹出 Element Based Surface 对话框，定义单元以及相应的面。

7）在 Model Browser 内展开 Component 文件夹，右击 BOX_1，在弹出菜单中选择 Isolate。

8）单击 Standard Views 工具栏上的 按钮（XY Top Plane View）。

9）在 Element Based Surface 对话框内选择 Define 选项卡。

10）在 Define surface for 列表中选择 3D solid, gasket。

11）单击 Elements 按钮。打开"单元选择"面板。

12）选择 elems>by collector。

13）选择 BOX_1 component。

14）单击 select 按钮，BOX_1 component 中的单元都被高亮显示。

15）单击 proceed 按钮，返回 Element Based Surface 对话框。

16）在 Select faces by 中选择 Solid skin 选项。

17）通过 Solid skin color 功能给实体单元的表面单元选择一个颜色。

18）单击 Faces 按钮，Hypermesh 会为选中的三维实体单元建立一个临时的表面，并打开"单元选择"面板以便选择临时表面。

19）在 solid skin 的上表面选择一个单元。

20）选择 elems>by face，高亮显示实体单元的上表面。

21）旋转模型以便确认所有需要的表面都被选上。

22）用户可以取消选择的单元（通过右键单击）或者增加想要的单元。

23）当选择好需要的接触表面单元后，单击 proceed 按钮返回 Element Based Surface 对话框。

24）单击 Add 按钮将这些表面添加到当前的接触面中。HyperMesh 会创建一些特别的表面单元（有间隔的矩形面）来展示接触面，如图 10-7 所示。

25）用户可以单击 Reject 按钮来取消刚才建立的接触面，也可以在 Delete 面板中删除这些接触面。

26）当定义好接触面后，单击 Close 按钮返回 Abaqus Contact Manager 对话框。

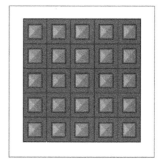

STEP
04 建立 box2-top 接触面。

图 10-7　创建接触单元

1）在 ABAQUS Contact Manager 对话框内选择 Surface 选项卡。

2）单击 Display None 按钮，关闭所有的接触面的显示。

3）单击 New 按钮，出现"新建接触面"对话框。

4）在 Name 中输入 box2-top。

5）选择 Element based 作为接触面的类型。

6）单击 Color 旁边的 box 并给接触面选择一个颜色。

7）单击 Create 按钮。弹出 Element Based Surface 对话框，可以定义单元以及相应的面。

8）在 Model Browser 内展开 Components 文件夹，右击 BOX_2，在弹出菜单中选择 Isolate。

9）单击 Standard Views 工具栏上的 按钮（XY Top Plane View）。

10）在 Element Based Surface 对话框中选择 Define 选项卡。

11）在 Define surface for 列表中选择 3D solid, gasket。

12）单击 Elements 按钮。打开"单元选择"面板。

13）选择 elems>by collector。

14）选择 BOX_2 component。

15）单击 select 按钮，BOX_2 component 中的单元都被高亮显示。

16）单击 proceed 按钮返回 Element Based Surface 对话框。

17）在 Select faces by 中选择 nodes on face 选项。

18）单击 Nodes 按钮

19）在实体单元的上表面选择两个或者三个角点，如图 10-8 所示。

20）单击 proceed 按钮返回 Element Based Surface 对话框。

21）在 Break Angle 文本框中输入 30.00。

22）单击 Add 按钮，将通过节点和 Break Angle 找到实体单元中的表面并添加到当前的接触面中。这便创建了一些特别的表面单元（有间隔的矩形面）来展示接触面。

图 10-8　选择角点

23）用户可以单击 Reject 按钮取消刚才建立的接触面，也可以在 Delete page 中删除这些接触面。

24）定义好接触面后，单击 Close 按钮返回 ABAQUS Contact Manager 对话框。

STEP
05 创建 cylinder-top 接触面。

1）在 ABAQUS Contact Manager 中选择 Surface 选项卡。

2）单击 Display None 按钮，关闭所有的接触面的显示。

3）单击 New 按钮，打开"新建接触面"对话框。

4）在 Name 中输入 cylinder-top。

5）选择 Element based 作为接触面的类型。

6）单击 Color 旁边的 box 并给接触面选择一个颜色。

7）单击 Create 按钮。弹出 Element Based Surface 对话框，可以定义单元以及相应的面。

8）在 Model Browser 内展开 Components 文件夹，右击 TOP_CYLINDER，在弹出菜单中选择 Isolate。

9）在 Element Based Surface 对话框内选择 Define 选项卡。

10）在 Define surface for 列表中选择 3D solid, gasket。

11）单击 Elements 按钮，弹出"单元选择"面板。

12）选择 elems>by collector。

13）选择 TOP_CYLINDER。

14）单击 select 按钮，TOP_CYLINDER component 中的单元都被高亮显示。

15）单击 procee 按钮返回 Element Based Surface 对话框。

16）在 Select faces by 中选择 Solid skin 选项。

17）通过 Solid skin color 功能给实体单元的表面单元选择一个颜色。

18）单击 Faces 按钮，HyperMesh 为选中的三维实体单元建立一个临时的表面。

19）在 solid skin 的上表面选择一个单元。

20）选择 elems>by face，实体单元的所有上表面都被高亮显示。

21）旋转模型以便确认所有需要的表面都被选上。

22）可以取消选择的单元（通过右键单击）或者增加想要的单元。

23）当选择好需要的接触表面单元后，单击 proceed 按钮返回 Element Based Surface 对话框。

24）单击 Add 按钮将这些表面添加到当前的接触面中。这便创建了一些特别的表面单元（有间隔的矩形面）来展示接触面。

25）用户可以单击 Reject 按钮取消刚才建立的接触面，也可以在 Delete page 中删除这些接触面。

26）当定义好接触面后，单击 Close 按钮返回 ABAQUS Contact Manager 对话框。

STEP
06 定义壳单元的接触面。

在 HyperMesh 中，用户可以通过单个编号单元或者单元集合对应的 SPOS/SNEG 面来定义*SURFACE,TYPE=ELEMENT 卡片。本实例将通过定义单个单元以及该单元对应的法向来创建接触面。通过以下步骤创建 cylinder-bot 接触面。

1）在 ABAQUS Contact Manager 对话框中选择 Surface 选项卡。

2）单击 Display None 按钮，关闭所有的接触面的显示。

3）单击 New 按钮。弹出"新建接触面"对话框。

4）在 Name 中输入 cylinder-bot。

5）选择 Element based 作为接触面的类型。

6）单击 Color 旁边的 box 并给接触面选择一个颜色。

7）单击 Create 按钮，弹出 Element Based Surface 对话框，可以定义单元以及相应的面。

8）单击 Define 选项卡。

9）在 Define surface for 列表中选择 3D shell, membrane, rigid。

10）在 Model Browser 内展开 Components 文件夹，右击 BOT_CYLINDER，在弹出菜单中选择 Isolate。

11）单击 Elements 按钮。打开"单元选择"面板。

12）选择 elems>by collector。

13）选择 BOT_CYLINDER component。

14）单击 select，高亮显示 BOT_CYLINDER component 中的单元。

15）单击 proceed 按钮。

16）显示被选择单元的法向。法向可以以颜色/箭头两种方式显示。如果箭头法向图标太大，单击 Standard Views 工具栏上的（ ）按钮（YZ Front Plane View）调整。此时单元的法向都指向里面

17）选中 Reverse 选项。

18）单击 Add 按钮将这些表面添加到当前的接触面中。这便创建了一些特别的表面单元（有间隔的矩形面）来展示接触面。

19）用户可以单击 Reject 按钮取消刚才建立的接触面，也可以在 Delete page 中删除这些接触面。

20）进入 Adjust Normal 页面。

21）选择 Display normals 显示接触面的法向，注意到所有法向朝外，如图 10-9 所示。

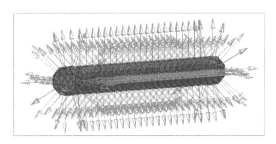

图 10-9　调整后接触面的法向

22）当定义好接触面后，单击 Close 按钮返回 ABAQUS Contact Manager 对话框。

STEP 07 ～ **STEP 08** 介绍了如何通过 Set 定义接触面。

在 HyperMesh 中，用户可以通过单元或者单元集合对应的面定义*SURFACE, TYPE=ELEMENT 卡片。本实例将通过定义单元集合以及该单元集合对应的面来创建接触面。HyperMesh 只允许接触面对应一个 set。目前尚不支持 Set 和单元的组合来定义接触面。

STEP 07 建立 box1-bot 接触面。

1）在 ABAQUS Contact Manager 对话框中选择 Surface 选项卡。

2）单击 Display None 按钮，关闭所有的接触面的显示。

3）单击 New 按钮。打开"新建接触面"对话框。

4）在 Name 中输入 box1-bot。

5）选择 Element based 作为接触面的类型。

6）单击 Color 旁边的 box 并给接触面选择一个颜色。

7）单击 Create 按钮，弹出 Element Based Surface 对话框，可以定义单元以及相应的面。

8）选择 Define 选项卡。

9）在 Define surface for 列表中选择 Element set。

10）在 Model Browser 中展开 Components 文件夹，右击 BOX_1，在弹出菜单中选择 Isolate。

11）单击 Standard Views 工具栏上的（📐）按钮（YX Bottom Plane View）。

12）在 Element Based Surface 对话框中单击 Element set 下拉菜单并选择 box1-bot。

13）单击 Review Set 按钮，高亮显示所有选中的单元。

14）右击 Review Set 按钮，取消高亮显示。

15）单击 Show Faces 按钮，HyperMesh 会为选择的单元集合创建一个临时的表面。

16）从实体下表面选择一个单元。

17）选择 elems>by face，高亮显示所有的实体下表面单元。

18）用户可以通过右键删除不想要的单元或者再进行增加单元的操作。

19）当完成表面单元的选择之后，单击 proceed 按钮返回 Element Based Surface 对话框。显示已选择表面单元的识别标签。在图形显示区，实体单元常常挡住了这些标签，将模型旋转到合适的视角，观察表面单元的识别标签。

20）单击向右的箭头，将 box1-bot 集合移送到右侧表中。

21）在表中单击 Face 中的下拉菜单，选择 S3 标签。因为所有的 box1-bot set 的下表面的标签都是 S3，所以可以使用 S3 标签来标示这个集合。

22）选中 Display 复选框并单击 Update 按钮，将当前选择的单元集合以及对应的面标识添加到当前接触面中。另外，还创建了一个特别的单元，用来显示该接触表面。

HyperMesh 默认不会为通过 SET 方式得到的接触面创建这些显示单元。如果选中 Display 复选框并单击 Update 按钮，则 HyperMesh 会利用接触单元建立一些特别的显示单元。这些显示单元同 HyperMesh 中的单元 SET 没有任何的联系，仅仅是展示。因此，当编

辑这些集合时，这些特别的显示单元将不会自动更新。用户需要再次进入这个页面，选中
Display 选项并单击 Update 按钮更新。

23）单击 Close 按钮返回 ABAQUS Contact Manager。

STEP 08 创建 box2-bot 接触面。

1）在 ABAQUS Contact Manager 中选择 Surface 选项卡。

2）单击 Display None 按钮，关闭所有的接触面的显示。

3）单击 New 按钮。打开"新建接触面"对话框。

4）在 Name 中输入 box2-bot。

5）选择 Element based 作为接触面的类型。

6）单击 Color 旁边的 box 并给接触面选择一个颜色。

7）单击 Create 按钮，弹出 Element Based Surface 对话框，可以定义单元以及相应的面。

8）选择 Define 选项卡。

9）在 Define surface for 列表中选择 Element set。

10）在 Model Browser 中展开 Components 树，以便展开所有的 Component。右击 BOX_2，在弹出菜单中选择 Isolate。

11）单击 Standard Views 工具栏上的（ ）按钮（YX Bottom Plane View）。

12）在 Element Based Surface 对话框内单击 Create/Edit Sets 按钮。

13）在 name 文本框中输入 box2-bot。

14）选择 elems>by collector。

15）选择 BOX_2 component。

16）单击 select 按钮。

17）单击 create 按钮。

18）当完成创建和编辑该 set 后，单击 return 按钮。创建 set 如图 10-10 所示。

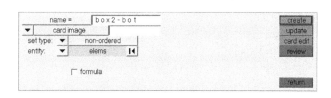

图 10-10　创建 set

19）单击 Element set 下拉菜单并选择 box2-bot。

20）单击 Review Set 按钮，高亮显示所有选中的单元。

21）右击 Review Set 按钮，取消高亮显示。

22）单击 Show Faces 按钮，HyperMesh 会为选择的单元集合创建一个临时的表面。

23）从实体下表面选择一个单元。

24）单击 elems>by face，高亮显示所有的实体下表面单元。

25）用户可以通过右键删除不想要的单元或者再进行增加单元的操作。

26）当完成表面单元的选择之后，单击 proceed 按钮返回 Element Based Surface 对话框。

已选择表面单元的识别标签被显示。在图形显示区，实体单元常常挡住了这些标签，将模型旋转到合适的视角，观察表面单元的识别标签。

27）单击向右的箭头，将 box2-bot 集合移送到右侧表中。

28）在表中单击 Face 中的下拉菜单，选择 S3 标签。

因为所有的 box2-bot set 的下表面的标签都是 S3，所以可以使用 S3 标签来标示这个集合。

29）取消选中 Display 复选框并单击 Update 按钮，将当前选择的单元集合以及对应的面标识添加到当前接触面中。HyperMesh 默认不会为通过 SET 方式得到的接触面创建显示单元。

30）单击 Close 按钮返回 ABAQUS Contact Manager。可以看到在 Surface 表格中 box2-bot 接触面的 Display 选项是不可用的。

到目前为止，已经创建了所有需要的接触面，如图 10-11 所示。

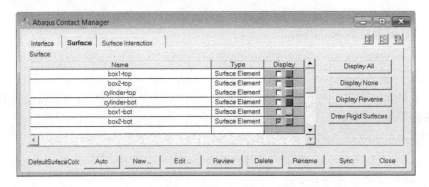

图 10-11 创建的所有接触面

31）单击 Display All 按钮显示所有的接触面。

32）在 Model Browser 内右击 Components 根目录，在弹出菜单中选择 Show，显示所有的 components。

33）单击 Standard Views 工具栏上的（🚢）按钮（Isometric View），创建的接触面模型如图 10-12 所示。

图 10-12 创建的接触面模型

34）从接触面 table 中选择接触面并单击 Review 按钮，能查看任何接触面。被选中的接触面将被高亮显示，而模型的其他部分将以灰色显示。如果这个接触面是通过 sets 来定义的，那么该接触面对应的 set 中的单元将被高亮显示。右击 Review 按钮取消高亮显示。

STEP
09 定义接触面接触参数。

本实例将定义 *SURFACE INTERACTION 卡片中的 *FRICTION 卡片。完成以下步骤可以创建 friction1 表面摩擦接触。

1）在 ABAQUS Contact Manager 中选择 Surface Interaction 选项卡。

2）单击 New 按钮，弹出 Create New Surface Interaction 对话框。

3）在 Name 中输入 friction1。

4）单击 Create 按钮，打开 Surface Interaction 对话框。

5）选择 Define 选项卡。

6）选择 Friction 作为接触面的接触类型，激活 Friction 选项卡。

7）打开 Friction 选项卡。

8）选择 Default 作为 Friction type。

9）选择 Direct 选项。该选项意味着 exponential decay 和 Anisotropic 参数将不会被写入到 ABAQUS 输入文件。

10）在 No of data lines 文本框中输入 1，下面出现一行输入列表。

11）单击 Friction Coeff 的第一列并输入 0.05。

关于 Direct 和 Anisotropic 表格介绍如下。

● 列数可以通过 No of Dependencies 来定义。行数可以通过 No of data lines 来定义。

● 为了在表格中输入数据，单击对应的单元格并在其中输入对应的数据即可，这个表格就像平常用的电子表格一样。

● 可以通过 Read From a File 按钮导入以逗号形式分割的文本数据。单击该按钮将打开一个文件浏览窗口，选择文件并单击"打开"按钮，可以导入数据文件。导入文件后表格的行数将同文本中行数一致。

● 右击表格将弹出 copy、cut 和 paste 下拉菜单。逗号分离的数据能被 copied/cut 或者 pasted 进表格。相关的一些快捷键，如〈Ctrl+c〉、〈Ctrl+x〉、〈Ctrl+v〉依然可使用。

● 左击对应的单元格可以激活该单元格。单击已激活的单元格，将在离鼠标最近的字符处插入光标。

● 左击鼠标不放，拖动鼠标将选择一片区域并被高亮显示。

● 按上、下、左、右箭头按键将移动输入光标的位置。

●〈Shift〉+箭头按键将扩展在箭头方向的选择区域。

●〈Ctrl+←〉组合键和〈Ctrl+→〉组合键将在单元格之内移动输入光标。

●〈Ctrl+\〉组合键选择所有的单元格。

●〈Backspace〉键将删除光标前的字符。如果多个单元格都被选择，则删除所选的单元格。

●〈Delete〉键删除单元格中光标后的字符。如果多个单元格都被选择，则删除所选的单元格。

●〈Ctrl+A〉组合键将光标移动到已激活单元格的开头处。〈Ctrl+E〉组合键将光标移动到已激活单元格的结尾处。

- 〈Ctrl+-〉组合键和〈Ctrl+=〉组合键将增减对应列的宽度。
- 移动鼠标时，通过左击或右击来调整行或列的大小。

12）单击 OK 按钮返回 ABAQUS Contact Manager。

STEP 10 ～ **STEP 13** 可以定义接触对。

本实例将通过定义 *CONTACT PAIR 卡片来定义面接触。

STEP 10 创建 top-cylinder-box1 接触对。

1）进入 ABAQUS Contact Manager 中的 interface 选项卡。

2）单击 New 按钮，弹出 Create New Interface 对话框。

3）在 Name 中输入 top-cylinder-box1。

4）选择 Contact pair 作为接触类型。

5）单击 Create 按钮，弹出 Contact Pair 窗口。

6）选择 Define 选项卡。

7）单击 Surface 下拉选项，从下拉列表中选择 box1-top。

8）单击 Slave>按钮，定义该面为从接触面 slave surface，并将其移动到接触对表中。

9）在 slave 列表中选中 top-cylinder-box1，并单击相应的 Review 按钮，选中的面将被高亮显示为红色。如果这个接触面是通过 Set 方式来定义的，那么相关联的单元将被高亮显示。右击 Review 清除高亮显示效果。

单击 New 按钮打开 Create New Surface 对话框，以建立新的接触面。完成接触面的建立后，会返回到"接触对"对话框，新建立的接触面将被定义为从接触面。

10）重复步骤 7）～8），选择 cylinder-top 并单击 Master>按钮，定义其为主接触面。

11）设置 Interaction 为 friction1。

12）打开 Parameter 选项卡。

13）选中 Small sliding 复选框。

14）单击 OK 按钮返回 ABAQUS Contact Manager。

STEP 11 建立 top-cylinder-box2 接触对。

按照 **STEP 10** 中步骤 1）～14），定义 top-cylinder-box2 接触对，将 box2-top 作为从接触面，cylinder-top 作为主接触面并以 friction1 作为接触类型。

STEP 12 建立 bot-cylinder-box1 接触对。

按照 **STEP 10** 中步骤 1）～14），定义 bot-cylinder-box1 接触对，将 box1-bot 作为从

接触面，cylinder-bot 作为主接触面并以 friction1 作为接触类型。

STEP 13 定义 bot-cylinder-box2 接触对。

按照 **STEP 10** 中步骤 1）～14），定义 bot-cylinder-box2 接触对，将 box2-bot 作为从接触面，cylinder-bot 作为主接触面并以 friction1 作为接触类型。

到此，所有的接触对都已经定义完毕。通过 Review 按钮可以预览接触对，主、从接触面都将被高亮显示。右击 Review 将清除高亮效果。

单击 Close 按钮关闭 ABAQUS Contact Manager。

下面介绍各功能按键的作用。

- Edit 按钮：打开相应的窗口，编辑选中的接触对、接触面或者接触类型。
- Delete 按钮：删除被选中的接触面、接触对或者接触类型。该按钮允许选择多个对象。
- Sync 按钮：用当前 HyperMesh 的数据更新 Contact Manager。当 Contact Manager 没有关闭时，如果此时在 HyperMesh 中创建、更新或者删除了 components、groups、properties 或者 entity sets，单击 Sync 按钮将同步 Contact Manager 以显示 HyperMesh 中的那些更新；如果最小化 Contact Manager 窗口，或者它隐藏在 HyperMesh 中，只需选择 Tools>Contact Manager 重现它。
- 对于一些重要的按钮，会有弹出注释。将鼠标放置在该按钮上将看到这些注释。
- 双击 interface、surface 和 surface interaction 对应的对象将打开该对象的编辑窗口。
- 〈Shift〉和〈Ctrl〉键：可以配合左击使用，用来选择多个对象（删除多个对象时也有用）。

10.3 定义 ABAQUS*STEP

本实例包含以下内容。
- 加载 ABAQUS user profile。
- 打开 HyperMesh 模型文件。
- 定义*STEP 卡片并指定*STATIC 作为分析类型。
- 定义载荷(*CLOAD)以及边界条件(*BOUNDARY)。
- 在单元上定义压力载荷(*DLOAD)。
- 定义输出要求。
- 导出数据为 ABAQUS input file。

STEP 01 加载 ABAQUS user profile 和模型。

1）打开 HyperMesh Desktop。
2）在 User Profile 对话框，切换为 ABAQUS，Standard 3D。

3）从菜单栏单击 File>Open>Model 或 Standard 工具栏上的（）按钮打开一个模型文件。

4）在 Open Model 对话框内，打开文件 Abaqus_StepManager_tutorial.hm。Abaqus_Step Manager_tutorial.hm 文件包含了一些已经定义好的模型数据。

STEP 02 定义*STEP 卡片并指定*STATIC 为分析类型。

在本操作中将建立*STEP 卡片并以*STATIC 作为分析类型。

1）从菜单栏单击 Tools>Load Step Browser。打开 Step Manager 对话框。

2）单击 New 按钮。弹出 Create New Step 对话框。

3）在 Name 文本框中输入 step1。

4）单击 Create 按钮建立一个名叫 step1 的载荷步，并打开了 Load Step 对话框。

5）在左侧面板中选择 Title，出现 Step heading 选项以及一个不可编辑的文本框。

6）选中 Step heading 复选框，并在文本框中输入 100kN。

7）单击 Update 按钮，保存刚才的信息到 step1。

8）在左侧面板中选择 Parameter。

9）选中 Name 以及 Perturbation 复选框。注意到名字已经更新为 step1。

10）单击 Update 按钮。

11）在左侧面板中选择 Analysis procedure。

12）设置 Analysis type 为 static。

13）单击 Update 按钮。

14）选择 Dataline 选项卡。

15）选择 Optional dataline 来增加时间步长。

16）为了添加独立的数据（如初始增量步），只需激活相应的文本框并输入值即可。如果该文本框不可用，则在输出文件中将增加一个空格，ABAQUS 求解器使用默认值。

17）单击 Update 按钮。

STEP 03 ～ **STEP 06** 是为了定义载荷（*CLOAD）以及边界条件（*BOUNDARY）。

在接下来的操作中，将添加*CLOAD 和*BOUNDARY 关键字到当前的 load collector 中，来定义载荷以及边界。

STEP 03 创建约束(*BOUNDARY)。

1）在左侧面板选择 Boundary。

2）单击 New 按钮。打开 Create Load Collector 对话框。

3）在 Name 文本框中输入 loads_and_constraints。

4）单击 Create 按钮。

5）单击 Display，为边界条件选择一个颜色。

6）确认 loads_and_constraints 的 Status 状态栏被选上。通过选择这个状态栏，边界条件将被添加到载荷步中。

7）单击 loads_and_constraints，右边出现新的选项卡。

8）在 Define 选项卡中，选择 Type 类型为 default (disp)。

9）单击 Define from'Constraints'panel 按钮，打开 Constraints 定义面板，创建约束。

STEP
04 在"约束"面板中创建约束。

1）单击 Standard Views 工具栏上的（）按钮（XZ Right Plane view）。

2）在 Constraints 面板内单击 nodes>by window。

3）选择除 cradle 两端的节点，如图 10-13 所示。

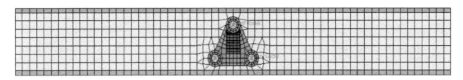

图 10-13　选择除 cradle 两端的节点

4）选中 exterior 复选框。

5）单击 select entities，选择图形区以外的节点。

6）选中所有的六个自由度。

7）单击 create 按钮。HyperMesh 将在选择的节点上施加约束。

8）单击 return 按钮，返回 Load Step 窗口。

9）查看 Load Step 窗口的最下面的 Load type 行。注意到 Bc（BOUNDARY 简称）出现在该行上，并注意到 step1 是 load_and_constraints 中创建的载荷类型。模型树中相应的载荷类型也将被高亮显示。

STEP
05 创建载荷(*CLOAD)。

1）在 Load Step 对话框的左侧面板内展开 Concentrated loads，选择 CLOAD-Force。出现新的选项卡。

2）在 Define 选项卡中单击 Define from'Forces'Panel，出现 Forces 面板。使用该面板创建力。

STEP
06 在 Forces 面板上创建力。

1）选择图 10-14 所示节点。

2）在 Force 面板内，magnitude 文本框中输入-100。

3）选择方向为 z-axis。

4）单击 create 按钮。

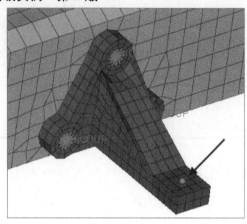

图 10-14 选择力的加载点

5）单击 return 按钮，返回 Load Step 窗口。

6）在 Load Step 对话框的最下面，注意到 Cload-f 被添加到 Load type。

7）单击 Review > Reset 按钮，属于 loads_and_constraints 边界条件的载荷和边界都将被高亮显示。

8）右击 Review 按钮，被高亮显示的载荷与边界消除高亮效果。

STEP
07 定义压力载荷 (*DLOAD)。

按照以下步骤，在单元上添加压力载荷*DLOAD（pressure），并将该载荷放在一个 load collector 中。

1）在 Load Step 对话框的左侧面板中展开 Distributed loads，选择 DLOAD，出现新的选项卡。

2）在 Define 选项卡内，选择 Define DLOAD on 为 Element sets。弹出 element sets 窗口。

3）旋转模型到图 10-15 所示视角。

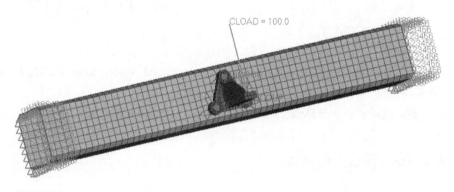

图 10-15 旋转模型视角

4）在 Load Step 窗口内，选择 Type 为 default（Pressure）。

5）在 Element sets 下拉列表框中选择 pressure_set。为了显示所有的单元类表，单击

Expand（▦）按钮，以便展示 Set Browser 窗口，也可以使用 Filter 和 Sort 按钮来减少单元组的搜索范围。

6）单击〈→〉按钮，将选中的单元集合放置在 element sets table 中。

7）在 Element sets 下拉列表框中单击 Review > Reset set，单元集将被高亮显示，如图 10-16 所示。

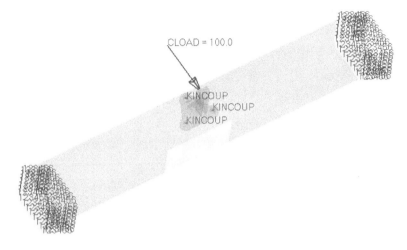

图 10-16　单元集

8）右击 Review > Reset set 清除高亮效果。

9）在 element sets 表中，为新添加的 pressure_set 选择 Label P。

10）因为 pressure_set 包含了壳单元，必须获得壳单元的法向，以便在施加压力时指明方向。为了找到壳单元的法向，选择 pressure_set 并单击 Show faces。pressure_set 中壳单元的法向如图 10-17 所示。

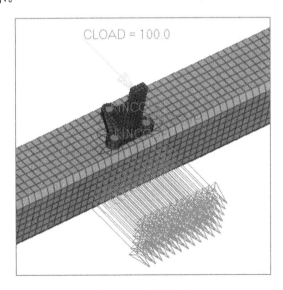

图 10-17　单元法向

11）右击 Show faces 取消显示单元法向。

12）在 Magnitude 文本框中输入-10。注意到负的压力意味着压力的方向同壳单元法向相反。

13）单击 Update，HyperMesh 数据将被更新，注意到 Dload 被添加到 Load type 行中。DLOAD 作为一个载荷，被包含在 loads_and_constraints 载荷步中。

14）从 element sets 表中选择 pressure_set。

15）单击 Review > Reset Set 按钮，展示施加载荷的方向，如图 10-18 所示。

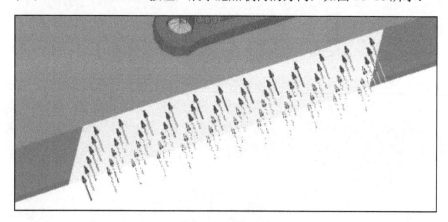

图 10-18　载荷方向

16）右击 Review > Reset Set 按钮，被高亮显示的载荷与边界消除高亮效果。

本实例通过 HyperMesh 面板在模型上添加了约束和分布式载荷，载荷信息自动保存在载荷步 step1 中。下面给该载荷步定义输出。

STEP 08 ～ STEP 09 是为了定义输出参数。

在操作步中，将定义载荷步 step1 的几个输出要求。有两种方法定义输出要求，介绍如下。

STEP 08 定义 ODB 文件输出要求。

1）在 Load Step 对话框的左侧面板中展开 Output request，选择 ODB file。

2）单击 New。

3）在 Create Output block 界面中，Name 文本框中输入 step1 output。

4）单击 Create 按钮。

5）在 Output block 表中单击 step1 output，右边出现新的窗口。

6）在 Output 选项卡中选中 Output 复选框，Output 选择 field。

7）选中 Node output 和 Element output 复选框。激活 Node Output 和 Element Output 表。

8）打开 Node Output 选项卡。

9）展开 Displacement 并选择 U，U 被添加在右边的数据行中。这便定义了位移结果输出。

用户可以手动定义一些输出请求，包括一些 HyperMesh 不支持的输出请求。它们将被直接输出到输出文件中。

10）单击 Update 按钮。

11）打开 Element Output 选项卡。

12）选中 Position 复选框，并设置其为 Nodes。

13）展开 Stress 并选择 S，S 被添加在右边的数据行中。这便定义了应力输出请求。

14）单击 Update 按钮。

STEP 09 定义结果文件（.fil）输出要求。

1）在 Load Step 对话框中展开 Output request，选择 Result file（.fil）。

2）在 Define 选项卡中选中 Node file 以及 Element file 复选框，Node File 以及 Element File 选项卡将被激活。

3）打开 Node File 选项卡。

4）展开 Displacement 并选择 U，U 被添加在右边的数据行中。这便定义了位移结果输出。

5）单击 Update 按钮。

6）打开 Element File 选项卡。

7）选中 Position 复选框，并设置其为 averaged at nodes。

8）展开 Stress 并激活 S，S 被添加在右边的数据行中。这便定义了应力输出请求。

9）单击 Update 按钮。

10）在 Output block 表下，单击 Review > Reset 按钮。

Review output block 窗口以 ABAQUS 输入文件的格式，展示出已经定义好的 ABAQUS 输出要求。

11）单击 Close 按钮关闭 Review output block 窗口。

12）在 Load Step 窗口的模型树中单击 Unsupported card。

13）选中 Unsupported cards 复选框，可添加任意一 unsupported card。

14）单击 Close 按钮，关闭 Load Step 窗口并返回 Step Manager 主窗口。

15）单击 Close 按钮退出 Step Manager 窗口。

STEP 10 ～ STEP 11 是为了导出 ABAQUS inp 数据文件。

HyperMesh 中的数据必须输出为 INP 文件以供 ABAQUS 求解器使用。INP 文件能在 HyperMesh 环境外被 ABAQUS 用来进行分析。

STEP 10 导出 INP 文件。

1）从菜单栏选择 File>Export>Solver Deck。

2）在 File 字段中输入 job1.inp。

3）单击 Export options 向下箭头。

4）单击 Export 选项，保持在 all。

5）单击 Export 按钮。

STEP 11 保存.hm 文件并退出 HyperMesh。

1）从菜单栏选择 File>Save as>Model。

2）在 Save Model As 对话框中的 File name 栏输入文件名 job1.hm。

3）单击 Save 按钮。

退出 HyperMesh，可以运行 ABAQUS 求解器，以 job1.inp 作为输入文件，用户可以在服务器上使用 ABAQUS 来运行模型。如果使用批处理模式，**STEP 10** 导出的.inp 文件的名称可作为输入文件的文件名。分析完成后，结果文件命名为<jobname.odb>并保存到工作路径上。使用 HvTrans 可将 ABAQUS 求解结果转换为 H3D 文件。

STEP 12 从 Application Menu 打开 HyperView。

1）在 Client Selector 工具栏选择 HyperView。

2）加载模型和结果文件。*.h3d 文件包含模型和结果文件。

3）单击 Apply 按钮。

4）在 Result 工具栏单击（▯）按钮，打开 Contour 面板。

5）通过在 Result type 下拉菜单中选择 Displacement (v)查看 displacement (v)结果。

6）单击 Apply 按钮，结果如图 10-19 所示。

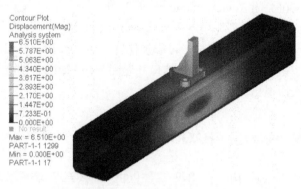

图 10-19　displacement(v)云图

7）在 Result Browser 中查看时间步和步长。

8）在 Animation 工具栏上，animation 下拉菜单中选择 linear。

9）单击（▶）按钮查看动画。

10）通过在 Result type 下拉菜单中选择 UR-Rotational displacement (v)查看 UR-Rotational displacement (v)结果。

11）单击 Apply 按钮，结果如图 10-20 所示。

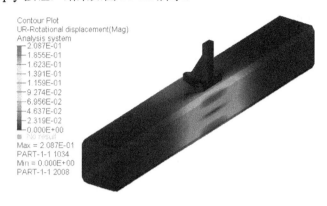

图 10-20　UR-Rotational displacement(v)云图

10.4　ABAQUS 托架支架分析前处理

在本实例中，将展示在 HyperMesh 中如何建立托架支架的 ABAQUS 静态响应分析，即托架两端约束，支架受 100kN 载荷作用。主要包括以下内容。

● 查看 HyperMesh 中的关键词以及数据行，这些关键字与数据同输出 INP 文件中的内容一致。
● 创建和编辑 ABAQUS 材料和 section 属性。
● 给 HyperMesh 单元指定对应的 ABAQUS 单元类型。
● 创建载荷以及边界条件（*KINEMATIC COUPLING and *BOUNDARY）。
● 创建一个 ABAQUS 载荷步，包含了标题、分析类型、分析参数、集中载荷以及输出要求。
● 导出模型为 ABAQUS 格式的输入文件。

注意：本例中使用的单位是 mm 和 KN。

本例中使用的模型如图 10-21 所示。遵循以下步骤来启动 HyperMesh 加载 ABAQUS 模板以及模型。

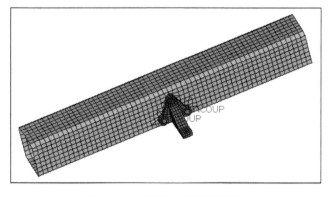

图 10-21　托架与支架的装配体

加载 ABAQUS 模板和模型。

1）打开 HyperMesh Desktop。

2）在 User Profile 对话框，切换为 ABAQUS，Standard 3D。

3）从菜单栏单击 File>Open>Model 或 Standard 工具栏上的（ 🖼 ）按钮打开一个模型文件。

4）在 Open Model 对话框，打开文件 ABAQUS_bracket_cradle.hm。该模型在图形区显示。

该 HyperMesh 文件包含以下 ABAQUS 模型数据。

● 单元类型为 penta (C3D6)和 hexa (C3D8)的支架模型。

● 单元类型为 tria (S3)和 quad (S4) 的托架模型。

● 支架底部螺栓孔的两个运动约束 *KINEMATIC COUPLING。

● 名为 aluminum 的材料。

● 材料 aluminum 关联了属性*SOLID SECTION，并且赋予了支架单元。

ABAQUS 与 HyperMesh 中各数据条目之间的关系介绍如下。

利用 HyperMesh 卡片可以查看所定义的 ABAQUS 关键字以及数据行。在 HyperMesh 中所看到的 ABAQUS 关键字和数据行就是将输出的 ABAQUS.inp 文件的相应部分的内容，也即所见即所得。对于有些卡片，还可以定义和编辑各种对应 ABAQUS 关键字的参数和数据。

单击 Card Edit（ 🌐 ）按钮可查看和编辑卡片，也可以在创建该条目的面板上查看和编辑多个条目卡片。大部分卡片都可以通过 Model Browser 右击，选择弹出菜单中的 Card Edit 获得，或是左击 entity 后在 Entity Editor 中显示。

（1）*ELEMENT 关键字的 Sectional Property　ABAQUS 关键字*ELEMENT, TYPE = <type>和 ELSET = <name>可定义 ABAQUS 单元，这些单元放在 HyperMesh 中的 component 集合中。在该 component 集合中，每一个单元类型都会写入一个对应的*ELEMENT 关键字到 INP 文件中。ELSET 中的 name 便是 HyperMesh 中 component 集合的名字。

如果一个 Property 被赋予一个 component 集合，Property 中的 ELSET 的 name 将会是 component 集合的名字。如果 Property 是直接被赋予某个单元，HyperMesh 将写入一个额外的 ELSET，其 name 的名字便是该 Property 的名字。sectional property 卡片将指向这个 ELSET。

sectional property 中的材料通过这种方式定义，即在 HyperMesh 中定义材料卡片，并将其同 Property 卡片相关联。单元以及 Property 在 HyperMesh 中组织如图 10-22 所示。

（2）HyperMesh 中的 ABAQUS 材料　ABAQUS 的*MATERIAL 关键字在 HyperMesh 中以材料卡片的形式展示。有 4 种 HyperMesh ABAQUS 材料卡片模板：ABAQUS_MATERIAL、GASKET_MATERIAL、CONNECTOR_BEHAVIOR 和 GENERIC_MATERIAL。有两种方法创建材料卡片并将其同 component 相关联。

1）方法一：下拉菜单。在菜单栏中创建材料卡片，并编辑材料卡片数据。创建 Property 时，选择相关联的材料，该材料自动同 Property 相关联。如前文所指，此时能将 Property 同 component 或者单个单元相关联。具体操作是：选择 Collectors>Assign>Component Properties,

或者选择 Properties>Assign。

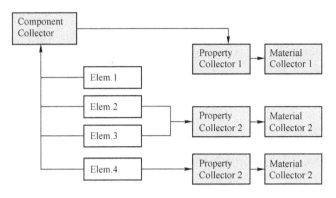

图 10-22　单元与 Property

2）方法二：模型浏览器。在 Model Browser 面板下，无论是在 model 或者 material view 视图下右击，在弹出菜单中选择 Create 去创建一个材料卡片。如果单击 Create/Edit 按钮，材料卡片将被展示，可以输入相关的参数以及数据。Properties 也能通过同样的方式创建。Material name 文本框中可以直接设置同 Property 相关联的材料。

在每个材料卡片下，可以添加各种材料数据，例如，添加*PLASTIC 关键字，输入屈服应力、塑性应变以及温度等数据。可以手动输入数据，也可以导入 ABAQUS 格式的输入文件以创建这些数据。

STEP 02 ～ **STEP 04** 是为了查看和编辑模型的内容。

在这些操作，将使用 Card Editor 面板查看单元、Property 和材料。也可以通过左击对应的内容，在 Entity Editor 中查看以及编辑这些卡片。

STEP 02 查看一个单元的卡片。

1）在菜单栏中单击 Mesh>Card Edit>Elements，打开 Card Edit 面板。
2）确认 entity selector 指向 elems。
3）在图形区选择一个 bracket 的单元（蓝色单元）。
4）单击 Edit 按钮。此时出现对应该单元的卡片，卡片包含单元的类型（C3D6 或 C3D8），并且其 ELSET 数据值设为 bracket。
5）单击 return 退出卡片标签。

STEP 03 查看 property 卡片。

通过以下操作，使用 Entity Editor 查看 components 中哪些单元相关联到 property。

在 Model Browser 中展开 Property 文件夹并单击 bracket。此时打开 Entity Editor，显示 bracket 的 property 为*SOLID SECTION，分配的材料为 aluminum。

STEP 04 查看材料卡片。

通过以下操作，使用 Entity Editor 查看定义的 aluminum 材料。

在 Model Browser 中展开 Material 文件夹并单击 aluminum，此时打开 Entity Editor，显示材料卡片的数据。

STEP 05 ～ **STEP 06** 为 cradle 创建并指定*MATERIAL。

在这些操作将学习创建*MATERIAL 中的*ELASTIC，为 cradle 定义钢材料。完成以下操作便可创建钢材料。当下一步为 cradle 定义 sectional property 时，材料将同 sectional property 相关联。

STEP 05 创建材料 STEEL。

1）在 Model Browser 中右击，在弹出菜单中选择 Create>Material。HyperMesh 在 Entity Editor 创建并打开一个材料。

2）在 Name 文本框中输入 steel。

3）选中 Elastic 复选框。该选项创建*ELASTIC。

4）在 Data：E 行单击，打开 ELASTIC INFO 对话框。

5）输入 200 作为弹性模量 E(1)。

6）输入 0.3 作为泊松比 NU(1)。

7）单击 Close 按钮。

STEP 06 将材料 Steel 赋予 Component 并创建*SHELLSECTION。

1）在 Model Browser 中右击，在弹出菜单中选择 Create>Property。HyperMesh 在 Entity Editor 创建并打开一个材料。

2）在 Name 中输入 cradle。

3）对于 Material Name，单击 Unspecified>Material。

4）在 Select Material 对话框，选择 steel 后单击 OK 按钮。

5）在 Thickness 中输入 2.5。

6）打开 Material 选项卡。

7）在 Model Browser 中展开 Component 文件夹，右击 cradle，在弹出菜单中选择 Assign。

8）在 Assign to Component(s)对话框，从 Property 下拉菜单中选择 cradle。

9）单击 OK 按钮。

HyperMesh 中的单元 Configurations 和 Types 介绍如下。

HyperMesh 单元以及载荷均有两个选项卡：Configurations 和 Types。

entity configuration 是 HyperMesh 的核心功能，而 entity type 则是在模板 template 中定义的。例如，HyperMesh 中的 configuration 单元包括 rigid、spring、quad4、hex8 和 quad4。这些单元类型在 Standard3D template 中可能对应 S4、S4R、S4R5 等类型。类似的 HMconfiguration 载荷，包括约束、集中力、压力以及温度，在 HyperMesh ABAQUS 模板中压力载荷 entity types 包括 DLOAD、DFLUX、FILM、DECHARGE 和 Radiate 等。

每一个 HyperMesh 单元以及载荷 configurations 都有它们自己的面板。在 1D、2D 以及 3D 页面中，使用 Elem Types 面板。而 Load types 则可以在相关的面板中直接选择，可以使用载荷或者"单元"面板去改变它们的类型。

HyperMesh 中的运动约束介绍如下。

除了 *EQUATION 关键字外，ABAQUS 中的运动约束，如 *KINEMATICCOUPLING、*MPC（BEAM、TIE、LINK、PIN）等，在 HyperMesh configurations 中都是一维的刚性单元。在 1D 页面中，使用 Rigids 来创建它们，将它们归类到 HyperMesh component 集合中。这些单元不需要材料以及 Property 等信息，因此可以将它们归类到单独的 component 或者包含其他单元的 component 中。

STEP 07 ~ STEP 10 是为了约束支架和托架。

这些操作将创建 ABAQUS 约束 *KINEMATIC COUPLING，以模拟支架顶部螺栓孔与托架的螺栓连接。实例模型已经包含了两个建好的 *KINEMATIC COUPLING，在支架底部的孔各有一个，运动约束被放置在 bracket component 中。

完成下面的操作，将创建一个新的 component，并将所有的运动约束组织到该 component 中。这样做并不是必需的，只是为了组织数据以及证明可以通过 configuration 来选择对象。该 component 将包含创建的所有运动约束。

确保使用 Elem Types 设定 rigids 的类型为 KINCOUP。该设定将使得所有的 Rigids 面板创建的单元类型是 *KINEMATIC COUPLING，然后创建运动约束。

STEP 07 创建 component 集合。

完成以下操作创建一个新的 component 集合，并设定单元的类型 rigid 为 KINCOUP。

1）在 Model Browser 中右击，在弹出菜单中选择 Create>Component。HyperMesh 在 Entity Editor 创建并打开一个 component。

2）在 Name 中输入 connection。

3）为 component 选择一个颜色。

4）从菜单栏选择 Mesh>Assign>Element Type，打开 Element Type 面板。

5）进入 1D 子面板。

6）单击 rigid = 并选择 KINCOUP。

7）单击 update 按钮。

8）单击 return 按钮。

STEP
08 创建参考节点。

使用 Distance 面板创建圆的中心点,作为运动约束的参考点。

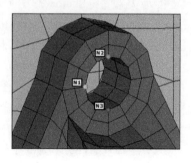

图 10-23 顶部 3 个节点

1)放大顶部螺栓孔到图 10-23 所示的位置。

2)按〈F4〉键进入 Distance 面板。

3)进入 Three Nodes 子面板。

4)在图形区选择螺栓孔顶部的 3 个节点,作为 N1、N2、N3,如图 10-23 所示。

5)单击 circle center 按钮,创建这 3 个点确定的圆心。

6)单击 return 按钮。

STEP
09 创建蛛网辐射状的刚性连接。

通过以下操作使用 Rigids 面板创建运动约束中的蛛网辐射状的刚性连接。

1)在菜单栏中单击 Mesh>Create>1D Elements>Rigids,打开 Rigids 面板。

2)进入 Create 子面板。

3)选中所有自由度(DOF)的复选框,约束*KINEMATIC COUPLING 参考点的 6 个自由度。

4)选择 dependent 为 multiple nodes。

5)在 independent 中选择前面创建的中心点。

6)在 dependent 中选择螺栓孔的上表面节点,如图 10-24 所示。

7)在 Model Browser 中展开 component 文件夹,右击 bracket,在弹出菜单中选择 Hide 以便隐藏 bracket。

8)在 dependent 中选择围绕 cradle 圆周的节点,如图 10-25 所示。

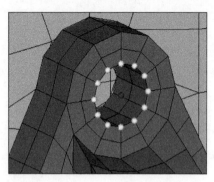

图 10-24 选择独立和依赖节点

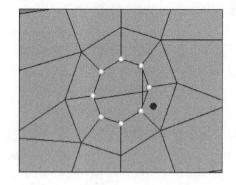

图 10-25 选择围绕 cradle 圆周的节点

9)单击 create 按钮,创建*KINEMATIC_COUPLING。

10)在 Model Browser 内展开 Component 文件夹,右击 bracket,在弹出菜单中选择

Show 以便展示 bracket，如图 10-26 所示。

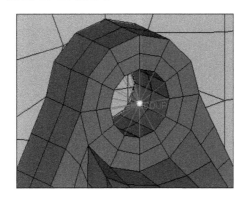

图 10-26　展示 bracket

11）单击 return 按钮。至此完成*KINEMATIC COUPLING 创建并被归类到 connection component。

移动*KINEMATIC COUPLING 对象。

通过 Organize 面板进行如下操作，移动*KINEMATIC COUPLING 对象到 connection component。

1）从菜单栏中单击 Mesh>Organize>Elements>To Component，打开 Organize 面板。

2）单击 elems>by config。

3）在 config 处选择 rigidlink。

4）在 type 处选择*KINCOUP。

5）切换 displayed/all 选项为 all。

6）单击 select entities，选择模型中的所有的刚性连接。

7）在 dest component 处选择 connection。

8）单击 move 按钮，移动所有的 rigid links 到 connection component。

9）单击 return 按钮，所有的*KINEMATIC COUPLING 对象都被归类到 connection component 中。模型定义结束。

如何使用 Step Manager 创建初始条件介绍如下。

HyperMesh 中，用户可以使用 Step Manager 工具来创建、编辑、查看、重新组织以及删除 ABAQUS 初始条件以及载荷等。该工具可以通过菜单栏选择 Tools>Load Step Browser 打开，如图 10-27 所示。

Step Manager 有一个默认的载荷步，叫作 Initial Condition，它被用来建立边界条件以及载荷（初始条件）。可以打开一个对话框来编辑初始载荷步。只有有效的边界条件以及载荷类型才能通过 Step Manager's Load Step 选项进行选择，如图 10-28 所示。使用该对话框从左到右步骤为：

● 从左边选择一个载荷步类型（最左边）。

● 创建一个载荷 collector（中间区域）。

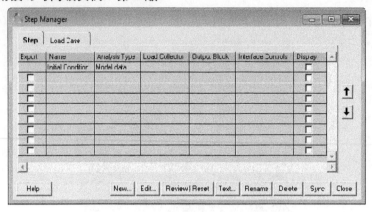

图 10-27　Step Manager 界面

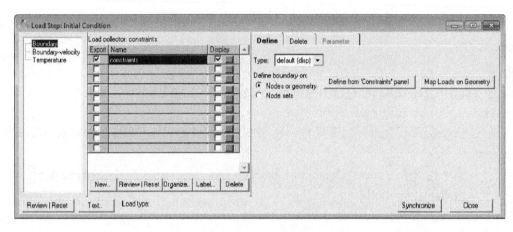

图 10-28　初始条件设置

● 通过菜单区域创建载荷（右侧）。

STEP

11 定义*BOUNDARY。

完成以下操作，创建 cradle 两端的约束。

1）从菜单栏选择 Tools>Load Step Browser，打开 Load Step Manager。

2）进入 Step 选项卡，单击 Initial Condition。

3）单击 Edit 按钮更改该载荷步。

4）在 Load Step：Initial Condition 对话框中选择 Boundary。

5）单击 New 按钮创建一个新的 load collector。

6）在 Create Load Collector 对话框 Name 处输入 constraints。

7）单击 create 按钮。

8）选中 Display 复选框以显示 constraints load collector。

9）（选做）：为 constraints load collector 选择一个 Display 的颜色。

10）在 Load collector 表中，单击 constraints 激活该载荷。在右边出现了对应的新选项卡。

11）在 Define 选项卡中，选择 Type 为 default (disp)。

12）单击 Define from Constraints panel 进入 Constraints 面板。

13）单击 Standard Views 工具栏上的（ ）按钮（XZ Right Plane View）。

14）在 Constraints 面板中单击 nodes>by window。

15）框选除 cradle 两端节点外的所有节点，如图 10-29 所示。

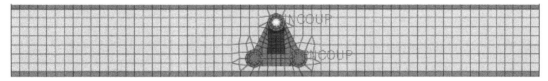

图 10-29　选择要约束的点

16）选中 exterior 复选框，单击 select entities 选择方框外的所有节点。

17）选中所有自由度（DOF）的复选框，约束被选节点的六个自由度。

18）单击 Create 按钮创建约束。

19）单击 return 按钮返回 Step Manager。

20）单击 Close 按钮，关闭 Initial Condition 载荷步并返回 Step Manager 主窗口。

下面介绍如何定义历史数据。

ABAQUS 历史数据部分定义了仿真分析的顺序。加载历史被分割成一系列的载荷步，每一个载荷步包括分析类型、载荷、约束以及输出要求和接触。ABAQUS 关键词*STEP 标志着载荷步的开始，*END STEP 则标志着载荷步的结束。在 Step Manager 中，可以创建、查看边界，删除以及重排序载荷步。在 Step Manager 中，载荷被归类到载荷 collectors 中，输出要求被归类到 HyperMesh 输出模块中。

STEP 12 定义 ABAQUS step。

在这个步骤中，仅对 cradle 以及 bracket 的线性分析进行操作。100kN 的载荷将加载在 bracket 上，cradle 的两端将被全约束。这是一个简单的模拟，所以只需要定义一个 ABAQUS 载荷步。完成以下操作，使用 Step Manager 定义 title、heading、parameters 以及 analysis procedure，然后添加一个集中载荷（*CLOAD）在 bracket 上面。

1）在 Step Manager 的 Step 选项卡中，单击 New 按钮。

2）输入名字 step1。

3）单击 Create 创建一个新的载荷步。

4）在选项列表中，单击 Title 定义载荷步的 title。

5）选中 tep heading 复选框，输入 100kN load。

6）单击 Update 按钮。

7）在选项列表中单击 Parameter。

8）选中 Name 复选框，以便载荷步的名字可以写入到 ABAQUS input 文件。

9）选中 Perturbation 复选框，设置分析类型为 small-scale, linear deformations。

10）单击 Update 按钮。

11）在选项列表中选择 Analysis procedure。

12）选择 Analysis type 为 static。

13）单击 Update 按钮。

14）单击 Text 按钮，查看当前所定义载荷步的数据，如图 10-30 所示。

15）查看结束后单击 Close 按钮。

16）在选项列表中，展开 Concentrated loads 列表并单击 CLOAD-Force。

17）单击 New 按钮创建一个新的 load collector。

图 10-30　查看定义的载荷步

18）输入名字 force。

19）单击 create 按钮。

20）（选做）：给 force load collector 选择一个颜色。

21）在 Load collector 列表中单击 force 激活该集合，对应该载荷类型 CLOAD-Force 的新选项卡出现在右侧。

22）在 Define 选项卡，单击 Define from'Forces' Panel，以便可以通过 Forces 面板创建 CLOAD 载荷。

23）在图形区域，选择 bracket 上表面的中心点。（图 10-31）。

24）单击 magnitude 文本框，输入-100。

25）默认 system selector 设置为 global system。

26）选择 z-axis 为力的方向。

27）单击 create 按钮创建一个力。

28）单击 return 按钮返回 Step Manager。

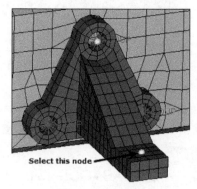

图 10-31　Node for CLOAD

STEP 13 指定载荷步的输出要求。

在本步骤中，将使用 Step Manager 指定.obd 和.fil 文件中的位移和应力结果输出，最后将模型输出为.inp 文件。

1）在 Load Step 选项列表中展开 Output request 并单击 ODB file。

2）单击 New 按钮创建一个新的输出要求。

3）输入名字为 step1_output。

4）单击 Create 按钮。

5）在 Output block 列表中单击 step1_output。

6）在 Output 选项卡，选择 Output 复选框。

7）保留其默认值 field。

8）选中 Node output 以及 Element output 复选框。

9）打开 Node Output 选项卡，指定节点位移输出到.obd 文件。

10）在 output options 列表展开 Displacement，选中 U 复选框。调整 Step Manager 窗口

以便查看 output options。

11）单击 Update 按钮。

12）打开 Element Output 选项卡，指定单元应力输出到.obd 文件中。

13）在 output options 列表展开 Stress，选中 S 复选框。

14）单击 Update 按钮。

15）在 Load Step 选项列表中，展开 Output request 并选择 Result file（.fil）。此时在 Output block 表中输出模块 step1_output 仍然被高亮显示（激活的）。

16）在 Define 选项卡，选中 Node file 以及 Element file 复选框。

17）打开 Node File 选项卡，指定单元位移输出到.fil 文件。

18）在 output options 列表展开 Displacement，选中 U 复选框。

19）单击 Update 按钮。

20）打开 Element File 选项卡，指定单元应力输出到.fil 文件。

21）选中 Position 复选框。

22）选择 Position 为 averaged at nodes。

23）在 Output 选项列表中展开 Stress，选中 S 复选框。

24）单击 Update 按钮。

25）单击 Close 按钮关闭 Load Step 窗口。

26）单击 Close 按钮关闭 Step Manager 窗口。完成定义载荷步。

STEP 14 输出模型。

1）在菜单栏中选择 File>Export>Solver Deck，弹出 Export-Solver Deck 选项卡。

2）在 File 文本框中指定工作路径并保存为 bracket_cradle_complete.inp。

3）单击 Export 按钮。此时可以提交.inp 文件到 ABAQUS 中进行分析了。

小结

HyperMesh 支持 ABAQUS 最新版，除了在网格划分方面有巨大优势外，HyperMesh 还提供了具有特色的接触管理器和载荷步管理器。当模型中接触较多时，使用接触管理器方便创建、管理接触对，同时还可编辑其参数，并可对某一个接触进行单独显示，即使模型有几十对接触也不会显得混乱不堪。提供的载荷步管理器可以对多载荷步工况进行创建和管理。当前版本的 OptiStruct 也提供了完善的非线性求解功能，而且所有设定都可以在 HyperMesh 环境下实现。

第 11 章

ANSYS 前处理

本章通过实例的方式帮助读者理解 HyperMesh 中 ANSYS 的接口，展现 ANSYS 前处理的一般流程，着重介绍接触建模、混合网格划分等关键技术。

本章重点知识

11.1　ANSYS 3D 接触定义实例

STEP
01　加载 ANSYS profile。

1）启动 HyperMesh 或者清空当前的模型。
2）在 Preferences 菜单中单击 User Profiles。
3）出现 User profile 菜单。
4）单击 Ansys profile 选项。
5）单击 OK 按钮。
完成上述操作将设置 Ansys 相关的菜单。

STEP
02　查看 HyperMesh 模型。

1）单击 File 下拉菜单，选择 Open 选项。
2）选择 Ansys_3D_Contact_Tutorial 文件。
HyperMesh 将显示图 11-1 所示的模型。

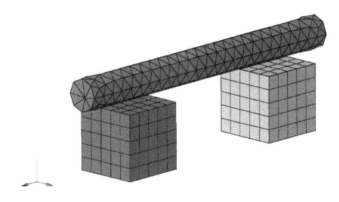

图 11-1　接触模型

STEP
03　打开接触浏览器。

1）单击 View 下拉菜单。
2）选择 Contact Browser，这时在页面左侧打开接触浏览器。

STEP
04　创建一个接触对。

1）在 Contact Browser 的第二栏的空白处单击右键。

2）在弹出菜单中选择 Create > Contact Pair。实体编辑器中显示出新创建的接触对，如图 11-2 所示。

STEP 05 创建一个接触主面。

1）在接触浏览器第一栏中单击（⬛）按钮，隐藏 BOX_SOLID45 和 CYLINDER_SOLID45 两个部件。如图 11-3 所示

图 11-2 接触浏览器

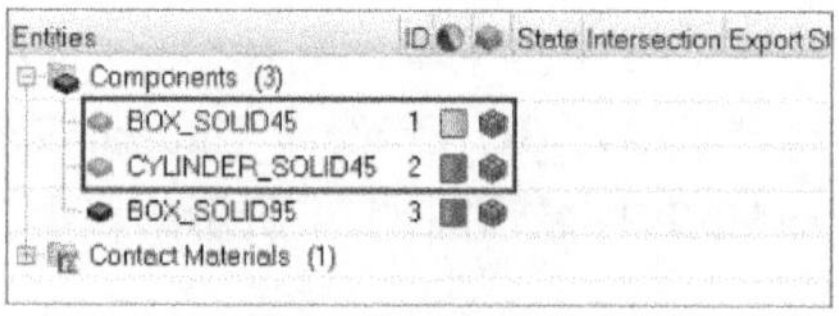

图 11-3 隐藏其余部件

2）选择 **STEP 04** 中创建的接触对 contactPair_1。

3）在 Master IDs 一栏单击右键，单击 Create Contact Surface using Elements，如图 11-4 所示。

4）在面板中把选择对象切换为 add solid faces，再选择 faces，以选择实体单元的表面，如图 11-5 所示。

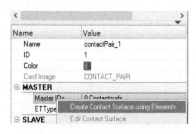
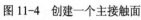

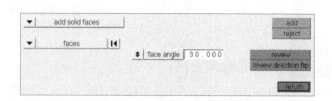

图 11-4 创建一个主接触面

图 11-5 选择实体单元的表面

5）选择部件的上表面，如图 11-6 所示。

6）单击 add，主接触面被创建，如图 11-7 所示。

7）单击 return。

8）在对话框中单击 Close。

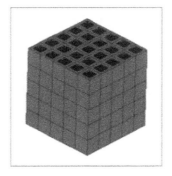

图 11-6　选择实体单元的上表面　　　　　　图 11-7　创建好的主接触面

STEP 06 设置主接触面的单元类型。

1）在接触浏览器 MASTER 一栏下的 ETType 中单击右键，单击 Create。如图 11-8 所示。

2）在 Create Sensors 对话框中，单元类型已默认设为 CONTA174，如图 11-9 所示。

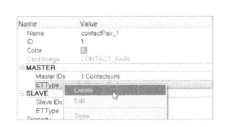

图 11-8　主接触面单元属性定义　　　　　　图 11-9　主接触面单元属性定义

3）单击 KeyOpt12 对应的方框，然后选择 0-Standard。为了查看某个特定 KEYOPT 的全部选项，移动鼠标到该 KEYOPT 上。此步操作为可选。

STEP 07 创建一个从接触面。

1）显示部件 CYLINDER_SOLID45，隐藏 BOX_SOLID45 和 BOX_SOLID95 两个部件。

2）在"标准视图"工具栏中单击（ ⌞⌟ ）按钮，选择 **STEP 04** 中创建的接触对 contact Pair_1。

3）在 Slave IDs 一栏单击右键，单击 Create Contact Surface using Elements。

4）在面板中把选择对象切换为 add solid faces，再把选择器切换到 elems，如图 11-10 所示。

5）按住〈Shift〉键框选部件的下半部分单元，如图 11-11 所示。

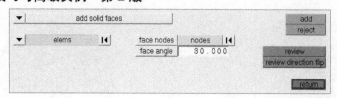

图 11-10 切换选择对象

6）使用 nodes 选择器，选择所选单元的节点。

7）单击 add，创建从接触面，如图 11-12 所示。

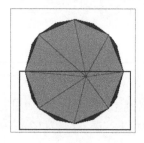

图 11-11 框选部件的下半部分单元

图 11-12 创建的从接触面

8）单击 return。

9）在对话框中单击 Close。

STEP 08 设置从接触面的单元类型。

1）在接触浏览器 SLAVE 一栏，在 ETType 中单击右键，单击 Create。

2）在 Create Sensors 对话框中，单元类型已默认设为 TARGE170。

3）单击 KeyOpt4 对应的方框，然后选择 0-All DOF are constrained。

4）单击 Close。

STEP 09 定义接触对属性。

1）在实体编辑器 Property 一栏中单击右键，单击 Create。

2）在 Create Properties 对话框中定义以下属性：FKN 设为 1.0；FTOLN 设为 0.1；TAUMAX 设为 1e20；FKOP 设为 1.0；FKT 设为 1.0；FHTG 设为 1.0；RDVF 设为 1.0；FWGT 设为 0.5；FACT 设为 1.0。

3）单击 Close 退出。

STEP 10 定义接触对材料属性。

既可以为目标/接触单元定义一种新材料，也可以赋予它们现有的材料。

1）在实体编辑器 Material 一栏中单击右键，单击 Create。

2）在 Create Materials 对话框中定义以下属性：Card Image 设为 MPDATA；选中 MU（摩擦系数）复选框；将 MP_MU_LEN 设为 1；在 MP_MU_LEN=的下方，Data：C 一栏，单击（按钮；在 MP_MU_LEN=对话框中，输入-0.45，如图 11-13 和图 11-14 所示。

图 11-13　定义接触对材料属性（一）　　图 11-14　定义接触对材料属性（二）

3）单击 Close 退出。

STEP 11 检查定义后的接触对。

1）在接触浏览器中，右键单击 contactPair_1。

2）在弹出菜单中选择 Isolate Only，显示主接触面和从接触面，如图 11-15 所示。

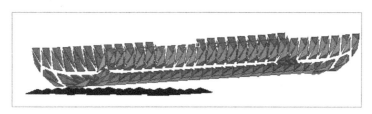

图 11-15　查看接触面

3）检查接触面的法向，确保主接触面和从接触面的法向相对。

4）右键单击 contactPair_1，在弹出菜单中选择 Show。

5）再次右键单击 contactPair_1，在弹出菜单中选择 Review，显示接触区域，如图 11-16 所示。

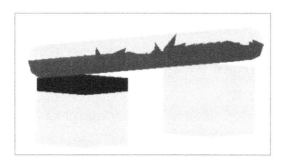

图 11-16　查看接触区域

6）检查完成后，退出接触浏览器。

11.2 ANSYS 混合网格划分实例

1. 设定边界条件，建立完整分析模型

需要建立混合网格的几何模型如图 11-17 所示。

STEP 01 打开/导入模型。

1）从下拉菜单中选择 File>Open。

2）打开 Ansys Hybrid Meshing.hm 文件。

3）在菜单 Preferences 中选择 User profiles。

4）选择 Ansys 并单击 OK 按钮。

图 11-17　几何模型

STEP 02 为 ANSYS 设置合适的单元类型。

1）在 Mesh 菜单中选择 Assign > Element Type。

2）选择 2D&3D 子面板。

3）将 penta6 和 hex8 单元设置为 SOLID45。

4）将 Pyramid13 和 tetra10 设置为 SOLID95。

STEP 03 创建两个集合，分别命名为 first 和 second。

1）在 Collectors 菜单中选择 Create component。

2）在 name 中输入 first，并选择一个合适的颜色，单击 create 按钮。

3）重复步骤 1）～2），建立第二个集合，命名为 Second。

STEP 04 实体单元 MAP 网格划分。

1）在模型树中右击 first 集合，在弹出菜单中选择 Make Current。

2）在 Mesh 菜单中选择 Create > Solid Map Mesh。

3）选择 Multi Solids 子面板。

4）选择图 11-18 所示的实体。

5）设置单元尺寸为 0.08，选择 elems to current component 选项并单击 mesh 按钮。

图 11-18　选择实体

STEP
05 四面体划分剩下的实体。

1）在 Mesh 菜单下选择 Create > Tetra Mesh。
2）选择 Volume tetra 子面板。
3）选择没有分网的实体。
4）确保 match existing mesh 复选框被选中。
5）对于 2D 选择 trias，对于 3D 选择 mixed。
6）不选 use curvature 以及 proximity。
7）设置单元尺寸为 0.08。
8）在模型树中右击 second 集合，在弹出菜单中选择 make current。
9）单击 mesh 按钮。

STEP
06 将四面体单元转换为 2 阶单元

1）在 Mesh 菜单中选择 Assign > Element Order。
2）选择 Change To 2nd 子面板。
3）单击 elem 按钮，在扩展菜单中选择 by collector。
4）选择 second 集合，并单击 select 按钮。
5）选择 midside nodes at exact midpoint。
6）单击 change order 按钮。

STEP
07 为 ANSYS 设置单元类型。

1）在 Tools 菜单下，选择 EtTypes Table。
2）选择 new 命令，并选择 SOLID45 作为 Element type。
3）单击 Create 按钮并选择 SOLID95 作为另一个单元类型。
4）依次单击 Create 按钮和 Close 按钮。单击 Close 按钮退出 ET Types Table。

STEP
08 设置实常数。

1）在 Tools 菜单下选择 ReaSets Table。
2）选择 New 命令，并选择 SOLID45 作为 Element Type。
3）单击 Create 按钮并选择 SOLID95 作为另一个单元类型。
4）依次单击 Create 按钮和 Close 按钮。单击 Close 按钮退出 RealSets Table。

STEP
09 在 ANSYS 材料表中建立材料钢。

1）在 Tools 菜单下选择 Material Table。

2）选择 New 命令。

3）输入 steel 作为材料的名称，ID 指定为 1，选择 MP 作为材料的类型。

4）在卡片中，激活 EX 以及 NUXY 复选框。EX 为弹性模量，NUXY 为泊松比。

5）在 MP EX 字段中输入 2.1E5。

6）在 MP NUXY 字段中输入 0.3。

7）单击 return 按钮，再单击 Close 按钮退出"定义材料"对话框，接着单击 Close 按钮退出材料列表。

STEP 10 在 component table 中关联各单元类型和 component。

1）在 Tools 菜单中选择 Component Table。

2）在 Table 菜单中选择 Editable。

3）在靠近 assign values 栏中，选择 ET Ref. No 1-solid45。

4）单击表中的 first component，并单击 set。

5）单击 Yes 按钮确认这一改变。

6）将单元类型变为 2-solid95。

7）选择表中的 second component，并单击 set。

8）单击 Yes 按钮，确认这一改变。

STEP 11 在 component table 中关联各实常数和 component。

1）在靠近 assign values 栏中选择 Real Set No 1-Solid45。

2）单击表中的 first component，并单击 set。

3）单击 Yes 按钮确认这一改变。

4）将单元类型变为 2-solid95。

5）选择表中的 second component，并单击 set。

6）单击 Yes 按钮，确认这一改变。

STEP 12 在 component table 中关联各材料和 component。

1）在靠近 assign values 栏中选择 Mat Set No 1-steel。

2）按住〈Shift〉键并同时单击表中的 first 和 second，并单击 set。

3）单击 Yes 按钮确认这一改变。

4）在 Table 菜单下，选择 Quit 命令。

STEP 13 查看 pramid 单元的卡片。

1）在 Mesh 菜单中选择 Card Edit > Element。

2）更改 entity 类型为 elems。

3）在模型浏览器中，单击 first component 旁边的（▦）按钮，隐藏其单元。

4）选择右下角交界面上的金字塔单元，单击 Edit 按钮。

5）注意到单元的编号以及节点的编号。因为是二阶的金字塔单元，所以一个单元有 13 个节点编号，如图 11-19 所示。

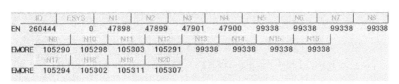

	ID	ESYS	N1	N2	N3	N4	N5	N6	N7	N8
EN	260444	0	47898	47899	47901	47900	99338	99338	99338	99338
	N9	N10	N11	N12	N13	N14	N15	N16		
EMORE	105290	105298	105303	105291	99338	99338	99338	99338		
	N17	N18	N19	N20						
EMORE	105294	105302	105311	105307						

图 11-19　单元节点编号

6）单击两次 retrun 按钮，返回主界面。

STEP 14 运行将单元转化为特殊 2 阶单元的宏命令。

1）在 Utility Browser 中单击 ANSYS tools 按钮。

2）选择 Convert to Spl.2nd Order 命令。

3）选择 first 作为一阶单元集合，second 作为二阶单元集合。

4）单击 Apply 按钮。

ANSYS 命令使得同一阶六面体单元相邻的二阶单元没有中点。这些单元将在导出 ANSYS 文件的时候被改变，并可在输出文件中查看。

5）完成转换后，单击"确定"按钮关闭该窗口。

STEP 15 输出 ANSYS CDB 格式的文件，并检查相同的单元。此步操作为可选。

1）在 File 菜单中选择 Export 命令。

2）选择 Solver Deck。

3）选择 File type 类型为 Ansys。

4）如果在 Ansys profile 下，则当前默认的输入模板就是 Ansys 模板。

5）单击 File 旁边的文件夹，选择文件名以及存放路径。

6）输入文件名 Hybrid_mesh.cdb。

7）单击 Save 按钮。

8）在 Export options 中确保输出选项为 All。

9）单击 Export 按钮。

10）在文本编辑器中打开 CDB 文件。

11）找到 **STEP 13** 中提到的金字塔单元。注意到一阶和二阶单元交界面上的中间节点，编号都为 0。HyperMesh 不支持节点的编号为 0，所以这个改变在 HyperMesh 中是看不出来的。

2. 建立 ANSYS 分析

STEP 01 打开一个新的模型。此步操作为可选。

1）在 File 菜单中选择 Open 命令。

2）打开 Ansys 文件 hybrid meshing part2.hm，如图 11-20 所示。注意，也可以使用当前的模型。

STEP 02 建立压力和约束载荷集合。

1）在模型浏览窗口右击，在弹出菜单中选择 Create > Load Collectors。

2）在 load name 中输入 pressure。

3）指定一个颜色。

4）在 card image 中选择 no card image。

5）在模型浏览窗口右击，在弹出菜单中选择 Create > Load Collectors。

6）在 load name 中输入 constraints。

7）指定一个颜色。

8）在 card image 中选择 no card image。

图 11-20 混合四面体六面体网格

STEP 03 给模型施加约束。

1）在 mask 浏览器中，单击 geometry 旁边的+号，以显示几何。

2）在 BCs 菜单中选择 Create > Constraints。

3）改变选择对象类型为 surfs。

4）选择尺寸为 0.1。

5）确保 6 个自由度都被选中。

6）选择图 11-21 所示的约束面，并单击 create 按钮。

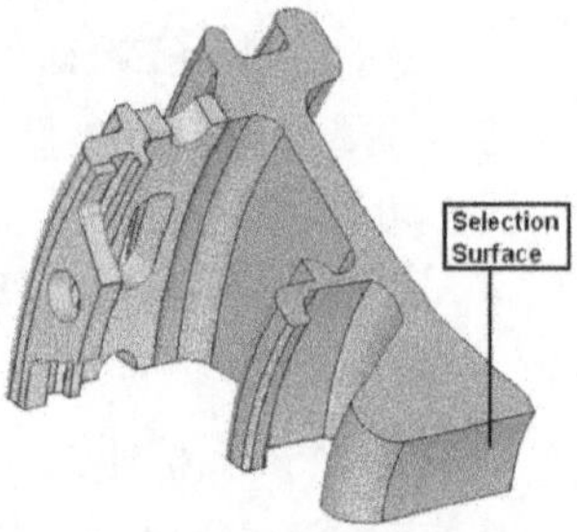

STEP 04 将约束映射到集合上。

1）在 BCs 菜单中选择 Loads on Geometry。

2）选择 constraints 载荷集合，并单击 map loads，把约束施加在曲面上的每一个节点上。

图 11-21 选择约束面

STEP 05 设置合适的单元类型。

1）在 Mesh 菜单中选择 Assign > Element Type。

2）选择 2D&3D 面板。

3）对于 tria3 和 quad4 选择 MESH200。

STEP 06 寻找 first component 中单元的 face。

1）单击工具栏中的（🔲）按钮寻找 face。如果该按钮没显示，则在 View 菜单中选择 Toolbars > Checks 来打开该命令。

2）选择"对象"选择器类型为 comps 并选择 first。

3）单击 find faces 按钮。

STEP 07 创建新的 component Quand200 和 Tria200。

1）在 collectors 菜单中选择 Create > Component。

2）在 name 中输入 Quad200。

3）选择 no card image 并单击 create 按钮。

4）重复步骤 1）～3），创建 Tria200 component。

STEP 08 移动部分单元到 Tria200 component 中。

1）在 Mesh 菜单中选择 Organize > Elements > to Component。

2）选择一个水平和垂直方向的单元，如图 11-22 所示。

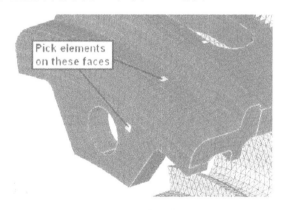

图 11-22　选择单元

3）单击 elems 按钮，在弹出的扩展菜单中选择 by face。

4）确保 dest 目标集合是 Tria200，并单击 move 按钮。

STEP 09 删除 face component。

1）在模型浏览器中右击 face component，在弹出菜单中并选择 Delete。

2）单击 Yes 按钮确认。

STEP 10 移动 2D 四边形单元到 Quad200 分组当中。

1）在 Mesh 菜单中选择 Organize > Elements > to Component。

2）在 Mask 浏览器中 2D 旁边选择"1"，展开 2D 文件夹，在 Tria3 旁边选择"–"符号。

3）按住〈Shift〉键框选显示在窗口中的单元。

4）确保目标分组 dest 被设置为 Quad200，单击 move 按钮。

5）显示所有单元。

STEP 11 设置单元类型。

1）在 Tool 菜单栏中选择 EtTypes Table。

2）单击 New 按钮并选择 OTHERS > MESH200 作为单元的类别。

3）单击 Create/Edit 按钮。

4）选中 kopt1 旁边的复选框并在 kopt1 中输入 6。

5）单击 return 按钮。

6）创建另一个类型为 MESH200 并且 kopt1 为 4 的单元。

7）单击 return 按钮，然后单击 Close 按钮。

8）单击 Close 按钮，关闭 ET Types Table。

STEP 12 在 component table 中关联各单元类型和 component。

1）在 Tools 菜单中选择 Component Table。

2）在 Table 菜单中选择 Editable。

3）在靠近 assign values 栏中选择 et ref. no 3-MESH200。

4）单击表中的 Quad200 component，并单击 Set。

5）单击 Yes 按钮确认这一改变。

6）将单元类型变为 4-MESH200。

7）选择表中的 Tria200，并单击 Set。

8）单击 Yes 按钮，确认这一改变。

9）在 Table 菜单中，选择 Quit 命令。

STEP 13 在 2D 网格上施加压力载荷。

1）在模型浏览器中，在 load collector 中右击 pressure，在弹出菜单中选择 Make Current。

2）在 BCs 菜单中选择 create pressures。

3）更改选择对象为 elems，并单击 elems 按钮，选择 by collector。

4）选择 2D mesh 集合，并选择 select。

5）输入 magnitude 大小为 5.0。

6）设置 magnitude%为 10.0，并单击 create 按钮。

STEP 14 创建载荷步。

1）在模型浏览窗口右击，在弹出菜单中选择 Create > Load Step。

2）输入载荷步的名称 step1。

3）单击 Loadcols 并选择 pressure 以及 constraints 两个载荷，单击 OK 按钮。

STEP 15 在控制卡片中增加/SOLU&LSSOLVE 信息。

1）进入 Analysis 页面，单击 control cards 按钮。

2）单击/SOLU 控制卡片，退出/PREP7 前处理器，并进入 SOLU 模块。

3）单击 return 按钮退出卡片。

4）单击 LSSOLVE 卡片。

5）设置最小载荷步 LSMIN=1，最大载荷步 LSMAX=1，载荷步增量 LSINC=1。

6）单击两次 return 按钮。

STEP 16 将数据导出 ANSYS CDB 文件。

1）在 File 菜单中选择 Export。

2）选择 Solver Deck。

3）选择 File type 类型为 Ansys。

4）如果在 Ansys profile 下，则当前默认的输入模板就是 Ansys 模板。

5）单击 File 旁边的文件夹，选择文件名以及存放路径。

6）输入文件名 Hybrid_mesh.cdb。

7）单击 Save 按钮。

8）在 Export options 中确保输出选项为 All。

9）单击 Export 按钮。

这样便输出了 CDB 文件，可供 ANSYS 直接调用求解。

小结

在标签区的 Utility 工具中，集成了创建 ANSYS 模型的大多数工具，包括定义实常数、单元类型和材料的属性管理器，操作方式接近于 ANSYS Workbench，便于用户切换前处理软件。另外还提供了接触管理器，便于创建和管理模型中需要的各类接触。

第 12 章

使用 Tcl 语言进行 HyperMesh 二次开发

HyperMesh 功能丰富，可满足工程、科研等各种仿真建模的需求，但也有一些特殊需求实现起来比较麻烦，或者用户想自动实现一些多次重复的操作，所以 Altair 公司提供了 HyperMesh 的二次开发接口以便实现这些需求。用户可以通过 Tcl/Tk 语言定制自己需要的功能。

本章介绍了如何使用 Tcl 语言进行 HyperMesh 二次开发，读者通过学习本章可以了解到 Tcl 的基本知识和 HyperMesh 二次开发的基本概念。

本章重点知识

12.1　HyperMesh 二次开发基础

12.2　运行脚本

12.3　变量

12.4　控制结构

12.5　Tcl 函数

小结

12.1 HyperMesh 二次开发基础

HyperMesh 二次开发所使用的编程语言 Tcl（Tool Command Language）是一种简单易学的脚本语言。为了让读者切实感受到 HyperMesh 二次开发的易用性，本章采用从零开始，从例子入手，让完全没有编程基础的读者读完本章后也能够写一些简单的脚本，解决实际工程中遇到的问题。

学习编程的最好方法就是直接开始写程序。所以建议读者在阅读本章的时候打开 HyperMesh 的命令行窗口，跟着本章的内容输入代码并确保能得到预期的结果。本章的学习坡度尽可能平缓，例子尽可能简短有趣。由于篇幅方面的限制，本章内容只是二次开发的入门知识，并没有考虑编程知识的系统性，只是希望引起读者对二次开发的兴趣，从而进入更高深的 HyperMesh 二次开发和 Tcl 编程领域。

如果读者不想和程序打交道，完全可以放心地跳过本章，略过本章内容完全不会影响其他章节的学习。

12.1.1 Tcl/Tk 简介

Tcl 是与 Python、Javascript、Bourne shell 类似的脚本语言，易于学习、可读性好，不需要编译，并且与操作系统无关。学习 Tcl/Tk 建议在计算机上安装 ActiveTcl，这样就可以直接在本机查询所有的 Tcl 命令帮助了。

Tk（tool kit）为 Tcl 加入了图形化界面处理（GUI）的功能。Tcl/Tk 嵌入在 HyperWorks 前、后处理的应用程序里，本章不会涉及复杂的 Tk 内容。通过脚本可以很方便地调用应用程序的命令和实现数据逻辑控制，包括用户自定义的流程、控制面板以及图形化的界面。建议零基础的读者将 ActiveTcl 帮助文件中的 Tcl Tutorial 作为学习 Tcl 语言的一个补充。

12.1.2 Tcl 命令

Tcl 命令的基本语法如下。

```
Command args1 args2 …
```

其中，Command 是 Tcl 提供的内置命令或用户定义的 Tcl 函数；空白表示空格，用于分隔命令、参数；args1、args2 代表参数。一般情况下 Tcl 命令都是小写字母。

和大部分 HyperMesh 操作一样，进行二次开发时也需要选择一个合适的 user profile。在本章中都是选择 OptiStruct，否则部分和求解器相关的命令会有问题。读者在学习的时候可以直接在 View 下拉菜单中打开 Command Window，如图 12-1 所示。窗口中显示了 Tcl8.5.9，这是 HyperMesh 所使用的 Tcl 解释器版本。

Tcl 中的打印输出命令是 puts。首先，在窗口中输入：

```
% puts "Hello World! "
```

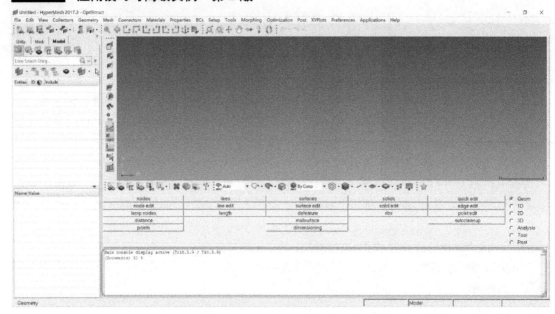

图 12-1 Command Window 窗口（命令窗口）

输出是：

=> HelloWorld！

把 HelloWorld！放在了双引号里面作为一个整体，否则由于中间有空格而变成了两个单词。双引号也可以用大括号替代，两者的区别在于双引号允许进行替换而大括号不允许。

% setsoftware"HyperMesh"
% puts $software
=>HyperMesh

上述语句创建了一个变量 software，变量的值是字符串"HyperMesh"，puts 命令后面的参数$software 是取出变量的值，通常也称为变量替换。

如果先把命令输入到 word 或 ppt，然后再粘贴过去，可能会出现错误，错误原因是 office 软件中某些双引号的编码可能不一样，这时只需要重新输入双引号即可。

puts 命令经常用于程序调试时输出一些中间变量，puts 还可以向文件写入数据。如向 D 盘的 datatest.csv 文件写入一些数据：

```
setfilepath {D:\datatest.csv};
set channel [open $filepath w]; #打开一个文件，中括号是命令替换，会先把中括号替换成命令结
果，然后再运行整条命令
puts $channel "Hello tcl World" ;#写入数据
puts $channel "1+2+3+4 =[expr {1+2+3+4}]" ;#写入数据
puts $channel "End of puts" ;#写入数据
flush $channel;#将缓存的数据写入硬盘
close $channel;#关闭文件
```

运行该段程序后得到的 D 盘 datatest.csv 文件内容如下（用文本编辑器打开，而不是

excel）。

> Hello tcl World
> 1+2+3+4 =10
> End of puts

在本章后续的例子中有时会把输入放在%后面，输出放在=>后面，不再重复说明。HyperMesh 的命令窗口如图 12-2 所示。

```
Main console display active (Tcl8.5.9 / Tk8.5.9)
(Documents) 32 % puts "Hello World!"
can not find channel named ""Hello"
(Documents) 33 % puts "Hello World!"
Hello World!
(Documents) 34 %
```

图 12-2　命令窗口示例

除了 HyperMesh 的命令窗口，还可以通过单击工具栏（▦）按钮启动 HyperMath，进行 Tcl 脚本的 debug。HyperMath 支持断点设置、右键选中若干行脚本进行运行等操作，建议读者亲自试验一下，然后选中自己喜欢的编辑/调试环境。

下面进行一个简单的算术运算：

> %1+1

结果也是一个错误。因为在 Tcl 中一切都是字符串，进行任何算术运算都要使用 expr 关键字显式要求，格式如下。

> %expr {1+1}
> => 2

稍微复杂一点的运算：

> % expr {sin(3.14159/2.0)}
> => 0.9999999999991198

HyperMesh 的模型创建/修改/视图操作会记录在 command.tcl 文件里，可以在"我的文档"或者下拉菜单 Edit/Command File 查看，查询类命令需要自己编写。

实例 1

STEP 01 打开一个网格的模型 body_side.hm。

STEP 02 然后单击工具栏上的（▦）按钮，图形区的网格就实现了收缩显示，如图 12-3 所示。

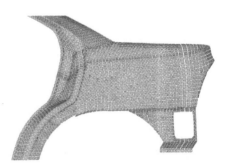

图 12-3　模型收缩显示

STEP 03 选择下拉菜单 Edit/Command File 查看使用的命令是：

*setoption shrink_value=0.2

STEP 04 再次单击工具栏上的（ ▦ ）按钮恢复普通视图显示。

STEP 05 在命令窗口输入：

　　　　*setoption shrink_value=0.2

是不是和单击（ ▦ ）按钮的效果完全一样？对了，因为单击（ ▦ ）按钮就是调用该命令，与直接输入命令是一样的。这就是学习 HyperMesh 二次开发的方法，操作几步，看一下 command.tcl 中记录的命令，然后再操作几步，继续查看。中间可加入一些循环判断等逻辑控制以及创建一些变量和函数等。下面尝试一下不同的数值看看有什么效果。

　　　　*setoption shrink_value=0.4
　　　　*setoption shrink_value=0.9
　　　　*setoption shrink_value=0.1

实例 2

STEP 01 通过下拉菜单选择 File>New，新建一个空的.hm 文件。

STEP 02 通过 Geom 面板>Nodes 面板创建一个节点，如图 12-4 所示。

这里选择了三个特别的数值来区分 x，y，z 坐标，也可以通过查询帮助获取该信息。如果在软件安装时选择了安装帮助，则可以在安装目录下找到帮助，默认的命令帮助位于：file:///C:/Program%20Files/Altair/2017/help/hm_ref_guide/topics/chapter_heads/commands_and_functions_scripts_r.htm。该页面支持搜索，如本例中只要输入*setoption 后按〈Enter〉键，就可以看到相关的命令详细说明。

图 12-4　Nodes 面板

STEP 03 选择下拉菜单 Edit>Command File，查看使用的命令是：

　　　　*createnode 1.1 2.2 3.3 0 0 0

下面创建一个正 20 面体，如图 12-5 所示。

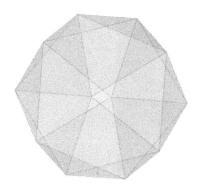

图 12-5　正 20 面体

上面创建节点的时候并不知道新创建的节点的 ID 号是多少。可以使用以下命令获取：

　　hm_entityrecorder nodes on;　　　　　　　　#创建节点的命令写在这里
　　hm_entityrecorder nodes off
　　set node_ids [hm_entityrecorder nodes ids]

这样就把最新创建的节点 ID 号存在了变量 node_ids 里面。

如果只是要获取最新创建的一个 ID 号，有一条专门的命令可以简化以上命令：

　　set node_id [hm_latestentityid nodes]

或者先执行：

　　*createmark nodes 1 -1

然后再执行：

　　setnode_id [hm_getmark nodes 1]

获取这个 ID 号。

在下面的例子中使用第二种方法获取刚刚创建的节点 ID 号。

问题描述：通过脚本自动创建一个外接球半径为 1 的正 20 面体，并且将所有模型中的节点沿全局 X 轴方向平移 3 个单位（防止多次运行脚本后网格重叠）。

外接球半径为 1 时，正 20 面体的 12 个顶点坐标计算公式为：$(0,\pm1,\pm\varphi)$，$(\pm1,\pm\varphi,0)$，$(\pm\varphi,0,\pm1)$。其中，$\varphi = 1+\sqrt{5}/2$。

STEP
04　创建节点并保存到相应变量的 Tcl 代码如下。

```
set r 1.0; #r 是外接球的半径
set p [expr {$r*(sqrt(5.0) -1)/2.0}]; #这里的 p 就是公式中的 φ
*createnode $p 1 0 0 0 0
set node_1 [hm_latestentityid nodes]
*createnode $p -1 0 0 0 0
set node_2 [hm_latestentityid nodes]
*createnode [expr {-1.0*$p}] -1 0 0 0 0
```

```
set node_3 [hm_latestentityid nodes]
*createnode [expr {-1.0*$p}] 1 0 0 0 0
set node_4 [hm_latestentityid nodes]
*createnode 1 0 $p 0 0 0
set node_5 [hm_latestentityid nodes]
*createnode -1 0 $p 0 0 0
set node_6 [hm_latestentityid nodes]
*createnode -1 0 [expr {-1.0*$p}] 0 0 0
set node_7 [hm_latestentityid nodes]
*createnode 1 0 [expr {-1.0*$p}] 0 0 0
set node_8 [hm_latestentityid nodes]
*createnode 0 $p 1 0 0 0
set node_9 [hm_latestentityid nodes]
*createnode 0 $p -1 0 0 0
set node_10 [hm_latestentityid nodes]
*createnode 0 [expr {-1.0*$p}] -1 0 0 0
set node_11 [hm_latestentityid nodes]
*createnode 0 [expr {-1.0*$p}] 1 0 0 0
set node_12 [hm_latestentityid nodes]
```

STEP 05 在面板区的 2D>Edit Element 中创建一个三角形单元。

STEP 06 在 command.tcl 文件找到相关的命令为：

```
#*createlist nodes 1 1 4 10
#*createelement 103 1 1 1
```

14，10 为选择的 3 个节点编号（根据单击位置不一样，结果会不一样）。

STEP 07 完整创建 20 面体的 20 个三角形面，执行命令将 ID 号替换成变量后的脚本如下。

```
*createlist nodes 1 $node_1 $node_4 $node_10
*createelement 103 1 1 1
*createlist nodes 1 $node_1 $node_10 $node_8
*createelement 103 1 1 1
*createlist nodes 1 $node_1 $node_8 $node_5
*createelement 103 1 1 1
*createlist nodes 1 $node_1 $node_5 $node_9
*createelement 103 1 1 1
*createlist nodes 1 $node_1 $node_9 $node_4
*createelement 103 1 1 1
*createlist nodes 1 $node_4 $node_6 $node_7
*createelement 103 1 1 1
```

```
*createlist nodes 1 $node_4 $node_7 $node_10
*createelement 103 1 1 1
*createlist nodes 1 $node_7 $node_10 $node_11
*createelement 103 1 1 1
*createlist nodes 1 $node_10 $node_11 $node_8
*createelement 103 1 1 1
*createlist nodes 1 $node_11 $node_8 $node_2
*createelement 103 1 1 1
*createlist nodes 1 $node_8 $node_2 $node_5
*createelement 103 1 1 1
*createlist nodes 1 $node_2 $node_5 $node_12
*createelement 103 1 1 1
*createlist nodes 1 $node_5 $node_12 $node_9
*createelement 103 1 1 1
*createlist nodes 1 $node_12 $node_9 $node_6
*createelement 103 1 1 1
*createlist nodes 1 $node_9 $node_6 $node_4
*createelement 103 1 1 1
*createlist nodes 1 $node_3 $node_6 $node_7
*createelement 103 1 1 1
*createlist nodes 1 $node_3 $node_7 $node_11
*createelement 103 1 1 1
*createlist nodes 1 $node_3 $node_11 $node_2
*createelement 103 1 1 1
*createlist nodes 1 $node_3 $node_2 $node_12
*createelement 103 1 1 1
*createlist nodes 1 $node_3 $node_12 $node_6
*createelement 103 1 1 1
```

这样就完成了一个自动创建 20 面体的脚本。该脚本可以重复运行，但是每次的位置都是一样的。可以在再次运行前修改一下脚本中的 r 值或者先把原先的 r 值移动一个距离。移动所有节点的命令如下。

```
*createmark nodes 1 "all";#选择所有节点
*createvector 1 [expr {$r*3}] 0 0;#创建一个临时方向矢量供下一步移动使用
*nodecleartempmark;#清除临时节点
*translatemark nodes 1 1 3;#执行移动
*view "iso1";#调整视图为 ISO1
```

12.1.3 二次开发中的对象类型

在进行二次开发的时候经常需要查询模型中的数据，如节点的坐标，材料的参数，当前的 component 等。HyperMesh 的对象（Entity）类型常以字符串的形式作为 HyperMesh API 函数的参数，以对特定类型的 Entity 进行筛选或操作。每种对象类型都有相关联的 dataname。

HyperMesh 中定义的部分 Entity 类型见表 12-1，这些 Entity 类型可以用于任意一个可以接受<entity type>作为参数的命令中。

表 12-1　Entity 类型

blocks	cards	components	connectors
contactsurfs	nodes	curves	ddvals
dequations	desvarlinks	desvars	assemblies
domains	dvprels	elements	vectors
equations	faces	groups	loadsteps
lines	loadcols	loads	points
materials	vectorcols	optiresponses	objectives
opticonstraints	tags	shapes	properties
solids	surfaces	systems	sets

12.1.4　Data Names

Data Names 用于在 HyperMesh 的数据库获取数据，即用一个字符串的名称代表数据。Data Names 与 HyperMesh 定义的 Entity 的数据构成有关。例如，x、y 和 z 坐标给出了一个节点在三维空间中的位置，而这些数据正是 node（节点）这种 Entity 所具有的性质。

HyperMesh 中与求解器相关的数据保存在一个名为 Card image 的数据结构中。每个数据都以一个字符串作为数据名称，以及一个数值作为它的 ID，如 Card image 对材料的弹性模量的定义。每一个求解器，甚至每一种针对不同求解器的不同材料都会有一个弹性模量的属性以及与之对应的数据名称。这些数据名称在求解器的 feoutput 模板中定义，它们是唯一的，但是依赖于求解器，甚至同一个求解器下的不同材料属性也有不同的 data name。

HyperMesh 支持多种不同求解器，也为之提供了不同的模板，可以在<altair home>/templates/feoutput 路径下找到它们。这些模板为对应的求解器提供了包括数据名称、属性 ID、Card image 格式、输出格式之类的属性。

在模型的输出过程中，HyperMesh 会输出数据的值，而不是代表这些数据的名称。

12.1.5　Marks

HyperMesh 处理数据的方式是先获取一系列同类型对象的 ID 号，然后打包后传给下一条命令批量处理。HyperMesh 总是对 mark 进行操作而不是 ID 号，这是初学者很容易犯的错误。例如，要隐藏一些单元需要如下两条命令，第一条命令负责打包 ID 号，第二天命令负责隐藏。

```
*createmark elements 1 30-32 38 39
*maskentitymark elements 1 0
```

在 HyperMesh 中可以通过 Mark 标记具有相同类型的 Entity，从而实现将 Entity 批量地传递给命令处理器。绝大多数 Entity 都可以用 Mark 进行标记，被标记的 Entity 可作为被操作的对象进行操作，在 HyperMesh 中每种对象都有两个标准的 Mark 标签以及一种用户自定义的 Mark 标签。

在 HyperMesh 中标准 Mark 通过 ID1、ID2 进行标识，用户可以将 Entity 标记为 Mark 1 和 Mark 2，在应用时通过传入 Mark ID 作为命令或函数的参数方式进行。

运用标准 Mark 对单元进行删除：假设用户想从现有数据中删除一些单元，为了实现这个操作，用户必须先给这些单元创建一个 Mark，然后使用 HyperMesh 的 API 函数删除被标记的 Entity（此处为单元）。具体示例如下。

```
*createmarkpanel elems 1 "please select elems to delete"
*deletemark elems 1
```

这里*createmarkpanel 命令把用户选择的单元 ID 标记为 mark 1，然后使用*deletemark 命令删除所有标记为 1 的单元。

此外，HyperMesh 还提供了一些针对 Mark 的操作，如*markdifference 和*markintersection 命令可以对标记为 1 和 2 的 Mark 进行集合运算。

用户自定义的 Mark 可以对 Entity 进行保存或恢复。*marktousrmark 命令可以使通过标准 Mark 生成的自定义 Mark 在图形界面下可用，也可以用弹出框 retrieve 重新获取 ID 号。可以通过 Tcl 命令 hm_getusermark 返回自定义标记中的 Entity，或者通过弹出框 save 保存 ID 号。不仅如此，从任何一个选择 Entity 的界面均可访问自定义标记。

12.1.6 向量与平面

在 HyperMesh 中进行某些操作时需要用户输入一个方向，在调用这些操作的命令时就需要提供一个向量（vector）或平面（plane）作为参数。HyperMesh 可以同时定义两个向量和两个平面，并用 ID 1 和 ID2 进行标记，在需要时可以通过 API 函数进行定义。

下面是一个 Tcl 脚本，目的是将一个 ID 为 10 的节点（Node）沿着 X 方向上移动 5 个单位距离。

```
*createvector 1 1.0 0.0 0.0
*createmark nodes 1 10
*translatemark nodes 1 1 5.0
```

在上面的脚本中，定义了 ID 为 1，值为（1.0, 0.0, 0.0）的向量，显然它是在 X 轴方向。ID 为 10 的 node 被标记为 ID 为 1 的标准 Mark，然后通过*translatemark 命令对它进行操作。

对于平面而言，除了需要知道法向量之外，还需要一个基准点才能确定它。下面脚本给出了所有当前显示的单元沿着一个法向量为 X 轴，基准点坐标为（5.0, 0.0, 0.0）的平面进行对称操作的例子。

```
*createplane 1 1.0 0.0 0.0 5.0 0.0 0.0
*createmarkelems 1 displayed
```

*reflectmarkelems 1 1

12.2　运行脚本

在 HyperMesh 中有如下几种方法来运行脚本文件。

● 在下拉菜单中选择 Run>Tcl Script。

● 在 Standard 工具栏单击 Run Tcl Script 按钮。

● 在 HyperMesh 的 Command 窗口输入 source Tcl 脚本，格式如下。

　　　source{tcl 脚本文件的全路径}

12.3　变量

Tcl 语言中的几种变量介绍如下。

12.3.1　简单变量

Tcl 中的变量可以分为以下几种类型：字符串、整型、实型、列表、数组、字典。Tcl 用 set 命令定义变量。

● 字符串：set name HyperWorks 或者 set name {HyperWorks}或者 set name "Hyper Works"。

● 整型：set num 3。

● 实型：set num 3.2。

● 数组：set hw(pre) HyperMesh。

● 字典：set dict1 [dict create pre hypermesh post hyperview solver RADIOSS solvers optistruct]。

但是在脚本层面上可以认为 Tcl 只有一种数据类型，就是字符串。例如，下面这条命令定义了一个变量，变量的值是 a 1 b 2 c 3：

　　　% set var1 {a 1 b 2 c 3}
　　　=>a 1 b 2 c 3

上述命令的 var1 变量里面存储的是什么类型的数值呢？可以用几个命令来试试。Tcl 语言的注释符号是"#"，所以下面命令中的"#"以及后面的部分是程序的注释，实际上不起作用。

　　　#截取字符串变量 var1 0 3 的 0～3 个字符
　　　% string range $var1 0 3
　　　=> a 1

结论 1：var1 是字符串类型。

　　　#查看列表变量 var1 的第 2 项

```
% lindex $var1 1
=> 1
```

结论 2：var1 是列表类型。

```
#提取字典 var 的项目 a
% dict get $var1 a
=> 1
```

结论 3：var1 是字典类型。

上述问题的答案是 var1 变量中既是字符串又是列表又是字典。因为 Tcl 是弱类型的编程语言，在 Tcl 中一切都是字符串，必要的时候会自动转换成其他相应的类型。弱类型的好处是编程具有很大的灵活性，缺点是程序运行得慢。

一般的编程语言中的变量名只允许字母、数字和下画线，但是 Tcl 不受此限制（可以随意给变量取名，但这通常是个非常坏的主意）。看下面的命令。

```
% set abc 123
=> 123
% set 123 abc
=> abc
% set {a b c} 333
=> 333
```

要释放当前已经定义的变量名可以用 unset 命令，可以通过 info exist var1 命令检查 var1 这个名称的变量是否存在，具体如下。

```
% set var2 "2";
% unset var2;
#使用不存在的变量会报错
% puts $var2;
=>can't read "var2": no such variable
```

在 HyperMesh 中操作一下：

STEP 01 打开下拉菜单 Edit/CommandFile，打开 command 文件窗口。

STEP 02 在打开窗口的 File 下拉菜单中选择 new，然后选择 save 并替换掉目录下的旧 command.tcl 文件。这样就清空了原有的记录。

STEP 03 在屏幕下方的命令窗口输入：

```
% *hm_writeviewcommand 0
```

这是为了防止把模型旋转、缩放等操作记录下来。然后在 HyperMesh 中继续操作：

STEP 04 在 Model Browser 空白处右击，在弹出菜单中选择 create/component，接受默认参数。

STEP 05 在命令窗口中单击鼠标，然后按〈F5〉键或者在下拉菜单中选择 File/Refresh 进行刷新，可以看到所使用的命令为：

```
% *createentity comps name=component1
```

STEP 06 在命令窗口输入：

```
% *createentity comps name={good comp}
% *createentity comps name={ happy comp}
% *createentity comps name={compenent with a very loooooooooooooooooog name!}
```

这样就创建了 3 个新的 component，接下来再输入：

```
foreach name {a b c d e f g h i j k l m n o p q r s t u v w x y z} {
        *createentity comps name=$name
    }
```

注意：不同单词之间也必须有空格，"}"和"{"中间必须要有空格，第一行行尾的"{"必须放在第一行。

可以把常用的命令放到一个函数里，方便反复调用。例如，要删除所有视图状态为可见的几何，包括 point、line、surface、solid 等，操作如下。

STEP 01 打开一个有几何信息的.hm 文件。

STEP 02 清空 command.tcl 文件。

STEP 03 在命令窗口输入*hm_writeviewcommand 0。

STEP 04 在 HyperMesh 界面单击工具栏按钮 ✖，对象类型切换为 points，如图 12-6 所示。

图 12-6 删除面板

STEP 05 鼠标单击 points，选择 displayed。

STEP 06 查看 command.tcl 文件，得到的命令如下。

```
*createmark points 1 "displayed"
*deletemark points 1
```

对 lines、surface、solid 重复以上操作，记录的命令如下。

```
*createmarklines 1 "displayed"
*deletemarklines 1
*createmarksurfaces 1 "displayed"
*deletemarksurfaces 1
*createmark solids 1 "displayed"
*deletemark solids 1
```

STEP 07 重新打开.hm 文件后把以上命令粘贴到命令窗口运行，观察效果，屏幕上的几何都消失了。

STEP 08 创建一个文本文件 del_geom.tcl 并把以上命令粘贴进去，改成如下格式，保存到硬盘：

```
proc del_geom { } {
    *createmark points 1 "displayed"
    catch {*deletemark points 1}
    *createmark lines 1 "displayed"
    catch {*deletemark lines 1}
    *createmark surfaces 1 "displayed"
    catch {*deletemark surfaces 1}
    *createmark solids 1 "displayed"
    catch {*deletemark solids 1}
}
del_geom
```

所有的*delete 开头的命令都被放在了 catch{}里面。因为如果模型中没有 points，那么正常的 delete 命令就会出错，catch 命令的目的是忽略该错误并继续执行剩下的命令。

STEP 09 在命令窗口输入：

```
source{d:/del_geom.tcl}
```

这样就把一长串命令包装成了一个函数，以后调用只需要输入函数名 del_geom 就可以替代原来的一长串命令了。

这就是二次开发的威力，主要是列表变量+循环控制结构。下面介绍什么是列表变量。

12.3.2　列表变量

列表也叫链表，是二次开发中最重要的类型。因为 HyperMesh 几乎总是返回列表，同时列表也是用起来最方便的一种数据类型。

针对一个变量的操作通常包括创建、删除、查询（是否存在）、修改（或者部分修改）以及遍历等。当然，不同类型之间会有一些差别。

列表就是有顺序的一列数据。创建一个列表变量有多种方法：

1）简单的列表常量可以用{}定义：

```
% setlst{1 2 3}
```

2）一般建议用 list 命令定义：

```
% setlst [list 1 2 3]
```

中括号在 Tcl 语言中代表命令替换，就像$代表变量替换一样。上面这条命令相当于两条命令：

```
set temp [list 1 2 3]
set lst $temp
```

列表可以嵌套：

```
% setlst2 [list {1 2 3} {4 5 6} {a b c}]
# 提取列表变量 lst2 的第 2 项
% lindex $lst2 1
=>4 5 6
# 提取列表变量 lst2 的第 2 项中的第 2 项（因为第 2 项还是一个列表）
% lindex $lst2 1 1
```

等价于下面这条命令：

```
% lindex[lindex $lst2 1] 1
=> 5
```

3）大部分情况下 HyperMesh 的 API 直接把列表作为命令的输出返回了，这时就不必自己创建了。后面会介绍怎么使用 HyperMesh 的 API 得到想要的数据。

4）最后还有一种创建的方法是用 split 命令将字符串转变为列表：

```
% set string1 "HyperMeshHyperView HyperGraph"
#用空格把字符串分成列表的元素
% set newlst [split $string1]
```

删除列表变量可用 unset 命令。

列表的常用操作如下。

（1）从列表取数据　llength 命令可以获知列表里有多少个元素，如果是多级列表只对第一级进行查询。取一个列表元素用 lindex。

> % setlst2 [list {1 2 3} {4 5 6} {a b c}]

（2）对列表进行排序　对列表进行排序使用 lsort，它非常高效而且有很多功能强大的选项，比如-unique 选项可以筛选掉重复元素。其中特别重要的是-command 选项，它可以实现自定义规则的排序。例如，将 HyperMesh 模型中的部分节点或者单元按照到原点的距离进行排序。此外还有一个专门的函数 lreverse 用于反转列表

> % lreverse {O K}
> =>K O

（3）修改现有列表　在列表的开头或中间插入数据的速度较慢，因为这需要移动该项目后面的所有项目。但是在列表最后追加数据的速度很快，这也是经常在程序中看到 lappend 的原因。

> %setlst {1 3 5}
> # lappend 后面直接跟变量名，不需要$符号，因为这是原地修改
> % lappendlst 9
> =>1 3 5 9

linsert 用法也是类似的：

> %setlst {1 3 5}
> %linsert$lst 0 999
> =>999 1 3 5
> % setlst{1 2 3}; #使用 lset 直接修改某一项
> % lsetlst 1 9
> =>1 9 3

下面是连接两个列表的示例。

方法一：concat。

> % setlst1 [list {1 2 3} {4 5 6} {789}]
> % setlst2 [list {a bc} {d e f} {g h p}]
> % concat $lst1 $lst2
> =>{1 2 3} {4 5 6} {7 8 9} {a b c} {d e f} {g h p}

第一层是一个包含 6 个元素的列表，第二层的每个元素是具有 3 个元素的列表。

说明：list 命令可以把成员用一个{}包起来，concat 就是把两个 list 的最外层{}先剥掉，然后再把所有成员用{}包起来。

方法二：list。

> % list $lst1 $lst2
> =>{{1 2 3} {4 5 6} {7 8 9}} {{a bc} {d e f} {g h p}}

说明：这里的$lst1 是{{1 2 3} {4 5 6} {7 8 9}}，$lst2 是{{a bc} {d e f} {g h p}}。list 命令和 concat 的差别就是 list 命令不给成员脱{}了，直接用{}把它们给包了起来。

注意列表的结构：第一个输出中的{1 2 3} {4 5 6} {7 8 9} {a b c} {d e f} {g h p}实际上是

{{1 2 3} {4 5 6} {7 8 9} {a b c} {d e f} {g h p}}，第一层是一个6个元素的列表（也就是剥掉一层大括号），第二层的每个元素又是一个具有三个元素的列表。

第一个输出中的{{1 2 3} {4 5 6} {7 8 9}} {{a b c} {d e f} {g h p}}，实际上是{ { {1 2 3} {4 5 6} {7 8 9} } { {a b c} {d e f} {g h p} } }。

第一层是一个2个元素的列表，分别是{{1 2 3} {4 5 6} {7 8 9}}和{{a b c} {d e f} {g h p}}。

第二层元素1又是一个具有3个元素的列表，分别是{1 2 3}和{4 5 6}和{7 8 9}。

第三层元素1又是一个具有3个元素的列表，分别是1和2和3。

理解列表的结构非常关键，如下面的HyperMesh命令（4365是某节点的ID号）。可以单击工具栏上的（ ）按钮将求解器模板切换到OptiStruct，然后使用工具栏上的（ ）按钮查看节点ID号，如图12-7所示。

图12-7 卡片编辑面板

```
% setcoor[hm_nodevalue 4365];
#节点4365必须在模型中存在，否则应改为模型中存在的节点ID
```

命令及输出如下。

```
% set coor [hm_nodevalue 4365
=> {-20.318447148772 22.071717320194 -59.410881233725}
```

如果想得到x坐标是不是可以使用lindex $coor 0呢？

```
% set x [lindex $coor 0]
=> -20.318447148772 22.071717320194 -59.410881233725
```

答案是不行。问题的原因是HyperMesh显示时自动把最外层的{}去掉了，如果看到有一层{}，那么实际上就是有两层{}，从下面的简单示例也可以看出。

```
% set test_lst {1 2 3}
=> 1 2 3
```

总而言之，定义的时候需要加上最外层{}，显示时HyperMesh会自动把最外层的{}去掉。

使用列表对多个变量进行赋值：

```
% setlst{1 2 3}
lassign $lst x y z
puts "x=$x y=$y z=$z"
=>x=1 y=2 z=3
```

HyperMesh 的 API 分为数据查询、模型修改和用户界面三个大类，其中大部分 API 属于模型修改命令。执行特定的操作时 HyperMesh 就会自动把相关的命令记录在 command.tcl 文件中。本节要介绍的就是如何获取输入这一部分。获取输入大致可以分为 3 大类。

（1）让用户输入　通过键盘或者鼠标进行输入，通常是给用户一个界面然后提示用户选择或者输入，Tk 中有很多这类工具，HyperMesh 直接可用的几个用户交互函数见表 12-2。

表 12-2　用户交互函数

命 令 名 称	功　　能
hm_getstring	让用户输入一个字符串
hm_getfloat	让用户输入一个实数
hm_getint	让用户输入一个整数
tk_getOpenFile	让用户输入一个文件名（已经存在的文件）
tk_getSaveFile	让用户输入一个文件名（通常是不存在的文件）
tk_chooseDirectory	让用户输入一个文件夹路径

例如，要快速创建多个 components，直到用户输入空字符串结束。可以使用下面的命令。

```
while {[set comp_name [hm_getstring "name for component"]] ne ""} {
        *createentity comps name=$comp_name
}
```

命令中的 ne 用于字符串的比较。如果是数值比较，需要换成==或者!=，因为在字符串的范畴内"9"不等于"9.0"。由于使用的频率非常高，所以要特别注意。

```
expr {9 eq 9.0}
=> 0
expr {9 == 9.0}
=> 1
```

（2）读取硬盘上的文件获得输入　如果要按照文件中的内容创建一大堆 comps，csv 文件的内容如下（共 9 行）：

```
Bonnet
Unexposed
Exposed Bumper
Cowl screen
Decklid
Fascia rear and support
Fender
Front clip
Front fascia and header panel
```

可以写一个简短的脚本来自动创建 component：

```
set filename [tk_getOpenFile]; #让用户选择一个文件，返回文件全路径
```

```
set ch [open $filename]; #打开文件，将文件的通道号保存在变量 ch 中
# eof $ch 是一个表达式，如已经读到文件结尾，返回 1，否则返回 0
while {![eof $ch]} {
        gets $ch line; #判断以$line 为名字的 comp 是否已经存在
        if {![hm_entityinfo exist comps $line]} {
                *createentity comps name=$line;    #创建一个 comp
        }
}
close $ch; #关闭使用完毕的文件
```

二次开发的过程经常需要检查某个对象在 HyperMesh 数据库中是否存在，例如，要创建一个 component 或者 loadcollecotor 时，需要先查询该对象是否已经在系统中存在，确定不存在时才能创建。

（3）通过命令从 HyperMesh 数据库中查询，这也是最重要的一种输入数据获取方式

二次开发中最常见的命令之一就是获取对象 ID 号的命令，通常分成 ID 号有顺序和 ID 号无顺序两种情况。在创建 set，RBE2，施加载荷时通常不需要考虑顺序，但是在用 ruled 划分网格，通过节点创建曲线等情况下就必须考虑节点的顺序。

不需要考虑顺序时最关键的命令是使用*createmark 和*createmarkpanel 创建一个 ID 号的集合，然后使用 hm_getmark 获取集合中的 ID 号。

如果需要考虑顺序，一种方法是用 lsort 对*createmark 得到的 ID 号进行自定义排序，另外一种方法是通过*createlist 命令直接得到有顺序的列表。

由于*createmark 命令得到的 ID 号是无序的，因此，返回的 ID 号列表和对象与被选择的先后顺序无关。每种对象类型可以有两个 mark，分别是 1 和 2，可以进行集合运算。

- 求差：*markdifference。
- 求交：*markintersection。
- 求异或：*marknotintersection。

可以使用*appendmark 对已选择区进行扩展，如 byface，by attached 等。也可以通过不同类型对象之间的关联关系进行选择，如先选择一些节点，然后再顺藤摸瓜间接地选中与这些节点相连的单元。这时候需要的是*findmark 命令。命令使用方法可以参考 HyperMesh 界面下的 find 面板。例如，选择与某个节点相连的所有单元，在 find 面板选择节点操作过程如图 12-8 和图 12-9 所示。

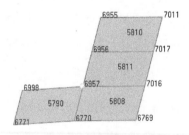

图 12-8 find 面板操作选择对象

记录的命令如下。

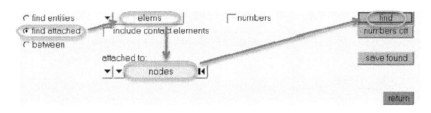

图 12-9　find 面板操作

```
*createmark nodes 1 6957
*findmark nodes 1 257 1 elements 0 2
```

然后可以提取得到单元 ID 号。类似的命令在二次开发过程中经常用到：

```
% hm_getmarkelems 2
=> 5811 5808 5790
```

除非需要和用户进行交互，通常都是用*createmark 命令。该命令选项非常多，为了降低读者学习该命令的难度，附赠网盘资源中有一个视频教程进行了详细讲解，读者可以自行学习。还有一个 hm_createmark 命令是*createmark 命令的包装，功能相同，但是比较容易使用。

　　某些选择方法只能针对特定的对象类型才有效。例如，可以用 bypath 的方法去选择一串节点，但是不能用这个方法来选择单元；可以使用 by adjacent 选择单元，但是不能用这个方法选择节点。很多按照空间位置进行选择的命令对几何对象都无法使用。例如，在选择 elems、nodes、surfaces 的时候，在 HyperMesh 界面下会有不同的可用选项。如图 12-10～图 12-12 所示。

by window	on plane	by width	by geoms	by domains	by laminate
displayed	retrieve	by group	by adjacent	by handles	by path
all	save	duplicate	by attached	by morph vols	by include
reverse	by id	by config	by face	by block	
by collector	by assems	by sets	by outputblock	by ply	

图 12-10　对象选择方法（一）

by window	on plane	by width	by geoms	by domains	by laminate
displayed	retrieve	by group	by adjacent	by handles	by path
all	save	duplicate	by attached	by morph vols	by include
reverse	by id	by config	by face	by block	
by collector	by assems	by sets	by outputblock	by ply	

图 12-11　对象选择方法（二）

by window	on plane	by width	by geoms	by domains	by laminate
displayed	retrieve	by group	by adjacent	by handles	by path
all	save	duplicate	by attached	by morph vols	by include
reverse	by id	by config	by face	by block	
by collector	by assems	by sets	by outputblock	by ply	

图 12-12　对象选择方法（三）

*createmark 命令的部分选项见表 12-3。

表 12-3 *createmark 命令的部分选项

通用	all displayed by visible by metadata inactive	retrieve reverse by name by id by config	按容器类型	by comp by collector by assem by include	by module by group by set by block
按关系	by node by elem by system by property by material by solids	by surface by lines by points by domain by handle by morph vols	按空间位置	by sphere by cone by cylinder by box on plane	

*createmark 命令对于二次开发至关重要，需要多加练习。

除了查询具体的某些对象的 ID，还可以直接得到某类对象的完整 ID 号或名称列表。例如，hm_entitylist comps name 得到所有 comp 的名称列表；hm_entitylist nodes id 得到所有节点的 ID 号列表。hm_entityinfo 还可以查询大量和某个对象类型相关的信息，如查询某类型最大 ID 号的命令如下：

hm_entityinfomaxidentity_type

除了 ID 号，还经常需要查询和某个具体对象相关的信息，每一种对象都有大量的相关数据可供查询。

简单地说，dataname 就是对象的属性（如果读者了解面向对象编程的话，这里的属性和面向对象编程中的对象的属性是类似的），如节点的属性有 ID 号，x, y, z 的坐标等。通常每一种对象的属性都非常地多，难以全部记住，所以编程的时候经常要临时查询。强烈建议用户把 dataname 查询的网址收藏到浏览器的收藏夹里，方便随时查看。Dataname 帮助如图 12-13 所示。一些经常用到的 dataname 可以猜得出来，如 components 可能有 ID，name，color，propid 等。熟能生巧，用多了自然就记住了。

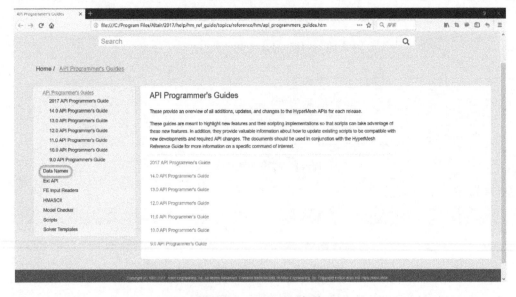

图 12-13 Dataname 帮助

用来获取 dataname 的最关键的命令只有一条 hm_getvalue，语法如图 12-14 所示。该命令功能非常强大，附赠网盘资源中有一个视频教程进行了详细讲解。

```
hm_getvalue entity_type <select_type>=<selection> dataname=<data name or attribute name/ID>
                              id=<id>
                            name=<name>
                            mark=<mark_id>
                            list=<list_id>
                       user_ids={<id1> <id2> ... <idN>}
                     user_names={<name1> <name2> ... <nameN>}
```

图 12-14 hm_getvalue 格式

使用 hm_getvalue 命令可以轻松返回同一类型的一系列对象的某一个 dataname，如一百万个节点的 x 坐标组成的列表：

```
*createmarkpanelnodes1"please select nodes"
hm_getvalue nodes mark=1 dataname=globalx
```

由于 hm_getvalue 可以使用 mark 作为输入，所以可以先把一系列对象先用*createmark 进行打包，然后再在 hm_getvalue 中进行统一查询。或者也可以通过循环的方式每次查询一个对象的一个 dataname，两者的效果是一样的。下面示例对两种的效率做了比较，都在可接受的范围：

```
proc m1 {} {
        *createmarkelems 1 "all"
        set ex_lst [hm_getvalue elems mark=1 dataname=centerx]
        set ey_lst [hm_getvalue elems mark=1 dataname=centery]
        set ez_lst [hm_getvalue elems mark=1 dataname=centerz]
        set coords [zip ex_lst ey_lst ez_lst]
        puts "method1: total [llength $coords] nodes"
}

proc m2 {} {
        *createmarkelems 1 "all"
        set e_lst [hm_getmark elems 1]
        set coords [list]
        foreach e $e_lst {
                set templst [list]
                lappendtemplst [hm_getvalue elems id=$e dataname=centerx]
                lappendtemplst [hm_getvalue elems id=$e dataname=centery]
                lappendtemplst [hm_getvalue elems id=$e dataname=centerz]
                lappendcoords $templst
        }
        puts "method2: total [llength $coords] nodes"
}

puts "m1:time=[time m1]"
puts "m2:time=[time m2]"
```

运行过程及输出如图 12-15 所示。

```
(Documents) 40 % source {C:\Users\fxj\Desktop\timeit.tcl}
method1: total 124542 nodes
m1:time=1179096 microseconds per iteration
method2: total 124542 nodes
m2:time=2207358 microseconds per iteration
```

图 12-15　运行过程及输出

time 命令用于测试运行所需要的时间，主要用于排查程序性能方面的瓶颈。

有时需要对不同的列表进行重新组装，如将 {x1 x2 x3}{y1 y2 y3}{z1 z2 z3} 三个列表重新组装成 {{x1 y1 z1} {x2 y2 z2} {x3 y3 z3}} 的形式。可以像下面的示例一样使用 foreach 循环命令。

```
set res [list]
foreach x $x_lst y $y_lst z $z_lst {
    lappend res [list $x $y $z]
}
```

但是如果可以去掉这个循环，程序会变得更简洁。可以自定义一个 zip 函数用于将多个数组组成一个新的列表。因为这个过程就像拉链一样进行互相配对，所以用 zip 这个名字非常贴切。

```
proc zip args {
    foreach lst $args {
        upvar 1 $lst $lst
        lappendvars [incr n]
        lappend foreach_args $n [set $lst]
    }
    foreach {*}$foreach_args {
        set elem [list]
        foreach v $vars {
            lappendelem [set $v]
        }
        lappend result $elem
    }
    return $result
}
```

zip 函数使用列表变量的名字作为参数，这就免去了调用函数时的再次复制，对于大型列表处理时可以节约一些计算资源。

如果要得到一个列表，其中每一项节点的坐标值为 {{1 2 3} {4 5 6} {7 8 9}}，处理方法如下。

```
*createmarkpanelelems 1 "select elems"
set ex_lst [hm_getvalue elems mark=1 dataname=centerx]
set ey_lst [hm_getvalue elems mark=1 dataname=centery]
set ez_lst [hm_getvalue elems mark=1 dataname=centerz]
```

```
set coords [zip ex_lst ey_lst ez_lst]
foreach coord $coords {
        *createnode {*}$coord 0 0 0
}
```

上面用到一个新的语法{*}$coord，意思是进行序列解包。{*}{123}等价于 1、2、3 三个值，利用这个语法可以替代很多命令中的 eval 强制再解析。

lmap 可以替代循环，lmap 函数使用方法如下。

```
proc lmap args {
    set body [lindex $args end]
    set args [lrange $args 0 end-1]
    set n 0
    set pairs [list]
    foreach {varnameslistval} $args {
        set varlist [list]
        foreach varname $varnames {
upvar 1 $varname var$n
lappendvarlist var$n
incr n
        }
lappend pairs $varlist $listval
    }
    set temp [list]
    foreach {*}$pairs {
lappend temp [uplevel 1 $body]
    }
    set temp
}
```

可以用在下面的语句中。

```
*createmarkpanelelems 1 "select elems"
lmap v {x y z} {set e$ {v}_lst [ \
    hm_getvalue elems mark=1 dataname=center$ {v}]}
set coords [zip ex_lst ey_lst ez_lst]
lmapcoord $coords {*createnode {*}$coord 0 0 0}
```

有一些对象的属性使用得非常频繁，有一些专门的 api，查询节点的坐标可以使用 hm_nodevalue。例如，下面这两句的效果是一样的。

```
set x [lindex [hm_nodevalue 76226] 01];注意：这里很容易犯错！
set x [hm_getentityvalue nodes id=76226 dataname=x]
```

查询单元的节点 ID 号使用 hm_nodelist，下面这两句的效果是一样的。

```
hm_nodelist 200
hm_getentityvalueelems id=200 dataname=nodes
```

如果要查询的是求解器的卡片，那么 dataname 是无法在帮助中直接查询的。如查询

OptiStruct 的 Pshell 卡片中的厚度项 T 的数值，可以使用命令：

> hm_getvalue props id=2 dataname=95

句中"95"的 dataname 有两种方法得到。

方法一：在 HyperMesh 界面下手工修改一下这个数值，然后就可以在 command.tcl 文件中看到一条命令：

> *setvalue props id=1 STATUS=1 95=3

命令中的"3"就是输入的新的厚度数值，而前面的"95"自然就是要找的 dataname了。对于一些复杂的情况，一个界面修改操作可能会生成一系列的命令记录，这时可以使用一个方便鉴别的数值如 3.1415 或者 54321。

方法二：直接在对应的输出模板文件里查找。如用厚度属性的 dataname 定义文件位于，安装目录\Altair\2017\templates\feoutput\common_nas_os\attribs*defineattribute (PSHELL_T, 95,real,none)。由于方法二比方法一麻烦很多，所以，一般不用方法二。

很多时候不仅要查询某些对象的具体信息，还需要查询关于 HyperMesh 的一些信息。例如，工作目录，当前 hm 文件的文件名，当前的求解器模板，当前 component/ loadcollector等。编写的脚本只能用于 OptiStruct 求解器，就需要在脚本里加上判断求解器模板的命令：

```
set template [hm_info templatefilename]
set template [file tail $template]
if {$template ne "optistruct"} {
    *templatefileset [file join [hm_info -appinfo ALTAIR_HOME] \
        templates feoutput optistruct optistruct]
}
```

结果可以在 Global 面板中查看（快捷键〈G〉），如图 12-16 所示。

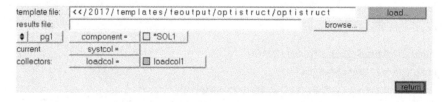

图 12-16　Global 面板

12.3.3　关联数组

Array（关联数组）是各种编程语言中常用的数据结构之一，在 Tcl 里，Array 比 list 更容易对数据进行组织。Tcl 的 Array 成员有一个字符串索引，任何字符都能作为索引。

```
set arrData(this\ is\ a\ test) "HyperWorks";
set indexvar "this is a test";
set arrData($indexvar) "HyperWorks";
set arrData(this,is,a,test) "HyperWorks";
```

以上语句都是有效的 Array 的定义方式。注意到在第一种方式中用到了"\"来避免空格可能引入的误解析的情况。各种空格、括号并不会影响到字符串的解析，从而"\"并不能改变空格带入的误解析的情况。其中第 1、2 行语句的两个定义是完全等价的，生成的变量在 Tcl 里没有任何区别，第 4 行语句 Array 的标识并不与前两行等效，后者用逗号取代了空格进行字符串的串接。

可以在 Tcl 用 Array 命令对 Array 数据进行操作，Array 中的一些常用命令和用法见表 12-4。进一步的用法可以参考相关网站或者查阅相应的 Tcl/Tk 的帮助文档。

表 12-4　Array 的常用命令以及用途举例

常 用 命 令	用 途 举 例
array existsarrayname	如果 Array 存在，返回 1；否则返回 0
array arrayName ?pattern?	将 arrayName 的数组转化成以下形式的 list index1 value1、index2 value2 … pattern 提供了一种对标志的操作，这种操作与 string match 命令类似
array names arrayName ?mode? ?pattern?	按照 pattern 的规则返回一个链表，如果没有显示指定 pattern，将返回数组的所有标识，这也与 string match 命令类似
array set arrayName list	将如下形式的链表 index1value1、index2 value2…，转换为数组，如 arrNameindex1 的值为 value1
array size arrayName	返回 Array 的长度，0 值的返回表示空 Array 或者未定义的变量名
array unset arrayName ?pattern?	释放满足 pattern 规则的所有数据的元素，规则同 string match 命令

通过 Array 变量和索引信息可以方便地遍历和使用变量中的内容：

```
%set curve(color) 5;
%set curve(name) "Curve 1";
%set curve(display) "on";
```

上面语句将得到 5。
或者：

```
%puts $curve(color);
=>5
```

要得到 Array 的成员：

```
%array names curve
%name display color
```

Array 可以有着复杂的名字，下面的示例是基于 Node 的 x、y、z 坐标。当用户的脚本需要使用包含变量的变量名时，使用数组可以使变量的解析变得更容易理解。

```
%set xcoord 0.0;
%set ycoord 1.0;
%set zcoord 2.0;
%set coords(1,x) $xcoord;
%set coords(1,y) $ycoord;
%set coords(1,z) $zcoord;
```

在 Tcl 环境有许多预设的数据，一个比较常见而有用的是 env Array，通过它可以得到操作环境变量，具体如下。

```
%array names env;
#Tcl returns a list of environment variables

%puts "$env(Path)";
#Tcl returns the value of Path environment variable
```

如果遇到更加复杂的情况，字典的强大功能就会派上用场了。

12.3.4 字典

字典是更复杂的数据结构，可以用来存储具有层级结构的数据（注意数组不可以嵌套），字典的结构就像一颗倒挂着的树，跟计算机上的目录树类似。简单字典结构如图 12-17 所示。

图 12-17　简单的字典结构

字典可以非常复杂，字典的项目可以是字符串、数字、列表等。字典还可以嵌套字典，字典也可以和列表互相嵌套。与字典相关的主要操作有：
- 创建一个字典。
- 查找某个键对应的值。
- 列出所有的值。
- 列出所有的键/遍历所有的键。
- 判断某个键是否存在。
- 查询字典的键数。
- 其他（在这里不介绍的高级操作）还有 dictfor，dictwith，dictfilter 等。

注意：字典可以用键找到对应的值，不能用值找到对应的键，因为键是唯一的而值不一定是（一个身份证号对应一个人名，反过来不成立）。

（1）创建一个字典，有两种语法

```
% dict set colours colour1 red
```

或者：

```
% set colours [dict create colour1 "black" colour2 "white"]
```

（2）查找某个键对应的值

```
% dict get $colours colour1
```

（3）列出所有的值

```
% dict values $colours
```

（4）列出所有的键

```
% dict keys $colours
```

遍历所有键：

```
% set colours [dict create colour1 "black" colour2 "white"]
  foreach item [dict keys $colours] {
      set value [dict get $colours $item]
      puts $value
  }
% foreach {key value} [set colours] {
      puts "$key -- $value"
  }
```

（5）判断某个键是否存在

```
% dictexists $colours colour1
```

（6）查询字典的键数

```
% dict size $colours
```

1）嵌套的字典：

```
% dict set comp part1 name "part1"
% dict set comp part1 id     12
% dict set comp part1 num_e 123
% dict set comp part1 color   18
% dict set comp part1 thick   1.5
```

添加另外一个 part 的数据：

```
% dict set comp part2 name "part2"
% dict set comp part2 id     23
% dict set comp part2 num_e 135
% dict set comp part2 color   15
% dict set comp part2 thick   2.0
% set comp
```

使用 dict set 一次只能添加一个键，如果希望一次添加多个键，一种方法是使用循环命令，另外一种更简洁的方法是使用 dict merge 命令。

```
% set part3 [dict create name "part3" id 323]
% set part3more [dict create num_e 3135 color 315 thick 32.0]
% set part3 [dict merge $part3 $part3more]
```

在 comp 中增加一个键 part3

```
% dict set comp part3 $part3
% set comp
```

2）查找嵌套的字典某个键对应的值：

```
% dict get [dict get $comp] part1
% dict get [dict get $comp] part2 num_e
% dict get $comp part1 name
% dict get $comp part1 id
% dict get $comp part1 num_e
% dict get $comp part1 color
% dict get $comp part1 thick
% dict get $comp part2 name
% dict get $comp part2 id
% dict get $comp part2 num_e
% dict get $comp part2 color
% dict get $comp part2 thick
```

3）其他例子。

创建一个字典：

```
% set HyperWorks [dict create preprocess HyperMesh post HyperView year 31]
% set HyperWorks
% dict size $HyperWorks
% dict set HyperWorks solver1 OptiStruct
% dict set HyperWorks solver2 RADIOSS
% set HyperWorks
% dict size $HyperWorks
```

遍历字典：

```
% dict keys $HyperWorks
% foreach key [dict keys $HyperWorks] {puts [dict get $HyperWorks $key]}
% dict values $HyperWorks
% dict for {key value} $HyperWorks {
        puts "the key is: $key;\t\t\t\t\tthe value is: $value"
}
```

修改字典中的某一项，并没有一种方法可以完成所有类型的字典编辑，所以 Tcl 提供了不同的方法来实现不同的修改操作。

（1）追加字符串

```
% dict append HyperWorks CFD acuSolve
```

（2）增加整型值

```
% dictincrHyperWorks year
```

（3）追加列表

```
% dictlappendHyperWorks CFD nanofluidx
% dict get $HyperWorks CFD
%lindex [dict get $HyperWorks CFD] end
```

1）删除一项，不会修改原字典：

```
% dict remove $HyperWorks solver1
% dict get $HyperWorks solver1
```

2）删除一项，修改原字典：

```
% dict unset HyperWorks CFD
% dict get $HyperWorks CFD
```

3）替换一项：

```
% dict replace $HyperWorks year 33
```

4）修改一项：

```
% dict set HyperWorks year 35
```

下面是一个示例。

目标：从一个 csv 文件中读取载荷工况的名称、作用点 x、y、z 坐标以及 X、Y、Z 三分力并保存在一个字典里面。

部分 csv 文件的内容如下，全文件共有 18 个工况。第一行是工况名，第二行的 6 列分别对应载荷的作用点 x、y、z 坐标和三个分力，其余类似。

```
loadcase1
−35.7,72.7,125,111,222,333
−35.7,152.7,125,444,555,666
−35.7,577.2,75,777,888,777
−35.7,657,75,123,234,345
loadcase2
−35.7,72.7,125,157.5476578,300.3744367,424.5763011
−35.7,152.7,125,463.4703237,576.7023587,710.663537
−35.7,577.2,75,847.3018557,713.1206323,1041.441731
−35.7,657,75,211.076237,317.1854252,366.8703504
… 其余工况省略……
```

首先把所有的行读取到列表变量里，代码如下。

```
catch {unset loadcases};#使用 catch 防止 unset 不存在变量时出错
set file {E:\load.csv}
set channel [open $file r]
set all_lines [read $channel]
set lines [split $all_lines "\n"]
close $channel
```

然后对每一行的数据进行解析，得到一个字典：

```
set loadcases [dict create];#创建 loadcases 字典
#每次处理 5 行，分别赋给 name F1 F2 F3 F4
foreach {name F1 F2 F3 F4} $lines {
    lassign [split $F1 ,] x y z fx fy fz; #将 F1 中的值分别赋给 6 个变量
    set dict_F1 [dict create x $x y $y z $z fx $fx fy $fy fz $fz];#创建底层字典
    lassign [split $F2 ,] x y z fx fy fz
    set dict_F2 [dict create x $x y $y z $z fx $fx fy $fy fz $fz]
    lassign [split $F3 ,] x y z fx fy fz
    set dict_F3 [dict create x $x y $y z $z fx $fx fy $fy fz $fz]
    lassign [split $F4 ,] x y z fx fy fz
    set dict_F4 [dict create x $x y $y z $z fx $fx fy $fy fz $fz]
    #创建上一层字典
    set dict_allF [dict create name $name \
                            F1 $dict_F1 F2 $dict_F2 F3 $dict_F3 F4 $dict_F4]
    #把$dict_allF 创建为顶层字典 loadcases 的一项，名称就是$name
    dict set loadcases $name $dict_allF;
}
```

最后检验一下程序的结果是否和预期的一致：

```
foreach {key} [dict keys $loadcases] {
    puts "**********Begin of loadcase: $key**********"
    puts "Key\t\t=>\t\tValue"
    foreach {key2 value} [dict get $loadcases $key] {
        puts "$key2\t\t=>\t\t$value"
    }
    puts "**********End of loadcase: $key**********\n"
}
```

输出如图 12-18 所示。

```
(System32) 1 % source {C:\Users\fxj\Desktop\dict_demov2.tcl}
**********Begin of loadcase: loadcase1**********
Key             =>              Value
name            =>              loadcase1
F1              =>              x -35.7 y 72.7 z 125 fx 111 fy 222 fz 333
F2              =>              x -35.7 y 72.7 z 125 fx 111 fy 222 fz 333
F3              =>              x -35.7 y 152.7 z 125 fx 444 fy 555 fz 666
F4              =>              x -35.7 y 577.2 z 75 fx 777 fy 888 fz 777
**********End of loadcase: loadcase1**********

**********Begin of loadcase: loadcase2**********
Key             =>              Value
name            =>              loadcase2
F1              =>              x -35.7 y 72.7 z 125 fx 157.5476578 fy 300.3744367 fz 424.5763011
F2              =>              x -35.7 y 72.7 z 125 fx 157.5476578 fy 300.3744367 fz 424.5763011
F3              =>              x -35.7 y 152.7 z 125 fx 463.4703237 fy 576.7023587 fz 710.663537
F4              =>              x -35.7 y 577.2 z 75 fx 847.3018557 fy 713.1206323 fz 1041.441731
**********End of loadcase: loadcase2**********
```

图 12-18　字典检查程序的输出

12.3.5　Tcl 字符串

利用脚本语言对字符串进行操作提取的工作被称为字符串操作。字符串是一系列字符存

储的集合，对其的操作包括连接、截断或者用特定分隔符进行分隔。

所有数据在 Tcl 里都以字符串的形式存在，只有在必要的时候才会被当作其他类型的数据结构进行操作，所以字符串的操作是常用的而且是非常有必要的。

Tcl 里有大量的针对字符串的操作，其中包括常规字符串命令和正则的匹配，字符串的常用操作见表 12-5。更详细的说明可以访问相关网站或者查阅相应的 Tcl/Tk 的帮助文档。

表 12-5　字符串的常用操作

字符串操作	解　　释
string compare ?-nocase? ?-length len? string1 string2	比较两个字符串，如果相等则是 0，−1 表示 string1 排序小于 string2，其他情况则返回 1
string length string	返回字符串的长度
string match ?-nocase? pattern string	用全局匹配的方式对字符串进行搜索，存在则返回 1 值，否则为 0
string tolower string ?first? ?last?	将字符串转化为全小写
string trim string ?chars?	从 channel 里读取一行字符串并把它赋给变量 varname
append string st1 str2 ...	将不同的字符串连接成新字符串
format form str1 str2 ...	将不同的字符串按规则 form 重新生成

stringlength 命令可以用来确认一个变量中是否包含有效数据：

```
%set var1 {};
%string length $var1;
=> 0
%set var1 "12345";
%string length $var1;
=>5
```

同 stringlength 类似，stringmatch 命令可以用来确认变量中是否包含特定的值，它有两个参数，其中 pattern 是被查找的内容。

```
%set axis_label "Nodal Acceleration (m/s^2)";
%string match "*Acceleration*" $axis_label;
=> 1
%set plot_type xy;
%string match abc $plot_type;
=>0
```

在输出数据到文件或屏幕时，format 命令可以用于控制显示的格式，确保数据按要求输出。具体应用如下。

```
%format %f $number;
=>1.234000

%format %e $number;
=>1.234000e+000
```

```
%format %5.1f $number;
=>1.2


%format "%-10s%d" Text 100;
=>Text        100
```

12.4 控制结构

控制结构是一系列指令的集合，它包含控制部分和执行部分，可以是循环或者条件判断语句。其中每个部分都被{}括住。这保证了各个部分能在恰当的时候被调用或者解析。

控制结构有很多种，包括条件、循环、异常处理、底层的条件处理等。一些常见的控制结构见表 12-6。

表 12-6　常见的控制结构

常见控制语句	解　释
if expression1 body1 ?elseif? ?expression2 body2??else? ?body3?	条件执行语句，其中 elsei felse 并不是必须的
for first condition last body	first 是给出了循环的初值，condition 是每次循环的状态改变，last 给出了循环终止条件
foreach value valueList body	valuList 是一个链表数据，该命令将 value 遍历每一个 list 的值，每遍历一次执行一次 body
catch body ?variable	异常处理，body 的返回值可以存于 variable 中，Catch 当没有异常时返回 0 值，否则返回非零值
break	用于终止循环
continue	用于终止此次循环继续下一次循环
return?-code code??-errorcodeerrc? ?-errorinfoerrori? ?value?	结束一个函数，不同的参数代表在不同状态下的值，在默认的情况下返回 value 的值，通常与 catch 结合使用

下面是一些示例。

```
set vector_list "p1w1c1.y p1w1c2.y p1w1c3.y";
llength $vector_list;
=>3

if {[ llength $vector_list] == 0} {
    puts "There are no curves in the list";
} elseif {[ llength $vector_list] < 5} {
    puts "There are less than 5 curves in the list";
} else {
    puts "There are more than 5 curves in the list";
}
=>There are less than 5 curves in the list
```

因为 if 只检测条件 0 值或非零值，所以以下的命令是有效的。

if {[llength $vector_list]} {};#注意到 if 后的{}里不需要写 expr，这个 expr 是系统隐含的

for 命令在简单可控的状况下的循环显得非常方便，如递增的条件：

```
set number_of_curves 100;
for {set i 1} {$i <= $number_of_curves} {incr i} {
 puts "Curve = $i";
}
Curve = 1
Curve = 2
…
Curve = 100
```

foreach 与 for 命令类似，不同的是它不是针对条件，而只是针对 list 成员进行遍历：

```
set node_list "12 10 17 15 5";
foreach node $node_list {
 puts "Processing node $node";
}
Processing node 12
Processing node 10
Processing node 17
Processing node 15
Processing node 5
```

可以将 foreach 命令与 lsort 命令结合使用：

```
foreach node [lsort -integer $node_list] {
 puts "Processing node $node";
}
Processing node 5
Processing node 10
Processing node 12
Processing node 15
Processing node 17
```

catch 命令在异常处理中很重要，常常用它来处理单个命令或者某些函数的返回值：

```
if { [catch {command}] } {
 puts "Error";
} else {
puts "No error";
}
```

12.5　Tcl 函数

函数，简单地说就是一段有名字的代码。Tcl 可以有效地组织一些需要重复完成的工作

并将它们作为函数便于逻辑管理，所有的中间变量都只在函数中存在，并在函数结束后被销毁。可以用 proc 命令来定义一个函数，并在此函数中可以定义传递给这个函数的参数。proc 的格式为：

```
proc name {?arg1? ?arg2? etc…} {body}
```

当一个函数被定义后，它可以像标准的 Tcl 命令一样使用，也就是说它成为了一个新的 Tcl 命令。类似地，也可以通过这种方式对已有的 Tcl 命令进行重定义或者释放。下面是一个 del_geom 的示例，用于删除所有可见状态的几何，它没有参数。

```
proc del_geom { } {
    *createmark points 1 "displayed"
    catch {*deletemark points 1}
    *createmark lines 1 "displayed"
    catch {*deletemark lines 1}
    *createmark surfaces 1 "displayed"
    catch {*deletemark surfaces 1}
    *createmark solids 1 "displayed"
    catch {*deletemark solids 1}
}
```
运行函数只需要输入 del_geom

args 是一个特殊的参数，它可以用来代表未知数目的参数。这在创建一个与项目相关的菜单时非常有用，菜单将依赖于传递给它的项目：

```
proc node_info {args} {
 foreach node $args {
    puts "Node reference = $node";
 }
}
node_info node1 node2 node3;
Node reference = node1
Node reference = node2
Node reference = node3
```

如果变量被当作一个参数显示，指定时不需要用 args：

```
proc node_info {node_list} {
 foreach node $node_list {
    puts "Node reference = $node";
 }
}
set node_list "node1 node2 node3";
node_info $node_list;
Node reference = node1
Node reference = node2
Node reference = node3
```

return 命令可以用来终止一个函数，常用于函数的异常处理：

```
proc curve_info {args} {
    if {[llength $args] == 0} {
        puts "No nodes are selected";
        return;
    }
    foreach node $args {
        puts "Node = $node";
    }
}
curve_info;
No curves are selected

curve_info node1 node2 node3;
Node = node1
Node = node2
Node = node3
```

return 也可以用来返回函数的处理结果：

```
proc add_three_numbers {num1 num2 num3} {
    set sum [expr $num1 + $num2 + $num3];
    return $sum;
}
set sum [add_three_numbers 2 4 5];
puts $sum;
11
```

函数的名字默认是全局变量，在函数之外定义的变量也是全局的，不同的名字空间以及全局变量可以使函数并不依赖于具体的问题。一般比较好的做法是通过名字空间对函数与变量进行作用域管理。

正如以上所提及的，在函数中定义的变量只从属于定义它的函数，只有在函数内部才可以访问它或者对它进行处理。

```
% proc node_info {} {
    set node_list "10 20 30 40"
    puts $node_list
}
% node_info
=> 10 20 30 40
%puts $node_list;
出错信息：can't read "node_list": no such variable
```

同样的变量可以在不同的函数中重新定义，而不会互相干扰：

```
% proc node_info_1 {} {
    set node_list "10 20 30 40";
    puts $node_list;
}
proc node_info_2 {} {
    set node_list "1122 33 44";
```

```
        puts $node_list;
    }
    node_info_1;
    node_info_2;

    => 10 20 30 40
    => 11 22 33 44
```

一般而言，将模块化的可重复应用的命令做成函数是一种很好的行为，既可以明确设计思路，也可以增加程序可读性，同时可移植性也更好。

小结

限于篇幅，本章仅介绍了 HyperMesh 的二次开发的初步知识，HyperWorks 还有其他模块也可以进行二次开发，有兴趣的读者可以参考 HyperWorks 帮助来了解。HyperWorks 流程自动化定制是利用简单易懂的脚本语言，基于 HyperWorks 软件所进行的二次开发，具有开放的软件架构体系，可实现仿真设计的流程化、自动化、标准化，从而大大提高仿真设计的效率和精确程度，这主要表现在以下方面。

（1）仿真经验的最优化　仿真部门的高级工程师们在仿真的过程中，都会习惯使用一套自己的仿真方法，相互之间缺乏交流和沟通。对于一个企业来说，需要一套标准，那么这套标准应该是最佳的仿真经验。客户化的定制会将所有的经验方法集成起来，得到一个最优的方法，作为整个企业的标准。

（2）仿真经验的积累　很多公司的仿真经验都只在个别工程师的人脑里，随着工程师的流动，经验也会随之流失。采用流程自动化可以将经验固化在软件中，将经验不断地得到积累，防止流失的问题。

（3）仿真方法的流程化　HyperWorks 的客户化定制将企业总结出来的最优方法固化起来，引导用户完成整个流程。按照用户提供的流程方法，在 HyperWorks 里可建立流程树，流程树中包含所有的仿真任务，每个任务都有专门的任务面板与其对应。无论是经验丰富的老工程师，还是刚参加工作的新人，都可按照流程树的引导顺利地开展仿真工作。流程树中的每一个任务都有一个专门的任务面板与其对应。

（4）仿真效率的提高，降低人力成本　凡是简单的、重复性较强的体力劳动，都应当由计算机代替工程师来完成，从而使工程师不需要将太多时间花费在无聊的重复性工作中，有更多时间去进行更有意义的创造性工作。这样就在很大程度上提高了工作效率，降低了人力成本。

（5）提高模型的精度　由于原有的人工工作大部分由计算机替代，从而大大提高了模型的精度，减少了模型调试的时间。

（6）使新入职的工程师尽快开展工作　新入职的工程师通常需要一年或者更长时间才能真正独立地开展仿真工作，当公司将其培养起来后，又有可能面临人才流失的问题。如果使用流程自动化将流程固化起来，可以引导新工程师一步步地完成整个仿真工作，从而缩短新工程师的培养时间。

第 13 章

HyperView 应用实例

本章通过实例的方式来介绍 HyperView 主要的功能如何实现。在 HyperView 的界面中，同时可以分为几个子窗口，每个窗口可以打开不同的后处理模块，如 HyperGraph2D、HyperGraph3D、MediaView 和 TextView 等。所以本章虽然标题为 HyperView 应用实例，其实还包含了 HyperGraph2D 的主要功能实例等内容。

本章重点知识

HyperView 是一个功能强大的 CAE 后处理可视化环境，用于处理有限元分析、多体系统仿真、视频和工程数据等。其强大的三维图形显示和数据分析能力，是 CAE 产品后处理的速度和集成性的典范。此外，HyperView 强大的后处理能力还可以同用户自定义流程完美地结合到一起，可以为任何企业创建整套的数据可视化和分析系统。2017 版本在之前版本的基础上增加了科学计算模块 Compose，可以在类似 MATLAB 的矩阵编程环境下为 HyperGraph 用户自定义函数。

HyperMesh Desktop 模块在上述功能的基础上，增加了在窗口中打开 HyperMesh 的功能。如图 13-1 所示，有限元前、后处理统一为一个界面，方便使用者在一个界面下完成有限元仿真的所有前、后处理工作。

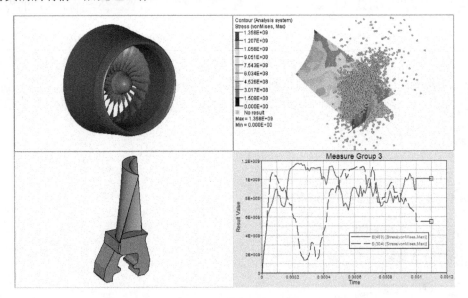

图 13-1　HyperView 的 CAE 分析结果后处理

HyperView、HyperGraph2D、HyperGraph3D 等的主要功能有：

1）支持各种主流有限元求解器和多体动力学求解器的结果后处理，支持模型、动画、视频、文本等的多窗口显示。HyperView 支持的 CAE 结果类型见表 13-1。

表 13-1　HyperView 支持的 CAE 结果类型

ABAQUS	ADAMS	ANSYS	DADS
DLM	Ls-Dyna	Hyper3D	MADYMO
MARC	MoldFlow	NASTRAN	Nike3D
PAMCRASH	RADIOSS	UNV	其他

2）能够处理应力-应变云图、等值图、向量图、爆炸图、切面图、CFD 流线图、模型标注、模型测量和结果查询等。

3）丰富的曲线图表处理功能，支持二维曲线、三维曲线、曲面、复数图、极坐标图、二维柱状图、三维柱状图和瀑布图。

4）能够完成各种数学计算和曲线处理，如滤波、积分、各种变换等。

5）可将后处理结果直接输出至 PowerPoint 文件或 HTML 文件，并可通过插件在
PowerPoint 或 HTML 文件中播放动画。

6）支持载荷包络处理和追踪功能，显示每个分析结果的极端工况；支持工况线性叠加
功能，从而在后处理中直接得到各种二次处理结果而无需重新进行有限元计算。

7）支持自定义坐标系，支持对分析结果的坐标系转换，支持局部分析结果的极值
显示。

8）支持用户定制的图形界面，支持自定义参数化报告模板，支持嵌入客户自行开发的
流程自动化程序。

13.1 HyperView 可视性与视图控制

本实例描述使用 HyperView 进行后处理分析的过程。
模型如图 13-2 所示。

STEP 01 导入模型。

1）在主菜单 File 下选择 New 命令，删除当前
HyperView 进程中数据。

2）单击工具栏 Open model（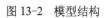）按钮。

图 13-2　模型结构

3）在 File 菜单下单击 Open—Model 按钮，打开 truck 文件夹下的 truck
.key 文件和 d3plot 结果文件。

STEP 02 使用视图控制按钮。

1）找到视图控制工具栏 🔍🔍✛🖐️↔️↕️⟳ 。

2）单击菜单栏 Preferences>options，进入 Visualizationxuan 选项卡。

3）将 rotation angle 更改为 30，改变旋转角度，单击 OK 按钮。

4）单击箭头↔️，或者按键盘上〈↑〉，〈↓〉，使模型绕水平轴旋转。左键单击模型向左
旋转 30°，右键单击模型向右旋转 30°；单击箭头↕️，或者按键盘上〈←〉，〈→〉，使模型绕
竖直轴旋转。左键单击模型向上旋转 30°，右键单击模型向下旋转 30°。

5）单击箭头⟳，使模型绕屏幕垂直方向顺时针/逆时针旋转。

6）单击缩放（🔍）按钮，缩放模型。

7）单击 zoom（🔍）按钮，使模型进行局部缩放。

8）单击 Fit（🔍）按钮，使模型适合窗口大小显示。

9）找到动画播放控制工具栏 ⦿·◉◉◉◉◉▭▭▭▭▭─◉ 。

10）单击 Animate Start/Stop（▶️）按钮，运行模型动画，此时注意到部分模型超出
图形区。

11）单击 Fit（）按钮，将模型全部置于图形区内。

12）单击 Animate Start/Stop（ ⏸ ）按钮，停止模型动画。

13）单击 Iso View（ ⚓ ）按钮，改变视图至等轴测视图。

14）单击返回（ ⬅ ）按钮，返回已记录的视图。

**STEP
03 改变窗口布局和载入文件。**

1）单击"窗口布局"（ ▢ ）按钮右侧下三角 ▼。

2）选择两窗口模式 ▯。

3）激活新的窗口。

4）在新窗口中载入 turck.key 和 d3plot 文件。

**STEP
04 使用 Synchronize View 工具同时改变多个窗口视图。**

1）单击（ ⟳ ）按钮，在弹出对话框中选择需要同步的窗口，窗口的颜色 ▮ 与图形区窗口背景颜色相同时表示两个窗口视图已经同步。

2）单击 OK 按钮关闭对话框。

3）单击 XY Top Plane View（ ⬚ ）按钮，在两个图形区窗口中显示模型前视图。

4）单击 Iso View（ ⚓ ）按钮，接着单击缩放（ 🔍 ）按钮，改变模型视图。

5）在图形区第一个窗口右击，在弹出的 Synchronize View 对话框中单击"窗口 2"（ ▮ ）按钮，退出视图同步。

6）单击 OK 按钮退出对话框。

7）在"视图控制"面板中单击箭头按钮，此时图形区只有第一个窗口内的模型旋转。

**STEP
05 在模型浏览器中打开和关闭组件显示。**

1）在模型浏览窗口单击（ ☎ ）按钮，激活显示/隐藏模式。

2）在图形区右击货车车身，此时车身组件隐藏，如图 13-3 所示。

3）左击车身区域显示车身组件。在车身区域按住鼠标左键不放，将产生已隐藏组件的线框模型。

4）单击" ⊞ "，打开 Components 树。

5）右击 SHELL：BED，在弹出菜单中选择 Hide，图形区中车身组件将被隐藏。

6）右击 SHELL：BED，在弹出菜单中选择 Show，图形区中车身组件重新显示。

7）选择 Components 文件夹。

8）单击 Display none（ 🗒 ）按钮，隐藏所有组件。

9）打开 Sets 文件夹。

10）在 Sets 文件夹下选择 1D Set。

11）单击 Display all（ 🗒 ）按钮，打开 1D set，此时只有 1D Set 显示在图形区，如图 13-4 所示。

图 13-3　隐藏车身组件　　　　　图 13-4　显示 1D Set 组件

12）右击 1D Set 文件夹，在弹出菜单中选择 Hide。

13）再次选择 Copmonents 文件夹。

14）单击 Display all（🔲）按钮，打开所有组件。

15）单击 Selector（▷）按钮，激活选择器。

16）在组件模型树内单击鼠标左键。

17）转动鼠标中键，选择 SOLID：RADIATOR。

18）单击 Display none（🔲）按钮，隐藏这个组件。

STEP 06　**使用模型浏览器单独显示组件。**

1）单击（👁）按钮，激活 Isolate 工具。

2）在模型浏览器中单击 SHELL：BED，此时图形区单独显示车身，如图 13-5 所示。

3）再次单击👁，取消 Isolate 工具。

4）在 SHELL：CABIN 组件上右击，在弹出菜单中选择 Isolate，此时 SHELL：CABIN 组件单独显示在图形区。

5）在 Components 文件夹右击，在弹出菜单中选择 Show，此时所有组件显示在图形区。

STEP 07　**在模型浏览器中改变模型显示方式。**

1）在组件 SHELL：BED 右侧右击 Style（⬡）按钮，如图 13-6 所示。

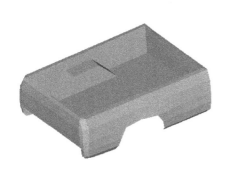

图 13-5　显示车身组件

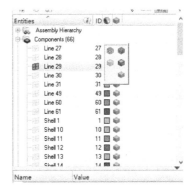

图 13-6　步骤 1）窗口状态

2）在 Style 弹出框中选择 Shaded（⬛）模式。

3）在组件 SHELL：BED 右侧右击颜色框▢。

4）在调色板上选择一种新颜色，改变车身颜色。

STEP 08 使用模型浏览器向面板集合器（panel collector）添加项目。

1）在工具栏单击（▮▮）按钮进入 Contour 面板。

2）在模型浏览区单击 Selector（▷）按钮激活选择器。

3）选择 SHELL：BED 组件。

4）单击 Add To Panel Collector（▴）按钮，将车身添加进 Components 集合器。

5）切换 Result type 到 Stress(t)vonMises。

6）单击 Apply 按钮，在 SHELL：BED 上显示应力云图，如图 13-7 所示。

7）使用 Animation Controls 工具打开模型动画，观察车身组件上的应力云图。

8）停止动画。

STEP 09 改变模型浏览窗口的实体显示。

1）单击 Model view（▦）按钮，在模型浏览区打开模型文件，如图 13-8 所示。

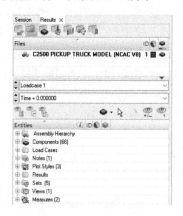

图 13-7　显示车身应力云图　　　　　　　　图 13-8　打开模型文件

2）单击 Components views（▦）按钮，在模型浏览器中只显示组件，如图 13-9 所示。

3）单击 Close model files view（▦）按钮，返回模型浏览器。

STEP 10 使用 mask 工具显示和隐藏单元。

1）在工具栏单击 Mask（▰）按钮。

2）确认 Entities 选择器设置为 Elements。

3）在 Action 下选择 Mask 选项。

4）按住〈Shift〉键和鼠标左键，在图形区指定模型的一个区域。

5）释放〈Shift〉键和鼠标左键，所选区域的模型已不再显示。

6）在 Action 下选择 Unmask 选项。

7）按住〈Shift〉键和鼠标左键，在图形区画出部分包含已被隐藏模型的区域。

8）释放鼠标左键，已隐藏单元重新显示。

9）单击 Unmask All Element 按钮，显示模型所有单元。

10）确认 Entities 选择器设置为 Components。

11）在 Action 下重新选择 Mask 选项。

12）在图形区选择车身和右后侧轮胎。

13）单击 Mask Selected 按钮。结果如图 13-10 所示。

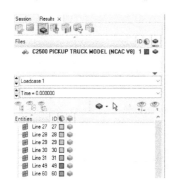

图 13-9　只显示组件　　　　　　　　　图 13-10　隐藏车身和右后侧轮胎

14）按住〈Shift〉键和鼠标左键，在图形区指定模型的一个区域。

15）释放〈Shift〉键和鼠标左键，所选区域内的组件被隐藏。

16）重新选择 Unmask 选项。

17）按住〈Shift〉键和鼠标左键，在图形区画出包含已隐藏模型的区域。

18）释放〈Shift〉键和鼠标左键，已隐藏组件重新显示。

STEP 11　使用实体输入集合器显示和隐藏单元。

1）在工具栏单击 Mask（🔲）按钮，在 Action 栏下选择 Mask 选项。

2）将 Entities 选择器设置为 Components。

3）在图形区选择车身。

4）单击 Components，进入二级"实体选择"面板，如图 13-11 所示。

5）单击 By Attached 按钮。

6）单击 Mask Selected 按钮，效果如图 13-12 所示。

图 13-11　"实体选择"面板　　　　　　　图 13-12　隐藏与车顶关联的组件

7）单击 reject 按钮，所有组件重新显示。

13.2 显示结果云图

本节实例将讲解如何使用 HyperView 显示结果云图。

STEP 01 在模型所有组件上生成应力云图（stress contour）。

1）载入 bullet_local.op2 文件。

2）在工具栏单击 Contour（ ▥ ）按钮。

3）激活 Selection 下的 Components 输入选择器。

4）在 result type 下选择 Stress(t)和 vonMises。

5）在 Layers 栏中选择 Z1。

Layers 栏中几个选项代表的含义解释如下。

- Max：显示各层之间的最大值。
- Min：显示各层之间的最小值。
- Extreme：显示各层中最大的绝对值。
- Sum：显示各层值叠加后的结果。
- Average：显示各层平均值（N/A 不参与计算）。
- Range：显示各层最大/最小值间的插值。
- Count：给定数据类型各层的计数。
- Maxlayer：显示各层最大值所在层。
- Minlayer：显示各层最小值所在层。
- ExtremeLayer：显示各层绝对值最大值所在层。
- Top/Bottom：显示顶层/底层，通过（ ▧ ）按钮指定层。
- Z1/Z2：显示厚壳的各层，这取决于求解器类型。

6）确定 Resolved in 栏设置为 Analysis System，Averaging method 设置为 None。

7）单击 Apply 按钮。如图 13-13 所示，默认情况下云图将显示在模型所有组件上，也可以指定某个组件显示云图。

STEP 02 在指定单元上显示应力结果云图。

图 13-13　显示模型应力云图

1）将"输入"选择器由 Components 切换到 Elements。

2）单击 Apply 按钮，所选单元将显示应力云图。

3）按住〈Shift〉键和鼠标左键，在图形区框选指定单元。释放〈Shift〉键和鼠标左键，所选区域上将显示应力云图。如图 13-14 所示。

4）在 Selection 下单击 Element 按钮，然后在弹出的窗口中选择 All。

5）单击 Apply 按钮，则模型所有单元都将显示应力云图。

STEP 03 生成平均应力云图（averaged stress contour）并创建等值面（iso surfaces）。

1）设置 Averaging Method 为 Simple。

2）单击 Apply 按钮。

3）单击 Show Iso Value 按钮，结果如图 13-15 所示。

4）在图形区单击并在键盘上按下〈T〉键，此时，在看到等值面的同时可以看到透明模式下的模型。

图 13-14　显示模型中指定单元应力云图

5）再次按下〈T〉键，关闭透明模式。

6）单击 Clear Contour 按钮。

STEP 04 在不同坐标系下显示矢量和张量结果云图。

1）在 Result type 下选择 Displacement(v)和 X。

2）将 Resolved in 栏设置为 Analysis System。

3）单击 Apply 按钮，结果如图 13-16 所示。

图 13-15　显示平均应力云图　　　　图 13-16　Analysis system 矢量云图

4）将 Resolved in 栏切换为 Global System（proj：none）。

5）单击 Apply 按钮，结果如图 13-17 所示。

6）单击 Clear Contour 按钮。

7）将 Result type 切换到 Stress(t)和 vonMises。

8）在 Resolved in 栏选择 User System（proj：x，y）。

9）在 system 处选择 By ID。

10）输入 2，选择用户第二自定义坐标。

11）单击 Apply 按钮。

12）关闭对话框。

13）单击 Apply 按钮，结果如图 13-18 所示。

图 13-17 Global system 矢量云图

图 13-18 用户自定义坐标矢量云图

STEP 05 编辑 Legend。

1）单击 Legend 图例上 4.603E+01，将其变为 45.0，图例上数字将自动重新插值。

2）或者在 Legend 中打开 Edit Legend 对话框，单击 4.603E+01，将其变为 45.0，图例上数字也将自动重新插值。

3）单击 Apply 按钮，注意观察图形区上图例的变化。

4）单击 Default 按钮，返回默认设置。

5）单击 OK 按钮关闭对话框。

13.3 查看变形

本节实例将讲解如何使用 HyperView 查看模型变形情况。通过 Deformed 面板可以完成以下工作：①指定参数进行变形显示；②查看模型运动情况；③显示模型初始结构和最大形变，观察模型总体的运动情况；④在预知模型分析结果的基础上，生成模型运动动画。

STEP 01 观察模型变形动画。

1）载入 deformed.mwv 文件。

2）在工具栏中单击 Deformed（🖦）按钮。

3）在 Result type 栏中选择 Displacement（V）。

4）在 Scale 栏中选择 Model percent，将模型最大变形量转化为百分数值，这个数值在 Value 栏中输入。

5）在 Type 栏中选择 Uniform，表示在 X、Y、Z 三个方向上同时缩放模型。

6）将 Value 改为 10。

7）单击 Apply 按钮，结果如图 13-19 所示。

8）选择动画模式为 🔄，单击"动画开始" ▶ 按钮，运行模型动画，效果如图 13-20 所示。

图 13-19 模型结构

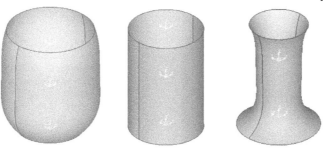

图 13-20　模型动画中不同阶段

9）停止动画。

10）单击 Animation Controls（⚙）按钮。

11）将 Angle Increment 变为 10。

12）返回 Deformed 面板。

13）在 Type 栏中选择 Component，该选择能够使模型在三个方向按照不同的比例缩放。

14）在 X、Y、Z 中分别输入 0、0、20。

15）单击 Apply 按钮。

16）运行模型动画，此时模型只在 Z 方向上缩放，效果如图 13-21 所示。

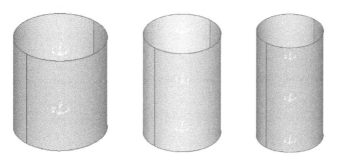

图 13-21　模型在 Z 方向上缩放的不同阶段

13.4　查询结果信息

本节实例将讲解如何使用 HyperView 进行结果信息查询。通过 Query 面板可以查询当前模型的节点、单元、组件和坐标系等信息。

显示模型结果云图并查询结果的具体步骤如下。

1）载入 truck.key 模型和 d3plot 结果文件。

2）在工具栏单击 Contour（📊）按钮。在 Result 下选择 Stress(t)和 VonMises。

3）单击 Apply 按钮。

4）单击（▶）按钮，运行模型动画。

5）停止动画。

6）在工具栏单击 Query（📋）按钮。

7）确认"实体"选择器设置为 Elements，如图 13-22 所示。

8）单击（ 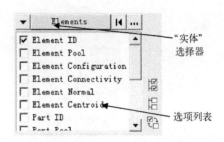 ）按钮，取消选择选项列表中的
所有项目。

9）在选项列表中选择 Element ID、Contour
（Stress）、Load Case 和 Simulation Step，如图 13-23
所示。

10）在图形区选择模型的几个单元。

11）单击（ ⬛ ）按钮，返回 Contour 面板。

12）在 Averaging method 下拉菜单中选择
Simple。

图 13-22　确认"实体"选择器

图 13-23　查询所选单元 ID 编号、相应应力值、工况以及仿真步

13）单击 Apply 按钮，结果如图 13-23 所示。

14）单击 Query Result 按钮，它位于 Contour 面板右下角。确定"实体"选择器设置为
Nodes。

15）在选项列表中选择 Node ID、Contour（Stress）、Load Case 和 Simulation Step。

16）在图形区单击选择模型上的几个节点。

17）单击 Export 按钮，将表格中数据存储
成 result.csv 文件。通过 Export 选项可以将查询
的结果信息保存成 .csv 文件用于进一步的研
究，而不需要再次查询相同的数据。

18）高亮显示列表中部分行。如图 13-24
所示，在高亮显示的列表中右击鼠标。

19）在弹出的可用选项中选择 Copy，此时
可以将所选列表内容复制到文本编辑器中。

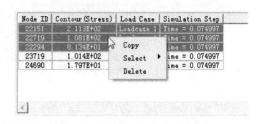

图 13-24　高亮显示列表中部分行

13.5　使用高级查询功能

本节实例将讲解如何使用高级查询功能。Advanced Query 面板提供了依据已显示云图图
例的数值查询模型节点、单元和组件信息的功能，通过这一功能可以对模型中所关心的实体
进行结果云图显示。与此同时，可以为已查询的数据创建集合，避免在使用相同数据时的多
次重复查询。

STEP 01 显示模型云图。

1）载入 truck.key 模型和 d3plot 结果文件。

2）在工具栏单击 Contour（▥）按钮。在 Result 下选择 Stress(t)和 VonMises。

3）单击 Apply 按钮。

4）单击（▶）按钮，运行模型动画。

5）停止模型动画。

6）在工具栏选择 Animation Controls（⚙）面板。

7）拖动 Current time 滑杆，将动画时间设置为 0.034966。

STEP 02 使用 Advanced Query 对话框查询数据。

1）在工具栏选择 Query（▥）面板。

2）在 Query 面板右下角单击 Advanced 按钮。

3）确认选择 User defined 选项。

4）将 Apply to 选项设置为 All 和 Components。

5）在 Value 栏选择>=文本框中输入 400。

6）确认激活 Warning Threshold 选项，在后面文本框中输入 80。通过此操作，可以只观察大于阈值的对象，而阈值取决于输入的百分数。本例中阈值为 320。Advanced Query 面板下拉列表中将使用蓝色显示在 320～400 的数值。

7）将 Loadcase 设置为 Current Simulation。Advanced Query 面板参数设置如图 13-25 所示。

8）单击 Apply 按钮，结果如图 13-26 所示。注意，此时图形区将显示模型轮廓线。

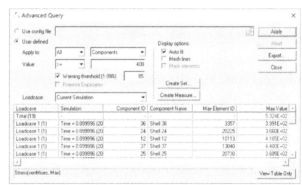

图 13-25 Advanced Query 面板参数设置   图 13-26   查询结果

9）在图形区单击并在键盘上按〈L〉键，模型轮廓线将消失。

10）在 Max Value 栏中单击第一个值 5.324E+02，显示如图 13-27 所示结果。

11）单击 Max Value 栏中其他值，观察图形区的变化，显示如图 13-28 所示的值。

12）为已查询对象创建集合。

① 在 Max Value 栏单击第一个数值 5.324E+02。

② 单击 Create Set 按钮，弹出 Create Group 对话框。

③ 在 Group label 栏中输入 vonMises>=400。

13）单击 OK 按钮。关闭 Advanced Query 对话框。

图 13-27　指定 Max Value 值相关组件（一）

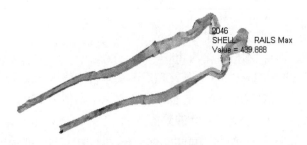

图 13-28　指定 Max Value 值相关组件（二）

14）在工具栏中选择 Entity Attributes（）面板。

15）激活 Auto apply mode 选项。

16）单击 Display：Off。

17）单击 All 按钮。

18）在 Entity 下拉菜单中选择 Sets。

19）单击 Display：On。

20）单击 vonMises>=400，集合 vonMises>=400 内的组件将显示在图形区。

STEP 03 通过 Advanced Query 对话框查询 Top N 单元。

1）在工具栏选择 Query（ ）面板。

2）在 Query 面板右下角单击 Advanced 按钮。

3）在 Apply To 栏中选择 All 和 Elements。

4）在 Value 栏中选择 Top N，并在文本框中输入 50。

5）在 Load 栏中选择 Current Simulation。

6）单击 Apply 按钮。查询 top N 单元参数设置如图 13-29 所示。

模型中值最大的 50 个单元显示在图形区。

7）单击 Create Set 按钮。在 Group label 文本框中输入 vonMises Top 50。

8）单击 OK 按钮，关闭 Advanced Query 对话框。

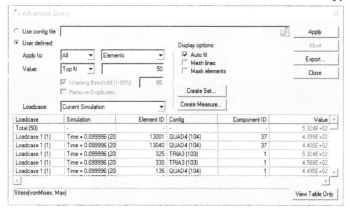

图 13-29　查询 top N 单元参数设置

9）在模型浏览树中单击（ 🔲 ）按钮，关闭模型中所有组件。

10）在工具栏中选择 Set（ 🔳 ）面板。

11）激活 vonMises Top 50 前的复选框。

此时 Advanced Query 面板上选择的单元将显示在图形区，如果在 Entity Editor 中选中 ID Visibility 选项，单元 ID 也同时显示在图形区。

13.6　创建截面

本节实例将讲解如何使用截面工具。通过截面工具能够在模型中创建平面截面或变形截面，以帮助用户更好地观察模型细节。实例模型结构如图 13-30 所示。

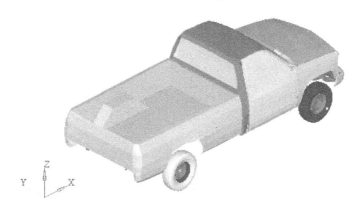

图 13-30　模型结构

STEP 01　创建平面截面。

1）载入 truck.key 模型和 d3plot 结果文件。

2）在工具栏单击 Section Cut（ 🔳 ）按钮。

3）确认 Defined plane 设置为 Y Axis。

4）确认 Display Options 栏下 Cross section 选项处于激活状态。

5）单击 Add 按钮，图形区出现模型的一个截面，如图 13-31 所示。

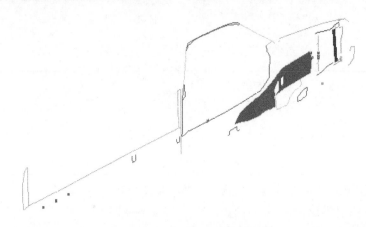

图 13-31　模型某个位置截面

6）拖动 Define plane 栏下的滑杆 ，观察模型不同位置的截面。

7）拖动 Cross section 滑杆 ，调整截面宽度，如图 13-32 所示。

8）激活 Clipping plane 选项。

9）单击 Reverse 按钮，观察模型截面另一侧，如图 13-33 所示。

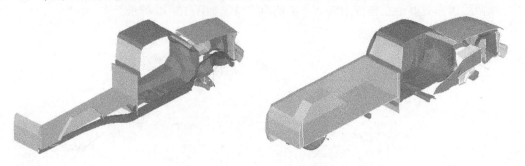

图 13-32　调整截面宽度　　　　　图 13-33　观察模型截面另一侧

10）在图形区单击鼠标左键并在键盘上按下〈T〉键，以透明模式观察模型。

11）按下〈L〉键观察模型轮廓线。

12）再次按下〈T〉和〈L〉键，关闭透明模式和模型轮廓线。

STEP 02　创建多个截面。

1）添加另一个截面。

2）将这个截面设置为 X Axis。确认 Clipping plane 选项处于激活状态。

3）单击 Apply 按钮，在 X 方向创建一个截面。

4）单击 Reverse 按钮，观察截面另一侧。

5）打开透明模式，效果如图 13-34 所示。

6）在 Define plane 栏下拖动滑杆，以改变截面位置。

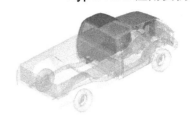

STEP 03 创建变形截面。

图 13-34 透明模式下模型状态

1）单击（▶）按钮，运行模型动画。

2）在工具栏选择 Animation Controls（⚙）面板，减少动画帧数。

3）单击 Section Cut（🔧）按钮，观察模型的变形。可以看到模型穿过此前定义的截面。这是由于此前定义的截面是平面截面（Planar），因而模型截面并没有随模型一起运动。

4）停止动画。

5）单击状态栏 Loadcase1，打开 Load Case And Simulation Selector，选择第一个时间步。

6）单击 OK 按钮。

7）在 Deformed mode 栏下激活 Deformable 选项。

8）单击 Apply 按钮，观察变形截面。HyperView 将记录当前截面，这个截面将会随时间改变。创建变形截面时，截面保持平面状态，一旦运行动画，这个截面将开始随模型运动而变形。

9）运行模型动画，观察截面变形情况。

13.7 创建测量

本节实例将讲解如何使用 Measures 面板测量有限元模型相关数据。通过 Measures 面板可以测量节点之间的距离、坐标系的位置、相对位移、相对角度以及节点间的角度，同时它也提供了测量节点和单元的等高线值等功能。

STEP 01 测量最大、最小值。

1）载入 d3plot 文件。

2）在工具栏单击 Contour（▥）按钮。

3）在 Result 下选择应力（Stress(t)）和等效应力（VonMises），在 Averaging Method 栏中选择 Simple。

4）单击 Apply 按钮。

5）单击（▶）按钮，运行模型动画。

6）停止模型动画。

7）单击 Mesure（📐）按钮。

8）激活 Static MinMax Result 复选框，图形区将显示整个时间段的最大值和最小值，如图 13-35 所示。

9）在 Display options 栏下取消选择 Transparency 复选框，测量值将直接显示在图形区。

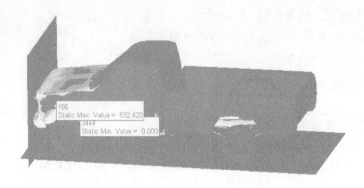

图13-35 在图形区显示测量值

10）取消选择 Static MinMax Result 复选框。

11）激活 Dynamic MinMax Result 复选框，图形区将显示每个时间步的最大值和最小值。

12）运行动画，观察屏幕上数值变化情况。

13）取消选择 Dynamic MinMax Result 复选框。

14）停止动画。

STEP 02 测量两个节点之间的距离。

1）单击 Add 按钮，创建一个新的测量组。

2）将测量类型设置为 Distance Between，如图 13-36 所示。

3）激活 Magnitude、ID 和 System 复选框。

4）在图形区选择车顶一点和发动机罩上一点，此时两节点的距离将显示在屏幕上，如图 13-37 所示。

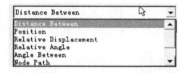

5）在 Display options 栏下，激活 Transparency 复选框，测量值以透明模式显示在图形区。

图13-36 设置测量类型

6）在 Format 下拉菜单中选择 Fixed。

7）将 Precision 设置为 2，此时测量值将以两位小数的精度显示。

8）运行模型动画，两节点的距离值将实时更新。

9）停止动画。

10）取消选择 Measure Group 3 复选框。

STEP 03 使用 live link 功能动态更新节点结果。

1）添加一个测量。

2）将测量类型设置为 Nodal Contour。在图形区选择模型上两个节点。

3）在节点列表中选择一个节点，如图 13-38 所示。

4）单击 Create curve 按钮，在弹出窗口中将 Place on 设置为 Preview Plot。

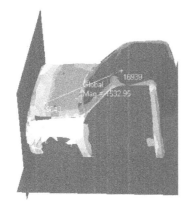

图 13-37 显示测量结果

图 13-38 选择节点

5) 单击 OK 按钮, 弹出曲线图。

6) 关闭 Plot preview。

7) 按下〈Ctrl〉键, 选择节点列表中两个节点。

8) 将 Place curve on 切换成 New Plot。

9) 激活 Live link 选项, 此选项将在运行动画时动态更新曲线数值。

10) 单击 OK 按钮, 效果如图 13-39 所示。

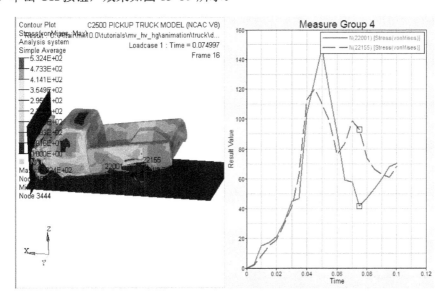

图 13-39 动态更新等效应力测量结果

11) 运行动画, 每条曲线上将分别出现一个光标。

12) 停止动画。

13) 在 Contour 面板中将 Result type 设置为 Displacement(v)并单击 Apply 按钮。观察测量节点位移变化, 如图 13-40 所示。

14) 运行动画, Live link 功能将动态更新曲线图, 如图 13-41 所示。

15) 停止动画。

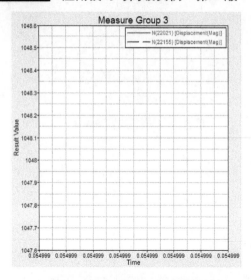

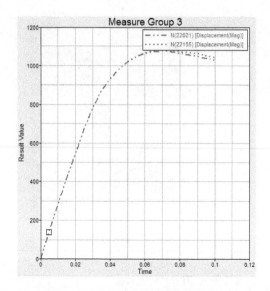

图 13-40 测量节点位移变化 图 13-41 动态更新位移测量结果

13.8 结果提取与分析报告创建

本节将通过一个实例介绍以下的技术细节，完成分析结果的提取和分析报告的创建。

- 屏幕截图功能。
- 动画截取功能。
- 输出 CAE 数据文件和 H3D 结果后处理文件，并使用 HyperView Player 查看这些文件。
- 创建 HTML 和 PowerPoint（XML）格式分析报告。

本节操作将要用到的工具如下。

（1）单击工具栏（📷）Capture Graphic Area 按钮 HyperWorks Desktop 允许用户将当前视窗中显示的图像捕捉并保存为 BMP、JPEG、PNG 或者 TIFF 格式的图片，可以保存在本地硬盘中。存储的图片可以被各类图片编辑器查看，或使用 HyperView Video 窗口打开。

（2）单击工具栏（📹）Capture Graphic Area Vedio 按钮 HyperWorks Desktop 允许用户将分析结果保存为动画文件，以 AVI、AMF（Altair 专有视频格式）、BMP、JPEG、TIFF、GIF 或 PNG 的格式进行保存。完成保存后，用户可以使用普通的视频播放器，或者使用 HyperView 的 Video 窗口查看录制的动画文件。

（3）在 File 菜单选择 Export—Modal Altair Hyper3D 文件是一个封装好的二进制 3D 结果后处理文件，它将模型文件以及结果文件封装在一个单一的文件中，而不是存储在若干由各类求解器生成的较大的结果文件中。用户可以随心所欲地按照自己的需求创建 H3D 结果后处理文件，并使用 HyperView Player 进行查看。

（4）在 File 菜单选择 Publish 用户可以将用 HyperView 处理的后处理结果输出为图片（JPEG、BMP…）、动画（AVI、AMF…），或者使用 HyperGraph 进行时间历程后处理，并将这些结果保存为 HTML 文件或 PowerPoint（XML）格式文件。需要注意的是，为了正确支持 XML 格式文件，用户需要将 PowerPoint 升级至 Office 2000 或更高版本。

（5）HyperView Player　Altair HyperView Player 是一款可以内嵌于网络浏览器，也可以播放可视化 3D CAE 模型及结果的独立应用程序。通过 HyperView Player，工程师能够在演讲和工程报告的 HTML 文档中载入仿真结果，并通过 Email 传送仿真结果，也能将仿真结果上传到网页上供其他人员使用。此外，当需要仔细考察模型的细节特征时，HyperView Player 还可以对模型进行放大。

STEP 01 在页面 1 的窗口 1 中创建 H3D 文件。

1）打开文件 presenting_result.mvw。

2）激活页面 1 中的窗口 1。在该窗口中的云图中，默认自动显示 Displacement（Mag）。在后续的实例中会将该位移云图结果进行输出。

3）在 Display Control 菜单中，关闭 Contour 和 Section Cuts。

当创建完成的 H3D 文件被打开时，默认的显示设置中并不包括云图显示或截面显示，但其结果依然被输出到了文件中，并且可以在 H3D 文件中重新被设置为打开。

4）在 Animation Control 面板下，设置动画开始时间为 0.022，结束时间为 0.042。完成了以上设置后，H3D 文件将输出模型在 0.022～0.042 时间段内的位移结果。

5）在 File 菜单下，选择 Export—Model，如图 13-42 所示。

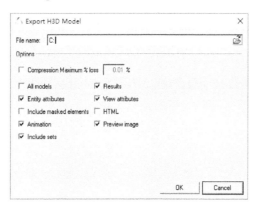

图 13-42　输出 H3D 文件

6）以文件名 taurus_new.h3d 保存文件。

STEP 02 使用 HyperView Player 查看 H3D 文件。

1）在"开始"菜单中选择 HyperView Player。

2）在 Open file 中，选择此前创建的 taurus_new.h3d 文件。

3）单击"播放"（ ）按钮，在视图区域中动态显示分析结果。

4）通过拖动 　　　　　　　　　　　　下方的控制条，控制动画结果播放的速度。

5）通过〈Ctrl〉键+鼠标左、中、右键，对模型进行旋转、平移、缩放等各类操作。此类操作的方式与 HyperView 中查看模型的操作方式是一样的。

6）单击 按钮，打开 Section Cut 功能。

7）退出 HyperView Player。

STEP 03 在屏幕的某一特定区域截取并录制 AVI 视频文件。

1）回到 HyperView 当前作业中。

2）激活页面1下的窗口1。

3）单击（ ）按钮或者按下〈Ctrl〉键，同时按下〈F8〉键。

4）为待截取的 AVI 文件命名。

5）左下方提示栏出现截取视频提示，如图 13-43 所示。

6）按住鼠标左键，在屏幕上通过拖动的方式选取待截取视频的区域，或通过单击窗口边缘的方式选取某一特定的截取窗口。待区域选择完毕，松开鼠标左键，以确认选择。

Left button to select, right button to accept, Esc to cancel

图 13-43　HyperView AVI 截取工具

7）在屏幕的任意位置单击鼠标右键，开始进行视频录制。

STEP 04 输出 HTML 格式结果并在 Internet Explorer 查看输出的 HTML 文件。

1）回到 HyperView 当前作业中。

2）在 File 菜单中选择 Publish>HTML，以文件名 crash_report.html 保存文件。

3）使用 Internet Explorer 打开2）中输出的 crash_report.html 文件，如图 13-44 所示。

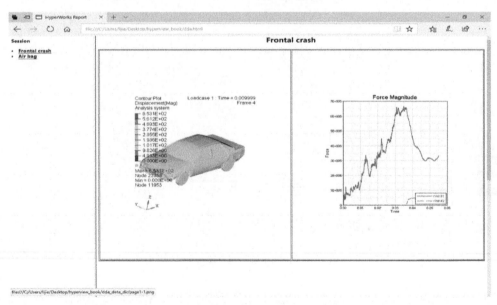

图 13-44　用 IE 浏览器打开输出的 HTML 文件

STEP 05 设置并输出为 Microsoft PowerPoint。

1）回到 HyperView 当前作业中。

2）在 File 菜单中选择 Publish>PowerPoint，弹出图 13-45 所示的对话框，可以创建新 ppt 或者在已有/打开的 ppt 中插入幻灯片。

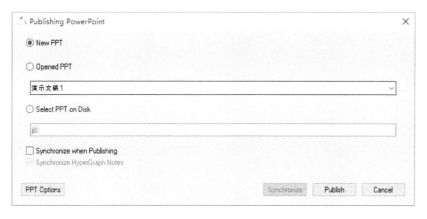

图 13-45　保存后处理结果为 PowerPoint

13.9　使用 Hvtrans 进行结果文件转换

本节将通过一个实例介绍如何使用 Hvtrans 进行结果数据转换。本节的内容包括：

- 将 FEA 动画文件转化为 Altair Hyper3D 文件。
- 创建 H3D 文件。
- 使用 HyperMesh Result Translator 进行动画文件格式转换。

1. 打开方式

可以使用以下方式打开 HvTrans 用户界面。

- 在 Windows 系统下，选择 Start 命令，然后按照以下路径启动 HvTrans：Programs/ Altair HyperWorks / HvTrans 2017。
- 在 Unix 系统下，运行脚本[HyperWorks install directory]/altair/scripts/hvtrans。

HvTrans 允许用户提取或转换各类结果文件至 H3D 格式文件。一个创建成功的 H3D 文件中，可能包含模型文件、结果文件或者二者都包含，这取决于创建 H3D 文件时的方式。H3D 数据格式为 Altair 公司享有专利的成果。无论使用什么方式创建 H3D 文件，该文件均可以被 HyperView 读取。

HvTrans 可以在 GUI 模式下运行，也可以使用 Batch 方式运行。

2. 启动 HyperMesh Results Translator

使用命令行格式启动 HyperMesh Results Translator，需要遵循的语法格式为：

translator_name [arguments] results_file output_file

还可以使用下面控制字，查看 HyperMesh Results Translator 所有的控制参数：

　　　　translator_name-u

使用 HvTrans 提取 d3plot 文件的操作步骤如下。

1）在开始菜单中选择 Programs。使用以下路径启动 HvTrans：Altair HyperWorks / Tools /HvTrans。HvTrans 窗口如图 13-46 所示。

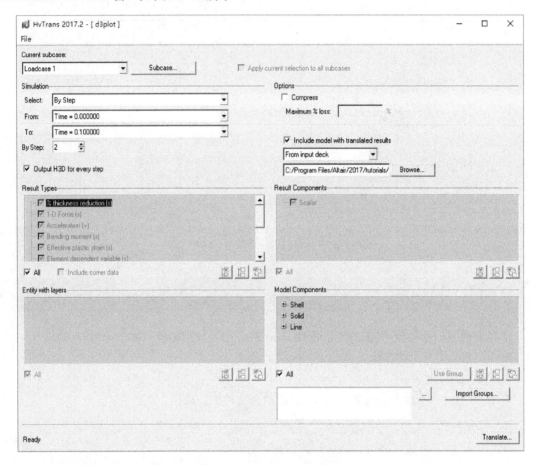

图 13-46　用 HvTrans 打开 d3plot 文件

2）在 File 菜单中选择 Open Result file。

3）选取并打开 truck 文件夹中的 d3plot 文件。

4）在 Simulation 下选择 By Step，并将增长步长设置为 2。

5）在 Result Types 下选中所有待提取的结果类型。

6）在 Options 下选中 Include model with translated results，选择 From input deck。

7）完成以上设置后，选择 truck.key 文件。

8）单击 Translate 按钮，将输出文件名设置为 d3plot.h3d 文件，并单击 Save 按钮。

9）在 File 菜单中选择 Exit 命令，离开 HvTrans。

10）使用 HyperView 查看创建好的 d3plot.h3d 文件。

13.10 创建线性叠加载荷步

在本节实例中，将介绍如下内容。

● 用现有的载荷步创建线性叠加载荷步。

● 为线性叠加载荷步画等高线。

使用线性叠加载荷步功能的方法如下。

单击 Result 工具栏中的 Derived Load Case（🔩）按钮，并设置 Type 为 Linear-Superposition。或者从菜单栏选择 Results>Create>Derived Load Steps，并设置 Type 为 Linear-Superposition，对话框如图 13-47 所示。

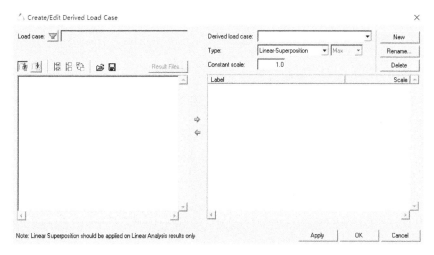

图 13-47　Create/Edit Derived Load Case 对话框

此功能允许用户使用现有的载荷步和模拟步骤来创建线性叠加载荷步。线性叠加载荷步将被保存到会话文件中。用户也可以使用此功能创建衍生载荷步和 envelope loadsteps。

下面通过一个实例来介绍如何创建线性叠加载荷步。本实例使用了结果文件 bezel.h3d 和 bezel_iter2.h3d。

STEP 01 创建衍生载荷步。

1）读入结果文件 bezel.h3d。

2）从菜单栏中选择 Results>Create>Derived Load Steps，并设置 Type 为 Linear-Superposition，当前所有的载荷步和相应的模拟都显示在列表中，如图 13-48 所示。

3）从左边载荷步列表中选择 Subcase 1 (Step_X)、Subcase 2 (Step_Y)和 Subcase 3 (Step_Z)。

4）单击箭头（➡）按钮，把这些选择的载荷步添加到新的线性叠加载荷步中。

5）在派生载荷步列表中高亮显示 Subcase 1 (Step_X): Static Analysis。

6）输入-0.22 到 Scale：并按〈Enter〉键。

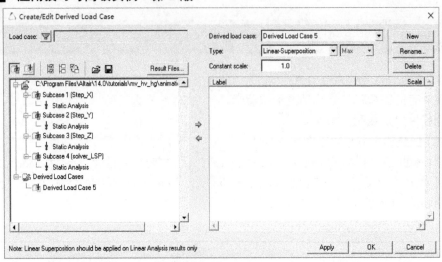

图 13-48　读入结果

7）为 Subcase 2 (Step_Y): Static Analysis 和 Subcase 3 (Step_Z): Static Analysis 重复步骤 5）~6），分别输入值 1.37 和 0.55。

8）确认 Type 被设置为 Linear-Superposition。

9）单击 Apply 按钮，创建线性叠加载荷步，如图 13-49 所示。

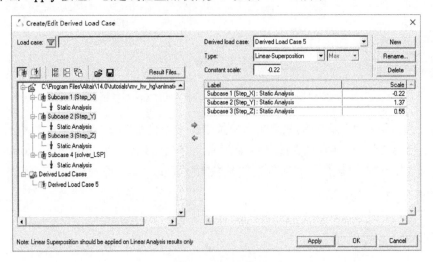

图 13-49　创建线性叠加载荷步

10）单击 Rename 按钮。

11）在 Rename 对话框中输入 HyperView_LSP 并单击 OK 按钮。

12）单击（🔲）按钮，观察被创建的线性叠加载荷步。

高亮显示 HyperView_LSP，在派生载荷步列表中将显示三个被用来创建线性叠加的载荷步。

13）单击（🔲）按钮，在结果文件中观察初始载荷步。

14）单击 OK 按钮。

STEP
02 为线性叠加载荷步画等高线云图。

1）在 Results Browser 中，将 Change load case 下拉菜单设置为 HyperView_LSP，如图 13-50 所示。

注意：使用 View 下拉菜单中的 Browsers > HyperView > Results 可以关闭或打开 Results Browser；使用 Results Browser 环境菜单中的 Configure Browser 也可以关闭或打开 Change load case 工具栏。

2）展开 Plot Styles 文件夹并单击 Default Contour 旁的图标。默认情况下，位移量被等高显示。观察图形区中的等高线云图，如图 13-51 所示。

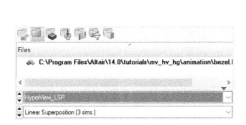

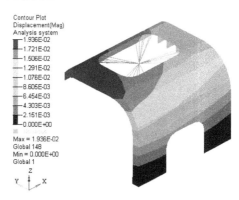

图 13-50　选择 HyperView_LSP 工况　　　　　图 13-51　等高线云图

 STEP
03 从另一个文件中加入模拟步骤。

1）从主菜单中选择 Results>Create>Derived Load Steps，并设置 Type 为 Linear-Superposition。

2）单击 Result Files 按钮，从另一个文件中加入载荷步和模拟。

3）在 Update Result Files 窗口中浏览并选择结果文件 bezel_iter2.h3d，如图 13-52 所示。

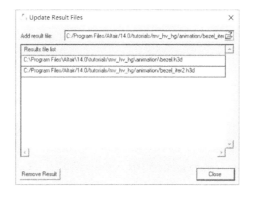

图 13-52　在 Update Result Files 窗口中选择结果文件

4）单击 Close 按钮。结果如图 13-53 所示。

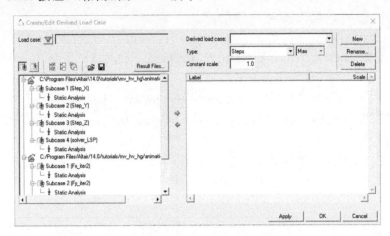

图 13-53 结果列表

第二个文件中的载荷步和模拟将被加入到可用的载荷步和模拟列表中，并可被用来创建派生载荷步、线性叠加载荷步和 envelope loadsteps。

13.11 创建导出结果

在本节中将介绍如下内容。
- 创建一个新的标量结果云图。
- 创建一个新的张量结果类型。
- 针对特定的载荷工况创建一个新的结果类型。

进入 Expression Builder 对话框有两种方式。
- 单击 Results 工具栏上的 Derived Results（■）按钮。
- 在 Results Browser 中右击鼠标，在弹出菜单中依次选择 Create > Derived Results。

Expression Builder 对话框如图 13-54 所示，允许用户对结果文件中的标量和张量结果类型进行数学运算操作。

下面通过一个实例来介绍如何创建导出结果。本实例所使用的模型文件和输出文件均为 cwing.xml。

STEP 01 创建一个标量导出结果。

1）载入文件 cwing.xml。

2）在 Results Browser 中，依次展开文件夹 Results>Tensor>Stress，如图 13-55 所示。

3）在 P1 (major)上单击鼠标右键，在弹出菜单中依次选择 Create > Derived Result。

注意到在 Table 和 Table component 栏中，Stress 和 P1 (major)已经处于选中状态，如图 13-56 所示。这是因为用户从 Result Browser 中选择了 Derived Result 功能。如果事先没有选中特定结果项，或者通过工具栏的（■）按钮进入 Expression Builder 对话框，则软件会默认载入结果文件列表中的第一个结果项。

图 13-54　Expression Builder 对话框

图 13-55　结果浏览器

4）在 Label 框中输入 Stress Amplitude。

5）在 Table 框中选择 Stress，在 Table component 框中选择 P1 (major)。单击 Insert 按钮将 P1（major）应力添加到 Expression 框中，如图 13-57 所示。在表达式框中显示输入了 T3.C7，为 HyperView 使用的一种缩写形式。

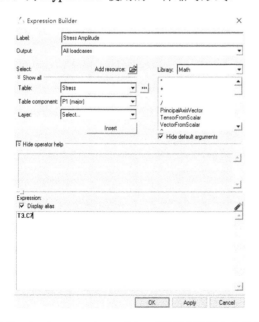

图 13-56　在 Expression Builder 对话框中选择应力类型

图 13-57　添加 stress 表达式

6）在 Expression 框中 T3.C7 的后面输入减号 "–"。

7）在 Table component 中重新选择 P3 (minor)，单击 Insert 按钮，将 T3C10 添加到表达式中。

8）在 T3.C7 之前输入 "abs("。

9）在 T3.C9 之后输入 ")/2"，完成整个表达式，如图 13-58 所示。

10）取消选中 Display alias 复选框，如图 13-59 所示。该操作使表达式以一种完整形式显示。尽管对表达式比较简单的情况这种方式更容易理解，但是当表达式很复杂时，建议读者不要使用这种显示形式。

图 13-58　创建完整表达式　　　　　　　　图 13-59　显示表达式完整形式

11）重新选中 Display alias 复选框，单击 OK 按钮。

12）在 Results Browser 中依次展开文件夹 Results>Scalar。

13）单击 Stress Amplitude 旁的云图按钮，对当前模型应用新的结果云图，如图 13-60 所示。

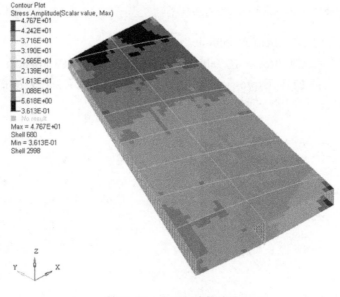

图 13-60　显示创建的结果

STEP 02　创建一个张量导出结果。

1）在 Results Browser 中的空白处单击右键，在弹出菜单中依次选择 Create > Derived Result。

2）在弹出对话框的 Label 中输入 Double Stress。

3）在 Table 中选择 Stress。

4）单击 Insert 按钮将该应力添加到表达式。

5）在 Expression 框中输入应力表达式，如图 13-61 所示。

图 13-61　输入应力表达式

6）单击 OK 按钮。

7）在 Results Browser 中依次展开文件夹 Results> Tensor。注意到文件夹中有一个新创建的名为 Double Stress 的 Tensor。

8）展开文件夹 Double Stress，如图 13-62 所示。HyperView 会自行判断新建的结果类型是张量还是标量，然后将其列入到 Results Browser 的对应文件夹中。

STEP 03 为特定的载荷工况创建一个导出结果。

1）在 Results Browser 中展开文件夹 Scalar，单击 Stress Amplitude 旁的按钮生成云图。

2）仍然在 Results Browser 中，单击 SUBCASE 1 = Load Case 1: Max Torque，将工况改变为 SUBCASE 2 = Load Case 2: Min Torque。

3）然后创建一个关于特定工况的 Derived Result。在 Results Browser 中的空白处单击右键，在弹出菜单中依次选择 Create > Derived Result。

4）弹出图 13-63 所示的对话框，在 Label 中输入 Stress Difference。

图 13-62　展开 Double Stress

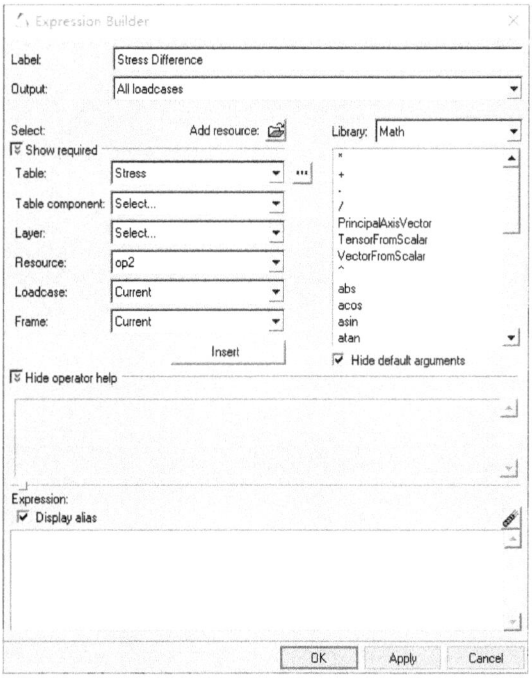

图 13-63　设定扩展选项

5）在 Select 下，单击 Show All 旁的向下箭头。该操作将显示出扩展选项，包括指定的特定工况和帧。

6）在 Table 中选择 Stress。

7）在 Table components 中选择 vonMises。

8）Layer 和 Resource 保留默认选项。

9）将 Loadcase 和 Frame 设置为 Current。

10）单击 Insert 按钮，将结果添加到 Expression。

11）在 Expression 框中的 T3C10 后输入减号 "–"。

12）指定一个 vonMises 应力的特定 Loadcase。在 Loadcase 框中选择 SUBCASE 1 = Load Case 1: Max Torque，单击 Insert 按钮。

13）在 Expression 框中的表达式开头输入 "100*("。

14）在表达式末尾输入 ")/T3.C10"，如图 13-64 所示。

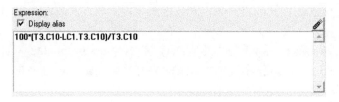

图 13-64　完成表达式创建

15）单击 OK 按钮。

16）在 Results Browser 中展开 Scalar 文件夹，单击 Stress Difference 旁边的按钮生成图 13-65 所示的云图。

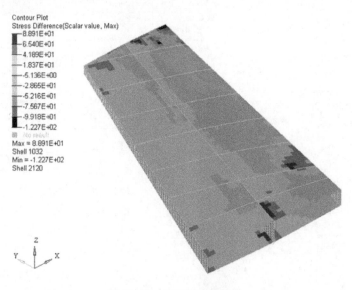

图 13-65　显示创建的结果

17）将工况设置为 SUBCASE 1 = Load Case1: Max Torque，如图 13-66 所示。注意到所有的值均为 0。这是因为在当前工况下，Stress Difference 中的数学表达式去除了 Subcase 1 的 vonMises Stress。

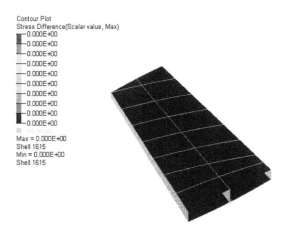

Contour Plot
Stress Difference(Scalar value, Max)
┌─0.000E+00
├─0.000E+00
├─0.000E+00
├─0.000E+00
├─0.000E+00
├─0.000E+00
├─0.000E+00
├─0.000E+00
└─0.000E+00

Max = 0.000E+00
Shell 1615
Min = 0.000E+00
Shell 1615

图 13-66　将工况设置为 SUBCASE 1

13.12　曲线基础知识

结果后处理阶段包括分析结果可视化以及数据对比等过程，这期间可能还需要根据求解问题时指定的数据绘制二维曲线，以便观察指定数据相对时间或其他数据的变化情况。HyperGraph 不但提供了对比和分析数据的功能，而且能够使用其内部函数或用户自定义函数根据已有信息绘图和数据计算。本节将简要介绍如何使用 HyperGraph 绘制数据、对比曲线、应用积分函数以及进行曲线的数学编辑。

13.12.1　绘制二维曲线

本节将介绍以下内容。
● 根据文本数据绘制曲线。
● 在同一窗口绘制多条曲线。
● 在多个窗口中绘制多条曲线。

通过下述任意一种方式都可以进入 Build Plots 面板。
● 单击"绘图"（Build Plots）（📈）按钮。
● 从 Plot 面板下单击 Build Plots 按钮。

应用图 13-67 所示的 Build Plots 面板可从单个文件中获得数据并创建多条曲线。曲线可以重叠在同一窗口或者规整到一个新的窗口中。

图 13-67　Build Plots 面板

STEP 01 打开 demo.dat 文件。

1）从 File 菜单中选择 New 命令，清除 HyperGraph 当前会话中已有数据。

2）确认"曲线类型"图标△。

3）单击 Build Plots（📝）按钮，接着单击 Open File（📂）按钮并载入 demo.dat 文件。

STEP 02 在同一窗口中创建多条曲线。

1）在 X type 栏中选择 Time。

2）在 Y type 栏中选择 Force。

3）此时文件中的数据将出现在 Y Request 列中。

4）在 Y Request 栏中单击"隐藏"（…）按钮，可以方便地观察 Y Request 列所有数据。

5）在 Y Request 栏中，按住〈Ctrl〉键并选择 REQ/3 Curve3、REQ/5 Curve5、REQ/7 Curve7 和 REQ/9 Curve9。

6）单击 OK 按钮关闭"扩展"对话框。

7）在 Y Component 栏中选择 X。

8）单击 Apply 按钮，在页面 1 上创建第 5）步选择的曲线。

9）如图 13-68 所示，曲线 X 轴标为 Time，Y 轴标为 Force，曲线标题为 REQ/3 Curve 3 X（第一个 Y 列数据名称），曲线名为 Y Request 名称。

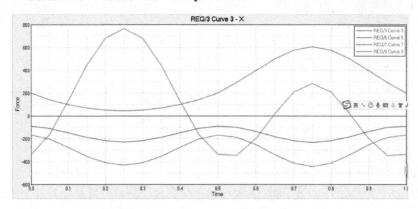

图 13-68 同一窗口创建多条曲线

STEP 03 在多个窗口中同时创建多条曲线。

此步操作仍然应用 Build Plots 面板。

1）确认 X type 栏中选择为 Time。

2）在 Y type 栏中选择 Force。

3）在 Y Request 栏中仍选择 REQ/3、REQ/5、REQ/7 和 REQ/9。

4）在 Y Component 栏中按住〈Ctrl〉键并同时选择 X、Y 和 Z。

5）或者首先选择 X，然后按住〈Shift〉键选择 Z，此时处于 X 和 Z 之间的数据全部被选中。

6）或者通过鼠标拖动选中 X、Y 和 Z。

7）在 Layout 栏中选择 One plot per Request。此选项用来控制为每个选中的 Y request 分别创建一个窗口并在窗口中绘图。每个窗口中将创建所选择的 Y components 的所有曲线。窗口名称为 Y Request，曲线名称为 Y Component。

8）单击 Y type 下 Page Layout（▢）按钮，选择一个页面 4 个窗口布局形式。

9）单击 Apply 按钮创建窗口和曲线，如图 13-69 所示。

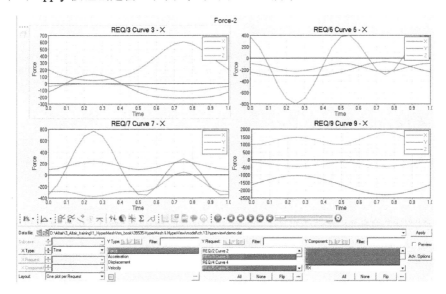

图 13-69　多个窗口同时创建多条曲线

13.12.2 应用曲线数据

本节将介绍如下内容。

● 曲线参考。

● 应用数学表达式创建曲线。

● 应用积分函数创建曲线。

1. 打开方式

"曲线定义"面板（Define Curves）可通过下述任意一种方式打开。

● 单击 Define Curves（ ）按钮。

● 在 Curves 菜单下选择 Define Curves。

如图 13-70 所示 Define Curves 面板提供了编辑已有曲线和创建新曲线的功能，同时通过该面板可以进入软件自带的曲线计算器。

455

2. HyperGraph 中曲线参考向量

本小节中 X 和 Y 向量表达式可以参考任意曲线向量。曲线参考向量可以通过页面（page）、窗口（window）和曲线编号（curve number）定义。例如，曲线参考向量 p2w3c4.X 中 "p2" 代表页面 2，"w3" 代表窗口 3，"c4" 代表曲线 4，"X" 为向量名称。

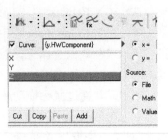

HyperGraph 提供了两种方法定义指定的曲线参考向量。

图 13-70　Define Curves 面板

- 在窗口中选择待参考曲线：在 X=输入栏按住〈Shift〉键并选择曲线可获得曲线 X 参考向量，按住〈Shift+Ctrl〉组合键并选择曲线可获得曲线 Y 参考向量。在 Y=输入栏按住〈Shift〉键并单击曲线可获得曲线 Y 参考向量，按住〈Shift+Ctrl〉组合键并选择曲线可获得曲线 X 参考向量。或者直接复制、粘贴后稍作修改也可以达到相同目的。
- 从 Define Curves 面板的 Curves...对话框中选择。

下面通过一个实例来介绍如何应用参考已有曲线向量的方式创建二维曲线。

STEP 01 打开 democ2.mvw 文件。

1）从 File 菜单中选择 Open>session 命令。

2）选择 democ2.mvw 文件并单击 Open 按钮。

STEP 02 通过在已绘有曲线的窗口中选择相应曲线向量来创建新的曲线。

1）单击页面 2 中的窗口 3。

2）单击 "窗口局部放大"（Expand/Reduce Window）（ ）按钮。

3）单击（ ）按钮进入 Define Curves 面板。

4）曲线列表中将显示窗口 3 上的 4 条曲线名称。

5）在曲线列表窗口单击 Add 按钮。

6）确认选择 X=单选按钮。

7）在 source 栏中选择 Math。此功能可以通过数学函数的方式定义曲线参考向量。本实例为了简化，直接应用已存在曲线的 X 参考向量。

8）按住〈Shift〉键并单击深红色曲线 Req/5 Curve 5。

9）此时 X=区域中参考向量为 p2w3c2.x，它表示参考页面 2、窗口 3、曲线 2 的 X 向量。

10）清除 X=区域数据。

11）在 X=区域依旧激活的状态下，按住〈Shift+Ctrl〉组合键并单击同一条曲线。

12）此时 X=区域将出现 p2w3c2.y，它表示参考页面 2、窗口 3、曲线 2 的 Y 向量。

STEP 03 应用数学表达式编辑曲线 Y 参考向量并创建曲线。

1）单击 Curves...按钮，在弹出的对话框中选择 p2、w3、c2。

2）单击 Select 按钮完成选择，此过程得到的结果与上述在图形区单击选择一样。曲线 X 参考向量为 p2w3c2.x。

3）单击 Close 按钮。

4）单击 $Y=$ 单选按钮。

5）按住〈Shift〉键并选择窗口 3 中任意一条曲线。注意 $Y=$ 栏中将显示已选曲线的 Y 向量。

6）在 $Y=$ 域中附加符号 "+"。

7）按住〈Shift〉键并选择窗口 3 中的除上述曲线外的另一条曲线。此时，$Y=$ 栏中有两个 Y 向量并通过 "+" 连接。

8）单击 Apply 按钮创建新曲线。此时窗口 3 中出现一条曲线，这是两个 Y 向量的和。

STEP 04 通过文本文件创建二维曲线。

1）单击 Add Page（ ）按钮。

2）进入 Build Plots 面板。

3）设置 Layout 为 Use current plot。

4）在面板上单击 "文件浏览器" 按钮，打开 ANGACC 文件。

5）将 X Type 设置为 Time。

6）将 Y Type 设置为 Angular Acceleration。

7）在 Y Request 下选择 50th% Hybrid3-LOWER TORSO。

8）在 Y Component 处选择 Res.ang.acc。

9）单击 Apply 按钮。

STEP 05 应用积分函数。

1）单击（ ）按钮，在页面 4 中创建两窗口格式。

2）激活窗口 2。

3）在窗口中右击鼠标，在弹出的菜单中选择 New>Math Curve。

4）单击 $X=$ 单选按钮。

5）按住〈Shift〉键并单击窗口 1 中曲线。

6）单击 $Y=$ 单选按钮。

7）从面板中单击 "积分符号"（ ）按钮。

8）按住〈Shift+Ctrl〉组合键，单击窗口 1 上的曲线，此时 X 参考向量自动输入到积分函数中。

9）按住〈Shift〉键，再次单击步骤 8）中曲线，此时 Y 参考向量自动输入到积分函数中。

10）单击 Apply 按钮创建曲线，如图 13-71 所示。

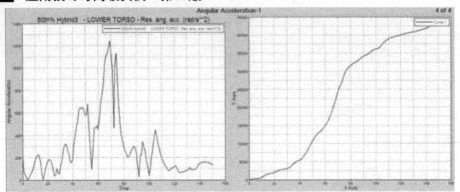

图 13-71　应用积分函数创建曲线

STEP 06 改变源曲线。

1）单击左侧包含源曲线的窗口。

2）在 Request 栏中选择 50th% Hybrid3-HEAD。

3）单击 Apply 按钮。

此时通过积分方法获得的曲线将会随着参考曲线的变化而动态更新。

13.12.3　改变曲线显示属性

本节将介绍如下内容。

- 使用 Headers/Footers 面板。
- 改变曲线属性。
- 使用 Notes 面板。
- 使用 Options 面板和 style sheets 对话框。

图 13-72 所示的 Headers/Footers 面板可通过以下任意一种方式进入。

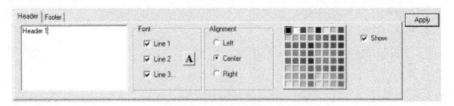

图 13-72　Headers/Footers 面板

- 单击工具栏上 Headers/Footers（📑）按钮。
- 单击窗口中 Headers/Footers 区域。

通过 Headers/Footers 面板可以为曲线添加标头和脚注、指定字体类型和颜色以及控制它们显示与否。

图 13-73 所示的 Curve Attributes 面板可以通过以下任意一种方式进入。

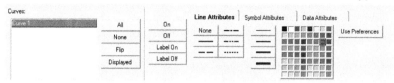

图 13-73　Curve Attributes 面板

- 在工具栏中单击 Curve Attributes（●）按钮。
- 从 Curve 菜单栏单击 Curve Attributes 按钮。

应用 Curve Attributes 面板可以改变如线型、颜色以及特征点类型及颜色。

图 13-74 所示的 Options 面板可以通过以下任意一种方式进入。

- 单击 Options Panel（●）按钮。
- 从 Tools 菜单中单击 Options 按钮。

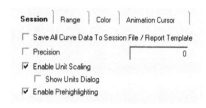

图 13-74　Options 面板

应用 Options 面板可以修改二维曲线窗口的背景颜色、框架颜色、节点线以及参考零线等。

图 13-75 所示的 Notes 面板可以通过以下任意一种方式进入。

- 单击 Notes Panel（●）按钮。
- 从 Plot 菜单中单击 Notes 按钮。在 Attributes 中取消 Atuo positon 选项，可任意摆放 Notes 位置，Attach to 中可将 Notes 指向某一曲线。

图 13-75　Notes 面板

应用此面板可以对曲线进行标注。注释是放置在曲线窗口中用于标示点坐标、描述曲线走势以及关联曲线附加信息的文本框中。HyperGraph 可以使用 Templex 创建基于逻辑表达式的注释内容。

图 13-76 所示的 Styles Sheets 对话框可以通过以下方式进入。

- 从 Tools 菜单中单击 Apply Style 按钮。
- 在窗口中右击鼠标，在弹出菜单中选择 Apply Plot Style 命令。

应用 Style Sheets 对话框可以快速将某个窗口属性附加到当前页面中所有窗口中，或所有页面中的所有窗口中。

下面通过一个实例来介绍如何编辑曲线显示属性。

打开 demo_3.mvw 文件。

1）从 File 菜单中选择 Open 命令，选择 demo_3.mvw 文件，存放路径为<installation_

directory>/tutorials/mv_hv_hg/plotting/demo_3.mvw。

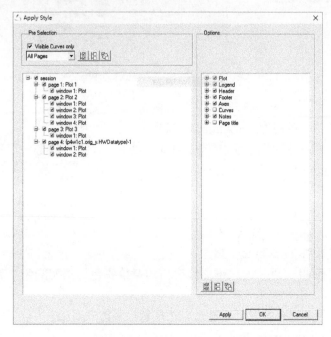

图 13-76　Styles Sheets 对话框

2）单击 Open 按钮。

STEP
02　将窗口 1 的标头改为 REQ/3 force。

1）确认页面 2 上的窗口 1 处于激活状态。

2）单击 Headers/Footers（🗎）按钮。

3）在 Headers 选项卡中，使用 REQ/3 curve3 取代 REQ/3 force，按〈Enter〉键确认。

4）单击"字体属性"（**A**）按钮，改变标头字体大小。

5）从调色板上改变标头的颜色。

STEP
03　改变窗口 1 中曲线线型。

1）单击 Curve Attributes（●）按钮。

2）从 Curves 列表中选择 X，Y 和 Z。

3）从 Line Attributes 选项卡中改变曲线的线宽。

STEP
04　将窗口 1 的框架颜色变化为黄色。

1）单击 Options（⚙）按钮。

2）从 Color 选项卡中选择 Frame。

3）在调色板上选择黄色。

STEP 05 将窗口 1 的窗口和曲线显示属性应用到页面 2 上的其他窗口中。

1）在窗口 1 上右击鼠标，在弹出菜单中选择 Apply Plot Style，此时弹出 Style Sheets 对话框。

2）选择 Apply to：Current Page。

3）激活 Plot、Header 和 Curves 选项，取消其他选项选择。

4）单击 OK 按钮，将激活的属性应用到页面 2 的其他窗口上。

STEP 06 创建注释 "Max force is {Y} at time {X}"，并将其关联到页面 2 窗口 1 的曲线上。

1）激活窗口 1。

2）单击 Notes（🐭）按钮。

3）在 Text 选项卡中，将 Note1 改为 Max force is。

4）在 Text 选项卡中，单击{Y}，将宏命令{Y}加入注释中。

5）在上述注释中附加 at time 并单击{X}。完整的注释为 "Max force is {Y} at time {X}"。

6）单击 Apply 按钮更新此注释。在 Attach to 选项卡中选择 Curve，将此注释与曲线关联。

注意：注释将自动与曲线 1（curve 1）上一个坐标点关联。在 Notes 面板上会显示出被关联的曲线和点，同时，注释中的{X}和{Y}将自动更新到点坐标的 x 和 y 值。单击窗口 1 上任意一曲线，注释将自动更新位置和曲线名到相关联的曲线。

7）在 Find point 处单击 Maximum（◠）按钮，将注释关联到曲线 Y 方向最大值。

8）在 Notes 列表中取消选择 Note 前的复选框，将关闭相关注释的显示，结果如图 13-77 所示。

STEP 07 应用 Templex 为曲线创建注释。

在 Notes 面板上进行下述操作。

1）激活窗口 3。

2）增加一个注释，将 Text 选项卡中 Notes2 改为 "curve Y absolutes area is {absarea (p2w3c2.x, p2w3c2.y)}"，花括号内是一个 Templex 命令。

3）单击 Apply 按钮更新注释。

4）在 Attach to 选项卡选择 Curve。

5）单击 Next Curve 按钮，直到注释关联到曲线 2(curve Y)。

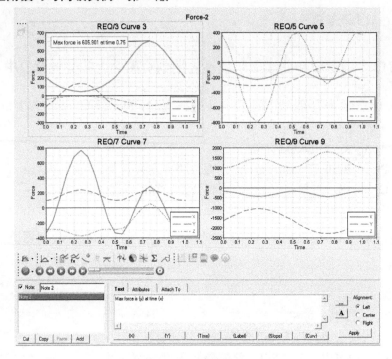

图 13-77　创建注释

13.12.4 曲线编辑

本节将介绍如下内容。

- 使用 Axes 面板。
- 使用 Coordinate Info 面板和 TextView 工具。
- 曲线编辑。
- 创建第二坐标轴并关联曲线。

图 13-78 所示的 Axes 面板可通过以下任意一种方式进入。

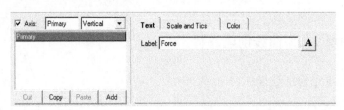

图 13-78　Axes 面板

- 单击 Axes（▦）按钮。
- 在 Plot 菜单下选择 Axes 命令。

通过该面板可为窗口添加多个坐标轴，同时可以修改标题、颜色以及缩放比等坐标属性。

在坐标轴上右击鼠标，在弹出的菜单中选择，可打开 Convert Units 面板，如图 13-79 所示。应用 Convert Units 面板可将当前坐标系单位系统转换到另一种单位系统，与转换的坐标系相关联的所有曲线将根据转换因子相应缩放，以反映新坐标系统。

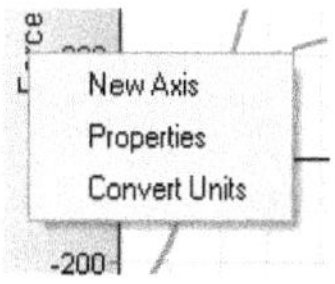

图 13-79 所示

图 13-80 所示的 Coordinate Info 面板可通过单击 Coordinate Info （✛）按钮进入。

图 13-79　Convert Units 面板

通过该面板可以获得激活窗口中任意一曲线上的各个坐标点数据，选择曲线上一点，其坐标数据将显示到面板上。

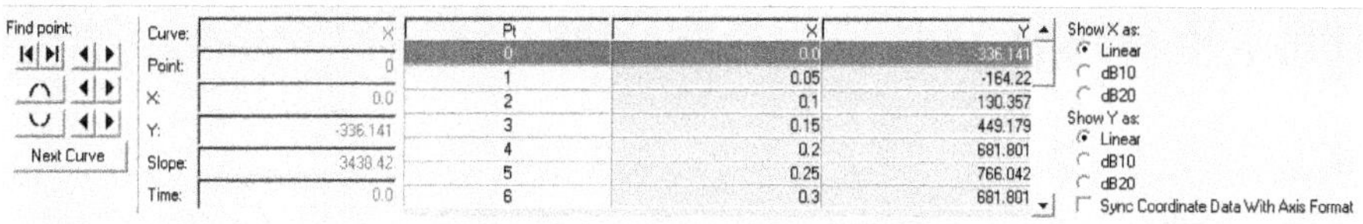

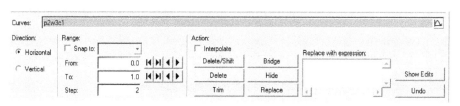

图 13-80　Coordinate Info 面板

在程序选择菜单中选择 TextView 进入 TextView 程序，通过文本编辑器可以查看、编辑和保存文本文件，同时也可进行文本搜索、改变文本属性以及计算 Templex 函数值的操作。应用 Templex 可以获得窗口中曲线数据，并在文本窗口以文本文件的形式显示出来。

图 13-81 所示的 Modify Curves 面板可以通过以下任意一种方式进入。

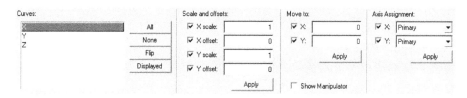

图 13-81　Modify Curves 面板

● 单击 Modify Curves（⋈）按钮。
● 在 Curve 菜单中选择 Modify Curves 命令。

通过 Modify Curves 面板可以进行曲线编辑，如删除、截断、连接或在某个指定区域和方位隐藏曲线。

图 13-82 所示的 Scales Offset and Axis Assignments 面板可通过以下任意一种方式进入。

图 13-82　Scales Offset and Axis Assignments 面板

● 单击 Scales Offset and Axis Assignments（⋈）按钮。
● 在 Curve 菜单中选择 Scales Offset and Axis Assignments 命令。

通过该面板可以进行曲线缩放、偏移和指定坐标信息操作。

下面通过一个实例来介绍如何修改和查询曲线数据。

STEP 01 打开 demo_3.mvw 文件。

1）从 File 菜单中选择 Open > Session 命令，选择 demo_3.mvw 文件。

2）单击 Open 按钮。

STEP 02 使用 Convert Axis Units 工具缩放 Y 坐标系

1）激活页面 2 的窗口 1。

2）在窗口竖直坐标系中右击鼠标，并在弹出的对话框中选择 Convert Units。Convert Axis Units 对话框中的默认选择为 Time，因为单位转换器无法识别 Y 轴数据的单位。

3）在对话框中选择 Force，在 from 栏中选择 N，在 To 栏中选择 kN。

4）单击 OK 按钮应用上述设置。此时 Y 轴坐标已从 Force（N）转换到 Force（kN），同时 Y 轴上数据缩小 1000 倍。

5）再次打开单位转换器，此时 Force 已经能被识别。

6）单击 Cannel 按钮，关闭 Convert Axis Units 对话框。

STEP 03 改变 Y 轴标题为 Force（kiloNewtons）。

1）单击 Axes（▥）按钮。主坐标系将在坐标系列表中高亮显示。

2）在坐标系列表中选择竖直坐标轴（Vertical）。在 Text 选项卡中，将 Force（kN）改为 Force（kiloNewtons），单击 Apply 按钮应用此设置。

STEP 04 创建参考线。

1）激活页面 2 窗口 2。

2）单击"参考线"（Datum Lines）（⊼）按钮。

3）单击 Add 按钮。

4）确认选择 Horizontal。

5）单击 Position 选项卡。

6）确认 Axis 轴设置为 Primary。

7）在 Position 栏中输入 0。

8）单击 Line Attributes 选项卡，为参考线指定颜色。

9）单击 Apply 按钮。

STEP
05 截断曲线。

1）激活页面 2 窗口 3。

2）单击 Modify Curves（∤∤）按钮。

3）单击 Curves 栏最右侧按钮，此时弹出"曲线选择"对话框。

4）在 p2：Force-2 下选择 w3：plot，单击 OK 按钮。

5）此时窗口 3 上所有曲线均被选中，p2w3c1、p2w3c2、p2w3c3 将显示在 Curves 文本栏。

6）在 Edit parameter 栏选择 Horizontal axis。

7）在 Range 的 From 栏输入 0.2，按〈Enter〉键。

8）在 to 栏中输入 0.95，按〈Enter〉键。

在 Action 栏中单击 Trim 按钮，去除曲线指定区域外的数据，如图 13-83 所示。

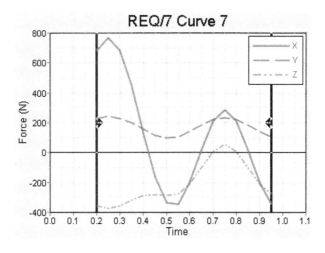

图 13-83　曲线截断

STEP
06 创建第二 Y 轴。

1）单击 Add Page（🗂）按钮以增加一页。

2）单击（📝）按钮，进入 Build Plots 面板。

3）打开 demo.dat 文件，存放路径为<installation_directory>/tutorial/mv_hv_hg/plotting。

4）选择 Layout 为 Use current plot。创建曲线 X type：Time；Y type：Force；Y Request：REQ/3 Curve3；Y Compnent：X。

5）在同一窗口中创建第二条曲线 X type：Time；Y type：Displacement；Y Request：REQ/33 Curve33；Y Compnent：X。

6）进入 Axes 面板。

7）从 Axis 列表中选择 Vertical。

8）单击 Add 按钮，在窗口右侧增加一个竖直坐标轴。

9）在 Axis 文本区域将 Y1 轴更名为 disp，按〈Enter〉键。

10）在 Text 选项卡中，将 Y1 轴名称改为 Comp X disp，单击 Apply 按钮。

11）单击（﹏️）按钮进入 Scales、Offsets 和 Axis Assignments 面板。

12）选择 REQ/33 Curve33。

13）在 Axis assignment 栏中单击 Y：，选择 disp，单击 Apply 按钮。此时第二竖直坐标轴将与曲线 REQ/33 Curve33-x 相关联。

14）单击"适合屏幕"（⊕）按钮，将曲线适合屏幕显示。

STEP 07 在文本编辑器窗口应用 Templex 命令获取已有曲线相关数据。

1）单击 Page Layout（▢）按钮，选择两窗口布局▯形式。

2）激活第二窗口。

3）从应用程序菜单（🔛）中选择 TextView，如图 13-84 所示。

4）在文本编辑器中输入如下内容："Maximum Force is {max(p3w1c1.Y)} Newton"，"Maximum Displacement is {max(p3w1c2.Y)} metre"。

5）在工具栏中单击"文本编辑"（Edit Text）（🔤）按钮。

图 13-84　选择 TextView 程序

TextView 将计算 Templex 语句并将结果显示在文本框中。此时文本编辑器将处在不可编辑状态，如图 13-85 所示。

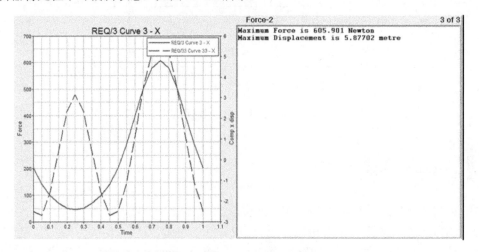

图 13-85　计算并显示计算结果

6）再次单击 Edit Text 按钮进入编辑模式。

小结

主流 CAE 求解器的分析结果可以直接采用 HyperView/HyperGraph 进行后处理。

HyperView 是一个功能强大的 CAE 后处理可视化环境，用于处理有限元分析、多体系统仿真、视频和工程数据等。其惊人的三维图形显示速度和一些独特的功能，为 CAE 后处理的速度和集成性创造了典范。通过利用 HyperView 的过程自动化功能，用户可以交互地显示数据、捕捉数据，实现后处理过程的标准化。HyperGraph 是一个功能强大的数据分析及绘图工具，支持读取多种主流求解器和实验设备的数据文件格式，其内嵌的数学计算器能够处理大多数复杂的数学表达式。

附　录

HyperMesh 映射键盘快捷键方法及其他

本章重点知识

1. HyperMesh 快捷键介绍

2. HyperMesh 默认快捷键

3. HyperMesh 自定义快捷键

4. 定义快捷按钮

5. Altair 学习资料获取方式

6. 商业客户技术支持

1. HyperMesh 快捷键介绍

1）HyperMesh 快捷键可以完成以下工作。

● 跳转到某个 HyperMesh 面板。

● 使用 HyperMesh 命令自动完成一些任务。

● 执行一个宏或 Tcl 脚本。

2）可以使用以下键（包括组合键）来定义快捷键。

● 字母或数字键。

● 〈Ctrl〉+字母或数字键。

● 〈Shift〉+字母或数字键。

● 〈Ctrl+Shift〉+字母或数字键。

3）可以通过下拉菜单选择 Preferences/keyboard 面板指定或取消快捷键，如附图 1 所示。各种键的颜色的意义如附图 2 所示。

附图 1　Preferences/keyboard 面板视图

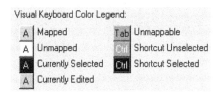

附图 2　各种键的颜色的意义

2. HyperMesh 默认快捷键

如果想将某个键映射为快捷键，首先需要鼠标单击选择该键（也就是在键盘上通过按下特定键来指定希望定义的快捷键），然后在下方表格里填入相应的命令或指定相应的文件（如 Tcl 脚本）。

注意：某些功能键如〈Tab〉、〈Shift〉、〈Ctrl〉、〈Alt〉、〈Backspace〉，不能以这种方法映射快捷键，在附图 2 中它们以不同的颜色表示。

可以使用 hm_pushpanelitem 命令指定进入一个面板子面板的快捷键。例如，进入 Edit Element 面板的 Combine 子面板的语法如下。具体设置如附图 3 所示。

```
hm_pushpanelitem {edit element} {combine};
```

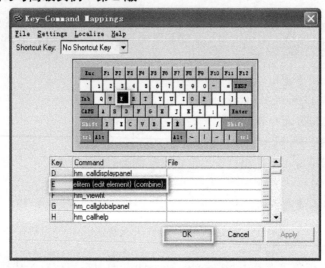

附图3 进入 Edit Element 面板的 Combine 子面板的语法

如果只是想进入某个面板，不需要进入特定的子面板，例如，进入 Edit Element 面板，如附图4所示。语法如下。

hm_pushpanel {edit element};

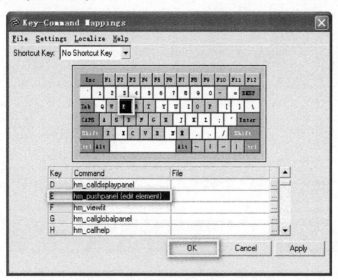

附图4 进入 Edit Element 面板的语法

注意：空格的使用以及面板名称需保持和 HyperMesh 中的名称完全一致，最后的分号建议也都加上。

任何 HyperMesh command 文件中的命令都可以映射为一个快捷键，某些键在安装过程中已经默认映射为键盘快捷键，而且某些功能只能通过快捷键访问。如果删除这些快捷键或将这些快捷键映射为其他功能将造成原有功能的丢失。

HyperMesh 安装过程自动设置的快捷键列表见附表1和附表2。

附表 1　HyperMesh 默认的快捷键列表 1

按　键	Key only	Shift+key	Ctrl+key
F1	hidden line	color	反色抓取图形区.bmp 格式图片并保存在当前工作目录
F2	delete	temp nodes	反色抓取图形区.bmp 格式图片并保存在当前工作目录
F3	replace	edges	
F4	distance	translate	
F5	mask	find	
F6	element edit	split	反色抓取图形区.jpg 格式图片并保存在当前工作目录
F7	align node	project	隐藏按钮面板，功能与快捷键〈m〉相同
F8	create node	node edit	
F9	line edit	surf edit	
F10	check element	normals	
F11	geometry quick edit	organize	
F12	automesh	smooth	

附表 2　HyperMesh 默认的快捷键列表 2

键盘按键	功　能
←↑→↓	以基础坐标系为轴旋转
Ctrl+←→↑↓	以屏幕为坐标轴旋转
+,-	逐步放大/缩小
B	返回上一个视图
Ctrl+R	进入球形剪切视图(Spherical) Clipping 面板
D	进入Display 面板
F	模型居中
G	进入Global 面板
H	打开帮助。如果在某个面板中，将打开和该面板相关的帮助
M	隐藏按钮面板，只显示图形窗口。再按一次恢复原状
O	进入Options 面板
P	刷新屏幕
R	激活鼠标旋转模式
T	进入 True View 面板
Ctrl+T	进入 Transparent Components 面板
V	打开 User View弹出菜单
W	打开 Windows 面板
Z	激活鼠标放大/缩小模式

3. HyperMesh 自定义快捷键

1）创建一个快捷键〈E〉用于删除模型中的所有单元，如附图 5 所示。命令的内容如下。

*createmark elements 1 "all"; *deletemark elements 1

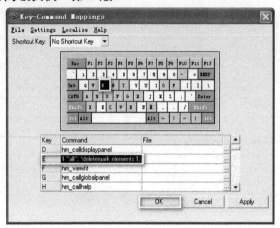

附图5 创建一个快捷键〈E〉用于删除模型中的所有单元

2）创建一个快捷键〈L〉用于进入 Lines 面板，如附图 6 所示。语法：

hm_pushpanel {lines}

附图6 创建一个快捷键〈L〉用于进入 Lines 面板

3）创建一个快捷键〈J〉用于找到所有雅可比值小于 0.7 的单元，如附图 7 所示。由于已经在 utility/QA 里已经定义了这个宏命令。可以通过以下语法直接调用。

*evaltclstring "macroElementJacobian 0.7" 0

4）创建一个快捷键〈Shift+K〉用于运行一个脚本，该脚本的功能是检查模型中是否存在 beam/bar 单元，如果存在则单独显示它们。

创建包含以下命令的脚本，文件名为 findbeams.tcl，保存在工作目录或安装目录下（如 D: \hm\scripts）：

```
proc displayonlybeams {} {
    *createmark elements 2 "by config" 60 63
```

```
set beams [hm_getmark elements 2]
*clearmark elements 2
if {![Null beams]} {
        *displaycollectorwithfilter comps "none" "" 1 1;
        eval *createmark elements 1 $beams;
        *findmark elements 1 0 1 elements 0 2;
} else {
        hm_usermessage "No beam elements in this model"
}
}

displayonlybeams
```

在列表的左侧输入 eval {}，在列表的右侧单击（…）按钮，选择文件 D: \hm\scripts。

附图 7　创建一个快捷键〈J〉用于找到所有雅可比值小于 0.7 的单元

5）创建一个退出面板的快捷键。打开面板的各个快捷键分布在各个不同的键上，但是关闭面板的快捷键只有一个〈Esc〉键。不巧的是〈Esc〉键偏偏位于最偏远的角落。可以使用〈JJ〉（也就是连击两次字母〈J〉）来代替〈Esc〉键。实现方法如下：在 HyperMesh 的命令窗口输入下面的语句。

```
bind . <Double-j> quitpanel;
proc quitpanel {} {hm_exitpanel};
```

如果不喜欢使用〈JJ〉快捷键，而喜欢〈QQ〉，那只要把<Double-j>改成<Double-q>；如果喜欢〈Q〉而不是〈QQ〉，那只要把<Double-j>改成<q>；如果希望把〈Esc〉键绑定到空格键，那么需要输入如下语句：

```
bind . <space> quitpanel;
proc quitpanel {} {hm_exitpanel};
```

或者输入：

> hm_registerkeyproc space {} {::exitpanel};
> proc ::exitpanel {} {hm_exitpanel};

空格键是键盘上最容易按到的键了，而且在 HyperMesh 中确实也没有什么用。

6）定义双字符快捷键 HyperMesh 自带了许多快捷键，不方便记忆，如果把快捷键改成两个字符会好记得多。例如，把六面体网格划分的主要工具 solid map 的快捷键设置为〈SM〉，2D 网格质量调整利器 qualityindex 的快捷键设置为〈QI〉等，因为方法都是一样的，下面把 qualityindex 作为例子进行介绍。如果用户希望定义更多，照着做就可以了。

可以参照〈Esc〉的做法（注意最前面的 1 和 2 是文本编辑器行号显示，不用输入）：

> bind . <q><i> qualityindex
> proc qualityindex {} {hm_pushpanel {qualityindex}};

4. 定义快捷按钮

如果定义一个 solid map 的快捷键，可以这样操作：

第一步：打开 Solid Map 面板，如附图 8 所示。

附图 8 Solid Map 面板

第二步：单击工具栏上的"五角星"按钮进行添加，下次再单击此按钮就可以找到需要的面板了，如附图 9 所示。

附图 9 添加面板

5. Altair 学习资料获取方式

- Altair 官网：http://www.altairhyperworks.com.cn
- Altair 大学网址：https://altairuniversity.com/academic
- Altair 官方微信：微信名：Altair 仿真驱动设计；微信号：AltairChina。

Altair 微信公众号会定期推送 CAE 行业资讯，技术方案以及公开培训等信息。

① 进入公众号后，选择"产品资料">"培训计划"，可以查看丰富的公开培训信息。

如附图 10 和附图 11 所示。

附图 10　Altair 微信公众号

附图 11　公众号培训信息

② 进入公众号后，选择"产品资料">"培训资料"，可以下载丰富的学习资料。如附图 12 和附图 13 所示。

附图 12　下载资料（1）

附图 13　下载资料（2）

- Altair 官方微博：http://weibo.com/altairchina。

6. 商业客户技术支持

- Altair 官方技术支持热线：400-619-6168。
- Altair 官方技术支持邮箱：support@altair.com.cn。

● Altair 软件下载网址：https://connect.altair.com，正式用户需要注册账户后进行下载。

① 单击 Sign up for Altair Connect 注册新用户，如附图 14 和附图 15 所示。

附图 14　注册新用户（1）

附图 15　注册新用户（2）

② 进入 New Account 页面，正确填写所有带*部分的内容。

③ 务必填写完整单位名称和单位邮箱，便于 Altair 管理员审核（私人邮箱不予批准）。

④ Altair 管理员在收到注册信息后，经审核批准，发送账户激活邮件到注册邮箱；及时联系 support@altair.com.cn 可以尽快获得审核。

⑤ 使用上一步中申请的账号再次登录 https://connect.altair.com，在 Downloads 页面下找

到软件安装包及相关文档进行下载，如附图 16 所示。

附图 16　下载相关文档